はじめに

ITパスポート試験は、2009年に創設された情報処理技術者試験で、経済産業省が認定する国家試験です。職業人に必要となる情報技術に関する基礎的な知識を備えているかを測ります。

本書は、ITパスポート試験の合格を目的とした試験対策用のテキストです。
必要な知識を習得する「学習書」と、合格に必要な実力をつける「過去問題」を集約しているので、この一冊で試験対策を万全にすることができます。

出題範囲であるシラバスに沿った目次構成とし、シラバスに記載されている用語をすべて解説しているので、必要な知識をもれなく学習することができます。
また、各章末にはFOM出版が独自に作成した予想問題（合計131問）を掲載しています。試験傾向を分析して、試験と同等レベルの問題を用意しているので、理解度の確認や実力試しにお使いください。

なお、2019年4月の本試験（CBT試験）からは試験の出題傾向が大きく変わりました。最新の「シラバスVer.4.0」からの出題が開始となり、新しく追加された内容（AI、IoT、ビッグデータ、アジャイル、最新セキュリティなどの分野から約180用語も追加）から、幅広く数多くの問題が出題されるようになりました。本書はそれら新しく追加された内容もすべて解説しています。

さらに、添付の過去問題プログラムには、ITパスポート試験の過去問題（合計800問）とそれに対応する詳細な解説を収録しています。過去問題プログラムを使うことで、本番さながらの試験を体験でき、試験システムに慣れることができます。試験結果をビジュアル表示して実力を把握し、間違えた問題だけを解くなど弱点強化機能が充実しています。過去問題を繰り返し解くことで、ITパスポート試験合格のための実力を養うことができます。

本書をご活用いただき、ITパスポート試験に合格されますことを、心よりお祈り申し上げます。

2020年1月27日
FOM出版

本書の使い方

本書は試験対策としてはもちろんですが、それだけではなく、最新のICT（情報通信技術）に関する様々な知識を解説しています。「試験合格」から「ICT教科書」まで幅広い用途で利用できます。
新傾向になった本試験（2019年4月以降）では、幅広い分野から多くの新用語が出題されています。シラバスVer.4.0に記述されている用語をすべて解説（完全網羅）している本書は、試験対策の最強のパートナーです。

STEP 01

シラバスの内容を学習

シラバス（出題範囲）の用語をすべて解説しています。
しっかり読むことで、求められる知識をもれなく習得できます。

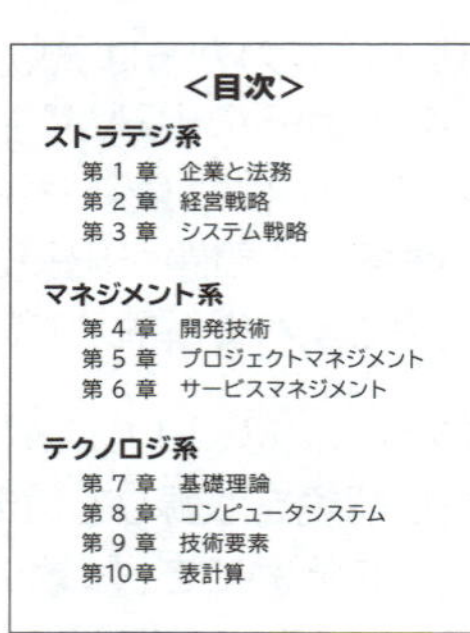

＜目次＞

ストラテジ系
第 1 章　企業と法務
第 2 章　経営戦略
第 3 章　システム戦略

マネジメント系
第 4 章　開発技術
第 5 章　プロジェクトマネジメント
第 6 章　サービスマネジメント

テクノロジ系
第 7 章　基礎理論
第 8 章　コンピュータシステム
第 9 章　技術要素
第10章　表計算

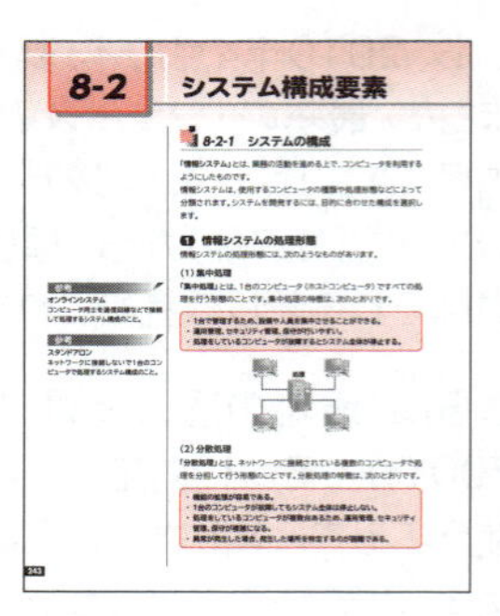

8-2 システム構成要素

8-2-1 システムの構成

必要な知識をすべて習得

シラバスと同じ
目次構成で体系的な
学習に最適！

章末の予想問題を解く

各章末の最後には、最新の出題傾向から分析した予想問題を
合計131問掲載しています。

STEP 02

予想問題で知識を確認

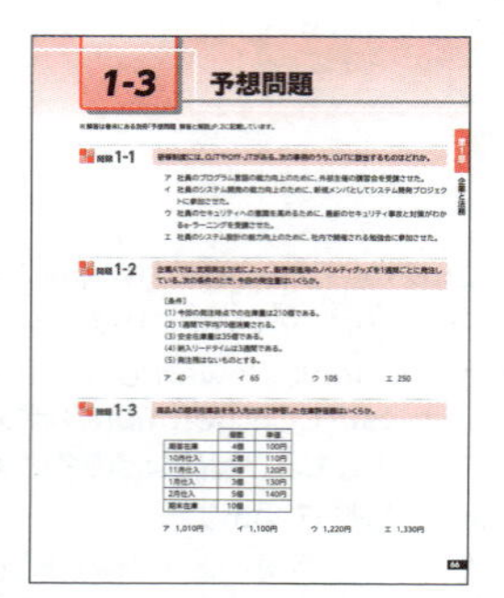

1-3 予想問題

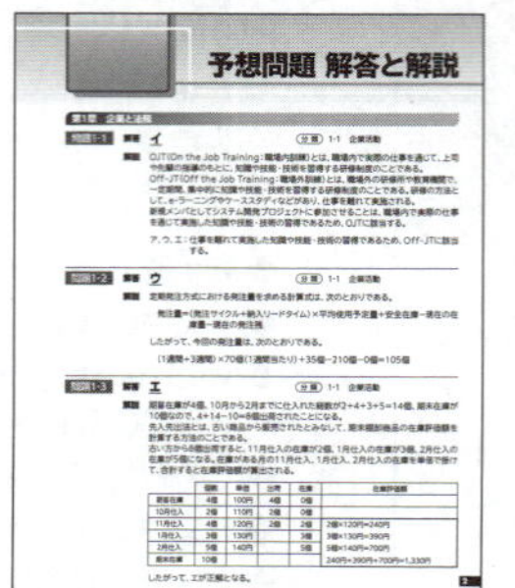

予想問題 解答と解説

充実した解説内容で
理解を深めるのに最適！

過去問題プログラムで実力チェック

実際の試験はCBT試験、プログラムで過去問題に慣れておくことが合格への近道です。 ※詳しくはP.374を参照

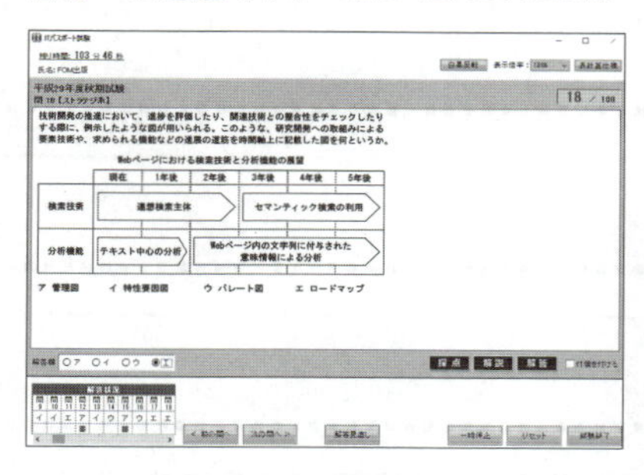

過去問題で実力強化

- 本試験さながらに学習可能！
- 試験結果のビジュアル表示で弱点把握！
- 不正解問題だけ解いて弱点強化！
- 収録800問すべてをしっかり解説！

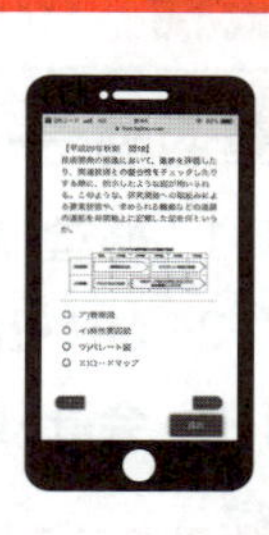

購入特典

過去問題800問をスマホから利用できる「Web試験」が併用できます。

※詳しくはP.437を参照

STEP 04

試験の合格を目指して

これで試験に臨めば試験対策はバッチリです。

STEP 05

試験に合格したあとも ICTのバイブルに

約2,500語の用語解説。基礎的な知識から最新の技術まで掲載している本書なら、試験後もICTのバイブルとして利用できます。

CONTENTS

第9章　技術要素 ……… 268

本書をご利用いただく前に

1　本書の記述について

本書で使用している記号には、次のような意味があります。

参考	知っておくと役立つ事柄や用語の解説
※	補足的な内容や注意すべき内容

2　別冊「予想問題 解答と解説」について

各章末には、FOM出版が独自に作成した予想問題を掲載しています。
巻末にある別冊には、各予想問題の解答と解説を記載しています。

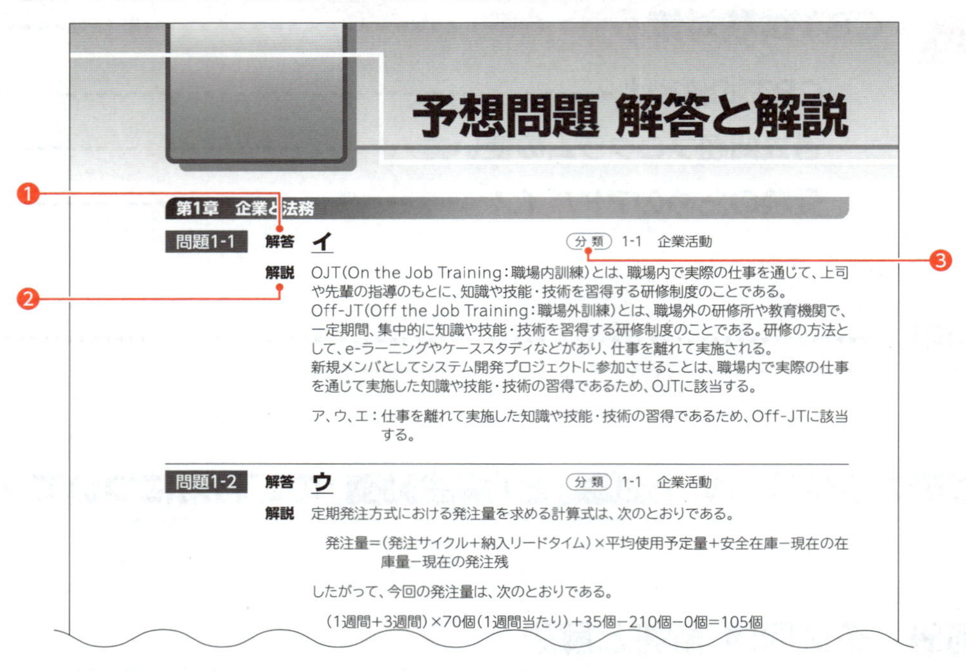

予想問題 解答と解説

第1章　企業と法務

問題1-1　解答　イ　分類　1-1　企業活動

解説　OJT(On the Job Training：職場内訓練)とは、職場内で実際の仕事を通じて、上司や先輩の指導のもとに、知識や技能・技術を習得する研修制度のことである。
Off-JT(Off the Job Training：職場外訓練)とは、職場外の研修所や教育機関で、一定期間、集中的に知識や技能・技術を習得する研修制度のことである。研修の方法として、e-ラーニングやケーススタディなどがあり、仕事を離れて実施される。
新規メンバとしてシステム開発プロジェクトに参加させることは、職場内で実際の仕事を通じて実施した知識や技能・技術の習得であるため、OJTに該当する。

ア、ウ、エ：仕事を離れて実施した知識や技能・技術の習得であるため、Off-JTに該当する。

問題1-2　解答　ウ　分類　1-1　企業活動

解説　定期発注方式における発注量を求める計算式は、次のとおりである。

発注量＝(発注サイクル＋納入リードタイム)×平均使用予定量＋安全在庫－現在の在庫量－現在の発注残

したがって、今回の発注量は、次のとおりである。

(1週間＋3週間)×70個(1週間当たり)＋35個－210個－0個＝105個

❶解答
予想問題の正解の選択肢を記載しています。

❷解説
解答の解説を記載しています。

❸分類
本書に該当する中分類を記載しています。

3　添付CD-ROM「過去問題プログラム」について

本書には、CD-ROMを添付しています。CD-ROMには、本番のCBT試験とほぼ同じように動作する試験を模擬的に実施できる**「過去問題プログラム」**が収録されています。ご利用にあたっては、次の内容をあらかじめご確認ください。

※過去問題プログラムについては、P.374を参照してください。

◆動作環境

過去問題プログラムを使って学習するには、次の環境が必要です。

カテゴリ	動作環境
OS	Windows 10 日本語版（32ビット、64ビット）、 Windows 8.1 日本語版（32ビット、64ビット）、 Windows 7 SP1 日本語版（32ビット、64ビット）のいずれかひとつ
CPU	1GHz以上のプロセッサ
メモリ	2GB以上
グラフィックス表示	画面解像度 1024×768ピクセルまたは1280×1024ピクセルまたは1366×768ピクセル ハイカラー以上 ディスプレイの文字や項目のサイズ ・Windows 10 ・・・100%、125%、150% ・Windows 8.1 ・・・100%、125%（制限あり ※1）、150%（制限あり ※1） ・Windows 7 ・・・100%、125%（制限あり ※2）、150%（制限あり ※2） ※1：《コントロールパネル》→《テーマの変更》→《関連項目》の《ディスプレイ》→《すべてのディスプレイで同じ拡大率を使用する》をオフにする必要があります。 ※2：《コントロールパネル》→《テーマの変更》→《関連項目》の《ディスプレイ》→《カスタムテキストサイズの設定（DPI）》→《WindowsXP形式のDPIスケーリングを使用する》をオフにする必要があります。
CD-ROM	ドライブ24倍速以上のCD-ROMドライブ必須 ※インストール時に必要です。インストール完了後は必要ありません。
ハードディスク	空き容量700MB以上（900MB以上推奨）
その他	Microsoft .NET Framework 4 ※Windows 10とWindows 8.1にはMicrosoft .NET Framework 4が含まれているため、インストールが不要です。 ※Windows 7では、過去問題プログラムをインストールすると、自動的にインストールされます。

◆本書の開発環境

本書を開発した環境は、次のとおりです。

カテゴリ	開発環境
OS	Windows 10（ビルド18362.418）
グラフィックス表示	画面解像度　1024×768ピクセル

※お使いの環境によっては、画面の表示が異なる場合や記載の機能が操作できない場合があります。
※画面解像度によって、ボタンの形状やサイズが異なる場合があります。

◆利用上の注意事項

CD-ROMのご利用にあたって、次のような点にご注意ください。

●CD-ROMに収録されているプログラムやデータは、著作権法によって保護されています。CD-ROMを第三者へ譲渡・貸与することを禁止します。
●お使いの環境によって、CD-ROMに収録されているプログラムやデータが正しく動作しない場合があります。あらかじめご了承ください。
●お使いの環境によって、CD-ROMの読込み中にコンピュータが振動する場合があります。あらかじめご了承ください。
●CD-ROMを使用して発生した損害について、富士通エフ・オー・エム株式会社では程度に関わらず一切責任を負いません。あらかじめご了承ください。

◆取り扱いおよび保管方法

CD-ROMの取り扱いおよび保管方法について、次のような点をご確認ください。

●ディスクは両面とも、指紋、汚れ、キズなどを付けないように取り扱ってください。
●ディスクが汚れたときは、メガネ拭きのような柔らかい布で内周から外周に向けて放射状に軽くふき取ってください。専用クリーナーや溶剤などは使用しないでください。
●ディスクは両面とも、鉛筆、ボールペン、油性ペンなどで文字や絵を書いたり、シールなどを貼付したりしないでください。
●ひび割れや変形、接着剤などで補修したディスクは危険ですから絶対に使用しないでください。
●直射日光のあたる場所や、高温・多湿の場所には保管しないでください。
●ディスクは使用後、大切に保管してください。

4　本書の最新情報について

本書に関する最新のQ＆A情報や訂正情報、重要なお知らせなどについては、FOM出版のホームページでご確認ください。

ホームページ・アドレス

https://www.fom.fujitsu.com/goods/

ホームページ検索用キーワード

FOM出版

ITパスポート試験の対象者像や技術水準、実施要項などについて解説します。

試験の概要

1　対象者像

職業人が共通に備えておくべき情報技術に関する基礎的な知識をもち、情報技術に携わる業務に就くか、担当業務に対して情報技術を活用していこうとする者。

2　業務と役割

職業人として備えておくべき、情報技術に関する共通的な基礎知識を習得した者であり、担当する業務に対して情報技術を活用し、次の活動を行う。

①利用する情報機器及びシステムを把握し、活用する。
②担当業務を理解し、その業務における問題の把握及び必要な解決を図る。
③安全に情報の収集や活用を行う。
④上位者の指導の下、業務の分析やシステム化の支援を行う。
⑤担当業務において、新しい技術（AI、ビッグデータ、IoTなど）や新しい手法（アジャイルなど）の活用を推進する。

3　期待する技術水準

職業人として、情報機器及びシステムの把握や、担当業務の遂行及びシステム化を推進するために、次の基礎的な知識が要求される。

①利用する情報機器及びシステムを把握するために、コンピュータシステム、データベース、ネットワーク、情報セキュリティに関する知識をもち、オフィスツールを活用できる。
②担当業務を理解するために、企業活動や関連業務の知識をもつ。また、担当業務の問題把握及び必要な解決を図るために、システム的な考え方や論理的な思考力をもち、かつ、問題分析及び問題解決手法に関する知識をもつ。
③安全に情報を収集し、効果的に活用するために、関連法規や情報セキュリティに関する各種規定に従って活動できる。
④業務の分析やシステム化の支援を行うために、情報システムの開発及び運用に関する知識をもつ。
⑤新しい技術（AI、ビッグデータ、IoTなど）や新しい手法（アジャイルなど）の概要に関する知識をもつ。

4　期待する技術水準の補足説明

職業人として、情報機器及びシステムの把握や、担当業務の遂行及びシステム化を推進するために、次の基礎的な知識が要求される。

①利用する情報機器及びシステムを把握し、活用する。

・職場で利用する情報機器について、その性能、特性や機能を理解し、適切に活用できる。
・職場で利用するOSの設定やオフィスツールなどのアプリケーションソフトウェアの操作及び機能について、その意味を理解して活用することができる。
・職場で利用するオフィスツールなどのアプリケーションソフトウェアやグループウェアなどを、自分の業務遂行の効率性を考えて活用できる。

②担当業務を理解し、その業務における問題の把握及び必要な解決を図る。

・担当業務に関する処理を業務フローなどの手段を使って整理し、問題点の把握を行うことができる。
・担当業務に関するデータを簡単な分析手法と情報技術を利用して分析し、問題点の把握を行うことができる。
・把握した問題点に対して、自分なりの解決案を検討したり、上位者や同僚に意見を聞いて検討したりすることができる。

③安全に情報の収集や活用を行う。

・担当業務に関する各種情報を、法令に基づき利用することができる。
・社内のコンプライアンスプログラムの目的を理解し、遵守（順守）できる。
・社内の情報機器やシステムの利用、特にインターネットの利用について、情報の漏えい、滅失やき損が発生しないように対処できる。

④上位者の指導の下、業務の情報化及びシステム化の支援を行う。

・担当業務データの洗い出しや整理について、上位者の指導の下にその検討に参加することができる。
・担当業務処理のシステム化について、上位者の指導の下にその検討に参加することができる。

5 実施要項

試験時間	120分
出題形式	多肢選択式（四肢択一）
出題数	100問（小問形式） 出題数100問のうち、総合評価は92問で行い、残りの8問は今後出題する問題を評価するために使われる。
分野別評価の問題数	ストラテジ系32問、マネジメント系18問、テクノロジ系42問
試験方式	CBT方式
受験資格	制限なし
配点	1,000点満点
採点方法	IRT（Item Response Theory：項目応答理論）に基づいて解答結果から評価点を算出
合格基準	総合評価点 600点以上／1,000点（総合評価の満点） 《分野別評価点》 ・ストラテジ系　300点以上／1,000点満点（分野別評価の満点） ・マネジメント系　300点以上／1,000点満点（分野別評価の満点） ・テクノロジ系　300点以上／1,000点満点（分野別評価の満点）

※CBT（Computer Based Testing）とは、コンピュータを使用して試験問題に解答する試験実施方式。
※身体の不自由等によりCBT方式で受験できない場合は、春期（4月）と秋期（10月）の年2回、筆記による方式での受験が可能。

6 試験手続き

試験予定日	随時
受験料	5,700円（税込み）
試験結果	試験終了後、速やかに確認することが可能

7 試験情報の提供

独立行政法人　情報処理推進機構（IPA）
IT人材育成センター　国家資格・試験部
〒113-8663　東京都文京区本駒込2-28-8
文京グリーンコートセンターオフィス15階
ホームページ　https://www.jitec.ipa.go.jp/

出題範囲

出題についての基本的な考え方や出題範囲について解説します。

出題範囲

1　出題についての基本的な考え方

ITパスポート試験では、ストラテジ系、マネジメント系、テクノロジ系の各分野において、次のような基本的な考え方に沿って出題されます。

①ストラテジ系

情報化と企業活動に関する分析を行うために必要な基礎的な用語・概念などの知識や、高等学校の情報科目、一般的な新聞・書籍・雑誌などに掲載されている基礎的な用語・概念などの知識を問う問題を出題する。また、身近な業務を把握・分析して課題を解決する手法や、データ分析および問題解決へのオフィスツールの活用に関する基礎的な知識を問う問題を出題する。

②マネジメント系

システム開発やプロジェクトマネジメントのプロセスに関する基礎的な用語・概念などの知識を問う問題を出題し、専門性の高い具体的な用語・概念などの知識を問う問題は出題しない。また、コンピュータやネットワーク、オフィスツールなどを使って、業務環境の整備を考えるための基本的な知識を問う問題を出題する。

③テクノロジ系

基礎的な用語・概念などの知識や、論理的な思考力を問う問題を出題し、技術的に専門性の高い問題は出題しない。また、身近なシステムの安全な利用に関する基礎的な知識を問う問題を出題する。

2　出題範囲

分野	大分類		中分類		出題範囲（出題の考え方）
ストラテジ系	1	企業と法務	1	企業活動	・企業活動や経営管理に関する基本的な考え方を問う。 ・身近な業務を分析し、課題を解決する手法や、PDCAの考え方、作業計画、パレート図などの手法を問う。 ・業務フローなど業務を把握する際のビジュアル表現について問う。 ・財務諸表、損益分岐点など会計と財務の基本的な考え方を問う。

分野	大分類		中分類		出題範囲（出題の考え方）
ストラテジ系	1	企業と法務	2	法務	・知的財産権（著作権法、産業財産権関連法規など）、セキュリティ関連法規（サイバーセキュリティ基本法、不正アクセス禁止法など）、個人情報保護法、労働基準法、労働者派遣法、その他の取引関連法規など、身近な職場の法律を問う。 ・ライセンス形態、ライセンス管理など、ソフトウェアライセンスの考え方、特徴を問う。 ・コンプライアンス、コーポレートガバナンスなど、企業の規範に関する考え方を問う。 ・標準化の意義を問う。
	2	経営戦略	3	経営戦略マネジメント	・SWOT分析、プロダクトポートフォリオマネジメント（PPM）、顧客満足度、CRM、SCMなどの代表的な経営情報分析手法や経営管理システムに関する基本的な考え方を問う。 ・表計算ソフト、データベースソフトなどオフィスツール（ソフトウェアパッケージ）の利用に関する理解を問う。
			4	技術戦略マネジメント	・技術開発戦略の意義、目的などに関する理解を問う。
			5	ビジネスインダストリ	・電子商取引、POSシステム、ICカード、RFID応用システムなど、各種ビジネス分野での代表的なシステムの特徴を問う。 ・AIの基本的な考え方や使われ方などを問う。 ・エンジニアリング分野や電子商取引での代表的なシステムの特徴を問う。 ・IoTを利用したシステムや組込みシステム、ロボットなどの特徴、動向などを問う。
	3	システム戦略	6	システム戦略	・情報システム戦略の意義と目的、戦略目標、業務改善、問題解決などに向けた考え方を問う。 ・業務モデルにおける代表的なモデリングの考え方を問う。 ・コミュニケーションにおけるグループウェアやオフィスツール、SNSなどの効果的な利用について問う。 ・コンピュータ及びネットワークを利用した業務の自動化、効率化の目的、考え方、方法について問う。 ・クラウドコンピューティングなど代表的なサービスを通じて、ソリューションビジネスの考え方を問う。 ・ITの技術動向（IoT、ビッグデータなどを含む）に関する知識を問う。 ・AI、ビッグデータ、IoTなどの活用方法や考え方を問う。 ・システム活用促進・評価活動の意義と目的を問う。
			7	システム企画	・システム化計画の目的を問う。 ・現状分析などに基づく業務要件定義の目的を問う。 ・見積書、提案依頼書（RFP）、提案書の流れなど調達の基本的な流れを問う。

分野	大分類		中分類		出題範囲（出題の考え方）
マネジメント系	4	開発技術	8	システム開発技術	・要件定義、システム設計、プログラミング、テスト、ソフトウェア保守などシステム開発のプロセスの基本的な流れを問う。 ・システム開発における見積りの考え方を問う。
			9	ソフトウェア開発管理技術	・アジャイルなどをはじめとする、代表的な開発モデルや開発手法に関する意義や目的について問う。
	5	プロジェクトマネジメント	10	プロジェクトマネジメント	・プロジェクトマネジメントの意義、目的、考え方、プロセス、手法を問う。
	6	サービスマネジメント	11	サービスマネジメント	・ITサービスマネジメントの意義、目的、考え方を問う。 ・サービスデスク（ヘルプデスク）など関連項目に関する理解を問う。 ・コンピュータやネットワークなどのシステム環境整備に関する考え方を問う。
			12	システム監査	・システム監査の意義、目的、考え方、対象を問う。 ・計画、調査、報告など、システム監査の流れを問う。 ・内部統制、ITガバナンスの意義、目的、考え方を問う。
テクノロジ系	7	基礎理論	13	基礎理論	・2進数の特徴や演算、基数に関する基本的な考え方を問う。 ・ベン図などの集合、確率や統計に関する基本的な考え方を問う。 ・ビット、バイトなど、情報量の表し方や、ディジタル化の基本的な考え方を問う。
			14	アルゴリズムとプログラミング	・アルゴリズムとデータ構造の基本的な考え方、流れ図の表現方法、アルゴリズムや流れ図の基本的な作成方法を問う。 ・プログラミングの役割を問う。 ・HTML、XMLなどのマークアップ言語の種類とその基本的な使い方を問う。
	8	コンピュータシステム	15	コンピュータ構成要素	・コンピュータの基本的な構成と役割を問う。 ・プロセッサの性能と基本的な仕組み、メモリの種類と特徴を問う。 ・記録媒体の種類と特徴を問う。 ・入出力インタフェース、IoTデバイス、デバイスドライバなどの種類と特徴を問う。
			16	システム構成要素	・システムの構成、処理形態、利用形態の特徴を問う。 ・クライアントサーバシステムや仮想化システムの特徴を問う。 ・Webシステムの特徴を問う。 ・システムの性能・信頼性・経済性の考え方を問う。
			17	ソフトウェア	・OSの必要性、機能、種類、特徴を問う。 ・アクセス方法、検索方法など、ファイル管理の考え方と基本的な機能の利用法、バックアップの基本的な考え方を問う。 ・オフィスツールなどソフトウェアパッケージの特徴と基本操作を問う。 ・オープンソースソフトウェア（OSS）の特徴を問う。
			18	ハードウェア	・コンピュータの種類と特徴を問う。 ・入出力装置（IoT機器を含む）の種類と特徴を問う。

分野	大分類		中分類		出題範囲(出題の考え方)
テクノロジ系	9	技術要素	19	ヒューマンインタフェース	・GUI、メニューなど、インタフェースの設計の考え方、特徴を問う。 ・Webデザインの考え方を問う。 ・ユニバーサルデザインの考え方を問う。
			20	マルチメディア	・JPEG、MPEG、MP3など、符号化の種類と特徴を問う。 ・AR、VR、HTML5など、マルチメディア技術の応用目的や特徴を問う。 ・情報の圧縮と伸長、メディアの特徴を問う。
			21	データベース	・データベース及びデータベース管理システム(DBMS)の意義、目的、考え方を問う。 ・データ(ビッグデータを含む)の分析・設計の考え方、データベースのモデルの特徴を問う。 ・データの抽出などの操作方法を問う。 ・排他制御、リカバリ処理など、データベースの処理方法を問う。
			22	ネットワーク	・ネットワークに関するLANやWANの種類と構成、インターネットやLANの接続装置の役割、IPアドレス(IPv6・IPv4)の仕組み、移動体通信の規格を問う。 ・通信プロトコルの必要性、代表的なプロトコルの役割を問う。 ・インターネットの特徴と基本的な仕組みを問う。 ・電子メール、インターネットサービスの特徴を問う。 ・モバイル通信、IoT機器による通信やIoTネットワーク、IP電話など、通信サービスの種類と特徴、課金、伝送速度などに関する理解を問う。
			23	セキュリティ	・ネットワーク社会における安全な活動の観点から情報セキュリティの基本的な考え方、脅威と脆弱性を問う。 ・情報資産とリスク管理の目的、情報セキュリティマネジメントシステム・情報セキュリティポリシの考え方、情報セキュリティ組織・機関(CSIRTなど)を問う。 ・マルウェア(コンピュータウイルス、スパイウェア、ランサムウェアなど)や様々な攻撃手法(フィッシング、標的型攻撃、サイバー攻撃など)への対策としての、アクセス制御やSSL/TLSなどの技術的セキュリティ対策の考え方、種類と特徴を問う。 ・入退室管理やアクセス管理、情報セキュリティ教育、内部不正対策などの、物理的・人的セキュリティ対策の考え方、種類と特徴を問う。 ・利用者ID・パスワード、ディジタル署名、生体認証(バイオメトリクス認証)など、認証技術の種類と特徴を問う。 ・共通鍵暗号方式、公開鍵暗号方式、ハイブリッド暗号方式、公開鍵基盤(PKI)など、暗号化技術の仕組みと特徴を問う。 ・IoT機器の安全な活用方法などのIoTシステムのセキュリティについて問う。

3　シラバス（知識・技能の細目）

出題範囲を詳細化し、求められる知識の幅と深さを体系的に整理・明確化した**「シラバス」**（知識・技能の細目）が試験主催元から公開されています。

シラバスには、学習の目標とその具体的な内容（用語例や活用例など）が記載されていますので、試験の合格を目指す際の学習指針として、また、企業や学校の教育プロセスにおける指導指針として、活用することができます。

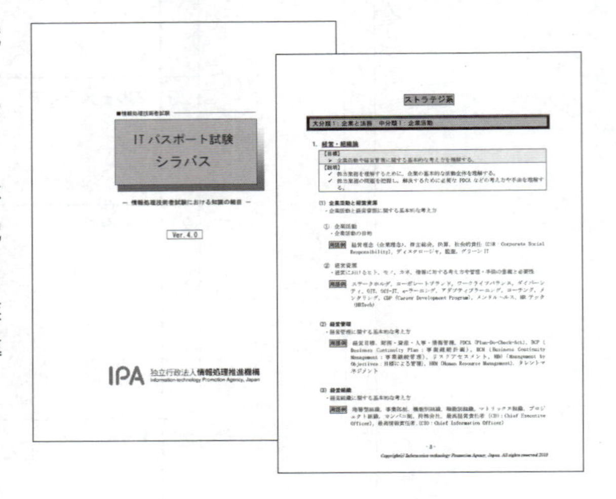

◆シラバスの構成

シラバスは、項目ごとに学習の目標、内容を示したものです。

※本書は、シラバスに沿った目次構成にしています。また、用語例や活用例もすべて解説しています。これによって、体系的な学習ができるようになり、必要な知識をもれなく学習することができます。

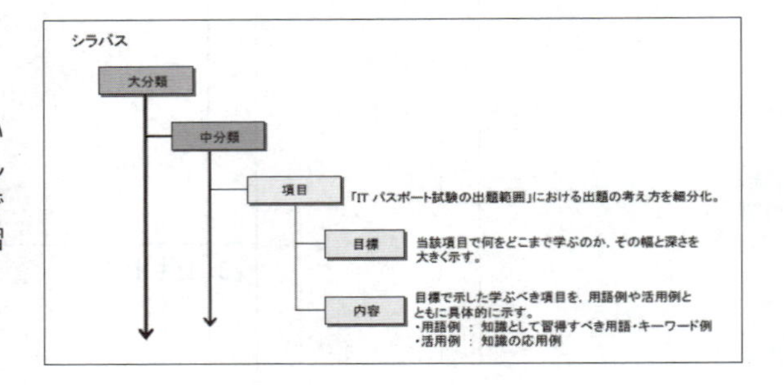

◆シラバスの公開Webページ

シラバスは、試験主催元のWebページから入手することができます。

https://www.jitec.ipa.go.jp/1_04hanni_sukiru/_index_hanni_skill.html

→《シラバス（試験における知識・技能の細目）》→<ITパスポート試験>の一覧から選択

※2019年12月時点での最新のシラバスを入手する場合は、《「ITパスポート試験」シラバス（Ver.4.0）※2018年8月6日更新》を選択します。

◆シラバスの改訂について

シラバスは、試験主催元から必要に応じて改訂されます。2019年12月時点での最新のシラバスは、Ver4.0（2018年8月6日改訂）です。

最新のシラバス Ver4.0では、**「第4次産業革命に対応したITパスポート試験の改訂」**（2019年4月のCBT試験から適用）を目的として、新しい技術（AI、ビッグデータ、IoTなど）や、近年の動向を踏まえた情報セキュリティの項目などが追加されています。

https://www.ipa.go.jp/about/press/20180806.html

IT Passport

ストラテジ系

第1章

企業と法務

企業活動や経営管理に関する基本的な知識、企業の法遵守や規範に関する考え方などについて解説します。

1-1 企業活動

1-1-1 経営・組織

担当業務の問題を把握・解決し、円滑に業務活動を進めるためには、企業の活動内容や目的、法令など、企業の概要を理解することが重要です。

1 企業活動

企業活動を行うにあたって、企業の存在意義や価値観を明確にすることが重要です。これらが明確になっていないと、どの方向に向かって企業活動をすればよいのか曖昧になってしまいます。全社員がそれぞれの担当業務に一生懸命に努力しても、その方向が間違っていたのでは、効率的な業務を行うことはできません。企業が定めるべき目標や責任について理解することが、円滑な企業活動につながっていきます。

(1) 経営理念

企業活動の目的は利益を上げること、社会に貢献することです。そのため、多くの企業が**「経営理念」**を掲げて活動しています。経営理念とは、企業が何のために存在するのか、企業が活動する際に指針となる基本的な考え方のことであり、企業の存在意義や価値観などを示したものです。**「企業理念」**ともいいます。この経営理念は、基本的に変化することのない普遍的な理想といえます。

ところが、社会や技術など、企業を取り巻く環境は大きく変化しています。経営理念を達成するには、長期的な視点で変化に適応するための能力を作り出していくことが重要です。

(2) CSR

「CSR」とは、企業が社会に対して果たすべき責任を意味します。多くの企業がWebページを通じてCSRに対する考え方やCSR報告書を開示し、社会の関心や利害関係者の信頼を得ようとしています。

企業は、利益を追求するだけでなく、すべての利害関係者の視点でビジネスを創造していく必要があります。企業市民という言葉があるように、社会の一員としての行動が求められています。それが、社会の信頼を獲得し、新たな企業価値を生むことにつながるのです。

参考

CSR

「Corporate Social Responsibility」の略。

日本語では「企業の社会的責任」の意味。

参考

ステークホルダ

企業の経営活動に関わる利害関係者のこと。株主や投資家だけでなく、従業員や取引先、消費者なども含まれる。

不正のない企業活動の遂行、法制度の遵守、製品やサービスの提供による利便性や安全性の実現などは、最も基本的な責任ですが、さらに社会に対してどのように貢献していくべきかを追求し、環境への配慮、社会福祉活動の推進、地域社会との連携などを含めてCSRととらえるべき時代となっています。

❷ 企業の組織構成

「企業」は、一般的に営利目的を持ち、生産・販売・サービスなどの経済活動を行う組織体です。狭義には、**「株式会社」**や**「有限会社」**などの私企業を指しますが、広義には国が関与する公的な企業も含まれます。
「組織」は、共通の目的を達成するために、秩序付けられて集められた集合体です。
企業は、業務を効率的に行うために、それぞれ目的に応じて組織を編成しています。
組織の形態には、次のようなものがあります。

(1)職能別組織

「職能別組織」とは、製造、営業、販売、経理、人事などの職能別に構成された組織のことで、**「機能別組織」**ともいいます。それぞれの職能が専門性と効率性を追求することができるので、質の高い成果を上げられるという特徴があり、比較的規模の小さい企業や単一事業の企業などに向いています。反面、職能間で隔たりができ、自部門の都合を優先しがちになるという問題もあります。
職能別組織は、営業、生産、資材など直接収益に関係する**「ライン部門(直接部門)」**と、人事、経理、総務、情報システムなどライン部門を支援する**「スタッフ部門(間接部門)」**に分けられます。

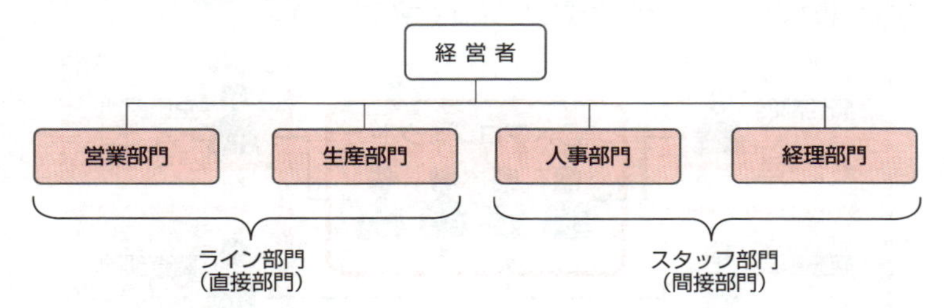

(2)階層型組織

「階層型組織」とは、階層構造になっている組織形態のことで、通常、指揮命令系統はひとつになります。例えば、社長の下にはいくつもの部署があり、部署の下には異なる業務を担当する課が存在するような関係になります。

第1章 企業と法務

階層型組織は、企業方針を全体に浸透させることができるという特徴があります。

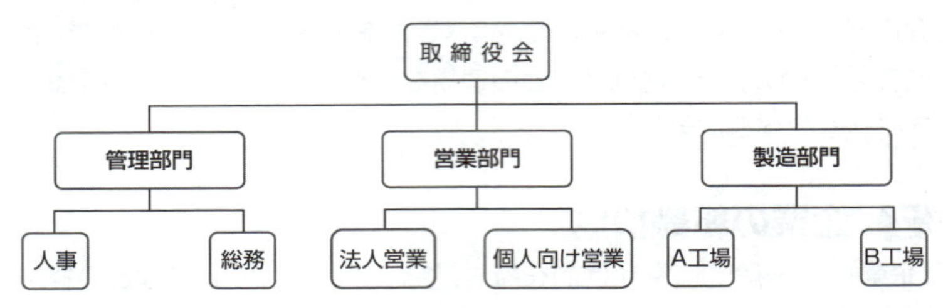

(3) マトリックス組織

「マトリックス組織」とは、職能、事業、製品、地域、プロジェクトなど、異なる指揮命令系統を組み合わせて多次元的に構成された組織のことです。製品と地域や、職能とプロジェクトなど、複数の管理者のもとで作業する形態を取るため、指揮命令系統に混乱が生じることもありますが、一方で、部門間の隔たりをなくし、組織の調和を図れるという利点があります。

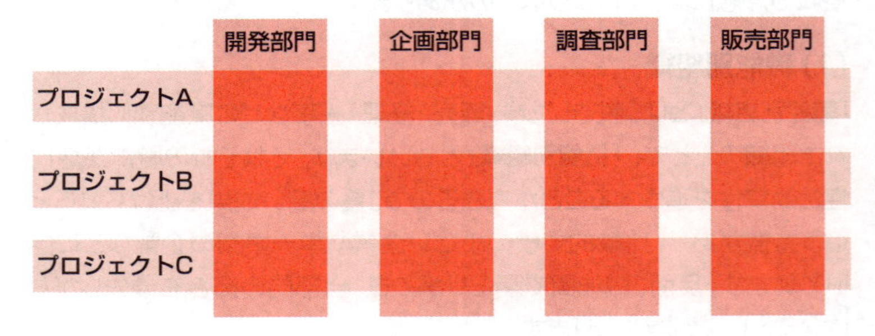

(4) プロジェクト組織

「プロジェクト組織」とは、本来の組織とは別に、各種の専門的な能力を持つ人材によって一時的に編成された組織のことです。あくまでも一時的な組織なので、目的を達成した時点で解散します。

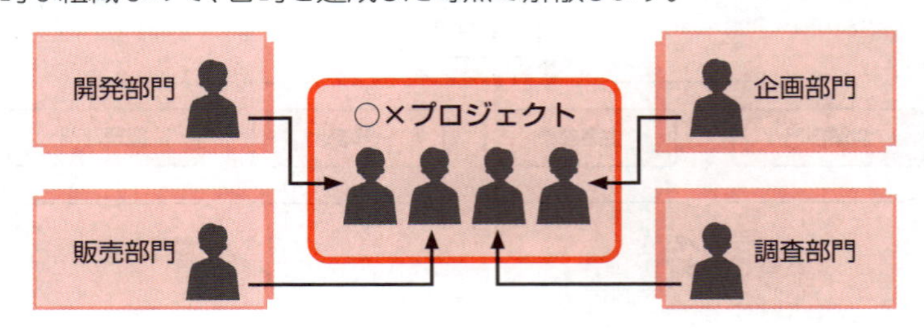

(5) 事業部制組織

「事業部制組織」とは、組織を、取り扱う製品や地域、市場ごとに分化させ、事業部ごとに一部または全部のスタッフ部門を有した組織のことです。
ひとつの事業部の中でひととおりの機能を有しているため、指揮命令を統一することができ、市場ニーズの変化に迅速に対応できるという特徴があります。

また、各事業部は原則として独立採算制をとり、個別に利益責任を負い、業務を遂行します。

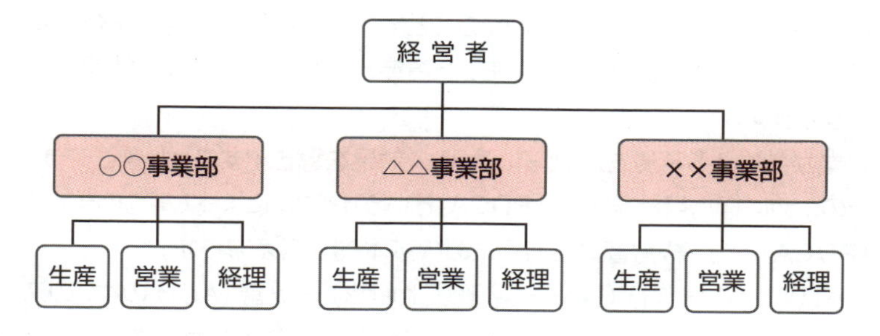

(6) カンパニ制組織

「カンパニ制組織」とは、部門をあたかも独立した会社のように分け、事業を運営する仕組みのことです。組織の自己完結性をより高めることで、環境適応力を高めることができます。事業部制組織に組織構成が似ていますが、カンパニ制組織の方がより強力な人事権や裁量が与えられます。

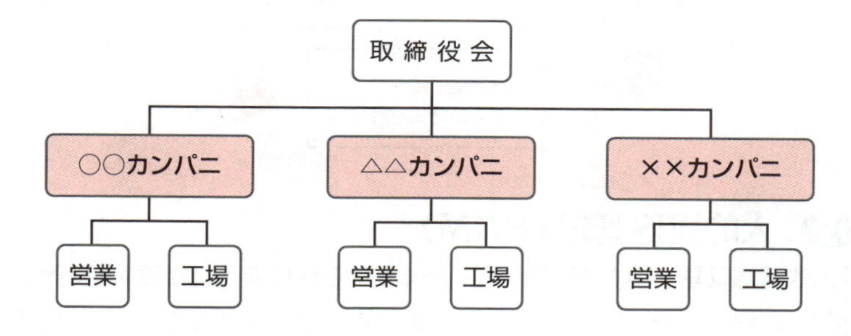

❸ 経営資源

企業経営に欠かせない3大資源として、**「ヒト（人）」**、**「モノ（物）」**、**「カネ（金）」**があります。最近では、第4の資源として**「情報」**を挙げることもあります。

資源	説　明
ヒト	社員（人材）のこと。すべての企業活動において最も重要な資源である。個々の社員に経営理念、経営目標を浸透させ、それに沿った研修を課し、人材力を強化していくことが利益を上げることにつながる。
モノ	製品や商品のこと。製造業であれば生産設備もモノにあたる。モノとは関係のなさそうなサービス産業であっても、円滑な企業活動のためには様々なモノが必要である。例えば、コンピュータ、プリンタ、コピー機などは企業活動に不可欠なモノである。
カネ	資金のこと。モノを買うにも作るにも、ヒトを確保するにも、カネが必要である。企業活動を進めていくための資金として、カネは不可欠な資源である。
情報	正確な判断を下し、競争力を持つための資料やデータのこと。情報をうまく活用することによって、生産性や付加価値の向上、事業計画を生むアイディアなどにもつながる。

参考

グリーンIT

PCやサーバ、ネットワークなどの情報通信機器の省エネや資源の有効利用だけでなく、それらの機器を利用することによって社会全体の省エネを推進し、環境を保護していくという考え方のこと。例えば、電子会議システムを導入して出張を減らし、社会全体のCO_2排出量削減につなげるなど、環境保護と経済成長の両立を目指す。「Green by IT」の略。

❹ 経営管理

「経営管理」とは、企業の目標達成に向けて、経営資源(ヒト・モノ・カネ・情報)を調整・統合する活動のことです。経営資源の要素を経営管理に置き換えると、ヒト=人事、モノ=資産、カネ=財務、情報=情報管理となります。

企業が持ちえる資源を最大限に活用し、効果を導き出すことが重要です。そのために経営目標を定め、**「PDCA」**というサイクルによって管理します。

「PDCA」とは、経営管理を行うための基本的な考え方です。

計画(Plan)→実行(Do)→評価(Check)→改善(Act)の4つのステップをサイクルにし、品質や作業を継続的に向上させるものです。PDCAを繰り返し、経営管理としてより良いものを作り上げていきます。

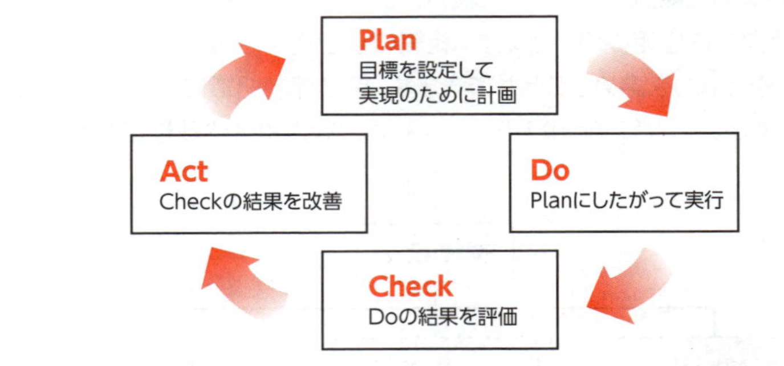

❺ 人的資源管理(HRM)

「人的資源管理」とは、経営資源であるヒトを管理することです。企業の様々な活動を実現するには、社員の業務遂行能力が欠かせません。そのためには、研修制度や人事制度などを整備する必要があります。

(1)研修制度

代表的な研修制度には、次のようなものがあります。

名　称	説　明
OJT	職場内で実際の仕事を通じて、上司や先輩の指導のもとに、知識や技能・技術を習得する制度。「職場内訓練」、「オンザジョブトレーニング」ともいう。 「On the Job Training」の略。
Off-JT	職場外の研修所や教育機関で、一定期間、集中的に知識や技能・技術を習得する制度。「職場外訓練」、「オフザジョブトレーニング」ともいう。研修の方法として、e-ラーニングやケーススタディなどがある。 「Off the Job Training」の略。

参考

経営目標

経営理念を具現化するために定める中長期的な目標のこと。

参考

BCP

何らかのリスクが発生した場合でも、企業が安定して事業を継続するために、事前に策定しておく計画のこと。「事業継続計画」ともいう。

「Business Continuity Plan」の略。

参考

BCM

企業が安定して事業継続するための経営管理手法のこと。BCPの策定や導入、運用、見直しという一連の取組みを行うことで、継続的な改善を図る。「事業継続管理」ともいう。

「Business Continuity Management」の略。

参考

HRM

人的資源管理のこと。

「Human Resource Management」の略。

参考

ダイバーシティ

国籍、性別、年齢、学歴、価値観などの違いにとらわれず、様々な人材を積極的に活用することで生産性を高めようという考え方のこと。

参考

タレントマネジメント

従業員を人的資源としてとらえ、個々の持つスキルや経験、資質などの情報を一元管理することにより、戦略的な人事配置や人材育成を行うこと。

参考

e-ラーニング

電子機器を利用して教育を実施すること。インターネットを活用した形態が多く、時間や場所に制約されないというメリットがある。

(2) 人材開発制度

代表的な人材開発制度には、次のようなものがあります。

名　称	説　明
コーチング	質問型のコミュニケーションを使って、本来個人が持っている能力や可能性を最大限に引き出し、自発的な行動を促すことで目標を達成させるようサポートすること。 上司や管理職が部下や後輩に対して行うことが多いが、外部の専門機関に委託して行うこともある。
メンタリング	メンターと呼ばれる経験豊富な指導者が組織内の若年者や未経験者と継続的にコミュニケーションをとり、対話や助言によって本人の自発的な成長をサポートすることで、組織内の生産性を最大限に高めようとすること。

(3) 人事制度

代表的な人事制度には、次のようなものがあります。

名　称	説　明
CDP	仕事を通じて得た経験や専門的なスキルの習得状況に基づき、社員の将来を設計し、計画的に達成させていく制度。 「Career Development Program」の略。日本語では「キャリア開発プログラム」の意味。
MBO	業務上の目標を決めて、その目標の達成度で評価する制度。評価の結果が昇給や賞与、昇進などに反映される。 「Management by Objectives」の略。日本語では「目標による管理」の意味。

6 生産管理

「生産管理」とは、経営戦略に従って生産活動を計画し、統制する総合的な活動のことです。生産管理は、モノを製造し、販売している企業で、最も重要な活動です。
生産管理の手法には、次のようなものがあります。

名　称	説　明
JIT	必要なものを必要なときに必要な分だけ生産する方式。「ジャストインタイム」、「かんばん方式」ともいう。後工程（部品を使用する側）の生産状況に合わせて、必要な部品を前工程（部品を作成・供給する側）から調達することで、中間在庫量を最小限に抑えることができる。 「Just In Time」の略。 また、米国マサチューセッツ工科大学でJITを調査研究し、体系化・一般化したものとして「リーン生産方式」がある。「リーン」には贅肉を取り除くという意味がある。
FMS	消費者のニーズの変化に対応するために、生産ラインに柔軟性を持たせ、多種類の製品を生産する方式。「フレキシブル生産システム」ともいう。多品種少量生産に適している。 「Flexible Manufacturing System」の略。

参考

アダプティブラーニング

一人ひとりの学習の進捗度や理解度に合わせて、学習内容を調整し、教育を実施すること。
日本語では「適応学習」の意味。

参考

ワークライフバランス

仕事と生活のバランスのこと。具体的には、企業において仕事の責任を果たしながら、家庭や地域においても充実した生き方が選択・実現できることを指す。

参考

メンタルヘルス

心の健康のこと。
最近では、複雑な職場の人間関係や仕事の重責などによるストレスから、メンタルヘルスに不調をきたす人が増えている。企業にとって、社員のメンタルヘルスを組織的かつ計画的にケアすることは、人的資源管理の視点からも重要である。

参考

HRテック（HRTech）

人的資源に科学技術を適用して、人事業務の改善や効率化を図ること。
「HR（Human Resource：人的資源）」と「Technology（テクノロジ：科学技術）」を組み合わせた造語である。
例えば、人材評価や人材育成にAIを活用したり、労務管理にIoTを活用したりして、人事業務の改善や効率化を図る。

名　称	説　明
MRP	生産計画に基づいて、新たに調達すべき部品の数量（正味所要量）を算出して生産する方式。「資材所要量計画」ともいう。 MRPでは、生産計画に基づいて、必要となる部品の数量（総所要量）を算出し、そこから引き当てる（差し引く）ことが可能となる、現時点における部品の在庫数量（引当可能在庫量）を引くことで、正味所要量を求める。 「Material Requirements Planning」の略。
セル生産方式	組み立ての製造工程で、1人～数人の作業者が部品の取り付けから組み立て、加工、検査までの全工程を担当する生産方式。部品や工具などをセル状に配置して作業を行うことから、この呼び名が付いた。「屋台生産方式」ともいう。 作業者や部品、作業順序を変えるだけで、組み立てる製品を変更できるため、多種類でフレキシブルな生産に対応できることがメリットである。
ライン生産方式	ベルトコンベアなどの専用のラインを設置し、何人もの作業者が各担当の部品を組み付け、連続的に繰り返し生産する方式。 特定の製品を繰り返し生産できるため、生産性が高くなることがメリットである。
BTO	顧客の注文を受けてから製品を生産する方式。「受注生産方式」ともいう。顧客の注文に応じて部品を組み立てて出荷を行うため、余剰在庫をかかえるというリスクを軽減することができる。 コンピュータや自動車など、多くの製造販売で採用されている生産方式である。 「Build To Order」の略。

正味所要量を求める計算式

正味所要量＝総所要量－引当可能在庫量

例

商品Aを70個製造しなければならない。商品Aは4個の部品Bと3個の部品Cで作られている。部品Bの在庫が32個、部品Cの在庫が29個あるとき、部品BとCの正味所要量はそれぞれいくらか。

商品Aを1個作るのに、部品Bが4個と部品Cが3個必要ということから、商品Aを70個作るには、部品Bが280個（4個×70）、部品Cが210個（3個×70）必要となる。部品Bの在庫32個と部品Cの在庫29個をそれぞれ引いた数が正味所要量となる。

部品Bの正味所要量：280個－32個＝248個
部品Cの正味所要量：210個－29個＝181個

したがって、部品Bは248個、部品Cは181個となる。

参考

コンカレントエンジニアリング
製品開発において後工程に携わる部門関係者を前工程から参加させ、設計から生産準備、製造までの各プロセスを同時並行的に行う手法のこと。これにより、生産の効率化を図ることができ、結果として製品開発の期間短縮につながる。

参考

正味所要量
新たに調達すべき部品の数量のこと。

参考

総所要量
必要となる部品の数量のこと。

参考

引当可能在庫量
引き当てる（差し引く）ことが可能となる現時点における部品の在庫数量のこと。なお、生産管理や在庫管理では、「在庫を差し引く」ことを、「在庫を引き当てる」という。

❼ 在庫管理

「在庫」とは、倉庫に保管している部品や商品のことである。

企業にとって**「在庫管理」**は、経営の基礎を支える重要な活動です。

在庫は、多すぎても少なすぎても、需要と供給のバランスが崩れてしまいます。また、多すぎる在庫は、企業の資金を圧迫し、費用の増大につながります。そのため、在庫管理においては、常に適量の在庫を保つ必要があります。

(1) 経済発注量

「経済発注量」とは、在庫を補充する際に、最適な発注量を計算する方法のことです。

在庫補充にかかわる**「発注費用」**と**「在庫維持費用」**を最小限に抑えることは、経営活動における利益の確保につながります。そのため、最も少ない費用で在庫を確保できるように、適切な発注量を計算します。

費　用	説　明
発注費用	1回の発注にかかる費用。1回の発注数が多ければ発注回数が減るため、全体の費用は少なくなる。
在庫維持費用	倉庫の管理費など在庫を維持するために必要な費用。在庫数が多かったり保管期間が長かったりすると費用は増加する。
在庫総費用	在庫維持費用と発注費用を合計した費用。

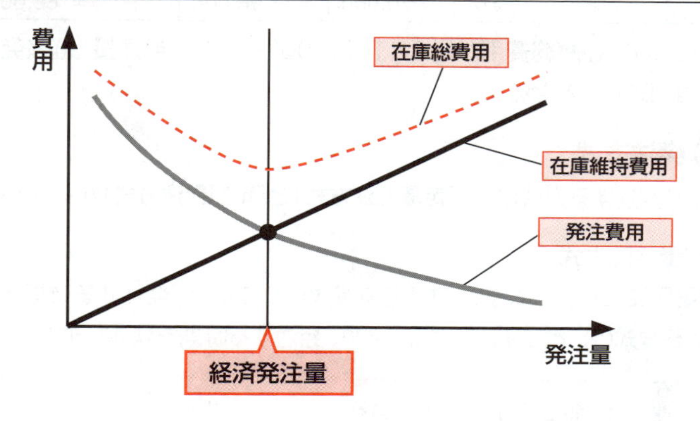

例

次の条件をもとに、在庫総費用が最小となる発注量（ロット数）はいくらか。

〔条件〕

(1) 発注はロット単位で行い、1ロットは500個の商品で構成される。

(2) 在庫維持費用は発注量に比例し、1ロット当たり16,000円とする。

(3) 1回の発注費用は5,000円とする。

(4) 期間内の使用量は40,000個とする。

参考

ロット

生産や出荷の単位となる同じ商品の集まりのこと。

発注量（ロット数）を求める手順は、次のとおりである。

① 発注回数を求める。
　使用量÷（発注量×1ロット当たりの個数）…小数点以下を切上げ

② 発注費用を求める。
　発注回数×1回当たりの発注費用

③ 在庫維持費用を求める。
　発注量×1ロット当たりの在庫維持費用

④ 在庫総費用を求める。
　発注費用＋在庫維持費用

発注量	発注回数	発注費用	在庫維持費用	在庫総費用
1	40,000÷（1×500）=80	80×5,000=400,000	1×16,000=16,000	400,000+16,000=416,000
2	40,000÷（2×500）=40	40×5,000=200,000	2×16,000=32,000	200,000+32,000=232,000
3	40,000÷（3×500）≒27	27×5,000=135,000	3×16,000=48,000	135,000+48,000=183,000
4	40,000÷（4×500）=20	20×5,000=100,000	4×16,000=64,000	100,000+64,000=164,000
5	40,000÷（5×500）=16	16×5,000=80,000	5×16,000=80,000	80,000+80,000=160,000
6	40,000÷（6×500）≒14	14×5,000=70,000	6×16,000=96,000	70,000+96,000=166,000

したがって、在庫総費用が最小（160,000円）となる発注量（経済発注量）は、5ロットとなる。

（2）発注方式

在庫を発注する方式には、**「定量発注方式」**と**「定期発注方式」**があります。

●定量発注方式

「定量発注方式」とは、発注する量を定め、その都度、発注する時期を検討する方式のことです。発注点により、発注する時期を決定します。

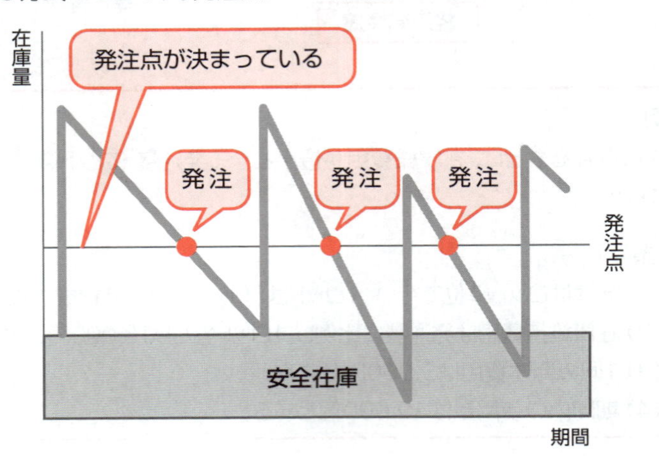

参考

発注点
発注するタイミングとなる在庫量のこと。在庫量が発注点まで下がってきたら発注を行う。

参考

安全在庫
需要が変動することを見越して、欠品を防ぐために余分に確保しておく在庫のこと。

定量発注方式の発注点を求める計算式

発注点＝1日当たりの平均使用量×納入リードタイム＋安全在庫

例

A化粧品株式会社は、定量発注方式によって在庫管理を行っている。材料を発注してから納入されるまでのリードタイムは3日かかり、1日の平均使用量は5個である。安全在庫量を5個として計算する場合の発注点はいくらか。

発注点を求めるために必要な数値は、次のとおりである。

1日当たりの平均使用量：5個
納入リードタイム　　　：3日
安全在庫　　　　　　　：5個

これらの数値を、発注点を求める計算式にあてはめると、次のようになる。

5個×3日＋5個＝20個

したがって、発注点は20個となる。

●定期発注方式

「定期発注方式」とは、発注する時期（間隔）を定め、その都度、発注量を検討する方式のことです。その際、発注量を決定するための需要予測の正確さが必要となります。

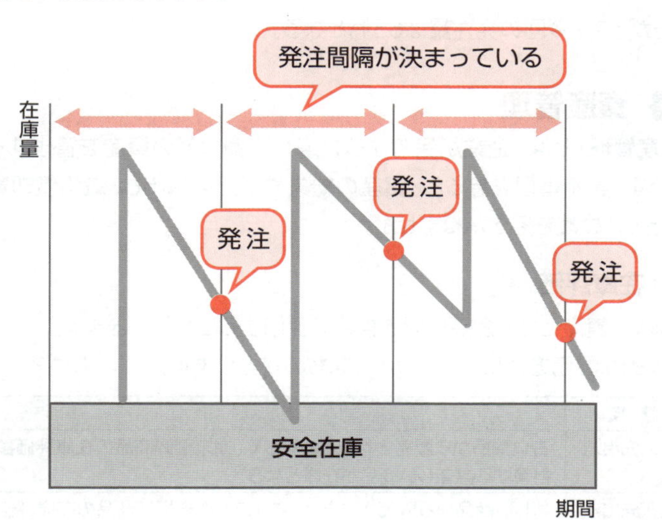

参考

納入リードタイム
商品を発注してから商品が納入されるまでの期間のこと。

参考

発注サイクル

発注を行う周期のこと。

参考

現在の在庫量

発注する時点で使用できる在庫量のこと。

参考

現在の発注残

前回発注したものでまだ納入していない残数のこと。

定期発注方式の発注量を求める計算式

発注量＝（発注サイクル＋納入リードタイム）×平均使用予定量＋安全在庫
－現在の在庫量－現在の発注残

例

B食品株式会社は、定期発注方式によって在庫管理を行っている。
材料の発注は1週間に1回、7日おきに行い、発注してから納入されるまでのリードタイムは3日かかる。
1日の平均使用予定量を20個、安全在庫量を15個として計算する場合の発注量はいくらか。
ただし、発注時点の在庫量は150個で、発注残はないものとする。

発注量を求めるために必要な数値は、次のとおりである。

発注サイクル　　　　　　：7日
納入リードタイム　　　　：3日
1日当たりの平均使用予定量：20個
安全在庫　　　　　　　　：15個
現在の在庫量　　　　　　：150個
現在の発注残　　　　　　：0個

これらの数値を、発注量を求める計算式にあてはめると、次のようになる。

（7日＋3日）×20個（1日当たり）＋15個－150個－0個＝65個

したがって、今回の発注量は65個となる。

8 資産管理

「資産管理」とは、企業が保有する在庫や設備などの資産を管理することです。資産管理を怠ると、資産の紛失や不正な持出し、減価償却費の計上ミスなどを招きかねません。

(1) 在庫評価

在庫は、資産として金額に置き換えて評価することができます。
代表的な評価方法には、次のようなものがあります。

種　類	説　明
先入先出法	古い商品から販売されたとみなして、期末棚卸商品の在庫評価額を計算する。（新しい商品が在庫となる）
後入先出法	新しい商品から販売されたとみなして、期末棚卸商品の在庫評価額を計算する。（古い商品が在庫となる）
平均原価法	仕入れた商品の平均原価に基づいて、期末棚卸商品の在庫評価額を計算する。
個別法	個々の取得原価に基づいて、期末棚卸商品の在庫評価額を計算する。

例

期末在庫品を先入先出法で評価した場合と後入先出法で評価した場合の在庫評価額はいくらか。
ただし、期首在庫、4月～9月の仕入は次の表のとおりとし、5個の出荷があるものとする。

先に仕入れたものから出荷したと考える

あとに仕入れたものから出荷したと考える

			先入先出法			後入先出法		
	個数	単価	出荷	在庫	在庫評価額	出荷	在庫	在庫評価額
期首在庫	3個	10円	3個	0個			3個	3個×10円=30円
4月仕入	1個	11円	1個	0個			1個	1個×11円=11円
6月仕入	2個	12円	1個	1個	1個×12円=12円		2個	2個×12円=24円
7月仕入	3個	13円		3個	3個×13円=39円	1個	2個	2個×13円=26円
9月仕入	4個	14円		4個	4個×14円=56円	4個	0個	
期末在庫	8個				107円			91円

したがって、先入先出法の在庫評価額は107円、後入先出法の在庫評価額は91円となる。

例

5月の入出庫が次の表のとおりであった場合に、5月20日時点の在庫評価額はいくらか。単価は、A社からの入庫分が980円、B社からの入庫分が990円とし、B社からの入庫分を優先的に出庫するものとする。同日に入庫と出庫があった場合は入庫が先とする。また、当初の在庫は考慮しないものとする。

月	日	入庫 A社	入庫 B社	出庫
5	3		12	
	6	15		
	9			20
	10		27	
	11			8
	14		23	
	15			31
	16	20		
	18	10		
	19			26
	20		8	20

月	日	入庫 A社	入庫 B社	出庫
5	21		12	
	22			
	23	6	6	
	24		5	
	25			18
	26	10		9
	27	8		20
	28	12		
	29			10
	30		15	13
	31			8

条件をまとめてみると、次のようになる。

・入庫する際の単価はA社からが980円、B社からが990円である。

・出庫する際は、B社から納品された商品を優先する。

・同日に入庫と出庫がある場合は、入庫を先に行う。

以上の条件に従い、20日までの評価額を算出すると次の表のようになり、20日時点での在庫評価額は9,800円となる。

月	日	入庫		出庫	入庫に関する評価額	出庫に関する評価額	在庫評価額	在庫内訳
		A社	B社					
5	3		12		12×990=11,880		11,880	A社:0 B社:12
	6	15			15×980=14,700		26,580	A社:15 B社:12
	9			20		12×990=11,880 8×980= 7,840	6,860	A社:7 B社:0
	10		27		27×990=26,730		33,590	A社:7 B社:27
	11			8		8×990= 7,920	25,670	A社:7 B社:19
	14		23		23×990=22,770		48,440	A社:7 B社:42
	15			31		31×990=30,690	17,750	A社:7 B社:11
	16	20			20×980=19,600		37,350	A社:27 B社:11
	18	10			10×980= 9,800		47,150	A社:37 B社:11
	19			26		11×990=10,890 15×980=14,700	21,560	A社:22 B社:0
	20		8	20	8×990= 7,920	8×990= 7,920 12×980=11,760	9,800	A社:10 B社:0

(2) 減価償却

機械や建物などの固定資産は、時間が経過するとその資産価値が下がります。これを**「減価」**といいます。この減価を毎期、決まった方法で計算し、税法で定められた期間で分割して費用とする必要があります。このことを**「減価償却」**といいます。減価償却の計算方法には、**「定額法」**や**「定率法」**が一般的に使われています。

方 法	説 明
定額法	取得価額(設備の購入に要した金額)に対して、毎期、一定額を減価償却していく方法。
定率法	取得価額(設備の購入に要した金額)からその期までの全償却費用を引いた残りの価額を未償却残高とし、これに毎期、一定の償却率をかけて減価償却費を求める方法。

参考

法定耐用年数

省令で定められた「機械・建物・設備などの固定資産が使用できる耐用年数」のこと。税法により、資産の種類ごとに決められている。

参考

ソフトウェアの耐用年数と減価償却

ソフトウェアの耐用年数は、複写して販売するための原本または研究開発用のものは3年、それ以外は5年である。また、ソフトウェアの減価償却は定額法で行うよう税法で定められている。

参考

残存価額

法定耐用年数が経過した資産の予測される価値のこと。通常は、取得価額の10%とする。

参考

償却率

税務上、法定耐用年数に応じて定められている一定率のこと。

9 与信管理

企業の生産活動や販売活動は、仕入先、販売先、下請先、貸付先など様々な取引先との信用の上に成り立っています。例えば、商品を前もって納入して代金は後で回収するような販売形態では、商品引き渡しから代金回収までの間、販売先を信用して取引しています。このような取引は、企業にとってひとつの大きなリスクとなります。取引先が倒産して、代金が回収できなくなれば、損失を出してしまうのです。
このようなリスクをなくすために不可欠なのが、**「与信管理」**です。与信管理とは、取引先の経営状況を評価し、信用取引を継続するかどうか、どの程度までの金額を取引するかを管理することです。
与信管理で評価すべき内容は、次の2つとされています。

内　容	説　明
取引の可否	「取引しても大丈夫か」を考える。取引先すべてに対して定期的に情報を収集し、緊急性の高い情報があれば、取引中止や代金回収などの対応を行う。
取引の規模	「いくらまでなら取引しても大丈夫か」を考える。取引先のリスクの大小に応じて、売掛金や受取手形などの売上債権の残高をコントロールする。

1-1-2　OR・IE

「OR(オペレーションズリサーチ)」とは、問題解決や意思決定のために、集計・分析して解決策を見い出す手法のことです。一方、**「IE(インダストリアルエンジニアリング)」**とは、効率的・合理的な生産のために、作業の工程を把握・改善する手法のことです。
ORやIEでは、様々な図解を用いて、業務の分析・解決や改善をします。

1 業務の把握

業務を把握する手法には、次のようなものがあります。

(1)業務フロー

「業務フロー」とは、業務に関する一連の流れを図として表したものです。業務フローを用いることで、各業務を遂行するにあたり、どの部門がどのような業務を行い、どの部門とどのような関連があるのかを簡単に把握できるようになります。

顧客	営業	販売	倉庫	経理
商品の注文 →	受注			
	受注入力 →	在庫確認		
		商品出荷依頼 →	商品確認	
商品の受領	←	←	← 商品出荷	
代金の支払 →	→	→	→	商品の代金決済

参考

担保の設定
取引先の売掛金などの貸し倒れに備えて取引先の財産に担保を設定しておくと、売掛金などが回収不能に陥った場合に、担保を売掛金などに充当できる。担保には、物的担保(抵当権や質権など)と人的担保(連帯保証や連帯債務など)がある。

参考

売上債権
掛けで売った商品の代金をあとで受け取ることを約束したもの。具体的には、売掛金や受取手形などを指す。
「売掛金」とは、売った商品の代金をあとで受け取ることを意味し、「受取手形」とは、売った商品の代金をあとで受け取る権利のこと。

参考

OR
「Operations Research」の略。

参考

IE
「Industrial Engineering」の略。

❷ 業務分析と業務計画

表やグラフを使ってデータを図式化することで、業務を分析できます。業務分析を行う手法には、次のようなものがあります。

(1) パレート図

「パレート図」とは、項目別に集計したデータを数値の大きい順に並べた棒グラフと、その累積値の割合を折れ線グラフで表した図のことです。主に、品質不良の原因を表す品質管理、入出庫の頻度を表す在庫管理、売上状況を表す販売管理などで活用され、問題を解決するためにどの項目を重視しなければならないかを判断するときに使います。
例えば、品質不良の原因を表す下のグラフでは、**「傷」**と**「歪み」**を合わせた件数が全体の70%を占めていることがわかります。

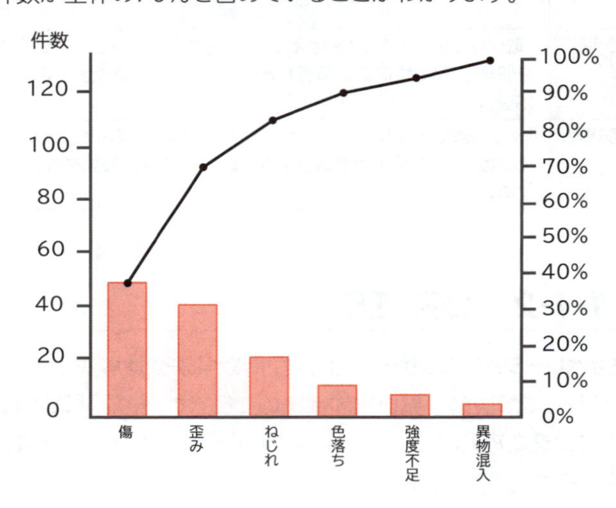

(2) ABC分析

「ABC分析」とは、要素・項目の重要度や優先度を明らかにするための手法のことです。売上戦略や販売管理、在庫管理など、経営のあらゆる面で活用できます。パレート図のツールを応用し、要素・項目を重要な(大きい)順に並べて、A・B・Cの3つの区分に分けます。一般的に、上位70%を占めるグループをA群、70〜90%のグループをB群、残りのグループをC群として管理します。
例えば、次のグラフからは、PCとエアコンを合わせた販売台数が全体の70%を占めており、この2商品をA群として重点的に商品管理をした方が良いということがわかります。

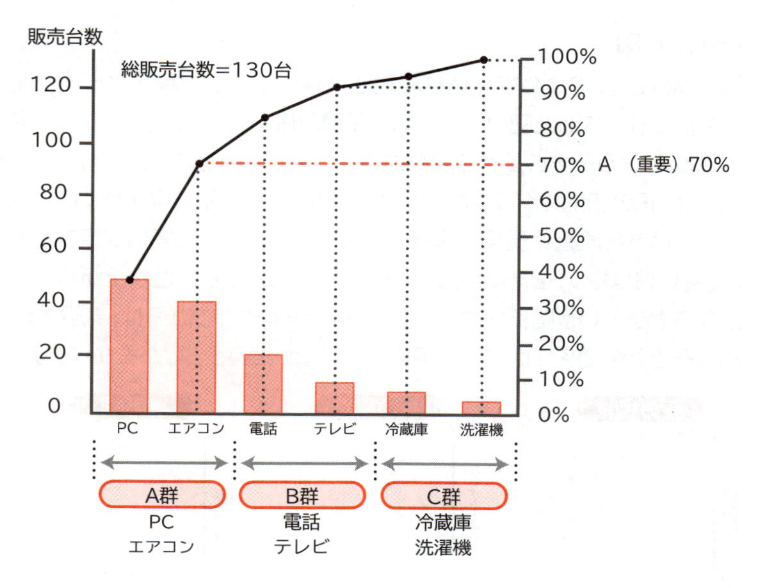

(3) アローダイアグラム

「アローダイアグラム」とは、より良い作業計画を作成するための手法のひとつです。作業の順序関係と必要な日数などを矢印で整理して表現します。日程計画表（PERT）の図としても使われます。

例えば、次の図からは、作業Eは作業Cと作業Dの両方が終了した時点で作業を開始できることがわかります。

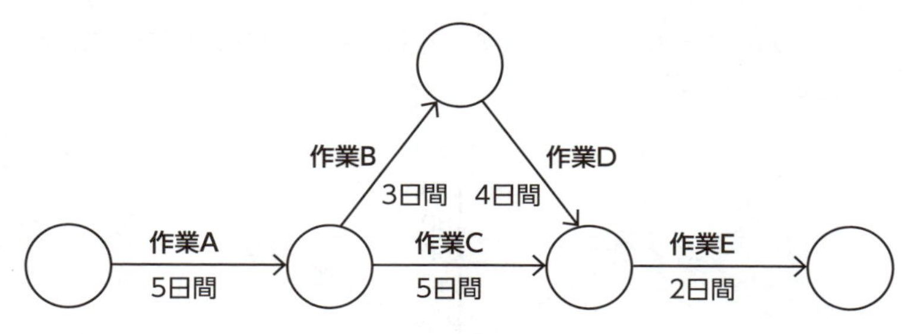

(4) ガントチャート

「ガントチャート」とは、作業の予定や実績を横棒で表したものです。横方向に時間、日、週、月などの時間目盛りを取り、縦方向に作業項目やプロジェクトを記入し進捗状況を管理します。

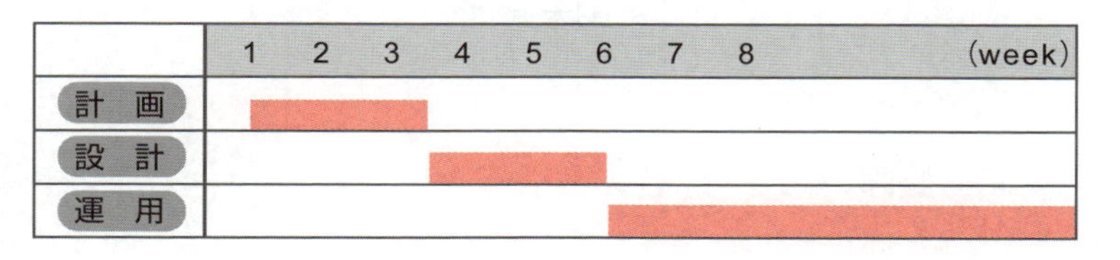

参考

PERT

「Program Evaluation and Review Technique」の略。

参考

クリティカルパス

日程計画において、全体の日程の中で最も作業日数のかかる経路のこと。クリティカルパスのいずれかの作業に遅れが生じると全体の日程が遅れるため、注意して管理する必要がある。

日程計画において、クリティカルパスを探索する分析手法のことを「クリティカルパス分析」という。

(5) 散布図

「散布図」とは、2つの属性値を縦軸と横軸にとって、2種類のデータ間の相関関係を表した図のことです。**「相関関係」**とは、ある属性の値が増加すると、もう一方の属性の値が減少するような関係のことです。

例えば、正の相関のグラフからは、暑い日には清涼飲料水がたくさん売れるといった原因と現象の関係がわかります。負の相関のグラフからは、暑い日はホット飲料の売上が悪いということから気温が上がると売上が下がるという関係がわかります。無相関のグラフからは、気温と雑誌の売上との関係にはお互い相関関係がないということがわかります。

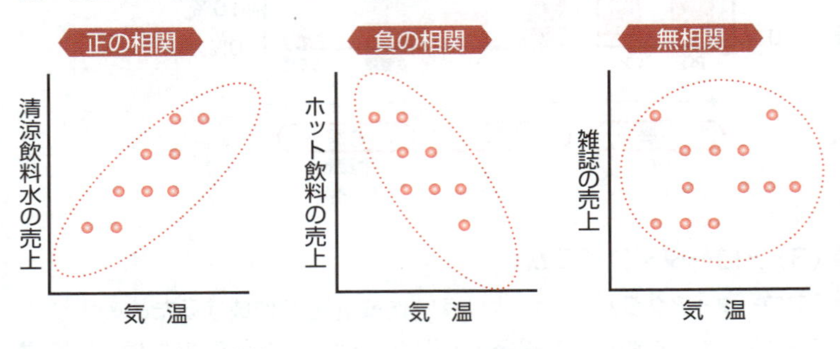

(6) レーダチャート

「レーダチャート」とは、複数項目の比較やバランスを表現するグラフのことです。

例えば、次のグラフからは、試験の各教科における得点のバランスがわかります。

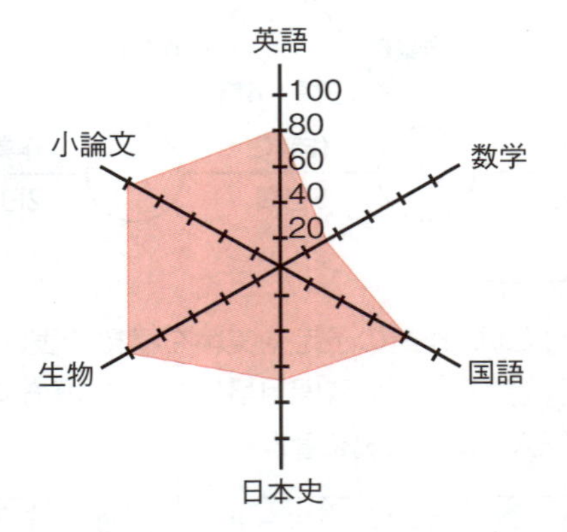

(7) 管理図

「管理図」とは、工程の状態を折れ線グラフで表した図のことです。

測定したデータをプロットしていき、限界の外側に出た場合や分布が中心線の片側に偏る場合などから、工程異常を検出する仕組みになっています。

例えば、次の基準によって、点を異常と判断するとします。

・上方または下方の管理限界の外側に現れる点

・中心線の上側または下側に、6点以上の点が連続して現れる場合の6点目以降の点

この場合、異常と判断すべき点が3個あることがわかります。

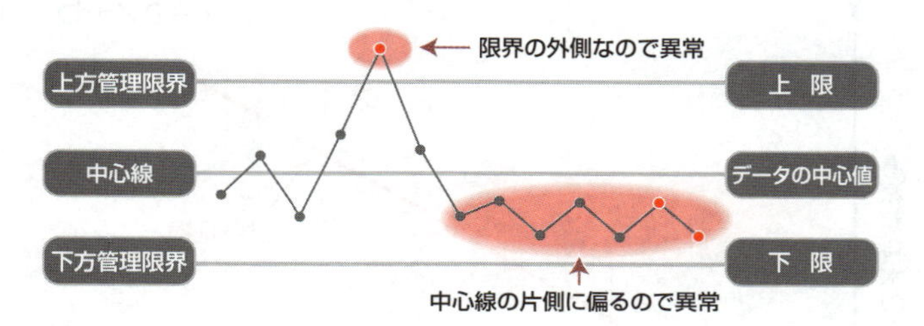

(8) ヒストグラム

「ヒストグラム」とは、集計したデータの範囲をいくつかの区間に分け、区間に入るデータの数を棒グラフで表した図のことです。

ヒストグラムを作成すると、データの全体像、中心の位置、ばらつきの大きさなどを確認できます。

例えば、次のグラフからは、○×町で年代別にスマートフォンの保有者数を調べたところ21～30歳が最も多く、次に10～20歳、31～40歳と続き、51歳以上が最も少ないということがわかります。

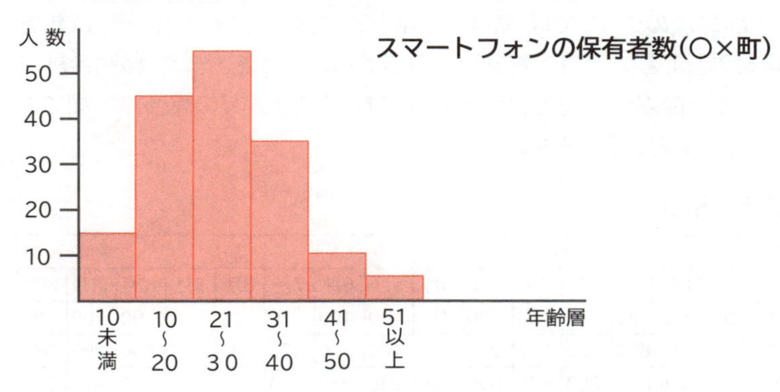

参考

最小2乗法

各点と回帰直線からの差の2乗を合計したものが、最小になるような直線を求める方法のこと。

(9) 回帰分析

「回帰分析」とは、散布図を応用したもので2種類のデータ間に相関関係があるとき、その関係を直線で表す手法のことです。

2種類のデータをx、yとした場合、回帰直線はy＝ax＋bの式で表すことができます。このときaを回帰直線の**「傾き」**、bを**「切片」**といいます。

例えば、次のグラフからは、年間の平均気温が予測できれば、そこから商品の売上を予測でき、商品の発注数などを決めることができます。

回帰直線は、各点からの距離が最短になるような直線を求めます。この求め方を**「最小2乗法」**といいます。

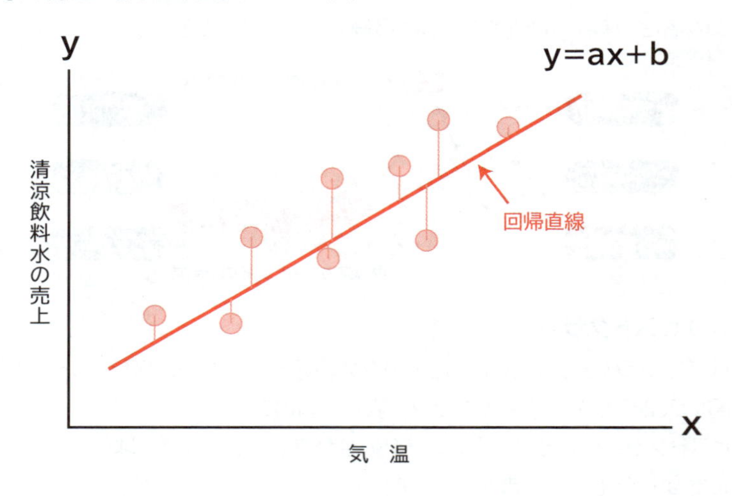

(10) Zグラフ

「Zグラフ」とは、時間の経過による推移を表したグラフのことです。そのグラフが**「Z」**の形をしていることから、Zグラフと呼ばれます。

例えば、次のグラフでは、売上高、売上高の累計、移動合計（過去1年を含む累計）をグラフにプロットし分析することができます。移動合計が右上がりの場合は売上実績が順調であり、右下がりの場合は不調であるということを示します。

売上実績表

			2019年											(単位:千円)
	11月	12月	1月	2月	3月	4月	5月	6月	7月	8月	9月	10月	11月	12月
売上高	90	70	70	50	90	110	80	100	70	60	80	90	100	80
累計	790	860	70	120	210	320	400	500	570	630	710	800	900	980
移動合計	820	860	860	880	890	910	930	940	940	940	950	960	970	980

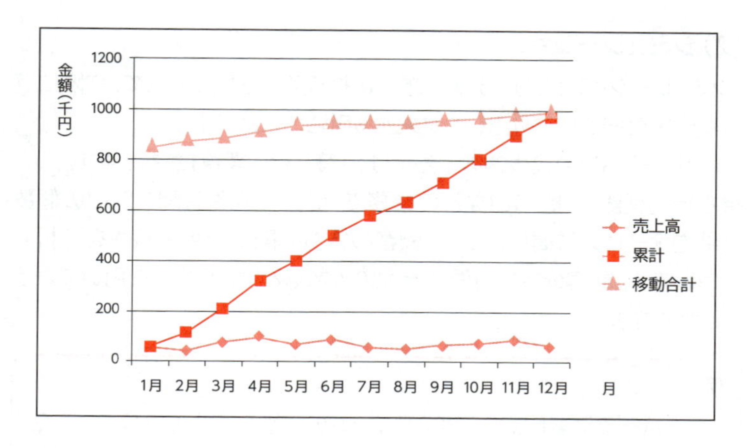

❸ 意思決定

企業は利益を出すために、効率よく業務活動しコストを抑えるなどの努力が必要です。
問題を解決するための意思決定を効率的に行う手法には、次のようなものがあります。

(1) 特性要因図

「特性要因図」とは、業務上問題となっている特性（結果）と、それに関係するとみられる要因（原因）を魚の骨のように表した図のことです。**「フィッシュボーンチャート」**ともいいます。多数の要因を系統立てて整理するのに適しています。
例えば、次の図からは、品質を悪化させている複数の要因を4つの系統（作業方法、材料、設備、作業員）に分類することで、品質悪化という特性に対して、どのような要因が関係しているのかがわかります。

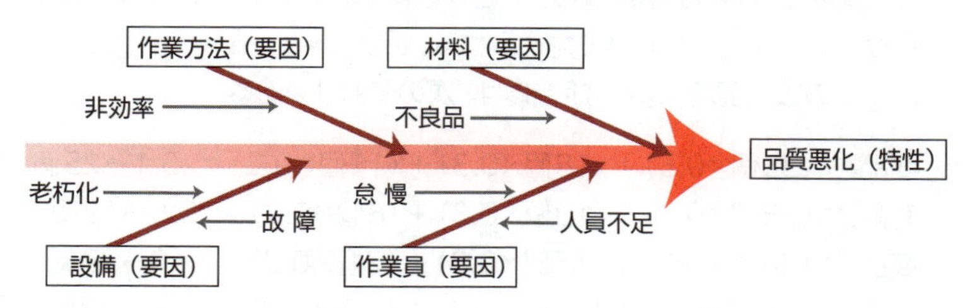

(2) シミュレーション

「シミュレーション」とは、現実に想定される条件を取り入れて、実際に近い状況を模擬的に作り出して実験する手法のことです。

シミュレーションの代表的な手法には、**「待ち行列理論」**があります。

待ち行列理論とは、窓口などの業務で、顧客の到着時間と窓口の個数と平均サービス時間によって、顧客の待ち時間や行列の長さを分析する理論です。顧客の待ち時間や行列の人数などは、期待値を用いて表すことができます。

例

Yスーパーでは夏限定でアイスクリームの特別割引キャンペーンを企画している。A～Dの商品を比較し、一番売上が見込める商品で実施したい。気温が平均気温より高い日、平均の日、低い日における商品の販売見込み数が表のとおりであるとき、見込み数の期待値が最も高い商品はどれか。またその期待値はいくらか。

ここで、気温が平均気温より高い日、平均の日、低い日になる確率は0.5、0.3、0.2とする。

なお、期待値は小数点第一位で四捨五入し、整数の値で比較する。

（単位：個）

商品	高い	平均	低い
商品A	35	18	11
商品B	28	10	8
商品C	34	15	7
商品D	56	12	9

販売見込み数の期待値は、販売見込み数にそれぞれの天候になる確率を掛けたものを足し合わせて求められる。

商品ごとの販売見込み数の期待値は、次のとおりである。

商品A：（35個×0.5）＋（18個×0.3）＋（11個×0.2）＝25.1→25個
商品B：（28個×0.5）＋（10個×0.3）＋（8個×0.2）＝18.6→19個
商品C：（34個×0.5）＋（15個×0.3）＋（7個×0.2）＝22.9→23個
商品D：（56個×0.5）＋（12個×0.3）＋（9個×0.2）＝33.4→33個

したがって、商品Dの販売見込み数の期待値が最も高く、期待値は33個となる。

❹ 問題解決手法

問題を解決するための基本的な手法には、次のようなものがあります。

(1) ブレーンストーミング

「ブレーンストーミング」とは、ルールに従ってグループで意見を出し合うことによって、新たなアイディアを生み出し、問題解決策を導き出す手法のことです。

ブレーンストーミングのルールは、次のとおりです。

ルール	内　容
批判禁止	人の意見に対して、批判したり批評したりしない。批判したり批評したりして、発言が抑止されてしまうことを防ぐ。
質より量	短時間に、できるだけ多くの意見が出るようにする。意見の量は多いほど質のよい解決策が見つかる可能性がある。
自由奔放	既成概念や固定概念にとらわれず、自由に発言できるようにする。多少テーマから脱線しても、その中に突拍子もないアイディアが隠れていることがある。
結合・便乗	アイディアとアイディアを結合したり、他人のアイディアを利用して改善したりする。新たなアイディアが創出されることが期待できる。

(2) デシジョンツリー

「デシジョンツリー」とは、選択や分岐の繰返しを階層化し、樹形図（枝分かれの形で表した図）に描き表したものを指します。**「決定木」**ともいいます。

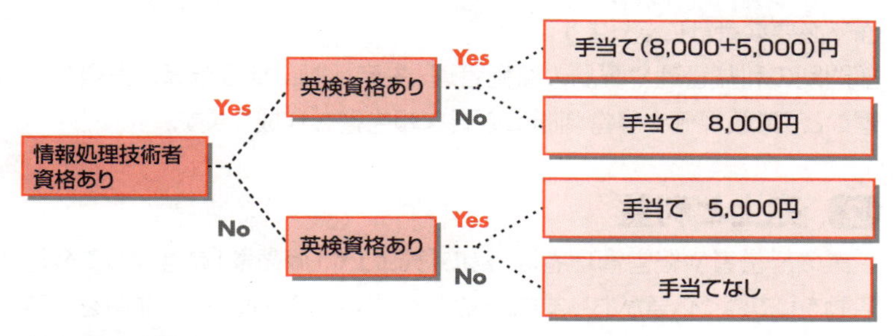

(3) 親和図法

「親和図法」とは、データを相互の親和性によってまとめ、グループごとに表札を付けて整理、分析する手法のことです。漠然とした問題を整理し、問題点を明確にすることができます。

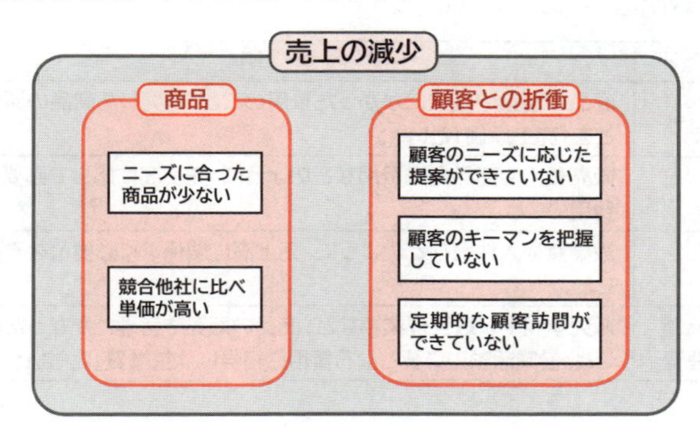

1-1-3　会計・財務

「会計」とは、損益の発生を記録、計算、整理することです。その事務作業を**「財務」**といいます。

❶ 会計の種類

企業における会計には、**「財務会計」**と**「管理会計」**という2つの会計があります。

(1) 財務会計

「財務会計」とは、株主や取引先、税務当局などの関係者に報告するための会計のことです。企業の財務状況を対外的に報告するために必要な会計になります。
一定期間ごとに決算を行い、貸借対照表や損益計算書などの財務諸表を作成します。

(2) 管理会計

「管理会計」とは、企業内部の関係者（経営者や管理者）に対して意思決定に必要な情報を報告するための会計のことです。企業の経営管理の面で必要な会計になります。
部門別の利益管理や製品の原価管理、生産活動に伴う予算と実績の管理など、業績評価や経営判断に必要な報告書を作成します。

❷ 売上と利益

企業の経営者や経営管理者は、常に**「売上」**や**「販売量」**を意識して経営活動をしていく必要があります。そのため、損益を管理したり、在庫を調整したりして、少ない**「費用」**から最大限の**「利益」**を得ることを目指します。

(1) 費用

「費用」とは、企業が経営活動を行うにあたって、支払う金銭のことです。主な費用は、次のとおりです。

種　類	説　明
原価	商品の製造や仕入にかかった費用のこと。販売した商品の原価のことを「売上原価」という。
変動費	販売費用や商品発送費用などのように、売上高に応じて必要となる費用のこと。
固定費	設備費や人件費などのように、売上高に関係なく必要となる費用のこと。
販売費及び一般管理費	販売業務や一般管理業務など、商品の販売や管理にかかった費用のこと。営業活動に必要となる費用に相当し、「営業費」ともいう。

(2) 利益

「利益」とは、売上から費用を引いたものです。会計を管理する際は、いくつかの方法で利益を計算します。主な利益は、次のとおりです。

種　類	説　明
売上総利益	売上高から「売上原価」を差し引いて得られた利益のこと。「粗利益」「粗利」ともいう。商品によって稼いだ利益である。 売上総利益＝売上高－売上原価
営業利益	売上総利益から、「販売費及び一般管理費」を差し引いて得られた利益のこと。本業である営業活動によって稼いだ利益である。 営業利益＝売上総利益－販売費及び一般管理費
経常利益	営業利益に「営業外収益」を加え、「営業外費用」を差し引いて得られた利益のこと。本業である営業活動だけでなくそれ以外の利益も加えた、企業の総合的な利益である。 経常利益＝営業利益＋営業外収益－営業外費用

これらの利益は、**「損益計算書」**によって計算します。

(3) 利益率

「利益率」とは、売上高に対する利益の割合を表したものです。
主な利益率は、次のとおりです。

種　類	説　明
売上総利益率	売上高に対する売上総利益の割合のこと。 売上総利益率（%）＝売上総利益÷売上高×100
営業利益率	売上高に対する営業利益の割合のこと。 営業利益率（%）＝営業利益÷売上高×100
経常利益率	売上高に対する経常利益の割合のこと。 経常利益率（%）＝経常利益÷売上高×100

これらの利益率によって商品の収益性を見ることができます。

(4) 損益分岐点

「損益分岐点」とは、売上高と費用が等しく、利益・損失とも**「0」**になる点のことです。このときの売上高を**「損益分岐点売上高」**といいます。
損益分岐点は、利益を得られるかどうかの**「採算ライン」**を見極めるために算出します。売上高が損益分岐点を上回っていれば利益が得られていることになり、売上高が損益分岐点を下回っていれば損失が出ていることになります。

損益分岐点売上高を求める計算式

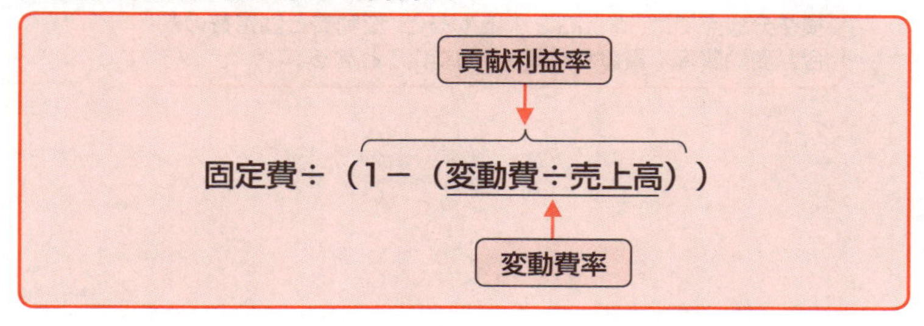

参考

営業外収益
受け取り利子や配当など、企業が営業する以外の方法で得た収入のこと。

参考

営業外費用
支払い利息など、企業が営業する以外で使用した費用のこと。

参考

貢献利益
売上高から変動費を引いた利益のこと。「限界利益」ともいう。

参考

目標利益
製品を製造し、販売するときに立てる目標とする利益のこと。
つまり、目標とする利益になるにはどれだけ売り上げればいいかなど、損益分岐点などを計算するときに使う。

種　類	説　明
変動費率	売上高に対する変動費の割合。 **変動費率=変動費÷売上高**
貢献利益率	売上高が利益に貢献する割合。 **貢献利益率=1−変動費率**

例

売上高100万円、変動費80万円、固定費10万円の場合の変動費率、貢献利益率、損益分岐点売上高はいくらか。

●変動費率

800,000÷1,000,000=0.8

1円の売上があるときに0.8円が変動費として発生していることを表します。

●貢献利益率

1−0.8=0.2

1円の売上があるときに0.2円が利益に貢献していることを表します。（0.2円の中に利益と固定費が含まれます。）

●損益分岐点売上高

100,000÷0.2=500,000

50万円を上回れば利益、下回れば損失となることを表します。

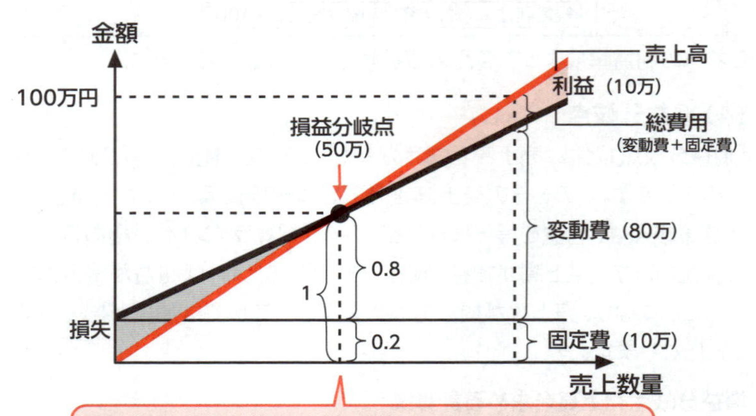

損益分岐点では、売上高を 1 とすると、変動費と固定費の割合が変動費率：貢献利益率 =0.8：0.2 となる。

❸ 財務諸表の種類と役割

財務会計では、**「財務諸表」**を作成し、企業と利害関係にある株主、銀行、取引先、公的機関などに財務状況を報告します。
財務諸表には、次のようなものがあります。

(1) 貸借対照表(B/S)

「貸借対照表」とは、ある時点における企業の財政状態を表すものです。**「B/S」**ともいいます。貸借対照表の借方(左側)は**「資産」**、貸方(右側)は**「負債」**と**「純資産」**を表します。この表の借方と貸方の最終合計が一致しているかどうかをチェックすることを**「バランスチェック」**といいます。

●資産

「資産」とは、現金をはじめとする財産のことです。現金のほかに店舗や事務所などの建物や自動車、商品などの物品や、いずれ回収することができる**「債権」**などの権利も含まれます。
代表的な資産の勘定科目には、次のようなものがあります。

資　産	勘定科目
流動資産	現金、有価証券、売掛金、受取手形など
固定資産	・有形固定資産 土地、建物、備品など ・無形固定資産 特許権、借地権、のれん代など
繰延資産	開業費、開発費、社債発行費など

●負債

「負債」とは、借入金などのことです。いずれ支払わなければならない**「債務」**のことを指します。
代表的な負債の勘定科目には、次のようなものがあります。

負　債	勘定科目
流動負債	買掛金、支払手形、短期借入金など
固定負債	社債、長期借入金、退職給与引当金など

参考

B/S
「Balance Sheet」の略。

参考

純資産
資産総額から負債総額を差し引いたもの。

参考

勘定科目
財務諸表で科目に挙げられている仕訳上の項目のこと。勘定科目には、現金、費用、商品、買掛金、売掛金などがある。
「買掛金」とは、現金取引ではなく、掛け(あとで支払う)で買ったことを意味し、逆に「売掛金」とは、売った商品の代金をあとで受け取ることを意味する。

参考

当座資産
流動資産のうち換金が容易なものを指し、現金や売掛金などが該当する。

参考

支払手形
買った商品の代金をあとで支払う義務のこと。

参考

社債
企業が資金調達を目的として、投資家からの金銭の払込みと引替えに発行されるもの。

貸借対照表は、次のような表形式で表します。

科目	金額	科目	金額
（資産の部）		（負債の部）	
現金	1,000,000	借入金	70,000
売掛金	50,000	買掛金	40,000
商品	60,000		
		負債の部合計	110,000
		（純資産の部）	
		資本金	800,000
		利益	200,000
		純資産の部合計	1,000,000
資産の部合計	1,110,000	負債・純資産の部合計	1,110,000

貸借対照表では、商品などもすべて金額に換算し、取引があったとして仕訳をします。賃貸借契約書を取り交わしても、契約行為を行っただけで、その時点では金銭が動くことはないので、記載の対象にはなりません。

(2) 損益計算書（P/L）

「損益計算書」とは、一定期間の損益を表すものです。**「P/L」**ともいいます。費用（損失）と利益（収益）を示すことにより、企業の経営状態を知ることができます。

参考

P/L

「Profit & Loss statement」の略。

損益計算書

自　平成31年4月　1日
至　令和　2年3月31日

（単位：百万円）

売上高	1,000
売上原価	650
売上総利益	**350**
販売費及び一般管理費	200
営業利益	**150**
営業外収益	30
営業外費用	50
経常利益	**130**
特別利益	10
特別損失	20
税引前利益	**120**
法人税等	50
当期純利益	**70**

参考

当期純利益

経常利益に「特別利益」を加え、「特別損失」を差し引いて得られた利益（税引前利益）から、「法人税等」の税金を差し引いて得られた利益のこと。次の計算式で求められる。

当期純利益＝経常利益＋特別利益－特別損失－法人税等

(3) キャッシュフロー計算書

「キャッシュフロー計算書」とは、一定期間の資金（キャッシュ）の流れを表しているもので、期首にどれくらいの資金があり、期末にどれくらいの資金が残っているのかを示します。キャッシュフロー計算書を作成することで、資金の流れを明確にすることができます。また、損益計算書や貸借対照表と合わせて見ることで、安定的な資金管理や資金運用計画の策定ができ、効率的な経営に役立てられます。

キャッシュフロー計算書

自　平成31年4月　1日
至　令和　2年3月31日

(単位：百万円)

区分	金額
営業活動によるキャッシュフロー	
当期純利益	120
減価償却費	40
売掛金増加額	−30
買掛金減少額	−13
棚卸資産の増加額	−10
…	
営業活動によるキャッシュフロー(計)	107
投資活動によるキャッシュフロー	
有形固定資産の取得による支出額	−75
有形固定資産の売却による収入	32
投資活動によるキャッシュフロー(計)	−43
財務活動によるキャッシュフロー	
短期借入金の増減額	95
配当金の支払い額	−6
財務活動によるキャッシュフロー(計)	89
現金及び現金同等物の増減額	153
現金及び現金同等物の期首残高	283
現金及び現金同等物の期末残高	436

(4) 決算

「決算」とは、年間の収益と費用を計算し、財務状況を明らかにすることです。企業会計においては、単に損益を計算するだけではなく、貸借対照表、損益計算書、キャッシュフロー計算書などの財務諸表を作成して情報開示が行われます。

作成された財務諸表は、監査法人や公認会計士による監査を受けたのち、原則として株主総会で最終的に承認されます。

4 財務指標

「財務指標」とは、財務諸表から抜き出して分析したデータのことです。この指標によって、企業の全体像を把握し分析できます。

代表的な財務指標には、次のようなものがあります。

(1) 安全性指標

「安全性指標」とは、企業の安全性や健全性を示す指標のことです。安全性指標には、次のようなものがあります。

種　類	説　明
流動比率	流動資産が流動負債をどの程度上回っているかを示す指標のこと。 流動比率(%)=流動資産÷流動負債×100 流動比率が高いほど、流動負債よりも流動資産の割合が高く(支払い能力が高く)、安定的な企業経営が行われていることを示す。
当座比率	当座資産が流動負債をどの程度上回っているかを示す指標のこと。 当座比率(%)=当座資産÷流動負債×100 当座比率が高いほど、当座資産を換金した流動負債の支払い能力が高く、安定的な企業経営が行われていることを示す。

参考

連結決算

親会社が子会社も含めた財務諸表をまとめ、グループ全体で決算処理を行うこと。

参考

連結財務諸表

グループ全体で行った連結決算をまとめ、財政状態、経営成績、キャッシュフローの状況を総合的に報告する財務諸表のこと。

また、連結決算における貸借対照表のことを「連結貸借対照表」、損益計算書のことを「連結損益計算書」、キャッシュフロー計算書のことを「連結キャッシュフロー計算書」という。

参考

ディスクロージャ

企業の各種情報を一般に公開すること。「情報開示」ともいう。

株主・投資家などの利害関係者に、決算情報などを適時、適切に公開し、経営の透明性を高めることで、信頼関係の構築や企業価値の向上につなげることができる。

参考

株式公開

未上場会社の株式を不特定多数の投資家が購入できるように株式市場で売買されるようにすること。「IPO(Initial Public Offering)」ともいう。

種　類	説　明
自己資本比率	企業の持つ総資産のうち、自己資本（純資産）の比率を示す指標のこと。 自己資本比率（%）＝自己資本÷総資産×100 自己資本比率が高いほど、財務の安全性が高く、安定的な企業経営が行われていることを示す。

参考

自己資本

純資産のこと。株主から預かった資本（お金）であり、総資産から負債を差し引いたものに相当する。

(2) 収益性指標

「収益性指標」とは、どのくらいの資本を使って、どのくらいの利益を出しているかを示す指標のことです。収益性指標には、次のようなものがあります。

種　類	説　明
ROA	企業が保有している総資本から、どのくらい利益を出しているかを示す指標のこと。企業の持つ総資本が、利益獲得のためにどれくらい活用されているのかを示す。「総資本利益率」ともいう。「Return On Assets」の略。 ROA（%）＝経常利益÷総資本×100 本業以外の活動も含め、企業活動全体の収益性を見るため、計算には経常利益を使う。
ROE	企業の自己資本から、どのくらい利益を出しているかを示す指標のこと。株主から預かった資本（お金）を使用して、どれくらいの利益を生み出したかを示す。「自己資本利益率」ともいう。「Return On Equity」の略。 ROE（%）＝当期純利益（税引後利益）÷自己資本×100 計算式の利益には、株主に配当可能な利益である当期純利益を使う。
ROI	事業に対して投じられた資本から、どのくらい利益を出しているかを示す指標のこと。「投資利益率」ともいう。「Return On Investment」の略。 ROI（%）＝事業利益÷投下資本×100 特定の投資、例えばプロジェクト単位で実施される事業などで、どの程度の収益を上げているのかを見るために利用される。事業利益や投下資本は企業独自の方法で算出する。

参考

総資本

負債と純資産を足したもの。総資産と同じ値になる。

(3) 効率性指標

「効率性指標」とは、資産（資本）に対する企業の効率性を示す指標のことです。効率性指標には、次のようなものがあります。

種　類	説　明
総資産回転率	売上高が総資産の何倍かを示す指標のこと。 総資産回転率（%）＝売上高÷総資産×100 総資産回転率が高いほど総資産が効率的に活用されていることを示す。
在庫回転率	売上高を上げるために在庫が何回転したかを示す指標のこと。 在庫回転率（%）＝売上高÷平均在庫高×100 売上高は1年間における実績であり、1年間で在庫が何回転したかを示す。数値が高いほど商品の仕入れから実際の販売までの期間が短く、在庫管理が効率よく行われていることを意味する。

1-2 法務

1-2-1 知的財産権

「知的財産権」とは、人の知的な創作活動によって生み出されたものを保護するために与えられた権利のことです。
知的財産権は、次のように分類することができます。

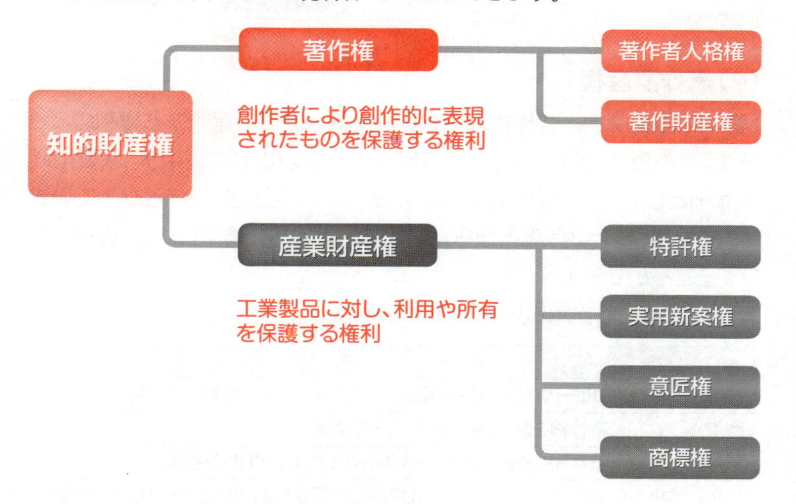

❶ 著作権法

「著作権」とは、創作者により創作的に表現されたものを保護する権利のことです。著作権は、**「著作権法」**によって保護されます。もともとは、絵画、小説などの創作者の権利を保護する目的で作られ、コンピュータの普及に伴い、プログラムやデータも保護の対象になりました。著作権は創作的に表現されたものを保護するという点が、アイディアなどを保護する産業財産権とは異なるところです。また、著作権は、著作物を創作した時点で権利が発生するため、権利を得るために申請したり登録したりする必要はありません。
著作権には、大きく分けて**「著作者人格権」**と**「著作財産権」**があります。

（1）著作者人格権

「著作者人格権」とは、著作者の気持ちや感情、良心を保護するための著作者だけが持つ固有の権利のことです。この権利は著作者に属するもので、基本的に譲渡や相続の対象にはなりません。

著作者人格権には、次のようなものがあります。

著作者人格権	内容
公表権	公表時期や方法を決定する権利。
氏名表示権	公表時の氏名表示や実名かどうかを決定する権利。
同一性保持権	著作物を勝手に改変されない権利。

(2) 著作財産権

「著作財産権」とは、著作物に関する財産的なものを保護する権利のことです。著作財産権は、一般的に**「著作権」**と表現されています。保護期間は原則として、著作者の死後70年、法人では発表後70年となっています。また、財産という観点から、一部または全部を譲渡したり、相続したりすることができます。

著作財産権には、次のようなものがあります。

著作財産権	内容
複製権	コピーや写真、録音や録画などの方法により複製する権利。
翻訳権	著作物を翻訳、編曲などをする権利。
貸与権	著作物(映画を除く)を複製したものを提供する権利。
公衆送信権	著作物を放送したり、公衆からの要求に基づいてサーバから情報を自動送信したりする権利。
上映権	著作物のうちの映画を上映する権利。
口述権	著作物を朗読などの方法で伝える権利。

(3) Webページの知的財産権

Webページについては、著作権法第10条1項に定められている著作物の具体的例示の中には入っていません。しかし、同法の第2条1項1号の**「思想又は感情を創作的に表現したものであって、文芸、学術、美術又は音楽の範囲に属するもの」**を著作物とするなら、Webページの表現に創作性があれば、著作物として保護されると考えられます。Webページの作成を外部に依頼する場合は、その著作権の帰属について明確にしておくことが重要です。

また、Webページに掲載する情報について、他人の著作権を侵害しないように注意することも重要です。

参考

著作隣接権

演奏家や放送事業者など著作物の伝達に重要な役割を果たす者が持つ権利のこと。例えば、歌手などのコンサートの実演を勝手に録音することは著作隣接権を侵害することになる。

参考

白書の転載

白書は、国、地方公共団体の機関、独立行政法人などが発表する報告書であるため、転載禁止などの表示がない限り、説明の材料などとして転載することが認められている。

参考

システムの著作権

請負契約によってシステム開発を行った場合、システムの著作権はシステムを開発した請負側が有することになる。ただし、請負契約に著作権に関する事項がある場合は、その事項に従うことになる。

❷ 産業財産権関連法規

「産業財産権」とは、工業製品のアイディアや発見、デザイン、ロゴマークなどを独占的に使用する権利を与え、模造防止のために保護する権利のことです。これらの権利は、特許庁が所管します。産業財産権は、**「特許法」**、**「実用新案法」**、**「意匠法」**、**「商標法」**などの産業財産権関連法規によって保護されます。

産業財産権関連法規には、次のようなものがあります。

産業財産権	保護の対象	関連する法律	保護期間
特許権	アイディアや発明	特許法	出願から20年
実用新案権	物品の形状や構造に関するアイディアや工夫	実用新案法	出願から10年
意匠権	意匠（物品のデザインや装飾）	意匠法	登録から20年
商標権	商標（商品の目印になるマークや商品名など）	商標法	登録から10年 （繰り返し延長できる）

❸ 不正競争防止法

「不正競争防止法」とは、不正な競争行為を規制するために制定された法律のことです。具体的な不正な競争行為には、営業秘密やアイディアの盗用、商品の模倣、競争相手にとって不利な風評を流すことなどが該当します。これらの不正な競争行為を許し放置すると、市場の適正な競争原理が破壊され、市場が混乱するとともに消費者に大きな被害を及ぼすことになりかねません。

知的財産権は権利を保護するためのものであるのに対し、不正競争防止法は、適正な市場が確保されてはじめて存在するものであるということに基づいて、適正な競争を破壊するような違法行為を取り締まる目的で制定されました。

不正な競争行為にあたるとされる主な行為には、次のようなものがあります。

- **他人の著名なブランドを用い、その宣伝効果を利用する行為**
- **本物とそっくりなコピー商品を、本物が販売された日から3年以内に販売する行為**
- **他社の製造技術情報や顧客情報などの機密情報を、詐欺や窃盗などの不正な手段で入手し使用する行為**
- **商品に原産地や品質、内容、製造方法、用途、数量などについて、虚偽の情報を表示する行為**
- **競争関係にある他人に対する、営業上の信用を害する虚偽の事実を述べたりうわさで流したりする行為**
- **著名な企業のドメイン名を先に取得して悪用する行為**

この法律では、違反者に対してその違反行為の差し止めや信用の回復措置を請求したり、損害額の推定によって損害賠償請求を容易にしたり、違反行為によっては刑事告訴をしたりすることができます。

参考

トレードマークとサービスマーク

商標には、商品について使用する「トレードマーク」とサービスについて使用する「サービスマーク」がある。

参考

ビジネスモデル特許

ビジネスの仕組みを特許化したもの。特にITの進歩により、ビジネスの方法にITを採り入れ、事業として何を行いどこで収益を上げるかを具体化する。新しいビジネスの仕組みを実現する事例を特許として申請し、否定されなかったことから始まる。

参考

営業秘密

不正競争防止法における営業秘密とは、企業が公にしていないノウハウや顧客名簿、販売マニュアル、取引条件、システム設計書などのことで、企業内で秘密として管理されている技術上または営業上の情報を指す。

参考

営業秘密の3要素

不正競争防止法で保護される営業秘密に該当する要件（営業秘密の3要素）には、次のようなものがある。

・秘密として管理されていること。
・事業活動に有用な技術上または営業上の情報であること。
・公然と知られていないこと。

4 ソフトウェアライセンス

「ソフトウェアライセンス」とは、ソフトウェアの使用許諾のことです。使用許諾の範囲を超えて、ソフトウェアをコピーしたり加工したりすることはできません。通常、ソフトウェアは、その商品を購入した時点で**「使用許諾契約」**が結ばれることになります。

(1) ソフトウェアと著作権

ソフトウェアは、著作権法による保護の対象となります。ソフトウェアの違法コピーは明らかに著作権の侵害であり、犯罪行為となるので注意が必要です。
著作権法による保護の対象は、次のとおりです。

分　野	保護の対象	保護の対象外
プログラム関連	・プログラム本体 (ソースプログラム／ オブジェクトプログラム／ 応用プログラム／ オペレーティングシステム)	・プログラムのための解法 ・アルゴリズム ・プログラム作成用の言語 ・規約
データ関連	・データベース	・データそのもの
マルチメディア関連	・Webページ ・素材集としての静止画像、動画像、音声	

ソフトウェアの中には、著作権が放棄された**「パブリックドメインソフトウェア」**というものもあります。このソフトウェアは、製作者がすべての権利を放棄しているため、このソフトウェアを入手した人は無料で利用でき、自由にコピーや改変を行うことができます。

(2) ソフトウェアコピーの禁止

ソフトウェアは、著作権者の許可なく複製することが禁止されています。
通常、市販のソフトウェアを購入すると契約書が入っており、その契約書に記載されている使用範囲などの内容に同意した場合に限って、ソフトウェアの使用の権利（ライセンス）が与えられることになります。
一般的に、複製はバックアップなど限られた範囲でのみ許可されています。

(3) ボリュームライセンス契約

「ボリュームライセンス契約」とは、企業や学校などが大量にソフトウェアを導入する際に、使用するPCの数によって、ソフトウェアライセンスを購入する契約のことです。
通常、1本のソフトウェアパッケージの使用権は1台のコンピュータ（あるいは1ユーザ）に限られますが、ボリュームライセンス契約をした場合は、1本のソフトウェアパッケージを決められたコンピュータ数やユーザ数で利用できます。コンピュータの台数分のソフトウェアパッケージを購入するよりも価格が安く、パッケージやマニュアルなどの無駄を防ぐことができます。契約の内容は、ソフトウェアメーカによって異なります。

参考

クロスライセンス
複数の企業がそれぞれ保有する特許権の利用を互いに許諾し合うこと。

参考

サブスクリプション
ソフトウェアの一定期間の利用に対して、ソフトウェアライセンスを購入する契約のこと。一般的に、1年間や1か月間などの期間で、購入できる契約形態が多い。

参考

アクティベーション
これまでの一般的なライセンス認証方式で使用されたシリアル番号（プロダクトID）による認証に加え、コンピュータのハードウェア情報を使って、ソフトウェアのライセンス認証を行うこと。コンピュータごとに持つ独自の値を組み合わせてライセンス認証を行うため、より厳しく不正利用を防止することができる。

参考

フリーソフトとシェアウェア
「フリーソフト」とは、無料で配布されるソフトウェアのこと。
「シェアウェア」とは、そのソフトウェアを試用して気に入った場合に、購入できるソフトウェアのこと。
フリーソフトやシェアウェア、外注して作成したプログラムなどは、特別な契約がない限り著作権は製作者にあるので、複製や再配布、改変を行うことはできない。

❺ その他の権利

明文化された法律は存在しなくても、判例によって事実上、認められている権利には、次のようなものがあります。

名　称	説　明
プライバシー権	個人の私的生活を秘匿し、人としての尊厳を守る権利。個人の会話を盗聴したり、行動を監視したり、個人の私的生活を暴露したりすることは、プライバシー権の侵害にあたる。プライバシー権は、憲法の「個人の尊重」に基づくものであり、データを保護する「個人情報保護法」とは区別されている。
肖像権	写真や動画などに撮影されたり、絵などに描かれたりした、個人の像を守る権利。 写真や動画、絵などの著作権は、撮影した人や描いた人に帰属するが、個人の像である肖像権は、被写体である人に帰属する。本人の許諾なしに公開することは、肖像権の侵害にあたる。
パブリシティ権	芸能人やスポーツ選手、その他著名人などに認められる権利で、名前や肖像に対する利益性（経済的利益）を保護する。 著名人の名前や肖像を許諾なしに利用することは、パブリシティ権の侵害にあたる。

1-2-2　セキュリティ関連法規

近年、コンピュータ犯罪の増加に伴い、セキュリティに関連する法規が重要視されるようになってきました。
代表的なセキュリティ関連法規には、**「不正アクセス禁止法」**や**「サイバーセキュリティ基本法」**があります。

❶ サイバーセキュリティ基本法

「サイバーセキュリティ基本法」とは、サイバー攻撃の脅威に対応するために、国の戦略や制度、対策などに関する基本方針を定めた法律のことで、2014年11月に制定されました。

(1) サイバーセキュリティ基本法の背景

同法制定の背景には、インターネットなどの情報通信ネットワークの整備・普及が進むにつれて急増した**「サイバー攻撃」**への対応が挙げられます。
サイバー攻撃の対象は政府や公的機関にとどまらず、電力、ガス、化学、石油などの重要インフラ事業者にまで及んでいます。
急増するサイバー攻撃の脅威に対応するため、政府のサイバーセキュリティに関する役割や責任を明確にし、体制や機能を強化することが急務となりました。

参考

サイバー攻撃
コンピュータシステムやネットワークに不正に侵入し、データの搾取や破壊、改ざんなどを行ったり、システムを破壊して使用不能に陥らせたりする攻撃の総称のこと。
サイバー攻撃に対する防御のことを「サイバーセキュリティ」という。

(2) 基本施策

サイバーセキュリティ基本法では、サイバーセキュリティに関する対策は、国の責務であると定めています。

具体的な対策として、行政機関や重要インフラ事業者などのサイバーセキュリティの確保、民間事業者や教育研究機関などの自主的な取組みの促進、犯罪の取り締まりおよび被害の拡大防止、教育と学習の振興および普及の啓発などを挙げています。

❷ 不正アクセス禁止法

「不正アクセス禁止法」とは、不正アクセス行為による犯罪を取り締まるための法律のことです。実際に被害がなくても罰することができます。正しくは**「不正アクセス行為の禁止等に関する法律」**といい、次のような行為を犯罪と定義しています。

行為	内容
不正アクセス行為	他人の識別符号（利用者IDやパスワードなど）を無断で利用し、正規の利用者になりすまして利用制限を解除し、コンピュータを利用できるようにするなどの行為。
他人の識別符号を不正に取得・保管する行為	不正アクセスをするために、他人の識別符号（利用者IDやパスワードなど）を取得・保管するなどの行為。
識別符号の入力を不正に要求する行為	フィッシング詐欺のように、他人に識別符号（利用者IDやパスワードなど）を不正に入力させるような行為。
不正アクセス行為を助長する行為	他人の識別符号（利用者IDやパスワードなど）を、その正規の利用者や管理者以外の者に提供し、不正なアクセスを助長する行為。

参考

不正アクセス行為の前提条件

不正アクセス禁止法での不正アクセス行為の前提条件は、次の条件を満たす場合である。

- ネットワークを通じて行われる攻撃であること。
- 利用者IDやパスワードによるアクセス制御機能を持つコンピュータであること。

不正アクセス行為を防御する対策には、次のようなものがあります。

- **利用者IDとパスワードの管理の徹底**
- **セキュリティホール（セキュリティ上の不具合）をふさぐ**
- **暗号化の利用**
- **電子署名の利用**
- **アクセス権の設定**

❸ 個人情報保護法

「個人情報」とは、生存する個人に関する情報であり、氏名や生年月日、住所などにより、特定の個人を識別できる情報のことです。個人情報には、ほかの情報と容易に照合することができ、それにより特定の個人を識別できるものを含みます。

例えば、氏名だけや、顔写真だけでも特定の個人を識別できると考えられるため、個人情報になります。また、照合した結果、生年月日と氏名との組合せや、職業と氏名との組合せなども、特定の個人が識別できると考えられるため、個人情報になります。

「個人情報保護法」とは、個人情報取扱事業者の守るべき義務などを定めることにより、個人情報の有用性に配慮しつつ、個人の権利利益を保護することを目的とした法律のことです。正式には、**「個人情報の保護に関する法律」**といいます。
個人情報保護法では、個人情報の取得時に利用目的を通知・公表しなかったり、個人情報の利用目的を超えて個人情報を利用したりすることを禁止しています。2005年に個人情報保護法が施行されてから、情報を取り巻く環境は大きく変化したため、2015年に個人情報保護法が改正され、2017年5月30日から施行されました。

（1）要配慮個人情報

個人情報保護法の改正において、不当な差別や偏見など、本人の不利益につながりかねない個人情報を適切に取り扱うために、配慮すべき個人情報として、**「要配慮個人情報」**という新たな区分が設定されました。具体的には、人種、信条、社会的身分、病歴、犯罪歴、犯罪により被害を被った事実などが要配慮個人情報にあたります。要配慮個人情報の取得や第三者提供には、原則として、あらかじめ本人の同意が必要になります。

（2）匿名加工情報

「匿名加工情報」とは、特定の個人を識別できないように個人情報を加工して、個人情報を復元できないようにした情報のことです。個人情報保護法の改正において導入されました。
匿名加工情報は、一定のルールのもとで本人の同意を得ることなく、事業者間におけるデータ取引やデータ連携を含むデータの利活用を促進することを目的にしています。なお、個人情報保護法では、特定の個人を識別するために、加工の方法に関する情報を取得したり、匿名加工情報を他の情報と照合したりしてはならないと定めています。

匿名加工情報の利活用によって、次のようなことが期待されています。

- **ポイントカードの購買履歴や交通系ICカードの乗降履歴などを、複数の事業者間で分野横断的に活用することにより、新たなサービスやイノベーション（革新）を生み出す。**
- **医療機関が保有する医療情報を活用した創薬・臨床分野の発展や、カーナビから収集される走行位置履歴の情報を活用した渋滞予測情報の提供などにより、国民生活全体の質が向上する。**

（3）特定個人情報

「マイナンバー法」とは、国民一人ひとりと企業や官公庁などの法人に一意の番号を割り当て、社会保障や納税に関する情報を一元的に管理する**「マイナンバー制度」**を導入するための法律のことです。正式には**「行政手続における特定の個人を識別するための番号の利用等に関する法律」**といいます。

参考

個人情報取扱事業者
データベース化された個人情報を取り扱う事業者のこと。国の機関や地方公共団体、独立行政法人を除くすべての事業者（個人を含む）が対象となり、営利・非営利の別は問わない。

参考

個人情報取扱事業者の除外対象
個人情報保護法では、次のような機関や団体などは、個人情報取扱事業者から除外されることが定められている。
- 国の機関
- 地方公共団体
- 独立行政法人等
- 地方独立行政法人

また、次のような条件で個人情報を取り扱う場合、個人情報取扱事業者から除外されることが定められている。
- 報道機関が報道活動のために使う目的
- 著述を業として行う者が著述のために使う目的
- 学術研究機関等が学術研究のために使う目的
- 宗教団体が宗教活動のために使う目的
- 政治団体が政治活動のために使う目的

参考

マイナンバー
住民票を有するすべての国民に付す番号のこと。12桁の数字のみで構成される。社会保障、税、災害対策の分野で効率的に情報を管理し、行政の効率化や国民の利便性の向上を目指す。

マイナンバーを内容に含む個人情報を**「特定個人情報」**といい、たとえ本人の同意があったとしても目的外の利用は禁止されています。マイナンバー法は、マイナンバーを扱うすべての組織に適用されます。

個人情報保護法では、個人情報取扱事業者に対して、特定個人情報を安全に管理するための必要かつ適切な措置である**「安全管理措置」**を講じることを求めています。安全管理措置には、組織的、人的、物理的、技術的の4つの側面があります。

種　類	講じるべき措置の例
組織的安全管理措置	・特定個人情報の取扱規程の整備とその規程に従った運用 ・特定個人情報の取扱状況を確認するための手段の整備
人的安全管理措置	・特定個人情報の適正な取扱いを周知徹底するための従業員への教育 ・雇用契約時や委託契約時に特定個人情報の非開示契約の締結
物理的安全管理措置	・特定個人情報を取り扱う区域の管理 ・特定個人情報を取り扱う機器や装置などでの物理的な保護
技術的安全管理措置	・特定個人情報を取り扱う情報システムへのアクセス者の識別と認証 ・特定個人情報を取り扱う情報システムを、外部からの不正アクセスから保護する仕組みの導入と運用

(4) 個人情報保護委員会

「個人情報保護委員会」とは、マイナンバーを含む個人情報の有用性に配慮しつつ、その適正な取扱いを確保するために設置された機関のことです。2016年に設立されました。

個人情報保護委員会では、次のような理念を掲げて活動しています。

- **個人データをめぐる状況の変化に対する適切な対応**
- **個人情報の取扱状況等を的確に把握し、機動的に対応するように監督**
- **安全で自由な個人データの流通促進に向けたグローバルなイニシアティブ（戦略）**
- **特定個人情報の安心かつ安全の確保に向けた取組み**
- **多様な主体に対するわかりやすい情報発信**
- **最先端の技術や国際的な連携に対して、より円滑に対応できる体制の整備**

4 特定電子メール法

「特定電子メール法」とは、宣伝・広告を目的とした電子メール（特定電子メール）を、受信者の承諾を得ないで一方的に送信することを規制する法律のことです。電子メールを不特定多数の人に大量に送信することによって、トラブルなどが起こることを防止する目的で制定されました。

「迷惑メール防止法」ともいいます。正式には**「特定電子メールの送信の適正化等に関する法律」**といいます。

❺ プロバイダ責任制限法

「プロバイダ責任制限法」とは、プロバイダが運営するレンタルサーバなどに存在するWebページで、個人情報の流出や誹謗中傷の掲載などがあった場合、プロバイダの損害賠償責任の範囲が制限されたり（免責）、被害者が発信者の氏名などの開示を求めたりできるようにした法律のことです。
正式には**「特定電気通信役務提供者の損害賠償責任の制限及び発信者情報の開示に関する法律」**といいます。
なお、プロバイダが、個人の権利が侵害されていることを知っていたのにそのWebページを削除しなかった場合は、免責の対象外となります。

> **参考**
> **プロバイダ**
> インターネット接続サービス事業者のこと。「ISP」ともいう。
> ISPは「Internet Service Provider」の略。

❻ 不正指令電磁的記録に関する罪

「刑法」とは、どのようなものが犯罪となり、犯罪を起こした場合にどのような刑罰が適用されるのかを定めた法律のことです。
刑法の**「不正指令電磁的記録に関する罪（ウイルス作成罪）」**では、悪用することを目的に、コンピュータウイルスなどのマルウェアを作成、提供、供用、取得、保管する行為を禁止しています。

❼ 情報セキュリティに関するガイドライン

組織における情報セキュリティに関するガイドラインには、次のようなものがあります。

(1) コンピュータウイルス対策基準

「コンピュータウイルス対策基準」とは、コンピュータウイルスへの感染予防、感染した場合の発見、駆除、復旧などについての対策を取りまとめたものです。

(2) コンピュータ不正アクセス対策基準

「コンピュータ不正アクセス対策基準」とは、情報システムへの不正なアクセスの予防、発見、復旧、再発防止などについての対策を取りまとめたものです。不正アクセスの防止という点では、管理面だけではなく、事後対応、教育、監査なども盛り込まれているのが特徴です。

> **参考**
> **システム管理基準**
> 情報システムを持つ企業がどういう対策をとるべきかを取りまとめたもの。情報戦略から企画・開発・運用・保守・共通業務まで、システム全般にかかわる広範なガイドラインを提示し、280項目を超えるチェックの基準を定めている。

(3) 情報セキュリティ管理基準

「情報セキュリティ管理基準」とは、情報資産を保護するために、リスクマネジメントが有効に行われているかを判断するための基準のことです。システム開発時に、管理・技術の両面で組織における情報セキュリティを確保するための対策を提供することを目的としています。

(4) 情報セキュリティ監査基準

「情報セキュリティ監査基準」とは、情報セキュリティを適切に監査するための基準のことです。情報セキュリティ監査を実施する際、情報セキュリティ監査人に求められる行為規範が示されています。

(5) サイバーセキュリティ経営ガイドライン

「サイバーセキュリティ経営ガイドライン」とは、大企業や中小企業(小規模の事業者を除く)のうち、ITに関連するシステム・サービスなどを供給する企業や、経営戦略においてITの利活用が不可欠である企業の経営者を対象として、経営者のリーダシップでサイバーセキュリティ対策を推進するためのガイドラインのことです。経済産業省が情報処理推進機構(IPA)と共に策定しています。

サイバー攻撃から企業を守るという観点で、経営者が認識する必要があるとする**「3原則」**や、情報セキュリティ対策を実施するうえでの責任者となる担当幹部(CISOなど)に対して経営者が指示すべき**「重要10項目」**について取りまとめています。

3原則では、次のような内容を認識し、対策を進めることが重要であるとしています。

- **経営者はリーダシップをとってサイバー攻撃のリスクと企業への影響を考慮したサイバーセキュリティ対策を推進するとともに、企業の成長のためのセキュリティ投資を実施すべきである。**
- **自社のサイバーセキュリティ対策にとどまらず、サプライチェーンのビジネスパートナや委託先も含めた総合的なサイバーセキュリティ対策を実施すべきである。**
- **平時からステークホルダ(顧客や株主など)を含めた関係者にサイバーセキュリティ対策に関する情報開示を行うことなどで信頼関係を醸成し、インシデント発生時にもコミュニケーションが円滑に進むよう備えるべきである。**

参考

サプライチェーン

取引先との間の受発注、資材(原材料や部品)の調達、製品の生産、在庫管理、製品の販売、配送までの流れのこと。

(6) 中小企業の情報セキュリティ対策ガイドライン

「中小企業の情報セキュリティ対策ガイドライン」とは、中小企業にとって重要な情報(営業秘密や個人情報など)を漏えいや改ざん、消失などの脅威から保護することを目的として、情報セキュリティ対策の考え方や実践方法がまとめられたガイドラインのことです。情報処理推進機構(IPA)が策定しています。

業種を問わず中小企業および小規模事業者を対象として、情報セキュリティ対策に取り組む際の経営者が認識して実施すべき指針や、社内において対策を実践する際の手順や手法についてまとめています。

1-2-3 労働関連法規

労働に関する条件を整備するために、労働関連法規があります。

❶ 労働基準法

「労働基準法」とは、労働条件に関する基本法規であり、日本国憲法第27条第2項（勤労条件の基準）に基づき、必要な労働条件の最低基準を定めた法律のことです。1日8時間労働や残業手当、給与の支払い、年次有給休暇など日常業務にかかわる労働条件は、この労働基準法に定める基準を満たしたものでなければいけません。

(1) 労働基準法の背景

日本では、労働時間の短縮、完全週休2日制の普及、年次有給休暇の完全取得、時間外労働の削減等が大きな課題となっています。
しかし、企業間や同業他社との競争、取引慣行、過剰サービスの問題などにより、個々の企業の努力だけで状況を改善するのは困難な状態が続きました。そこで、労働時間短縮を進めやすくするような環境整備を図る目的で法制度化されました。

(2) 労働基準法の目的

労働基準法は、使用者（事業主）に対して社会的・経済的に弱い立場にある労働者を保護するものとしています。

(3) 労働基準法の適用範囲

国籍を問わず、全業種に適用されます。親族以外の他人を一人でも労働者として雇用する場合は、労働基準法が適用されます。ただし、保護の対象は労働者であるため、使用者（事業主）には適用されません。

❷ 労使協定

労働基準法で定められた事項について、使用者（事業主）と労働者間で協議して取り決め、締結内容を書面化したものを**「労使協定」**といいます。
労使協定の締結は各事業所単位で行い、必ず労働者に周知する必要があります。
また、締結において作成した書面は、社長または各事業所長と労働者の代表者がそれぞれ押印し、労働基準監督署への届け出が義務付けられています。ただし、協定の種類によっては届け出が必要ないものもあります。

参考

労働契約法
労働契約に関する基本的な事項を定めた法律のこと。
労働者の保護および安定した労働関係の確保を目的に、労働契約の成立および変更、労働契約の継続および終了、期間の定めのある労働契約、特例などについて定めている。労働基準法と違って、罰則はなく、労働基準監督署による監督指導等もない。

参考

フレックスタイム制
必ず勤務しているべき時間帯（コアタイム）は拘束されるものの、コアタイム前後の出勤時間と退勤時間を、社員が自由に選択できる制度のこと。

参考

裁量労働制
業務の遂行方法や勤務時間を社員の裁量にゆだねる制度のこと。労働時間の長短とは関係なく、一定の成果に応じて労働したとみなされる。

(1) 届出義務のある労使協定

- 時間外労働、休日労働に関する労使協定
- 社内における貯蓄金に関する労使協定
- 専門業務型裁量労働制に関する労使協定
- 一年単位の変形労働時間制に関する労使協定　など

(2) 届出義務のない労使協定

- フレックスタイム制に関する労使協定
- 年次有給休暇の計画的付与に関する労使協定
- 育児休業制度および介護休業制度の適用除外者に関する労使協定
- 賃金控除に関する労使協定　など

(3) 労使協定の効力

労使協定を締結することで、労働基準法で禁止されている事項を例外的に認めることができます。例えば、労働基準法では、労働時間が1日8時間と決められています。この時間を超えて労働者を勤務させた場合、使用者（事業主）は、労働基準法違反として罰則が科せられます。しかし、労使協定で時間外労働や休日労働に関する取り決めを届け出ている場合は、この限りではありません。このように、労使協定には、罰則を免れることのできる効果があり、この効果のことを**「免罰的効果」**といいます。

参考

36（サブロク）協定

労働基準法（第36条）で定められている労働時間（1日8時間、1週間40時間）を超えた労働を行う場合に、締結・届け出が必要となる協定のこと。

❸ 労働者派遣法

「労働者派遣法」とは、派遣で働く労働者の権利を守るため、派遣元（派遣会社）や派遣先（派遣先企業）が守るべきルールが定められている法律のことです。**「労働者派遣事業法」**ともいいます。

労働者の権利を守るための法律としては労働基準法がありますが、これは正社員も派遣労働者もパートタイマーも、雇われて働く人すべてにかかわるものであるのに対し、労働者派遣法は、従来の法律ではカバーしきれない**「派遣で働く人の権利」**に特化しているのが特徴です。

派遣元（派遣会社）が守るべき規定には、次のようなものがあります。

- 派遣労働者であった者を、派遣元との雇用期間が終了後、派遣先が雇用することを禁じてはならない。

派遣先（派遣先企業）が守るべき規定には、次のようなものがあります。

- 派遣労働者を仕事に従事させる際、派遣先の雇用する労働者の中から派遣先責任者を選任しなければならない。
- 派遣労働者を自社とは別の会社に派遣することは、二重派遣にあたり、労働者派遣法に違反する。
- 派遣労働者の選任は、紹介予定派遣を除き、特定の個人を指名して派遣を要請することはできない。

労働者を企業に派遣する場合は、派遣元と派遣先の間で**「労働者派遣契約」**を締結します。その上で、派遣元が雇用する労働者を派遣先の指揮命令の下で、派遣先の労働に従事させます。

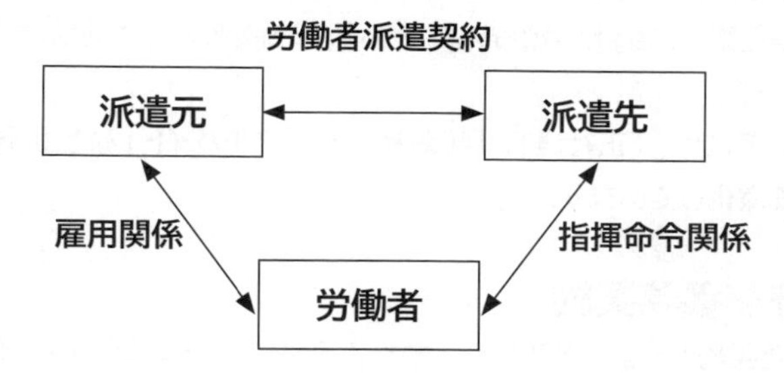

❹ 請負契約

「請負契約」とは、注文者が請負事業者に業務を依頼し、その業務が完成した場合に報酬を支払うことを約束する契約のことです。業務の完成が目的であるため、結果（成果物）が出せない場合は、報酬は支払われません。

請負事業者は、原則的に下請人を使用して仕事を行うことができます。

請負契約では、請負事業者が雇用する労働者を自らの指揮命令の下で、注文者の労働に従事させることになります。そのため、指揮命令系統は次の図のようになります。

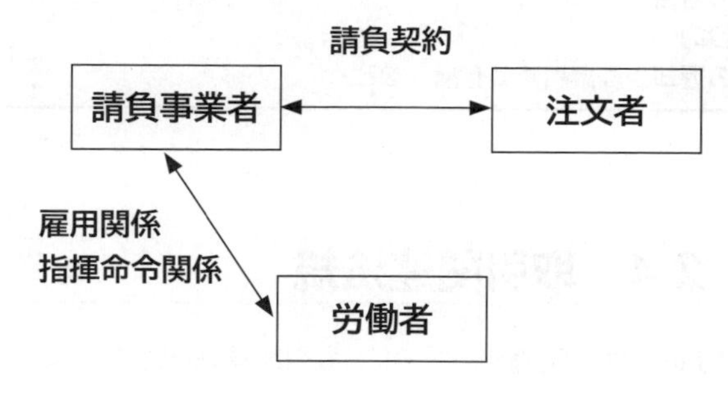

❺ 準委任契約

「準委任契約」とは、委任者が、受任者に対して業務を委託し、受任者がそれを承諾することによって成立する契約のことです。業務の完成を必ずしも目的としていないため、何らかの処理が行われれば報酬が支払われます。

例えば、医療行為（医師と患者）、不動産売買の仲介（不動産業者と顧客・家主）などが挙げられます。医師は患者を診察しても完治させる義務はなく、不動産業者は家主に対して顧客に部屋を紹介しても契約させる義務はありません。

参考

出向

会社に籍を残したまま子会社などの関連会社や取引先などに出向いて勤務すること。出向元と出向先の双方に雇用契約がある「在籍出向」と、出向先にのみ雇用契約がある「移籍出向」がある。

❻ 雇用契約

「雇用契約」とは、個人が労働力を企業に提供する代わりに、企業はその対価として報酬を支払うことを約束したものです。使用者（事業主）は契約締結に際し、賃金、労働時間、その他労働条件などを明示する義務があります。

雇用の形態には、**「正社員」**、**「契約社員」**、**「アルバイト」**などがあり、働き方が多様化しています。

❼ 守秘義務契約

「守秘義務契約」とは、機密情報に触れる可能性のある者に対し、職務上知り得た情報を特定の目的以外に利用したり、第三者に漏えいしたりしないことを約束する契約のことです。**「NDA」**、**「秘密保持契約」**、**「機密保持契約」**ともいいます。

労働者の派遣や業務を委託する際には、守秘義務契約を締結するのが一般的です。

主な契約内容は、次のとおりです。

- **守るべき情報の特定**
- **管理方法**
- **外部委託等に伴う第三者への開示条件**
- **複製の可否**
- **使用目的**
- **資料の返却や廃棄義務の有無　など**

参考

NDA

「Non-Disclosure Agreement」の略。

1-2-4　取引関連法規

取引に関する条件を整備するために、取引関連法規があります。

❶ 下請法

下請事業者へ業務を委託する状況下では、委託元企業が下請事業者よりも優位な立場にあると考えられます。このため、委託元企業の一方的な都合により、代金の支払いが遅れたり、また一部が未払いになったりするなどして、不当な扱いを受けていることが少なくありません。

こうした状況を改善して下請取引の公正化を図り、下請事業者の利益を保護するために、**「下請法」**が制定されました。

下請法では、委託元企業の代金の支払いについて、受領日から起算して60日以内に行わなければならないと規定されています。

下請法は、正式には**「下請代金支払遅延等防止法」**といいます。

❷ PL法

「PL法」とは、製造物の消費者が、製造物の欠陥によって生命・身体・財産に危害や損害を被った場合、製造業者などが損害賠償責任を負うことを定めた法律のことです。正式には**「製造物責任法」**といいます。
これまでは、被害者への損害賠償責任を負うのは、製造業者などの過失が原因で事故が起きたと証明される必要がありました。PL法導入後は、製品の欠陥が原因だと証明されれば損害賠償責任を負うことになりました。

❸ 特商法

「特商法」とは、**「特定商取引法」**ともいい、訪問販売、通信販売および電話勧誘販売などに関して規定した法律のことです。インターネットを介したオンラインショッピングなどにも適用されます。これは、通信販売を行う者に対して一定の規制をかけるもので、事業者の氏名や住所などを表示する義務や、誇大広告の禁止、クーリング・オフ制度などを規定しています。正式には**「特定商取引に関する法律」**といいます。

❹ 資金決済法

「資金決済法」とは、近年の技術進展や利用者ニーズの多様化など、資金決済システムの環境の変化に対応するために、前払式の支払手段（事前のチャージ）、資金の移動（銀行以外の参入が可能）、資金の清算（銀行間の資金決済）に関して規定した法律のことです。正式には、**「資金決済に関する法律」**といいます。
最近では、仮想通貨（暗号資産）の資金決済に関するルールが追加されました。

❺ 金融商品取引法

「金融商品取引法」とは、有価証券の発行や金融商品の取引を公正にし、国民経済の健全な発展および投資者の保護を目的とした法律のことです。企業内容などの開示の制度や、金融商品取引業を行う者に関して必要な事項を定めたり、金融取引所の適切な運営を確保したりします。最近では、仮想通貨（暗号資産）の取引に関するルールが追加されました。

❻ リサイクル法

「リサイクル法」とは、資源、廃棄物などの再利用や再資源化を目的に、分別回収・再資源化・再利用について定めた法律のことです。対象となる資源には、PC、家電製品、自動車、包装容器、食品ゴミなどがあり、それぞれに応じた内容が規定されています。

参考

PL
「Product Liability」の略。

参考

クーリング・オフ制度
訪問販売や電話勧誘販売などで商品やサービス等の購入契約をした後でも、一定の期間内であれば消費者側から無条件で契約を解除できる制度のこと。

参考

仮想通貨
紙幣や硬貨のように現物を持たず、ディジタルデータとして取引する通貨のこと。世界中の不特定の人と取引ができる。ブロックチェーンという技術をもとに実装されており、「暗号資産」ともいう。

1-2-5 その他の法律

セキュリティ関連法規や労働関連法規、取引関連法規のほかにも、企業活動にかかわる法律には様々なものがあります。

❶ 公益通報者保護法

「公益通報者保護法」とは、企業の法令違反を社内外に通報した労働者を保護する法律です。通報した労働者に対して、解雇や降格、減給などの不利益な行為を行うことを禁止しています。
企業の不祥事を明らかにすることは、企業にとって信用を失墜させますが、社会全体や消費者にとっては利益となります。また、長い目で見ると、企業にとっても、沈滞していた弊害を浄化し、健全な企業活動につなげることができます。

❷ 情報公開法

「情報公開法」とは、行政機関の保有するすべての行政文書を対象として、誰でもその開示を請求できる権利を保護する法律です。行政機関が作成した文書を閲覧したい場合、情報開示請求を行えば誰でも閲覧できます。ただし、不開示情報（特定の個人を識別できるような個人情報や、公にすると財産権などを侵害する恐れがある情報など）が含まれる場合は閲覧できません。正式には**「行政機関の保有する情報の公開に関する法律」**といいます。

❸ 会社法

「会社法」とは、会社の設立や合併など、会社にかかわる各種制度を体系的に規定した法律のことです。
会社法が定める内容には、次のようなものがあります。

- **機関（株主総会、取締役、執行役、監査役など）の設計の定義**
- **事業報告や監査報告などの規制**
- **合併など組織再編行為にかかわる規制**
- **株式・新株予約権・社債などの制度**
- **株主に対する利益還元方法**
- **株主代表訴訟制度の合理化**
- **内部統制システムの構築の義務化**

参考

内部統制
企業が業務を適正に行う体制を自ら構築し、運用する仕組みのこと。

1-2-6 倫理規定

法律やガイドラインだけでなく、倫理規定にも十分に注意する必要があります。

❶ コンプライアンス

「コンプライアンス」とは、法制度をはじめ、企業倫理や行動規範などを含めたあらゆるルールを遵守することです。企業活動にまつわる法律や規則を遵守するのは当然のことといえますが、実際には、モラルや危機感の欠如、企業利益を最優先した対応、犯罪行為や社会的責任に対する認識の甘さから起こる不祥事が後を絶ちません。
投資家、取引先、顧客などの利害関係者に不利益をもたらすことのない健全な企業活動を行うために、コンプライアンス経営が求められています。

❷ コーポレートガバナンス

「コーポレートガバナンス」とは、企業活動を監視し、経営の透明性や健全性をチェックしたり、経営者や組織による不祥事を防止したりする仕組みのことです。
不祥事を防止するためには、適切な社外取締役の選任や情報開示体制の強化、監査部門の増強などを行って、企業活動の健全性を維持する必要があります。
コーポレートガバナンスの主な目的は、次のとおりです。

- **経営者の私利私欲による暴走をチェックし、阻止する。**
- **組織ぐるみの違法行為をチェックし、阻止する。**
- **経営の透明性、健全性、遵法性を確保する。**
- **利害関係者への説明責任を徹底する。**
- **迅速かつ適切に情報開示する。**
- **経営者並びに各層の経営管理者の責任を明確にする。**

参考
コンプライアンス
日本語では「法令遵守」の意味。

参考
企業倫理
企業において注意するべきモラルやマナーのこと。

参考
コーポレートガバナンス
日本語では「企業統治」の意味。

❸ 情報倫理

「情報倫理」とは、情報社会において注意するべき情報モラル、情報マナーのことです。
あらゆる手段で情報を入手できる現代社会においては、著作権などの知的財産権、プライバシー権などに注意する必要があります。また、情報を取り扱う場として重要な位置を占めているインターネットは、その匿名性などの特徴により、倫理的な問題が発生しやすい場となっており、特に**「ネチケット」**に注意する必要があります。
「ネチケット」とは、ネットワークを利用するうえでのエチケットのことです。ネチケットには、次のようなものがあります。

- 機密を保つ必要のある電子メールは暗号化して送信する。
- 公的な電子メールでは氏名などの身分を明記する。
- 大量のデータは送らない。送るときは圧縮する。
- 不特定多数に広告などの電子メールを送信しない。
- チェーンメールを送信しない。
- 半角カタカナや特殊記号など、機種に依存した文字は使用しない。
- 公序良俗に反する画像などを扱わない。
- 他人を誹謗中傷しない。

参考
ネチケット
"ネットワーク"と"エチケット"を組み合わせた造語である。

参考
チェーンメール
同じ文面の電子メールを不特定多数に送信するように指示し、次々と連鎖的に転送されるようにしくまれた電子メールのこと。

1-2-7 標準化関連

品質の向上やコスト削減、共通化、効率化などを図るため、各標準化団体が**「標準化」**を策定しています。

❶ 標準化

「標準化」とは、業務の利便性や意思疎通を目的として策定されたもので、多様化や複雑化を防止する効果があります。**「ISO」**などに代表される国際的な標準化団体や国内の主要な標準化団体により策定されます。
標準化は、製造業やソフトウェア開発の設計書の記述方法や開発方法などにおいて多く活用されています。結果として社員や品質の水準を上げ、円滑に業務活動が進むという効果をもたらすため、経済的効果や消費者に対するメリットなどが大きいといわれています。

参考
デファクトスタンダード
事実上の業界標準のこと。公式な標準規格ではないが、業界における利用率が高く、事実上の業界標準として扱われている。

❷ 標準化団体

代表的な標準化団体には、次のようなものがあります。いずれも非営利の団体で、技術の標準化を促進することが目的です。

団体名	説　明
ISO	国際的なモノやサービスの流通を円滑に行うことを目的として、幅広い分野にわたり標準化を行う団体。「国際標準化機構」ともいう。 「International Organization for Standardization」の略。
IEC	電気および電子分野における標準化を行う団体。「国際電気標準会議」ともいう。「International Electrotechnical Commission」の略。
IEEE	電子部品や通信方式の標準化を行う団体。「米国電気電子学会」ともいう。「IEEE802委員会」はLANの標準化、「802.3委員会」はイーサネットの標準化、「802.11委員会」は無線LANの標準化を行っている分科会。 「the Institute of Electrical and Electronics Engineers」の略。
W3C	Web技術の標準化を行う団体。HTMLやXMLなどの仕様を策定している。 「World Wide Web Consortium」の略。

❸ 国際規格

代表的な国際規格には、次のようなものがあります。

国際規格	説　明
ISO 9000	企業における「品質マネジメントシステム」に関する一連の国際規格。日本では、「JIS Q 9000」として規定されている。企業が顧客の求める製品やサービスを安定的に供給する仕組みを確立し、それを継続的に維持・改善することが規定されている。 企業側は、この規格に基づいて供給する商品の品質を自己評価したり、第三者の審査機関に依頼して客観的な評価を受け、認証を取得したりする。一方、顧客側は、企業が信用できるかどうかを判断する目安になる。
ISO 14000	企業における「環境マネジメントシステム」に関する一連の国際規格。日本では、「JIS Q 14000」として規定されている。計画・実施・点検・見直しのPDCAサイクルにより、環境保全への取組みを継続的に行うことが規定されている。
ISO/ IEC 27000	企業における「情報セキュリティマネジメントシステム(ISMS)」に関する一連の国際規格。日本では、「JIS Q 27000」として規定されている。情報セキュリティのリスクを評価し、適切な手引きを使って適切な対策を講じることが規定されている。また、情報セキュリティへの脅威は、常に変化するため、PDCAサイクルにより、継続的に対策を変化させていくことも規定されている。

参考

JIS

日本の工業製品の標準化を促進する目的で策定された規格のこと。「日本工業規格」ともいう。工業製品の種類、形状、寸法、構造などに関する規格を定めている。
「Japanese Industrial Standards」の略。

❹ ITにおける標準化の例

ITにおける身近な標準化の例には、次のようなものがあります。

(1) JANコード

「JANコード」とは、情報を横方向に読み取れる1次元コード（バーコード）のJIS規格のことです。左から国名2桁、メーカコード5桁、商品コード5桁、チェックコード1桁の全13桁で意味付けられています。

JANコードは、あらゆる商品パッケージの一部に印字され、スーパーやコンビニエンスストアなどのレジでは、日常的に利用されています。読取り装置をバーコード部分に当てるだけで、商品名称や金額がレジに入力されます。

また、線の下には数字が併記されていて、バーコードが読み取れないときに、キーボードなどから入力できるようになっています。

JANコードのサンプル

(2) QRコード

「QRコード」とは、縦横二方向に情報を持った2次元コードのJIS規格のことです。**「2次元コードシンボル」**ともいいます。

QRコードは、コードの3か所の角に切り出しシンボルがあり、360度どの方向からも高速に、正確に読み取れます。また、JANコードよりも、多くの情報を扱うことができます。

QRコードは、部品・製品管理や在庫管理などの産業分野だけでなく、名刺やチラシなど身の回りの生活環境に至るまで、幅広い分野で使われています。最近では、スマートフォンでQRコードを利用して、キャッシュレス（現金を使用しない）で決済ができる電子マネーも登場しています。

QRコードのサンプル

参考

IT

情報技術のこと。
「Information Technology」の略。

参考

JAN

「Japanese Article Number」の略。

参考

JANコードの種類

JANコードには、13桁の標準のものと、8桁の短縮のものがある。

参考

ISBNコード

書籍などの図書の識別コードのこと。図書を特定するために世界標準として使用されている。

参考

QR

「Quick Response」の略。

1-3 予想問題

※解答は巻末にある別冊「予想問題 解答と解説」P.2に記載しています。

問題1-1

研修制度には、OJTやOff-JTがある。次の事例のうち、OJTに該当するものはどれか。

ア 社員のプログラム言語の能力向上のために、外部主催の講習会を受講させた。
イ 社員のシステム開発の能力向上のために、新規メンバとしてシステム開発プロジェクトに参加させた。
ウ 社員のセキュリティへの意識を高めるために、最新のセキュリティ事故と対策がわかるe-ラーニングを受講させた。
エ 社員のシステム設計の能力向上のために、社内で開催される勉強会に参加させた。

問題1-2

企業Aでは、定期発注方式によって、販売促進用のノベルティグッズを1週間ごとに発注している。次の条件のとき、今回の発注量はいくらか。

〔条件〕
(1) 今回の発注時点での在庫量は210個である。
(2) 1週間で平均70個消費される。
(3) 安全在庫量は35個である。
(4) 納入リードタイムは3週間である。
(5) 発注残はないものとする。

ア 40　イ 65　ウ 105　エ 250

問題1-3

商品Aの期末在庫品を先入先出法で評価した在庫評価額はいくらか。

	個数	単価
期首在庫	4個	100円
10月仕入	2個	110円
11月仕入	4個	120円
1月仕入	3個	130円
2月仕入	5個	140円
期末在庫	10個	

ア 1,010円　イ 1,100円　ウ 1,220円　エ 1,330円

問題1-4

G社で取り扱っている次の商品をABC分析したところ、重点的・優先的に管理する対象となった商品はどれか。

商品コード	販売数	単価
1	480	150
2	600	65
3	860	900
4	465	180
5	2,200	250
6	680	90
7	905	320
8	1,570	320
9	640	150
10	345	350

ア　商品コード3、5、8
イ　商品コード3、4、7
ウ　商品コード7、9、10
エ　商品コード1、2、4、6

問題1-5

D社の各営業部の売掛金の回収状況は、以下の表のとおりである。入金遅延が91日以上のものを長期債権とするとき、回収期限を過ぎた売掛金の長期債権額の比率はどれになるか。

単位：千円

	入金確認済	入金遅延（1～30日）	入金遅延（31～60日）	入金遅延（61～90日）	入金遅延（91日以上）
第1営業部	880	12	5	5	3
第2営業部	97	15	8	4	10
第3営業部	550	10	7	3	3
第4営業部	390	21	10	2	2

ア　15%
イ　18%
ウ　5%
エ　8%

問題1-6

A社では、自社の商品管理データベースシステムの構築を、A社の子会社であるシステム会社B社に委託した。B社では、A社とシステムの要件定義を行った後、システム設計からプログラミング、テストまでをC社に委託した。C社では、一連の作業を社員Dに担当させた。このとき、A社の商品管理データベースシステムの著作権の帰属はどこになるか。なお、著作権の帰属に関する特別な取り決めはなかったものとする。

ア　A社
イ　B社
ウ　C社
エ　社員D

問題 1-7

企業が公にしていない営業秘密やアイディアの盗用などを保護する法律はどれか。

ア　著作権法
イ　不正競争防止法
ウ　特定商取引法
エ　不正アクセス禁止法

問題 1-8

不正なアクセス行為を取り締まるための法律である不正アクセス禁止法において、不正アクセスを助長する行為として規制されるものはどれか。

ア　不正に入手した他人の利用者IDとパスワードを、無断で第三者に提供する。
イ　サーバが処理することができないくらいの大量のデータを送って、サーバの機能を停止させる。
ウ　実在する企業や団体を装って電子メールを送信し、受信者を偽のWebサイトに誘導して、利用者IDとパスワードを入力させ、不正に入手する。
エ　給与システムの管理者が、管理者権限のある自身の利用者ID・パスワードでログインし、給与データを書き換える。

問題 1-9

次のa～cのうち、個人情報保護法で禁止されている行為を全て挙げたものはどれか。

a：冷蔵庫の故障についてメールで問い合わせてきた個人に、洗濯機に関する新商品の案内を電子メールで送付した。
b：Webサイトの問合せページで自社商品のキャンペーン案内送付可否欄に可と記入した個人に対して、自社商品のキャンペーン案内を電子メールで送付した。
c：転職者が以前の職場の社員住所録を使って、転職先の会社で実施するキャンペーン案内をダイレクトメールで送付した。

ア　a、b、c　　イ　a、b　　ウ　a、c　　エ　b、c

問題 1-10

次のa～dの記述のうち、個人情報保護法における要配慮個人情報に該当するものを全て挙げたものはどれか。

a　国籍の情報
b　図書館での宗教に関する書籍の貸出し情報
c　医療関係者が医療業務上知り得た診療記録などの情報
d　本人を被疑者とする犯罪捜査のために取調べを受けた事実

ア　a　　イ　a、c　　ウ　c、d　　エ　b、c、d

問題 1-11

個人情報保護法における匿名加工情報の取扱いに関する記述として、適切なものはどれか。

ア　旅行会社の顧客データ内に含まれる氏名を削除すれば、旅券番号は加工しなくてもよい。
イ　個人が識別されるケースを除外するため、しきい値を定めて加工し、年齢が「116歳」という情報を「90歳以上」に置き換えた。
ウ　匿名加工情報をデータ加工業者A社から取得したB社が、元の本人を識別するために、書面での守秘義務契約を交わした上で、A社が用いた加工方法を有償で取得した。
エ　匿名加工情報を第三者へ提供するとき、提供先に当該情報が匿名加工情報である旨を明示する必要はない。

問題 1-12

ある企業のコンピュータにマルウェアを侵入させ、そのコンピュータの記憶内容を消去した者を処罰の対象とする法律として、適切なものはどれか。

ア　不正アクセス禁止法
イ　サイバーセキュリティ基本法
ウ　プロバイダ責任制限法
エ　刑法

問題 1-13

労働者派遣に関する記述のうち、適切なものはどれか。

ア　派遣労働者からの苦情については、派遣先企業ではなく派遣元である派遣会社が対応する。
イ　派遣先企業は、派遣元である派遣会社から受け入れた派遣労働者を、自社のグループ会社においての業務であれば派遣することができる。
ウ　派遣元である派遣会社が36協定を締結し、届け出ているかどうかにかかわらず、派遣先企業は派遣労働者に時間外労働や休日労働をさせることはできない。
エ　派遣労働者であった者を、派遣会社との雇用期間が終了後、派遣先企業が雇用してもよい。

問題 1-14

A社は、経済産業省と情報処理推進機構（IPA）が策定した“サイバーセキュリティ経営ガイドライン”に基づいて、セキュリティ対策を策定している。A社のセキュリティ対策に加えて、実施状況を確認しなければならないセキュリティ対策はどれか。

ア　A社の事業所のある地域社会が行うセキュリティ対策
イ　A社のサプライチェーンのビジネスパートナや委託先が行うセキュリティ対策
ウ　A社の商品やサービスを利用する個人が行うセキュリティ対策
エ　A社に出資している株主が行うセキュリティ対策

第2章

経営戦略

情報分析手法やマーケティング手法、経営管理システム、技術戦略をはじめ、各分野での代表的なシステムなどについて解説します。

2-1 経営戦略マネジメント

2-1-1 経営戦略手法

企業を取り巻くあらゆる変化に適応し、他社より優位に立って企業が成長するために、長期的な視点で示す構想のことを**「経営戦略」**といいます。
企業は、次のようなステップで、経営戦略を策定していきます。

経営理念の明示	企業の存在意義や行動指針などを明示する。

経営目標の明示	企業が目指す最終到達点を明示する。

企業ドメインの定義	市場における自社の位置付けを定義する。

経営戦略の決定	変化に適応しながら存続するための、将来的な構想を決定する。

❶ 経営情報分析手法

経営戦略を決定するには、企業の実力を把握し、現在置かれている立場や状況を分析する必要があります。
経営戦略のためのデータ分析手法には、次のようなものがあります。

(1) SWOT分析

「SWOT分析」とは、強み(Strengths)、弱み(Weaknesses)、機会(Opportunities)、脅威(Threats)を分析し、評価することをいいます。
強みと弱みは、企業の**「内部環境」**を分析して、"活かすべき強み"と"克服すべき弱み"を明確化します。内部環境には、人材、営業力、商品力、販売力、技術力、ブランド、競争力、財務体質などが含まれます。
機会と脅威は、企業を取り巻く**「外部環境」**を分析して、"利用すべき機会"と"対抗すべき脅威"を見極めます。外部環境には、政治、経済、社会情勢、技術進展、法的規制、市場規模、市場成長性、価格動向、顧客動向、競合他社動向などが含まれます。

参考

マクロ環境とミクロ環境

「マクロ環境」とは、企業を取り巻く外部環境のうち、企業にとって統制が不可能なものを指す。例えば、政治、経済、社会情勢、技術進展、法的規制などが含まれる。
「ミクロ環境」とは、企業を取り巻く外部環境のうち、企業にとって一定の統制が可能なものを指す。例えば、市場規模、市場成長性、価格動向、顧客動向、競合他社動向などが含まれる。

SWOT分析は、マーケティング計画や危機管理方針などを決定するときにも活用され、経営環境を分析する際の代表的な分析手法といえます。

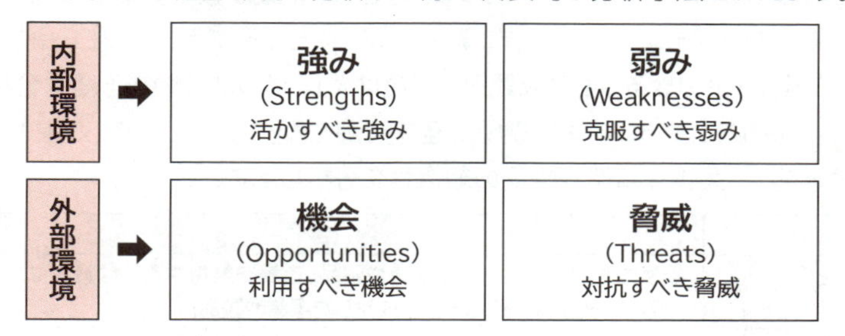

(2) プロダクトライフサイクル(PLC)

「プロダクトライフサイクル」とは、製品が発売開始されて市場に出現してから、発売終了となり市場から消失するまでのサイクルのことです。

プロダクトライフサイクルは、次の4段階に区切り、商品の売上や利益を分析することで、各段階での販売戦略を検討するのに役立ちます。

段 階	内 容
導入期	製品を市場に投入する時期であり、製品の認知度を高めるための告知活動や販売促進活動を行う時期である。製品の売上自体よりも販売戦略に投資する方が大きいため、利益はほとんどない。
成長期	導入期の投資により、製品の認知度が上がり売上が上昇する。それと同時に競合製品が増加する。消費者からの要望も多くなり、他社製品との差別化や製品のバージョンアップ（改良）を検討する時期である。
成熟期	製品が市場にあふれ、消費者の需要が鈍化する。そのため売上、利益ともに伸長せず、戦略の変更を検討する時期である。販売シェアの高い製品であれば、その市場を維持していくための戦略（製品原価の低下に伴う値下げ）、シェアを取れない製品であれば、ニッチ戦略（隙間市場での収益性の確保）などを検討する。
衰退期	消費者の需要が価格によって左右され始め、値引き競争が激化する。そのため売上、利益ともに下降傾向となり、市場からの撤退を含めて今後の進退を検討する時期である。コストをかけず、既存の消費者ニーズに応えて市場を維持していくか、現製品の価値を維持しながら後続製品に切り替えるために再投資を行うかなどを検討する。

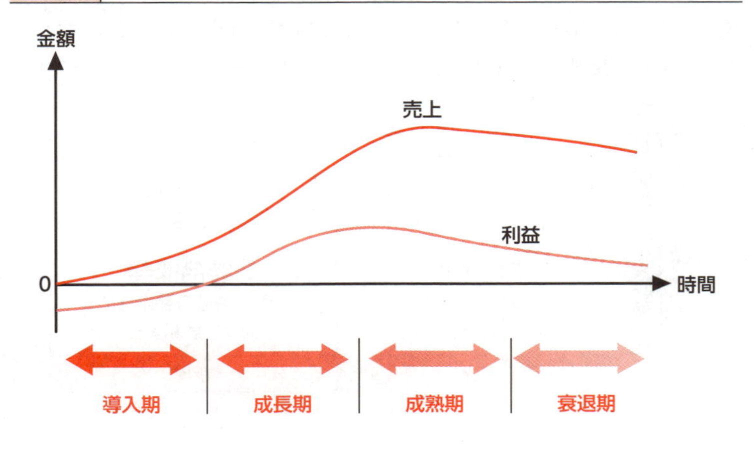

参考

PLC

「Product Life Cycle」の略。

(3) プロダクトポートフォリオマネジメント(PPM)

「プロダクトポートフォリオマネジメント」とは、企業が扱う事業や製品を、市場占有率(市場シェア)と市場成長率を軸とするグラフにプロットし、**「花形」**、**「金のなる木」**、**「問題児」**、**「負け犬」**の4つに分類する経営分析の手法のことです。4つの分類に経営資源を配分することで、効果的・効率的で、最適な事業や製品の組合せを分析します。

分 類	内 容
花形	黒字だが、投資が必要な事業や製品。市場を維持するには資金はかかるが、収益率が高く、成長・成熟した事業や製品。
金のなる木	少ない投資で黒字を生み出す事業や製品。市場占有率が大きいために、投資(資金)がかからず収益率の高い成熟した事業や製品。過剰な投資は抑えた方がよい。
問題児	赤字だが、追加投資をすることで将来的には成長が見込める事業や製品。成長率は高いが市場占有率が小さいため投資(資金)が多い。将来、成長が見込める事業や製品で「花形」にするための戦略が必要である。
負け犬	将来性が低く、基本的に撤退すべき事業や製品。投資の流出・資金の流入のどちらも低い、衰退した事業や製品。投資以上の収益が見込めなければ、撤退や縮小などを行う必要がある。

高↑ 市場成長率 ↓低	大← 市場占有率	→小
高	**花形** (star) 成長期待→維持	**問題児** (question mark, problem child) 競争激化→育成
低	**金のなる木** (cash cow) 成熟分野・安定利益→収穫	**負け犬** (dogs) 停滞・衰退→撤退

(4) 成長マトリクス分析

「成長マトリクス分析」とは、経営学者のH・イゴール・アンゾフが提唱したもので、**「アンゾフの成長マトリクス」**ともいいます。自社の**「製品・サービス」**と**「市場」**の関係性から、企業の成長戦略の方向性を導き出す手法のことです。横軸に**「製品・サービス」**、縦軸に**「市場」**を設け、さらにそれぞれに**「新規」**と**「既存」**を設けて、4つのカテゴリに分類したマトリクスを使って分析します。

市場 \ 製品・サービス	既存	新規
新規	**市場開拓** 既存の製品を新規顧客層に向けて展開する	**多角化** 新しい分野への進出を図る
既存	**市場浸透** 競争優位を獲得して市場占有率を高める	**新製品開発** 新製品を既存顧客層に向けて展開する

参考

PPM
「Product Portfolio Management」の略。

参考

ベンチマーキング
優良企業や優良事例の最も優れているとされる方法を分析し、自社の方法と比較すること。ベンチマーキングによって得られたヒントを経営や業務の改善に活かす。

参考

バリューチェーン分析
企業活動を主活動と呼ばれる購買、製造、出荷、物流などの活動と、これらをサポートする人事、労務、経理、技術開発、調達などの支援活動に分類し、各活動に必要なコストや各活動が生み出す価値を明確にしたうえで、業界でのCSF(重要成功要因)となる強みや改善すべきポイントを見つけ出す分析手法のこと。

参考

バリューチェーン
原材料の調達から製品やサービスの提供に至るまでの一連の企業活動のこと。顧客に提供する最終的な価値を実現するために、それぞれの活動が生み出す価値(Value)が連鎖(Chain)することを表現した言葉である。

❷ 経営戦略に関する用語

経営目標を実現し、他社より優位に立って企業を成長させるためには、競争優位となる経営戦略を策定することが重要です。

(1) 経営戦略

「競争優位」とは、競合他社と比較して優位であるかどうかという位置付けのことです。あらゆる手段で情報を入手できる現代社会においては、差別戦略の多くは他社によって真似される可能性があります。顧客に、競争相手よりもうまく価値を提供するためには、低価格などといった単独の優位性だけではなく、デザイン、品質、生産方式、ブランドなどを組み合わせた複数の要因によって経営戦略を策定する必要があります。
代表的な経営戦略には、次のようなものがあります。

戦　略	内　容
競争地位別戦略	業界内の企業の地位に着目し、どの地位に分類されるかによって最適な選択をする競争戦略。業界内の企業の地位は、次の4つに分類される。 **・リーダ** 市場シェアが最大である企業。リーダは、市場規模の拡大を図るために投資し、市場シェアの維持に努める。 **・チャレンジャ** シェアの増大を図り、トップシェアの獲得を目標とする企業。チャレンジャは、リーダやその他の企業からのシェア獲得を目標として、差別化を図った戦略をとる。 **・フォロワ** シェアを維持しつつ、新たな顧客の創出を目標とする企業。リーダ企業の製品を模倣し、競合他社のシェアを奪うことのないよう新たな顧客の創出を図る戦略をとる。 **・ニッチャ** 競合他社の参入していない隙間市場でのシェア獲得を目標とする企業。隙間市場での専門性を極めることで、独自の特色を出し、その市場での利益獲得を図る戦略をとる。
ブランド戦略	企業または企業が提供する製品やサービスに対する顧客のイメージを高める戦略。
プッシュ戦略	試食販売や懸賞品など何らかのメリットを提供して、自社商品を積極的に消費者に売り込む戦略。
プル戦略	テレビや雑誌などの媒体を通じて、消費者の購買意欲を喚起して、自社商品を買わせる戦略。
ニッチ戦略	「ニッチ」とは、“隙間”という意味の言葉。大手企業の参入している市場ではなく、特定の市場（隙間市場）に焦点を合わせてその市場での収益性を確保・維持する戦略。「焦点絞込戦略」ともいう。
イノベーション戦略	技術革新のみならず、新しい技術やこれまでにない考え方、サービスなどにより、新たな市場価値を生み出す戦略。
ブルーオーシャン戦略	新しい市場を開拓し、顧客に対して付加価値が高い商品やサービスを低コストで提供することで、利潤の最大化を実現することを狙いとする戦略。

参考

コーポレートブランド
企業名そのものに対するブランドのこと。企業のイメージや信頼度を表し、競争優位を確立する重要な役割を持つ。

参考

カニバリゼーション
自社の製品の売上が、自社のほかの製品の売上を奪ってしまう現象のこと。日本語では「共食い」の意味。
例えば、自社の新製品を市場に投入することで、自社の類似した既存製品の市場シェアを奪って売上が減るような現象が該当する。

参考

コアコンピタンス
「他社が真似できない核（コア）となる技術や資本力などの能力（コンピタンス）」のこと。自社にとって強みであり、他社にはできない事業や製品を創出し、他社とは差別化した経営資源となる。また、競合他社に対しては、経営戦略上の競争力につながり、他社と提携する際には相手に与える影響力や先導力のキーとなる。

(2) アライアンス

「アライアンス」とは、企業間での連携・提携のことです。アライアンスにより、自社の資源だけでなく、ほかの企業の資源を有効に活用して経営を行うことで競争優位を実現することができます。
アライアンスの形態には、資本関係を伴わずに特定の分野だけで提携する形や、資本関係を伴って企業が統合する形などがあります。
アライアンスには、次のような形態があります。

●M&A(合併・買収)

「M&A」とは、企業の**「合併・買収」**の総称で、**「合併」**は複数の企業がひとつの企業になること、**「買収」**は企業の一部、または全部を買い取ることです。
一方の企業が存続し、他方が消滅する**「吸収合併」**もこの形態です。M&Aで自社にはない技術やノウハウを獲得することにより、新規事業の展開を短期間で実現できます。事業投資リスクをおさえたり、無駄な競争を省いたりできるのがメリットです。
M&Aの目的としては、新規事業や市場への参入、業務提携、企業の再編、経営救済などがあります。

●持株会社による統合

「持株会社」とは、他の株式会社の株式を大量に保有し、支配することを目的とする会社のことです。持株会社による統合のメリットとしては、常にグループ全体の利益を念頭においた経営戦略が可能になったり、意思決定のスピード化を図ったりできるといったことなどが挙げられます。

●資本参加

「資本参加」とは、相手先企業との連携を深めるために、企業の株式を取得し、その株主となることです。相手先企業に対して資本を持つことになるため、協力関係が発生します。

●提携

「提携」とは、企業間で協力して事業活動をすることです。特定の分野に限った販売提携、生産提携（OEM生産など）をはじめ、技術の共同化や廃棄物の共同リサイクルなどがあります。

●ファブレス

「ファブレス」とは、自社工場（fabrication）を持たずに、外部に製造を委託している企業のことです。工場を持たないため、設備の初期投資や維持費用がかかりません。ファブレス企業は、自社で製品企画や研究開発などを行い、OEMにより製造した製品を提供する形態をとっています。

参考

アライアンス（alliance）
日本語では、「企業連携」や「同盟」の意味。一般的に、資本関係を伴う場合は強いアライアンス、伴わない場合は弱いアライアンスといわれている。

参考

M&A
「Mergers(合併) and Acquisitions(買収)」の略。

参考

TOB
M&Aの手段のひとつで、買い付け期間・価格などを公開して、不特定多数の株主から株式市場外で株式を買い集めること。「株式公開買い付け」ともいう。
「Take Over Bid」の略。

参考

MBO
M&Aの手段のひとつで、オーナ（株主）ではない経営者・経営陣が、オーナまたは親会社から株式を買い取り、企業の経営権を取得して買収すること。「経営陣による自社買収」ともいう。
「Management Buyout」の略。

参考

垂直統合
自社の事業領域を拡大するために、アライアンスやM&Aを通じて、事業領域の上流から下流までを統合する戦略のこと。例えば、小売業が製造業から手掛けたり、メーカが卸事業を兼ねたりすること。垂直統合をすることで、販売動向を素早く把握し、無駄のない生産を行うことができる。

参考

OEM
相手先企業のブランドで販売される製品を製造すること。「相手先ブランド製造」ともいう。
「Original Equipment Manufacturer」の略。

●フランチャイズチェーン

「フランチャイズチェーン」とは、本部が店舗の営業権や商標、営業のノウハウなどを提供し、加盟店からロイヤルティ（対価）を徴収する小売業態のことです。コンビニエンスストアや外食産業などで多く見られ、低コストで店舗数を増大できるというメリットがあります。

●ジョイントベンチャ

「ジョイントベンチャ」とは、2社以上の企業が共同で出資することによって設立し、共同で経営する企業のことです。**「合弁企業」**や**「合弁会社」**ともいいます。

(3) 経営執行機関

日本の株式会社の最高意思決定機関は**「株主総会」**、経営執行担当者は**「代表取締役」**で、会社を対外的に代表しているとともに経営の最高責任者でもあります。
アメリカにおける経営執行機関の分類は、次のとおりです。

分　類	説　明
CEO	最高経営責任者。会社の代表として経営の責任を負う立場。 「Chief Executive Officer」の略。
COO	最高執行責任者。CEOのもとで業務運営の責任を負う立場。 「Chief Operating Officer」の略。
CIO	最高情報責任者。情報関係の責任を負う立場。 「Chief Information Officer」の略。
CFO	最高財務責任者。資金の調達や財政など財務の責任を負う立場。 「Chief Financial Officer」の略。
CCO	最高遵法責任者。法制度や企業倫理などの遵守に関する責任を負う立場。 「Chief Compliance Officer」の略。

(4) 規模の経済と経験曲線

「規模の経済」とは、生産規模が拡大するに従って固定費が減少するため、単位当たりの総コストも減少するという考え方です。
「経験曲線」とは、製品の累積生産量が増加するに従って労働者の作業に対する経験が積み上げられ、その結果、作業の効率化が進み、単位当たりの総コストが減少するという考え方です。
規模の経済や経験曲線による総コストの減少が予測できれば、戦略的に低コストで製品を提供し、競争優位を確立することができます。

参考

コモディティ化
製品の機能や品質が均等化して、消費者にとって、どの企業の製品を買っても同じであると感じる状態のこと。企業にとって、自社製品と他社製品の機能や品質による差別化が難しいため、価格を下げることに陥ってしまい、収益を上げにくくなる。

参考

株主総会の決議が必要な事項
株主総会の決議が必要な事項には、次のようなものがある。
・役員の報酬決定
・役員の選任、解任
・会社の解散、合併、分割　など

参考

範囲の経済
新しい事業を展開するときに、既存の事業が持つ経営資源を活用することによって、コストを削減するという考え方。例えば、既存の事業が持つ「基盤となる技術」を新しい事業でも共有することで、コスト削減を図る。

❸ オフィスツールの利用

本格的なビジネスシステムを利用せず、市販の**「オフィスツール（ソフトウェアパッケージ）」**を利用して経営戦略に役立てることができます。
代表的なオフィスツールには、次のようなものがあります。

種　類	説　明
文書作成ソフト	文書の作成・編集・印刷など、文章を読みやすく構成し、印刷するための機能が充実している。
表計算ソフト	表の作成・グラフの作成・データの分析などの機能が充実している。
プレゼンテーションソフト	プレゼンテーション資料にイラストやグラフ、表、写真などを挿入したり、プレゼンテーション資料を作成・実施したりするための機能が充実している。
データベースソフト	様々なデータ（情報）を、ある目的を持った単位でまとめて、ひとつの場所に集中して格納したもので、データの管理や操作が効率的に実施できるようになる。

2-1-2　マーケティング

「マーケティング」とは、顧客のニーズを的確に反映した製品を製造し、販売する仕組みを作るための活動のことです。マーケティング活動の一環には、**「市場調査」**、**「販売計画・製品計画・仕入計画」**、**「販売促進」**、**「顧客満足度調査」**などが含まれます。

❶ 市場調査

「市場調査」とは、企業がマーケティング活動を効果的に進めるために、市場に関する様々な情報を収集することです。**「マーケティングリサーチ」**ともいいます。
市場調査には、インターネットを利用した調査、消費者を集めて議論させる調査、郵便でアンケートを配布し回収する調査など、様々な方法があります。
特に、インターネットを利用した市場調査は、他の調査方法に比べて膨大なデータを迅速に採取でき、コストが低く抑えられ、郵送などに比べて、短時間で市場調査ができるということから、消費者のニーズをいち早く商品化できるというメリットがあります。
いずれの方法を採用したとしても、市場調査で得たデータをどのように分析し、活かしていくのかが、その後の戦略の大きな鍵となります。

参考

Webマーケティング

WebサイトやWebによるサービスを利用したマーケティングのこと。

参考

インバウンドマーケティング

顧客が自ら情報を収集し、その中から自社の商品やサービスの情報を見つけ出してもらうマーケティング手法のこと。インバウンドには「到着する」「入ってくる」という意味がある。自社の商品やサービスの情報を主体的に収集する見込み客の獲得を目的とする。企業はSNSやブログ、検索エンジンなどを利用して、自社の商品やサービスに関する情報を発信し、見込み客がその情報を見つけ出し、最終的に自社の商品を購入してもらうことで見込み客から顧客に転換させる。

参考

アウトバウンドマーケティング

インバウンドマーケティングに対して、電話や電子メールなどによって、一方的に自社の商品やサービスを直接売り込む従来型のマーケティング手法のことを「アウトバウンドマーケティング」という。アウトバウンドには、「外に向かう」「出ていく」という意味がある。
アウトバウンドマーケティングは、企業が一方的に売り込むことから、最近では顧客側の警戒感が強く、商品やサービスの購入に結び付かない場合が多くなっている。一方、インバウンドマーケティングは、顧客を主体としていることから、商品やサービスの購入に結び付くことが期待できる。

(1) マーケティングミックス

「マーケティングミックス」とは、マーケティングの目的を達成するために、**「Product(製品)」**、**「Price(価格)」**、**「Place(流通)」**、**「Promotion(販売促進)」**の**「4つのP(4P)」**の最適な組合せを考えることです。

4つのPは販売側の視点から考えるものですが、この4つのPに対応して顧客側の視点から考える**「4つのC(4C)」**があります。4つのCとは、**「Customer Value(顧客にとっての価値)」**、**「Cost(顧客の負担)」**、**「Convenience(顧客の利便性)」**、**「Communication(顧客との対話)」**です。

4つのP(4P)	検討する内容	4つのC(4C)
Product (製品)	品質やラインナップ、デザインなど	Customer Value (顧客にとっての価値)
Price (価格)	定価や割引率など	Cost (顧客の負担)
Place (流通)	店舗立地条件や販売経路、輸送など	Convenience (顧客の利便性)
Promotion (販売促進)	宣伝や広告、マーケティングなど	Communication (顧客との対話)

(2) その他のマーケティング分析や手法

その他のマーケティング分析や手法には、次のようなものがあります。

種　類	説　明
セグメント マーケティング	顧客ニーズや顧客層ごとに市場を分類する。「セグメンテーション」ともいう。
ターゲット マーケティング	自社がターゲットとする市場を絞り込む。「ターゲティング」ともいう。
ダイレクト マーケティング	自社の製品やサービスに関心が高い人(見込み顧客)に限定してアプローチする。電話やFAX、電子メール、郵便などを単体または組み合わせて用いるのが一般的。
ワントゥワン マーケティング	集団にアプローチするのではなく、個々の顧客ニーズに1対1の関係でアプローチする。
ポジショニング	ターゲットとする市場に対して、自社の価値をどのように訴求すべきかを考える。
3C分析	自社(Company)、競合他社(Competitor)、顧客(Customer)の3Cを分析し、経営目標を達成するうえで重要な要素を見つけ出す。
RFM分析	優良顧客を見分ける顧客分析のひとつで、「Recency(最終購買日)」、「Frequency(購買頻度)」、「Monetary(累計購買金額)」の3つの視点から顧客を分析する。それぞれの視点にスコアを付けて、ランキングすることで上位の顧客を優良顧客と判断し、ダイレクトメールの送付先を決めるといった使い方をする。
バスケット分析	ある商品を購入した顧客が、同時にそのほかにどのような商品を購入しているかを分析する手法。分析した結果、同時に購入している商品を近い位置に陳列するなど、売上の向上に活かすことができる。

参考

4つのPの例

例えば、ABC食品株式会社の栄養ドリンクについて、マーケティングミックス(4つのP)に基づいた販売施策は、次のとおり。

●**Product**

現代人に不足しがちな野菜やビタミンなどの栄養素を手軽に摂取できる、無香料・無着色の安全でヘルシーな栄養ドリンク

●**Price**

150mlの手軽で飲みやすい量にして、一本180円の低価格を実現

●**Place**

コンビニエンスストア限定商品に位置付け、店頭の目立つ場所に陳列

●**Promotion**

新進気鋭の若手俳優を起用したコマーシャルで大々的に告知

参考

イノベータ理論

新商品に対する消費者の態度を5つに分類した理論のこと。購入の早い順にイノベータ(革新者)、オピニオンリーダ(初期採用者)、アーリーマジョリティ(前期追随者)、レイトマジョリティ(後期追随者)、ラガード(遅滞者)の5つに消費者層を分類する。

参考

オピニオンリーダ

新しい商品やサービスに対する意見や行動が、顧客の購買活動に大きく影響を与える人のこと。オピニオンリーダの出現によって新商品が市場に浸透し始めることから、新商品のマーケティング戦略として重要視されている。

参考

マーチャンダイジング

消費者の要望している商品を、適切な量、価格、タイミングなどで提供するための活動のこと。

❷ 販売計画・製品計画・仕入計画

「販売計画・製品計画・仕入計画」では、市場調査の分析結果と、需要と供給の予測に基づいて戦略的に活動します。

(1) 販売計画

「販売計画」とは、誰に、どのような商品やサービスを、どのように販売していくかを計画することです。販売計画を決めた上で、その後の製品・仕入計画を立てます。

販売計画を立てるにあたっては、次の**「4W2H」**を基準にします。

4W2H	説　明
What	販売する商品・サービスを具体的に決める。
How Much	販売量を想定して価格を決める。
Where	どの地域をターゲットにするかを決める。
Whom	どのような顧客に販売できるかを想定する。
How	どのような販売方法にするかを決める。
Who	誰が販売するかを決める。

(2) 製品計画

「製品計画」とは、消費者のニーズを的確にとらえ、収益が確保できる製品やサービスを市場に提供する計画のことです。市場にすでに流通している製品と新製品の数や構成を考慮しながら決めていきます。

(3) 仕入計画

「仕入計画」とは、販売計画達成のために、何を、どこから、どのような条件で仕入れるかを計画することです。仕入は、売上や利益に大きく影響するため、正常な資金繰りができるよう慎重に検討する必要があります。在庫を少なくし過ぎると欠品する恐れが生じ、在庫を多くし過ぎると余剰在庫になる恐れがあります。在庫をできるだけ効率よく回転させ、資金負担を少なくし、在庫の陳腐化や劣化を防止するように計画することが重要です。

例

表計算ソフトを用いて、商品の仕入管理を行う。表の中に次の①～③の条件で判断する条件式を立てるとき、どのような計算式になるか。

〔条件〕

①市場在庫数が1,000個未満の商品には「緊急発注」と表示する。

②市場在庫数が1,000個以上3,000個未満の商品には「通常発注」と表示する。

③市場在庫数が3,000個以上の商品には「発注せず」と表示する。

※引数に文字を入力する場合は、「'(シングルクォーテーション)」で囲むこととする。

表計算ソフトを用いて、条件判断を行う場合は、IF条件式を使用する。

ここでの条件分岐は次の3つである。
①1,000個未満
②1,000個以上3,000個未満
③3,000個以上

まず、1,000個未満かどうかを判定する。1,000個未満であれば、**「緊急発注」**と表示し、それ以外（1,000個以上）についてはさらに条件式を立てる必要がある。
ここまでの条件式は次のようになる。

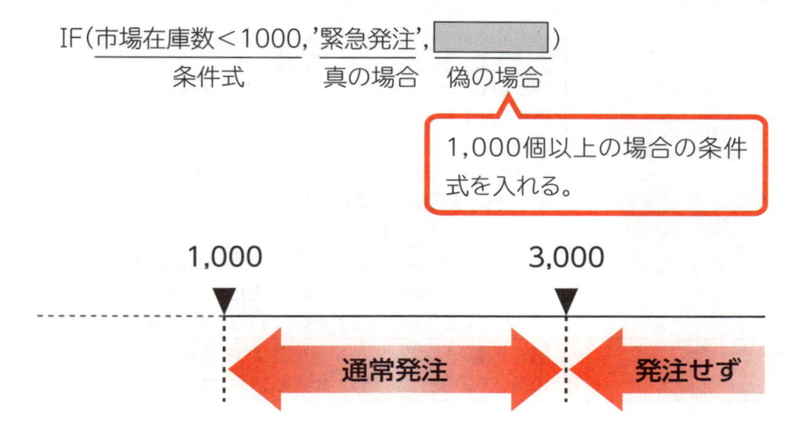

次に、3,000個以上かどうかを判定し、3,000個以上であれば**「発注せず」**と表示し、それ以外（3,000個未満）は**「通常発注」**と表示する。なお、この3,000個未満には1,000個未満は含まれない。（先の条件分岐ですでに処理済のため）
ここで条件式は次のようになる。

IF（市場在庫数≧3000,'発注せず','通常発注'）

以上、2つの条件式を組み合わせると、次のようになる。

IF（市場在庫数＜1000,'緊急発注',IF（市場在庫数≧3000,'発注せず','通常発注'））

IF条件式では、**「比較演算子」**を使用して条件が満たされているかを判断します。

参考

IF条件式

IF(条件式, ○, ×)
①　②　③

①真偽を判断する数式
②真の場合の処理
③偽の場合の処理
※②、③には、数式や文字が入る。

IF条件式に使用する比較演算子の種類には、次のようなものがあります。

種類（読み方）	例	説明
＝（イコール）	A1=B1	A1とB1は等しい
≠（ノットイコール）	A1≠3	A1は3ではない
＞（大なり）	B1>A1	B1はA1より大きい
＜（小なり）	B1<3	B1は3より小さい（未満）
≧（大なりイコール）	B1≧A1	B1はA1以上
≦（小なりイコール）	A1≦3	A1は3以下

❸ 販売促進

「販売促進」とは、広告やキャンペーンなどを利用して、消費者の購買意欲や販売業者の販売意欲を促す取組みのことです。**「セールスプロモーション」**ともいいます。

販売促進は、消費者向け、販売業者向け、社内（営業部門）向けなど、対象者によって個々の取組みをすることが重要です。

販売促進には、次のような手法があります。

種　類	説　明
オムニチャネル	実店舗やオンラインストアなど、あらゆる流通チャネルや販売チャネルでも、分け隔てなく商品を購入できるようにする取組み。 例えば、オンラインストアで注文した商品を実店舗で受け取ったり、実店舗で在庫がない商品を即時にオンラインで購入したりできるようにする。
クロスセリング	顧客に商品を単独で購入してもらうのではなく、その商品に関連する別の商品やサービスなどを推奨し、それらを併せて購入してもらうという売上を拡大するための手法。
アップセリング	顧客が購入しようとしている商品よりも質の高いもの、価格の高いものを推奨し、購入金額を上げさせる手法。

❹ 顧客満足度調査

「顧客満足度調査」とは、自社の製品やサービスによって、どのくらい顧客が満足しているかを定量的に調べることです。

顧客満足度を調査すると、今後の事業展開や商品開発などの戦略として役立てることができます。

調査方法は、アンケート調査票に記入する方法と、インタビューや座談会などによる調査方法があります。

調査方法	特　徴
アンケート調査	多くの回答が集まることが期待でき、市場全体の動向やニーズなどを分析できる。
インタビュー・座談会	具体的で率直な回答を得ることが期待でき、個人の感じる価値観やニーズを分析できる。

参考

販売チャネル

商品の販売経路のこと。店舗やカタログ通販、直接販売などが含まれる。

参考

流通チャネル

商品がメーカから消費者へと流通する経路のこと。問屋や卸売業者、小売業者などが含まれる。

参考

UX

商品やサービスを通して得られる体験のこと。使いやすさだけでなく、満足感や印象なども含まれる。
「User Experience」の略。

参考

顧客ロイヤルティ

商品やサービスに対する顧客の信頼度や愛着度のこと。つまり、ある特定の店で買い物をした顧客が次回も同じ店で買い物をするという心理のこと。顧客が強いロイヤルティを持つと、繰り返し同じ商品を購入したり、良い評判を周囲に広めたりという企業にとって好ましい行動へとつながる傾向にある。

顧客満足度は、一般的に次の手順で調査します。

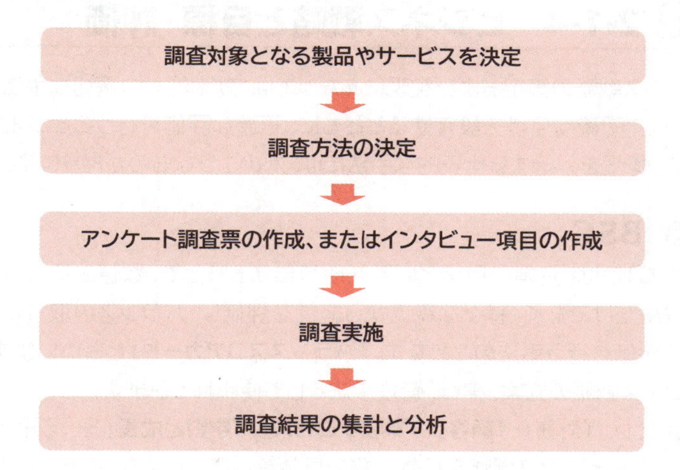

2-1-3 ビジネス戦略

企業が各事業で成果を上げるためには、経営戦略やマーケティング戦略に基づいて、より具体的な**「ビジネス戦略」**を策定する必要があります。
ビジネス戦略とは、各事業における目標を達成するために、経営戦略やマーケティング戦略を業務レベルで具体化した戦略のことです。
ビジネス戦略を策定する一般的な手順は、次のとおりです。

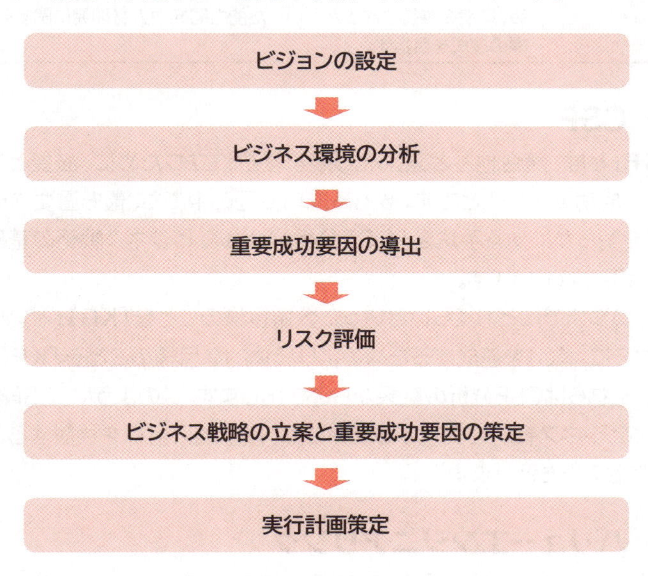

2-1-4　ビジネス戦略と目標・評価

ビジネス戦略の策定および実現にあたっては、効率的かつ適切な手法を用いて、明確な目標を設定するとともに、正確な評価を行うことが重要です。情報を分析する代表的な手法には、次のようなものがあります。

❶ BSC

「BSC」とは、企業の目標と戦略を明確にすることで、数値上で表される業績だけでなく、様々な視点から経営を評価し、バランスの取れた業績の評価を行う手法のことです。**「バランススコアカード」**ともいいます。ビジネス戦略の立案、実行、管理手法として使われています。
BSCでは、**「財務」**、**「顧客」**、**「業務プロセス」**、**「学習と成長」**という4つの視点から、ビジネス戦略を日常業務の具体策へ落とし込み、評価します。

視　点	内　容
財務	売上高、収益性、決算、経常利益などの財務的視点から目標の達成を目指す。
顧客	財務の視点を実現するために、顧客満足度、ニーズ、品質などにおいて、消費者や得意先など顧客の視点から目標の達成を目指す。
業務プロセス	財務目標の達成や顧客満足度を向上させるために、どのようなプロセスが重要で、どのような改善が必要であるかを分析し、財務の視点、顧客の視点から目標の達成を目指す。
学習と成長	企業が競合他社よりも優れた業務プロセスを備え、顧客満足を図り、財務的目標を達成するためには、どのように従業員の能力を高め、環境を維持すべきかといった能力開発や人材開発に関する目標の達成を目指す。

❷ CSF

「CSF」とは、競合他社と差別化し競争優位に立つために、必要とする重要な成功要因のことです。数ある成功要因の中でも、最も重要な成功要因を明らかにする手法を**「CSF分析」**といい、ビジネス戦略の基礎として活用されています。
また、いつまでにどれくらいといった数値目標のことを**「KGI」**といいます。さらに、KGIを達成するためのより具体的な目標のことを**「KPI」**といい、これらはCSF分析の結果から導き出します。このように、CSFを活かしてビジネス戦略を実現するためには、段階的に目標を検討するというプロセスをたどります。

❸ バリューエンジニアリング

「バリューエンジニアリング」とは、製品の価値を高めるために、機能の向上やコストダウンを図る手法のことで、**「VE」**ともいいます。製品の機能分析を行い、素材やサービスを改善したり、開発工程を見直したりします。

参考
BSC
「Balanced Scorecard」の略。

参考
CSF
「Critical Success Factors」の略。
日本語では「重要成功要因」の意味。

参考
KGI
売上高や利益など、企業の最終的に達成すべき数値目標のこと。
「Key Goal Indicator」の略。
日本語では「重要目標達成指標」の意味。

参考
KPI
新規顧客の獲得数や契約件数など、KGIを達成するための中間目標のこと。
「Key Performance Indicator」の略。
日本語では「重要業績評価指標」の意味。

参考
VE
「Value Engineering」の略。
日本語では「価値工学」の意味。

バリューエンジニアリングを実施することにより、コストダウンだけでなく、新規分野に対する創造力が発揮されたり、常に目的達成を意識した思考力が身に付いたりするなどの効果があります。多角的な視野で分析を行うために、異なる分野の専門家を集めたり、異なる知識を持つ組織を構成したりすることもあります。

2-1-5 経営管理システム

効率的な経営管理を実施するには、経営管理に見合ったシステムを作る必要があります。
経営的な視点から管理するシステムや、そのシステムに関する考え方には、次のようなものがあります。

種　類	説　明
SFA	コンピュータなどを利用して営業活動を支援するための考え方、またはそれを実現するためのシステムのこと。顧客との商談（コンタクト）履歴を管理したり、顧客の情報や営業テクニックなどのノウハウを共有したりして、営業活動の効率化や標準化を図る。「Sales Force Automation」の略。日本語では「営業支援システム」の意味。
CRM	SFAの考え方を発展させて、営業活動だけでなく全社的な規模で顧客との関係を強化するための考え方、またはそれを実現するためのシステムのこと。「Customer Relationship Management」の略。日本語では「顧客関係管理」の意味。
SCM	取引先との間の受発注、資材（原材料や部品）の調達、製品の生産、在庫管理、製品の販売、配送までの流れ（サプライチェーン）をコンピュータやインターネットを利用して統合的に管理すること、またはそれを実現するためのシステムのこと。「サプライチェーンマネジメント」ともいう。企業間でやり取りされる情報を一元管理することで、余分な在庫などを削減し、流通コストを引き下げる効果がある。「Supply Chain Management」の略。日本語では「供給連鎖管理」の意味。
ロジスティクス	市場のニーズに合わせて原材料を調達し、タイミングよく製品を顧客に提供する物流の仕組みのこと。SCMのひとつ。
ナレッジマネジメント	個人が持っている知識や情報、ノウハウなどを組織全体で共有し、有効活用することで、業務の効率化や品質の向上を図ること。情報を蓄積、共有する仕組みとして、データベースやグループウェアなどが利用される。日本語では「知識管理」の意味。
バリューチェーンマネジメント	サプライチェーンの中で、各部門がそれぞれに価値を作り出し、さらに部門間連携を図ることにより価値を高めていくこと。業務を機能ごとに分類し、どの部分で付加価値が生み出されているか、競合他社と比較してどの部分に強み・弱みがあるかを分析し、ビジネス戦略の有効性や改善の方向を探る。日本語では「価値連鎖管理」の意味。
シックスシグマ	統計学的な手法を用いて業務プロセスを解析し、ばらつきに着目して問題点を改善することで、業務の効率化を図ること。「シグマ」とは標準偏差（ばらつき）のことで、ばらつきをできるだけ小さくすることを目的とする。

参考

TOC
プロセスを阻害する要因を排除・改善することで、プロセス全体の生産性を向上させるという考え方のこと。
「Theory Of Constraints」の略。日本語では「制約理論」の意味。

参考

TQM
経営層の主導により実施される全社的な品質改善への取組みのこと。
「Total Quality Management」の略。
日本語では「総合的品質管理」の意味。

参考

TQC
企業の全部門がかかわり実施される全社的な品質改善への取組みのこと。
「Total Quality Control」の略。
日本語では「全社的品質管理」の意味。

参考

QCサークル
職場内で発生する様々な問題を継続的に解決・改善するための、職場のメンバで構成するグループのこと。
QCは「Quality Control」の略。

2-2 技術戦略マネジメント

2-2-1 技術戦略の立案・技術開発計画

新しい技術を開発したり、既存の技術を改良したりすることは、企業の経営や存続にとって最も重要な課題といえます。しかし、企業を取り巻く環境や市場が刻々と変化する現代においては、一時的な流行や消費者のニーズだけにとらわれず、中長期的な展望に立って研究開発を行い、企業の技術力を発展させる必要があります。

1 技術開発戦略・技術開発計画

「技術戦略」とは、将来的に市場での競争力を確保することを目的として、研究開発を強化するべき分野と縮小するべき分野を明確にし、企業における研究開発の方向性と重点投資分野を決定することです。
技術戦略を決定する際は、経営部門と研究開発部門の協調が欠かせません。経営部門は企業の未来を、研究開発部門は技術の未来を見据え、双方が連動した方針を打ち立てます。
技術戦略によって、研究開発を強化するべき分野が決定したら、その技術を開発するべく**「技術開発戦略」**を決定していきます。
技術開発戦略では、必要な技術をどのように調達するかを検討します。具体的には、技術を自社で研究開発するのか、外部から導入するのか、どの程度の投資をするのか、その投資によってどのような効果があるのかといった、研究開発によってもたらされる利益などを予測する必要があります。さらに、これらの決定事項や予測をまとめた**「ロードマップ」**や**「技術ポートフォリオ」**を作成し、具体的な技術開発を進めます。
ひとつの技術開発戦略が、衰退した企業経営を救う場合もあります。研究開発への投資によって企業の価値が向上し、働く人のモチベーションが向上するような技術開発戦略が求められています。

技術動向の予測
自社の技術力の評価 → 技術開発戦略の立案 → 技術開発の推進
他社との技術提携

参考

MOT
技術が持つ可能性を見極めて事業に結び付け、経済的価値を創出していくためのマネジメントのこと。「技術経営」ともいう。
自社の持続的発展に向けた重要な投資判断を行うため、MOTの観点から検討を重ね、経営戦略と技術開発戦略との整合性を高めることが重要となる。
「Management Of Technology」の略。

参考

特許戦略
特許出願の目的や特許の活用方法を理解し、企業利益に貢献できる特許を取得するための戦略のこと。

参考

技術予測手法
将来起こりうる事象に関する予測を行い、技術の発展や技術の必要性を予測する手法のこと。

参考

ロードマップ
企業における「ロードマップ」とは、技術開発戦略を達成するために、具体的な目標を設定し、達成までのスケジュールを時間軸に従って表したもの。「技術ロードマップ」ともいう。
横軸に時間、縦軸に技術や機能などを示し、研究開発への取組みによる要素技術や、求められる機能などの進展の道筋を時間軸上に表す。

参考

技術ポートフォリオ
市場における自社の技術の位置付けを把握するために、技術水準や技術成熟度を軸とするマトリックスに、自社の保有する技術をマッピングしたもの。

❷ 技術戦略に関する用語

技術戦略にあたっては、様々な考え方や活動、手法などがあります。

(1) 魔の川・死の谷・ダーウィンの海

製品化には、技術研究→製品開発→製品化→事業化というプロセスがあります。それぞれのプロセスの間では、次のような障壁が発生します。

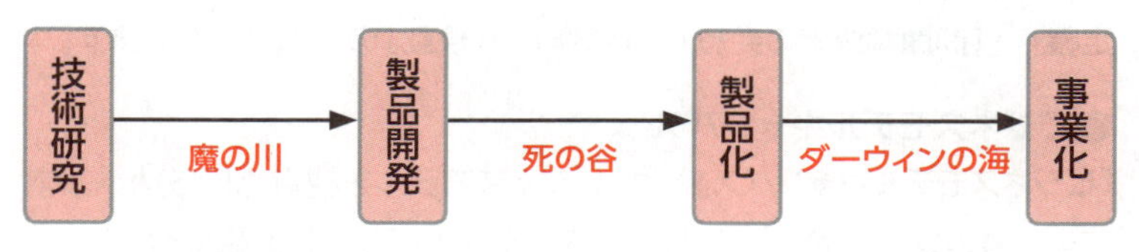

種　類	説　明
魔の川 (Devil River)	技術研究に成功したあと、製品開発するために立ちはだかっている困難を指す。 例えば、製品開発するにあたって、実現したい開発内容が得られないことなどが該当する。
死の谷 (Valley of Death)	製品開発に成功したあと、製品化するために立ちはだかっている困難を指す。 例えば、製品化するにあたって、十分な資金が得られないことなどが該当する。
ダーウィンの海 (Darwinian Sea)	製品化に成功したあと、事業化(製品が売れて事業として成り立つこと)するために立ちはだかっている困難を指す。 例えば、事業化するにあたって、製品の利益が上げられず、市場から淘汰される(撤退を余儀なくされる)ことなどが該当する。

(2) 技術戦略の活動・手法

技術戦略の活動や手法には、次のようなものがあります。

●オープンイノベーション

「オープンイノベーション」とは、企業が自社のビジネスにおいて、外部の技術やアイディアを活用し、製品やサービスの革新に活かすことです。組織内だけでは実現できない技術やアイディアを異業種や大学などの組織外に求めて、新たな価値を見出すことを目的としています。また、自社の利用していない技術やアイディアを他社に活用させることも行います。

●ハッカソン

「ハッカソン」とは、与えられた特定のテーマ(目的達成や課題解決のテーマ)に対して、ソフトウェアの開発者や設計者、企画者などがチームを作り、短期集中的にアイディアを出し合い、プロトタイプ(試作品)を作成することなどで検証し、その成果を競い合うイベントのことです。

参考

イノベーション

革新のこと。新しい技術やこれまでにない考え方やサービスなどにより、新たな市場価値を生み出すもの。画期的なビジネスモデルの創出や技術革新などの意味で用いられることもある。
イノベーションには、次のようなものがある。

種　類	意　味
プロセスイノベーション	開発プロセスや製造プロセスなど、業務プロセスの生産技術面での革新(イノベーション)のこと。
プロダクトイノベーション	新製品の開発や新たな発明など、製品開発面での革新(イノベーション)のこと。

参考

キャズム

超えなければならない深い溝のこと。

参考

イノベーションのジレンマ

既存技術の向上や改善を優先することでイノベーション(革新)が進まないために、市場シェアを奪われてしまう現象のこと。
特に大企業においては、既存技術の高性能化などを優先するため、イノベーションが進まない傾向にある。これによって、新しい価値を見い出す市場への参入が遅れ、新興企業に市場シェアを奪われて経営環境が悪くなる。

参考

APIエコノミー

APIをビジネスに活用すること、またはAPIを公開・利用するエコノミー（経済圏）のこと。「API経済圏」ともいう。

参考

API

プログラムの機能やデータを、外部のほかのプログラムから呼び出して利用できるようにするための仕組みのこと。APIを利用してプログラム同士が情報交換することで、単体のプログラムではできなかったことができるようになる。

「Application Program Interface」の略。

HTTPによって利用できるAPIのことを「Web API」という。

例えば、自社の所在地をWebサイトで表示する場合、外部の地図サービスのAPIを利用することで、見栄えのよいものを容易に構築できる。

参考

SDGs（エスディージーズ）

2015年9月に国連で採択された、2016年から2030年までの持続可能な開発目標のこと。持続可能な世界を実現するために、17の目標から構成される。

「Sustainable Development Goals」の略。

日本語では「持続可能な開発目標」の意味。

●デザイン思考

「デザイン思考」とは、デザイナの感性と手法を体系化し、製品やサービスを利用するユーザの視点に立つことを優先して考え、ユーザの要望を取り入れて製品やサービスをデザイン（設計）することです。ユーザの問題点を明確にし、解決方法を創造し、プロトタイプの作成とテストを繰り返して、問題点の解決を目指します。**「ユーザの観察による共感」**→**「問題の定義」**→**「問題解決策の発想」**→**「試作」**→**「検証」**の手順で実施します。

●ビジネスモデルキャンバス

「ビジネスモデルキャンバス」とは、ビジネスモデルを視覚化し、分析・設計するためのツールのことです。ビジネスモデルを9つの要素に分類し、各要素が相互にどのように関わっているのかを図示して分析・設計します。

9つの構成要素には、キーパートナ（外部委託する活動など）、主要な活動、キーリソース（必要な資源）、与える価値、顧客との関係、チャネル（価値を届けるルート）、顧客セグメント（価値を届ける相手）、コスト構造（支払うコストの構造）、収益の流れ（受け取る収入の流れ）があります。

例えば、コンビニエンスストアのビジネスモデルを図示した場合は、次のようになります。

<table>
<tr><td rowspan="2">KP:
キーパートナ
・フランチャイズの本部</td><td>KA:
主要な活動
・流通
（仕入れから販売まで）</td><td rowspan="2">VP:
与える価値
・いつでもそばに
・多くの品揃え</td><td>CR:
顧客との関係
・売り切り
・セルフサービス
・ポイントカード</td><td rowspan="2">CS:
顧客セグメント
・学生
・社会人
・主婦</td></tr>
<tr><td>KR:
キーリソース
・立地の良さ
・POS
・人材</td><td>CH:
チャネル
・店舗</td></tr>
<tr><td colspan="2">CS:
コスト構造
・仕入原価
・ロイヤリティ</td><td colspan="3">RS:
収益の流れ
・商品の売上
・手数料</td></tr>
</table>

●リーンスタートアップ

「リーンスタートアップ」とは、最小限のサービスや製品をより早く開発し、顧客からの反応を得ながら改善を繰り返し、新規事業を立ち上げる手法のことです。**「リーン」**とは“無駄のないこと”を意味します。

2-3 ビジネスインダストリ

2-3-1 ビジネスシステム

情報システムの発展に伴って、情報システムを活用したビジネスが急速に広がり、様々なビジネス分野で、インターネットや情報システムなどが活用されています。

1 代表的なビジネス分野でのシステム

代表的なビジネスシステムには、次のようなものがあります。

(1) POSシステム

「POSシステム」とは、商品が販売された時点で、販売情報（何を、いつ、どこで、どれだけ、誰に販売したか）を収集するシステムのことです。**「販売時点情報管理システム」**ともいいます。

POSシステムは、販売された商品を読み取るのにバーコードを採用しており、コンビニエンスストアやスーパーマーケット、デパート、ショッピングセンタ、レストランなどの**「流通情報システム」**で活用されています。

このシステムのメリットは、収集した売上データをもとに、販売管理や在庫管理に必要な情報を収集し、市場調査や販売予測ができることです。収集した情報は、商品開発や店舗展開などの戦略に活かしたり、季節や地域、時間帯によって発注量や在庫量を調整したりするのに役立ちます。現在では、小売業によるプライベートブランドの商品開発にまで発展しており、小売業の経営戦略に欠かせない重要な情報システムに位置付けられています。

(2) ICカード

「ICカード」とは、**「ICチップ（半導体集積回路）」**が埋め込まれたプラスチック製のカードのことです。データが暗号化できるため、偽造が困難なカードとして注目されています。また、従来の磁気カードと比べると、情報量が数10倍から数100倍にもなり、大量の情報を記録することができます。このほかにも、磁気カードよりICカードの方が機能的に優れていることから、多方面での導入が進んでいます。

参考

POS

「Point Of Sales」の略。

参考

流通情報システム

POSシステム、受発注システム、配送システムなど流通業で利用されるシステムの総称のこと。

参考

金融情報システム

ATMシステム、株式取引システム、外国為替取引システムなど金融業で利用されるシステムの総称のこと。

参考

IC

「Integrated Circuit」の略。

ICカードと磁気カードの違いは、次のとおりです。

項目	ICカード	磁気カード
記録媒体	ICチップ	磁気ストライプ
演算機能	○	×
暗号を使った認証	ICカードとリーダ間で暗号を使った認証が可能	不可能
偽造	困難	比較的容易
価格	高い	安い

ICカードの代表的な例として、金融機関のキャッシュカードやクレジットカードなどがあります。

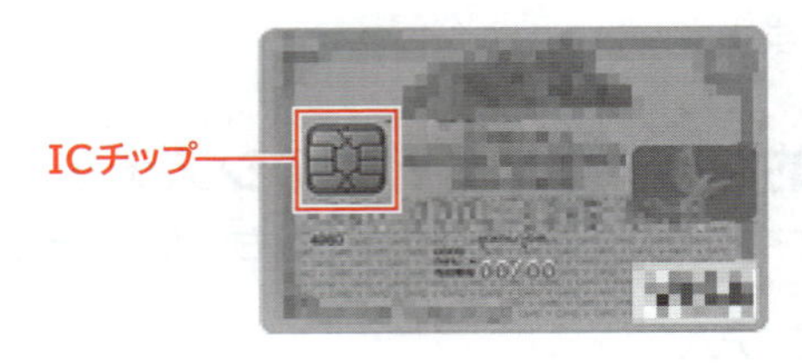

(3) RFID

「RFID」とは、微小な**「無線チップ」**により、人やモノを識別・管理する仕組みのことです。
無線チップは、ラベルシールや封筒、キーホルダー、リストバンドなどに加工できるため、人やモノに無線チップを付けることが容易になりました。さらに大きな特徴として、読取り装置を使って、複数の無線チップから同時に情報を読み取ることができます。そのため、キーホルダー型の無線チップによる人の出入りの管理や、ラベルシール型の無線チップで野菜や肉などの流通履歴を管理する**「トレーサビリティシステム」**など、様々な場面で活用されています。無線チップは、**「ICタグ」**、**「無線IC」**とも呼ばれます。
なお、読取り装置との通信距離は、数cmから2m程度で、無線チップの電源はアンテナを通じて供給されます。
また、ICカードにアンテナを内蔵することで、無線による読取りが可能になることから、非接触式のICカードはRFIDを応用した技術として分類されます。代表的な例に電子マネーや交通機関の乗車券、運転免許証などがあります。

参考

RFID
「Radio Frequency IDentification」の略。

参考

無線チップ
無線で読み取ることができる、アンテナ付きのICチップ（半導体集積回路）のこと。

参考

接触式と非接触式
「接触式」とは、ICカードを装置に差し込んでデータを読み取る方式のこと。
「非接触式」とは、無線による電波通信でデータを読み取る方式のこと。

(4) GPS

「GPS」とは、人工衛星を利用して衛星から電波を受信し、自分が地球上のどこにいるのかを正確に割り出すシステムのことです。**「全地球測位システム」**ともいいます。受信機が人工衛星の電波を受信して、その電波が届く時間により、受信機と人工衛星との距離を計算します。GPSは、3つの人工衛星から受信した情報で計算し、位置を測定しています。
米軍の軍事技術のひとつとして開発されたもので、受信機の緯度・経度・高度などを数cmから数10mの誤差で割り出すことができます。
民間向けのサービスを**「GPS応用システム」**といい、単体で利用されるほか、カーナビゲーションや携帯情報端末にも多く利用されています。

(5) GIS

「GIS」とは、地図や地形をディジタル化し、様々な情報を付加することで、地理情報を総合的に管理・加工・分析できるようにしたシステムのことです。**「地理情報システム」**ともいいます。
新店舗の出店計画や既存店の評価・活性化計画など、地域の特性に対応したマーケティングに利用されています。

(6) ETCシステム

「ETCシステム」とは、有料道路の料金支払いを自動化するためのシステムのことです。**「自動料金収受システム」**ともいいます。
全国各地にある有料道路は、慢性的に渋滞が発生し、車の排気ガスによる環境汚染、渋滞によるコストの増加が深刻になっています。ETCシステムはこのような経済的損失を削減し、料金所で頻発する渋滞を防止する目的で開発されました。
ETCシステムを利用する際には、クレジットカード会社が発行する接触式ICカードを使用します。このICカードをETC車載器に差し込んでおくことで停車することなく料金所を通過できます。料金は後日クレジットカード会社を経由して請求される仕組みになっています。

参考

GPS
「Global Positioning System」の略。

参考

準天頂衛星
正確な現在位置を割り出すためにGPSを補完する衛星のこと。準天頂衛星（人工衛星）からの電波をほぼ真上から受信できるため、特に都心部の高層ビル街などでも正確な現在位置を割り出すことができる。

参考

GIS
「Geographic Information System」の略。

参考

ETC
「Electronic Toll Collection」の略。

参考

スマートグリッド
専用の機器やソフトウェアを組込み、電力の需要と供給を制御できるようにした電力網（グリッド）のこと。
スマートグリッドを使うことで、電力会社は電力の需要と供給のバランスを調整し、無駄な発電を抑えることができる。

参考

CDN
画像や動画、プログラムなどのファイルサイズが大きいディジタルコンテンツを、アクセスするユーザの地理的に最も近い地点に設置されたサーバやネットワークを介して素早く配信するための技術やサービスのこと。これにより、ネットワークへの集中アクセスを回避し、地理的に分散させることができる。
「Content Delivery Network」の略。

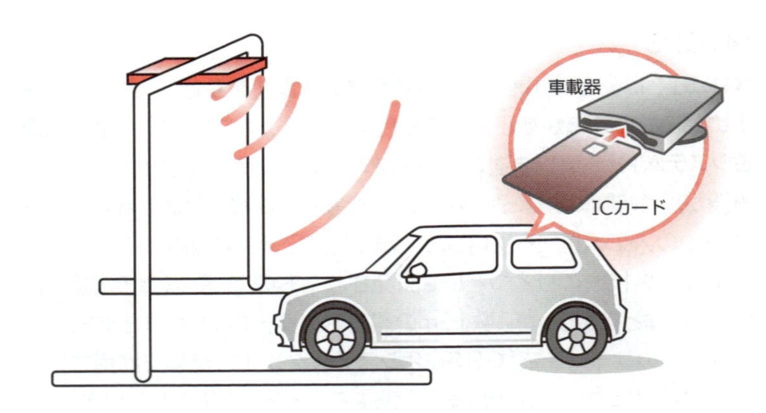

参考

CMS

Webサイトの制作に必要な専門知識がなくても、簡単にWebサイトの作成・更新・運営ができるシステムのこと。「コンテンツマネジメントシステム」ともいう。
「Contents Management System」の略。

参考

クラウドファンディング

製品・サービスの開発や新しいアイディアなどの実現のために、インターネットを通じて不特定多数の人々に比較的低額の資金提供を呼びかけて資金調達をすること。

参考

ERP

生産から販売、会計や人事に至るまで企業内のあらゆる経営資源（ヒト、モノ、カネ、情報）を企業全体で統合的に管理し、最適に配置・配分することで効率的な経営活動を行えるようにする経営手法のこと、またはそれを実現するためのシステムのこと。
「Enterprise Resource Planning」の略。日本語では「企業資源計画」の意味。

参考

DTP

出版物の紙面のデザインやレイアウトなどをコンピュータ上で行い、作成したデータを印刷会社に渡して出版すること。
DTPを行うためには、写真加工や、イラスト描画、紙面レイアウトなどの専用のソフトウェアパッケージを利用する。
「DeskTop Publishing」の略。

参考

AI

「Artificial Intelligence」の略。

❷ 代表的なビジネスシステムのソフトウェアパッケージ

代表的なビジネスシステムのソフトウェアパッケージには、次のようなものがあります。

種　類	説　明
ERPパッケージ	企業の経営資源（ヒト、モノ、カネ、情報）を一元的に管理し、経営効率を高める目的で開発されたソフトウェアパッケージ。直訳すると「企業資源計画パッケージ」。 部門ごとに管理されていたシステムを統合し、相互に参照・利用できるようにするもので、リアルタイムで情報を管理できるため、経営スピードが向上するなどの効果がある。
業務別ソフトウェアパッケージ	会計業務、営業支援、在庫管理、販売管理などに利用される汎用ソフトウェアパッケージ。経理業務や営業管理業務、従業員の給与計算業務、顧客の情報管理業務など、どの企業においても共通である業務に必要な機能をまとめている。 例えば、会計のソフトウェアパッケージでは、仕訳伝票を入力するだけで、残高試算表、決算報告書などの管理資料や財務諸表が自動作成できる。
業種別ソフトウェアパッケージ	金融機関や医療機関、製造業や運輸業などの業種ごとに利用されるソフトウェアパッケージ。 例えば、医療機関では、医療設備・機器の管理、治療方法による費用の違い、保険点数の管理など、業務別ソフトウェアパッケージでは対応できない業務が多く発生するが、それぞれの業種に合った業務を行えるように、業種ごとにパッケージを利用できる形態にしたもの。

❸ AI（人工知能）

「AI」とは、人間の脳がつかさどる機能を分析して、その機能を人工的に実現させようとする試み、またはその機能を持たせた装置やシステムのことです。**「人工知能」**ともいいます。
現在は第3次AIブームといわれており、**「機械学習」**や**「ディープラーニング」**といった技術が注目を集めています。
最初のAIブームは約60年前に起こりました。これまでの流れは、次のとおりです。

ブーム	説　明
第1次AIブーム（1950年代後半～1960年代）	「推論」「探索」といったアルゴリズムを使って、ゲームやパズルの解法を見つけるなどの成果を上げたが、実際に現実の問題を解くことは難しく、ブームは下火となった。
第2次AIブーム（1980年代～1990年代前半）	限られた分野の知識をルール化してコンピュータに入力し、コンピュータをその分野の専門家とする「エキスパートシステム」が注目された。しかし、エキスパートシステムを汎用化しようとすると、入力が必要な知識の量が膨大となり、多くのプロジェクトが頓挫した。
第3次AIブーム（2000年代～現在）	エキスパートシステムのように人間が知識を入力するのではなく、「AI（コンピュータ）に自分自身で学習させる」という「機械学習」や「ディープラーニング」が注目されるようになった。 なお、第3次AIブームは、一過性ではなく、社会においてAIが本格的に定着するのではないかと期待されている。その理由は次のとおり。 ・コンピュータ処理速度の向上 ・大量のディジタルデータが出回ることによる、AIの学習用データの増加 ・演算手法の改善

（1）ニューラルネットワーク

「ニューラルネットワーク」とは、人間の脳の仕組みを人工的に模倣したものです。人間の脳には、神経細胞（ニューロン）が多数集まって神経伝達ネットワークを構築しており、これがニューラルネットワークの元になっています。ニューラルネットワークでは、神経細胞を人工的に見立てたもの同士を3階層のネットワーク（入力層・中間層・出力層）で表現します。

（2）機械学習

「機械学習」とは、AIに大量のデータを読み込ませることにより、AI自身がデータのルールや関係性を発見し、分類するなど、**「AIが自分で学習する」**という点が特徴のAI技術のことです。
機械学習が誕生した背景には、コンピュータ処理速度が向上したことや、インターネット上に学習で使えるデータが増えたことなどが挙げられます。
機械学習では、対象となるデータ（画像、音声など）の**「どこに注目すればよいか（特徴量）」**を人間が指示するだけで、大量の情報を読み込み、正しい判断ができるようになります。
例えば、人間が**「猫の映った画像を認識するためには、どこに注目すればよいか」**を指示すれば、多くのデータを読み込ませるだけで、正しく猫の画像を選択できるようになります。

参考

特徴量
対象物に対して、どのような特徴があるのかを表したもの。

(3) ディープラーニング

「ディープラーニング」とは、ニューラルネットワークの仕組みを取り入れたAI技術のことであり、機械学習の手法のひとつとして位置付けられます。**「深層学習」**ともいいます。

ディープラーニングでは、ディジタルデータを入力層から入力し、複数の中間層を経て回答が出力されます。この中間層の階層を深くするほど、より高度な分類や判断が可能となります。ディープラーニングの**「ディープ(深層)」**という言葉は、この**「層を深くする」**という意味です。

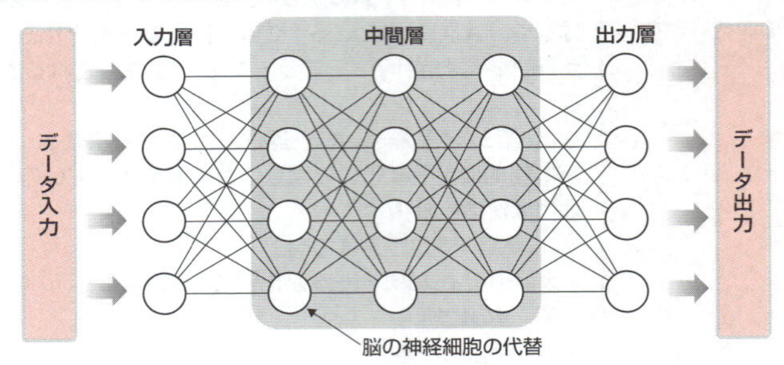

ディープラーニングと一般的な機械学習(教師あり学習)との最大の違いは、ディープラーニングには人間の指示が不要(特徴量の指示が不要)という点です。人間が何も指示しなくても、大量のデータを読み込ませることで、AI自身が対象の特徴を見い出し、判断や分類ができるようになるということです。

例えば、2012年に、Google社のAIに大量の画像データを読み込ませたところ、AIが**「猫の画像を正しく認識できるようになった」**という研究事例があります。これは、Google社のAIが、誰からも指示されずに**「画像としての猫のパターン」**を自分自身で認識できるようになったということを意味しています。

(4) 代表的なAIの活用例

第3次AIブームである現在では、AIの活用が現実的となり、様々な分野で活用され始めています。

- **画像解析でAIを利用して、きゅうりを形や色合い、大きさによりランク分けする自動仕分けシステム**
- **大量の画像を取得し処理することによって、歩行者と車をより確実に見分けるシステム**
- **囲碁における人間のトップ棋士を破る思考力を実現するプログラム**
- **サービスデスクの運用における、人間の問いかけに自動応答するプログラム(チャットボット)**
- **学習アプリの利用状況や問題の正誤データを解析し、生徒一人ひとりに最適化したカリキュラムを提供するAI教育サービス**
- **従業員の顔画像から脈拍の変化の度合いを分析し、ストレスの大きさを測るサービス**
- **金融業における、お客様の問合せ記録の分析から詐欺のパターンを検出するプログラム**

参考

機械学習の分類

機械学習では、人間の判断から得られた正解に相当する「教師データ」の与えられ方によって、次のように分類される。

種　類	説　明
教師あり学習	教師データが与えられるタイプの機械学習のこと。教師データを情報として学習に利用し、未知の情報に対応することができる。例えば、猫というラベル(教師データ)が付けられた大量の写真をAIが学習することで、ラベルのない写真が与えられても、猫を検出できるようになる。
教師なし学習	教師データが与えられないタイプの機械学習のこと。例えば、猫というラベル(教師データ)がない大量の写真をAIが学習することで、画像の特徴から猫のグループ分けを行う。
強化学習	試行錯誤を通じて、評価(報酬)が得られる行動や選択を学習するタイプの機械学習のこと。例えば、将棋で敵軍の王将をとることに最大の評価を与え、勝利に近い局面ほど高い評価を与えて、将棋の指し方を反復して学習させる。

参考

ディープラーニングで与えるデータ

偏った特徴のデータだけを与えると、AIは判断を誤る可能性がある。対策としては、多くの様々なデータを与えるようにするとよい。

例えば、与える画像データに「帽子をかぶった女性」が1人しかいない場合、「帽子をかぶった人をすべて女性」と判断を誤ることがある。対策として、女性以外の帽子をかぶった画像データを与えるとよい。

参考

AlphaGo(アルファ碁)

Google社の子会社であるディープマインド社が開発した囲碁コンピュータプログラムのこと。

4 その他の分野のシステム

ビジネスの分野以外でも、地域の生活に密着した様々なシステムが利用されています。
代表的なシステムには、次のようなものがあります。

(1) 電子申請・届出システム

「電子申請・届出システム」とは、自宅や職場のPCからインターネットを利用して、政府・自治体などの行政機関における申請や届出を受け付けるシステムのことです。このシステムにより、手続きに必要な申請書フォーマットをインターネット経由で取得することも可能になるため、わざわざ行政機関へ行かなくても24時間好きなときに手続きを行うことができます。
個人の利用では、主に、住民票の写し、戸籍の附表の写し、印鑑登録証明書などの交付請求などが利用できますが、それぞれの市町村によって可能なサービスは異なります。

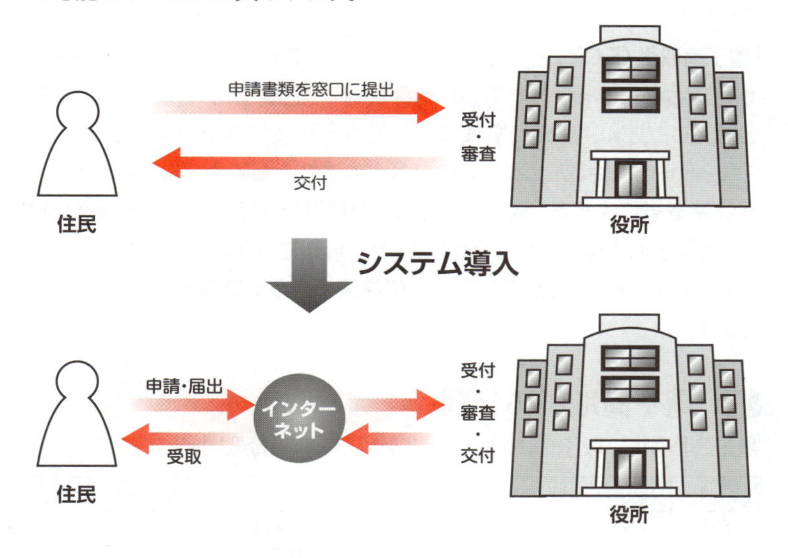

2-3-2 エンジニアリングシステム

「エンジニアリングシステム」とは、工業製品などの設計や製造などの作業を自動的に行うシステムのことです。自動化による設計・製造の支援、生産管理や在庫管理の効率化などを目的に、様々なITシステムが活用されています。

参考

マイナンバー制度
住民票を有するすべての国民と、企業や官公庁などの法人に一意の番号を付けて、社会保障、税、災害対策の分野で効率的に情報を管理するための社会制度のこと。正式名称は「社会保障・税番号制度」といい、2015年10月より個人番号や法人番号が通知され、2016年1月より利用が実施された。
マイナンバー制度により、次の3つの実現を目指している。
・公平・公正な社会の実現
・行政の効率化
・国民の利便性の向上

参考

電子入札
インターネット上で行われる入札制度のこと。国や地方公共団体の発注に対して電子的に入札することで、経費や人件費を削減できるほか、談合の機会を減少させる効果もある。電子入札の利用者認証には、電子署名が利用される。

代表的なシステムには、次のようなものがあります。

名　称	説　明
CAD	機械や建築物、電子回路などの設計を行う際に用いるシステム。 CADにより、設計図面を3次元で表現したり、編集を容易にしたりすることが可能になる。これにより、設計作業の効率（生産性）や精度（信頼性）が向上する。「Computer Aided Design」の略。
CAM	工場などの生産ラインの制御に用いられるシステム。また、CADを活用し、CAMで製造する仕組みを「CAD/CAMシステム」という。CADで作成された図面データをCAMに取り込み、その後、実際に製造する工作機械に情報を送りこむことでシステムが運用されている。「Computer Aided Manufacturing」の略。

参考

センシング技術

センサを使って制御対象の状態を検出する技術のこと。コンピュータ制御では、制御対象の光や温度、圧力などの状態をセンサで検出して、コンピュータが処理しやすい機械的な電圧や電流、抵抗などの電気信号に変換する。

2-3-3　e-ビジネス

「e-ビジネス」とは、ネットワークや情報システムを活用した企業活動のことです。

「電子商取引（EC）」とは、e-ビジネスのひとつで、ネットワークを利用して商業活動をすることです。電子商取引は、店舗や店員にかかるコストを削減し、少ない投資で事業に参入できる可能性があることから、インターネットを利用したビジネスの代表的なものとして発展しています。

経済産業省によると、電子商取引は**「商取引を、インターネット技術を利用した電子的媒体を通して行うこと」**と定義しています。一般的には、**「インターネットを介して受発注ならびに決済を行うビジネスシステム」**といえます。

参考

EC

「Electronic Commerce」の略。

参考

無店舗販売

店舗を持たずに商品を販売する販売形態のこと。ネット販売、訪問販売、テレホンショッピングなどが、無店舗販売に該当する。

❶ 電子商取引の分類

電子商取引は、取引の関係によって次のように分類されます。

名　称	説　明	例
BtoB	企業と企業の取引。 「Business to Business」の略。	企業間の受発注システム 電子マーケットプレース （電子取引所）
BtoC	企業と個人の取引。 「Business to Consumer」の略。	オンラインモール（電子商店街） インターネットバンキング インターネットトレーディング （電子株取引） 電子オークション
BtoE	企業と従業員の取引。 「Business to Employee」の略。	従業員向け社内販売サイト
CtoC	個人と個人の取引。 「Consumer to Consumer」の略。	電子オークション
GtoC	政府と個人の取引。 「Government to Citizen」の略。	電子申請・届出システム

参考

OtoO

オンラインとオフラインとの間の連携・融合のこと。例えば、Webサイトやスマートフォンのアプリで発行する割引クーポンを利用して集客したり、価格比較サイトなどを利用して購入意欲を促進したりといったことが挙げられる。

「Online to Offline」の略。

参考

ロングテール

多くの商品を低コストで扱える電子商取引において、主力商品の大量販売に依存しなくても、ニッチ（隙間）を狙った商品の多品種少量販売で大きな利益を出すことができるという考え方のこと。

❷ 電子商取引の留意点

電子商取引を行う際には、次のようなことに留意する必要があります。

立　場	説　明
買い手側	・クレジットカードや銀行口座の情報（パスワード、保管場所など）は別々に管理する。 ・商品情報の信ぴょう性を確認する。 ・連絡先や商品の送料、引き渡しについてなどが明記され、信用できる店舗かどうかを確認する。 ・注文や決済を行うページが暗号化され、安心して利用できるかどうかを確認する。
売り手側	・店舗情報（社名、所在地、連絡先など）、商品情報（価格、送料、支払い方法など）を正しく明記する。 ・商品の未発送や送り間違いがないよう確認する。 ・利用者の個人情報を安全に管理する。

❸ キャッシュレス決済

「キャッシュレス」とは、物理的な現金（紙幣・硬貨）を使用しなくても活動できる状態のことです。キャッシュレスによって代金を支払うことを**「キャッシュレス決済」**といいます。

キャッシュレス決済の方法には、電子マネー、クレジットカード、デビットカードなどがあります。

キャッシュレス決済による支払いのタイミングとしては、電子マネーに代表されるあらかじめお金を入金して使う**「前払い」**、買い物時に口座から引き落とされるデビットカードの**「即時払い」**、クレジットカードの**「後払い」**といった形態が存在します。

最近では、スマートフォンのアプリや、インターネットを活用する支払いサービス事業者が登場しており、今後のキャッシュレス決済のビジネスモデルに変革をもたらす可能性があります。

（1）電子マネー

「電子マネー」とは、あらかじめ現金をチャージしておき、現金と同等の価値を持たせた電子的なデータのやり取りによって、商品の代価を支払うこと、またはその仕組みのことです。プリペイドカードや商品券と使い方が似ていますが、電子的に繰り返しチャージできる点が、地球環境に配慮した支払方法であると注目されています。

さらに、現金を持つ必要がなくなるため、利用しやすいというメリットもあります。

代表的な電子マネーとして、**「Suica（スイカ）」**、**「PASMO（パスモ）」**、**「iD（アイディー）」**、**「nanaco（ナナコ）」**、**「WAON（ワオン）」**、**「楽天Edy（エディ）」**などがあります。最近では、スマートフォンでQRコードを利用して決済ができる電子マネーが登場しており、**「PayPay（ペイペイ）」**、**「LINE Pay（ラインペイ）」**などがあります。

参考

EDI

ネットワークを利用して、企業間における商取引のための電子データを交換する仕組みのこと。「電子データ交換」ともいう。交換される電子データの書式やネットワークの接続方法が業種・業界ごとに異なる場合が多く、XMLを書式とする標準化が進んでいる。
「Electronic Data Interchange」の略。

参考

エスクローサービス

電子商取引で売り手と買い手との間に第三者の業者が入り、取引成立後にお金と商品の受け渡しを仲介するサービスのこと。電子オークションの普及に伴い、個人同士のトラブルや犯罪が頻繁に発生するようになり、エスクローサービスの需要が高まっている。

参考

仮想通貨

紙幣や硬貨のように現物を持たず、ディジタルデータとして取引する通貨のこと。世界中の不特定の人と取引ができる。ブロックチェーンという技術をもとに実装されており、「暗号資産」ともいう。交換所や取引所と呼ばれる事業者（暗号資産交換業者）から購入でき、一部のネットショップや実店舗などで決済手段としても使用できる。

参考

フィンテック（FinTech）

金融にICTを結び付けた、様々な革新的な取組みやサービスのこと。
「ファイナンス（Finance：金融）」と「テクノロジ（Technology：技術）」を組み合わせた造語である。
フィンテックの例としては、スマートフォンを利用した送金（入金・出金）サービスや、AI（人工知能）を活用した資産運用サービスなどがある。

参考

ICT

情報通信技術のこと。「Information and Communication Technology」の略。
「IT（Information Technology：情報技術）」と同じ意味で用いられるが、ネットワークに接続されることが一般的になり、「C」（Communication）を加えてICTという言葉がよく用いられる。

(2) クレジットカード

「クレジットカード」とは、消費者とカード会社の契約に基づいて発行されるカードのことです。消費者はこのカードを利用して、条件（有効期限や利用限度額等）の範囲内で、商品を購入したり、サービスを受けたりすることができます。
利用代金は後払いで、クレジットカード会社から利用代金の請求を受けてから、利用者が利用代金を支払う仕組みになっています。
クレジットカードは、即時決済でないため口座に残金がなくても購入でき、一括払いと分割払いの支払方法を選択できるのがメリットです。
ただし、分割の回数によっては金利が発生したり、支払能力を超えて使い過ぎてしまったりすることもあるので、使い方には十分注意が必要です。
代表的なクレジットカードとして、**「VISA」**、**「MasterCard」**、**「JCB」**などがあります。

(3) デビットカード

「デビットカード」とは、商品を購入する際に、現在使っている金融機関の口座から、利用料金がリアルタイムに引き落とされるカードのことです。
デビットカードは、即時決済で口座に残金がないと決済できないため、残高を超えて使い過ぎる心配はありません。また、基本的に支払手数料がかからないのがメリットです。なお、デビットカードによって、加盟店の違いや利用時間の制限などがあるため、確認が必要です。
代表的なデビットカードとして、加盟店が日本に限定される**「J-Debit」**や、海外でも利用できるクレジットカード会社が提供しているものがあります。

4 インターネット広告

「インターネット広告」とは、インターネット上のWebサイトや電子メールに掲載される広告の総称です。インターネット広告は、インターネットの特性を利用した電子商取引と密接に関係しています。
代表的なインターネット広告には、次のようなものがあります。

名 称	説 明
リスティング広告	検索エンジンの検索キーワードと連動して、その検索結果に関連した内容について表示する広告のこと。「検索連動型広告」ともいう。
バナー広告	Webサイトに配置した広告の画像のこと。クリックすると、広告主のWebサイトが表示されるように、リンクが設定されている。
オプトインメール広告	あらかじめ同意を得たユーザに対して送信する電子メールに掲載される広告のこと。 オプトインメール広告とは逆に、あらかじめ同意を得ていないユーザに対して送信する電子メールに掲載される広告のことを「オプトアウトメール広告」という。

参考

アフィリエイト
個人のWebサイトやブログなどに、企業の広告やWebサイトへのリンクを掲載し、閲覧者を誘導した回数や広告商品の購入率に応じて広告主である企業からの報酬を得ることができる仕組みのこと。

参考

SEO
自社のWebサイトが検索サイトの検索結果の上位に表示されるように対策をとること。「検索エンジン最適化」ともいう。自社のWebサイトが検索結果の上位に表示されると、多くの人に閲覧してもらえる可能性が高くなり、宣伝効果が期待できる。
代表的なSEOの手法には、Webページの適切なキーワード設定や、外部リンクの増加などがある。
「Search Engine Optimization」の略。

❺ その他の広告

その他の広告には、次のようなものがあります。

名　称	説　明
レコメンデーション	過去の購入履歴などからユーザの好みを分析し、ユーザごとに興味を持ちそうな商品やサービスを推奨すること。オンラインモールなどで、ユーザごとに異なるトップページが表示されるのは、レコメンデーションのひとつである。
ディジタルサイネージ	ディスプレイを使って情報を発信する広告媒体のこと、またはそれを実現するためのシステムのこと。屋外や商業施設、交通機関内などで案内や広告として利用される。ビルの壁面に設置された大型のものから、電車内の小型のものまで様々なタイプがある。また、情報を発信するシステムには、ネットワークに接続して情報を発信するタイプと、スタンドアロン（ネットワークに接続しないで処理する）のタイプがある。

2-3-4　第4次産業革命

近年のAI、ビッグデータ、IoTをはじめとするデータ利活用に関連する新技術の進展は、**「第4次産業革命」**とも呼ばれており、大きな変革をもたらしています。

第4次産業革命には、その名のとおり、**「第1次～第3次産業革命に続くもの」**という意味があります。

❶ 第1次～第3次産業革命

第1次産業革命から第3次産業革命の内容は、次のとおりです。

種　類	説　明
第1次産業革命	18世紀末以降、水力や蒸気機関を動力とした工場の機械化
第2次産業革命	20世紀初めからの、電力の活用と分業化による大量生産
第3次産業革命	20世紀後半からの、電子工学や情報技術（IT）を活用したオートメーション（PCやインターネットの普及など）

❷ インダストリー4.0

「インダストリー4.0」とは、広義には第4次産業革命と同じ意味で使われますが、狭義ではドイツの産業政策のことを指します。

インダストリー4.0は、ドイツ政府が定めた**「ハイテク戦略2020」**のひとつとして提唱されており、産官学が共同で進める国家プロジェクトです。ディジタル化・ネットワーク化を通して製造業全体を革新し、その結果として、これまでの大量生産と同じ規模・速度感でありながら、消費者ごとに一品一品異なる個別専用品を生産可能とする**「マスカスタマイゼーション」**を実現します。

参考

Society 5.0（ソサエティ 5.0）

サイバー空間（仮想空間）とフィジカル空間（現実空間）を高度に融合させたシステムにより、経済発展と社会的課題の解決を両立する、人間中心の社会のこと。政府が提唱するものである。

Society 5.0は、超スマート社会を意味し、狩猟社会(Society 1.0)、農耕社会(Society 2.0)、工業社会(Society 3.0)、情報社会(Society 4.0)に続くものである。第4次産業革命によって、新しい価値やサービスが次々と創出され、人々に豊かさをもたらすとしている。

Society 5.0で実現する社会は、具体的に次のようなものがある。

・IoTですべての人とモノがつながり、様々な知識や情報が共有され、今までにない新たな価値を生み出すことで、知識や情報の共有・連携が不十分という課題が克服される。

・AI（人工知能）により、必要な情報が必要なときに提供されるようになり、ロボットや自動走行車などの技術で、少子高齢化、地方の過疎化、貧富の格差などの課題が克服される。

・社会のイノベーション（変革）を通じて、これまでの閉塞感を打破し、希望の持てる社会、世代を超えて互いに尊重し合える社会、一人ひとりが快適で活躍できる社会となる。

参考

産官学

産業界（民間企業）、官公庁（国や地方公共団体）、学校（教育機関や研究機関）の三者のことを指す。

2-3-5 IoT

「IoT」とは、コンピュータなどのIT機器だけではなく、産業用機械・家電・自動車から洋服・靴などのアナログ製品に至るまで、ありとあらゆるモノをインターネットに接続する技術のことです。**「モノのインターネット」**ともいいます。

IoTは、センサを搭載した機器や制御装置などが直接インターネットにつながり、それらがネットワークを通じて様々な情報をやり取りする仕組みを持ちます。

IoTのコンセプトと同様の、モノや機械などをネットワークに接続する技術は以前からありました。しかし、次の3つの理由によって、現在、IoTは大きな注目を集めています。

- **情報を収集するセンサの小型化・低コスト化・高機能化により、あらゆるモノにセンサを付けることができるようになった。**
- **通信回線の高速化や大容量化により、センサが収集したデータを送信しやすくなった。**
- **クラウドサービスの低価格化や高機能化により、収集したデータを大量に蓄積したり、分析したりして、活用しやすくなった。**

このようにIoTの環境が整備された結果、様々なモノから膨大なデータを収集・蓄積・分析できるようになり、IoTを活用することで、あらゆる分野で高い付加価値を生むことができるようになりました。

IoTは、金融・農業・医療・物流などの各種産業において活用されています。各種産業でのIoTの活用例には、次のようなものがあります。

●金融の分野

ウェアラブル端末を利用して、保険加入者の歩数や消費カロリーを計測します。それらのデータを分析し、健康改善の度合いに応じて保険料割引などを実施する医療保険サービスで活用されています。

●農業の分野

牛の首に取り付けたウェアラブル端末から、リアルタイムに牛の活動情報を取得してクラウド上のAIで分析します。繁殖に必要な発情情報、疾病兆候など注意すべき牛を検出し、管理者へ提供する牛群管理サービスで活用されています。

参考

IoT
「Internet of Things」の略。

参考

センサ
光や温度、圧力などの変化を検出し計測する機器のこと。

参考

クラウドサービス
インターネット上のサーバ（クラウドサーバ）が提供するサービスを、ネットワーク経由で利用するもの。

参考

ウェアラブル端末
身に付けて利用することができる携帯情報端末のこと。腕時計型や眼鏡型などの形がある。

参考

AI
人間の脳がつかさどる機能を分析して、その機能を人工的に実現させようとする試み、またはその機能を持たせた装置やシステムのこと。「人工知能」ともいう。

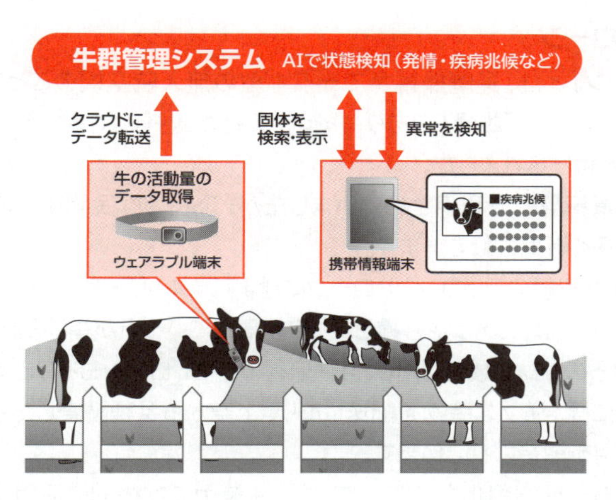

日射センサと土壌センサからのデータをクラウドで分析し、水と肥料の最適な量を決定します。あらかじめ張りめぐらせたチューブを使って、自動的に水と肥料を混ぜ合わせた溶液を、作物の根元に届ける農場土壌環境制御サービスで活用されています。

●医療の分野

病院のベッドのマットレスの下にセンサを設置し、入院患者の心拍数・呼吸数・起き上がり・離床に加え、クラウドでのデータ分析により、睡眠状態と覚醒状態の判定まで実施します。これらの状況を管理室で一元管理する医師・看護師向け支援サービスで活用されています。

●物流の分野

すべての商品にセンサを取り付け、倉庫への入庫・出庫時の検品作業を自動化します。さらに、在庫情報や受注情報から、倉庫内の最適配置を提案する物流支援サービスで活用されています。

1 IoTシステム

「IoTシステム」とは、IoTを利用したシステムのことです。通信機能を持たせた、あらゆるモノをインターネットに接続することで、自動認識や遠隔計測を可能とし、大量のデータを収集・分析して高度な判断や自動制御を実現します。通信機能を持たせた、ありとあらゆるモノに相当する機器のことを**「IoT機器」**といいます。IoTシステムで用いられているIoT機器や技術などには、様々なものがあります。

(1) ドローン

「ドローン」とは、遠隔操縦ができる小型の無人航空機のことです。ドローンの語源は**「雄蜂」**であり、飛行時の音が雄蜂の羽音に似ていることから名付けられました。
元々は軍事目的で利用されていましたが、現在では民間用・産業用の製品が多く販売されています。
広義では、一般のラジコンもドローンに含まれますが、一般のラジコンと異なる点としては、カメラや各種センサを搭載している点が挙げられます。また、それらのセンサ類を利用し、自律航行できるドローンもあります。
将来的には、様々な荷物を配送したり、上空から各種調査したりするなどの利用を期待されています。
現在でも一部実用化されていますが、産業用に本格的に活用するためには、衝突回避技術の向上やドローン管制システムの整備、法整備などの課題が残されています。

産業用のドローンの活用方法には、次のようなものがあります。

- **農薬の散布**
- **工事現場における空中からの測量(作業場の面積、土木の積載量など)**
- **宅配、離島への生活物資の配送**
- **災害地域での空からの調査、緊急物資の搬送、携帯電話の臨時基地局としての利用(通信機器を搭載して災害地域を飛行)**
- **上空からの犯罪捜査**
- **電線の配線作業**

(2) コネクテッドカー

「コネクテッドカー」とは、インターネットや各種無線などを通じて、様々なモノや人と、情報を双方向で送受信できる自動車のことです。
現在、各種センサを搭載するなど自動車のIT化が進んでいます。そのような自動車から収集できる各種情報を、インターネットを経由してクラウドにビッグデータとして蓄積し、AI活用により分析することで、様々な付加価値サービスが提供できると期待されています。
また、自動車と車外(道路)にあるインフラとの間で通信する**「路車間通信」**や、自動車と別の自動車との間で無線で直接通信する**「車車間通信」**により、渋滞情報の取得や衝突回避などの協調型の運転支援ができるようになります。
総務省の**「Connected Car社会の実現に向けた研究会」**では、コネクテッドカーが普及することにより、次の4分野のサービスが可能になるとしています。

分　野	例
セーフティ分野 （運転サポートサービス）	・事故の多い場所を走行する際に、ドライバーに注意喚起するサービス。 ・ほかの自動車や車外インフラとの通信により、リアルタイムでドライバーの死角にある対向車・通行人などを認識し、注意喚起するサービス。
カーライフサポート分野 （データ駆動型サービス）	・車載センサから収集されたデータを分析し、故障の予兆などが見つかった場合、ドライバーのスマートフォンに予防保守をするように通知するサービス。 ・ドライバーの運転特性（慎重、荒いなど）や走行距離などをもとに、掛け金を決定する自動車保険サービス。
インフォテインメント分野 （エンタメ的サービス）	・動画コンテンツを視聴するなど、走行地域の周辺情報を取得できるサービス。 ・VRを利用し、乗車していない人と一緒にドライブを楽しめるサービス。
エージェント分野 （ドライバーサポートサービス）	・交通事故発生やエアバック作動時などに、警察や消防へ自動通報を行うサービス。 ・ドライバーの体調不良時に、警告を発して自動車を安全に停止し、緊急車両を自動手配するサービス。

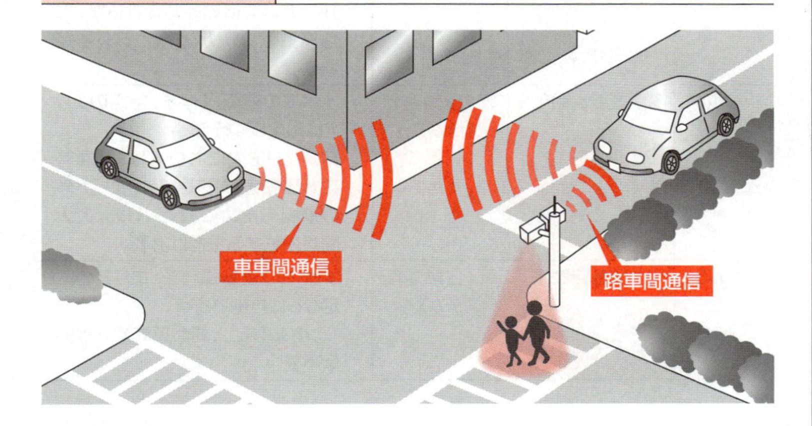

（3）自動運転

「自動運転」とは、乗り物の運転・操縦を、人間が行わずに機械やコンピュータシステムなどに実行させることであり、**「オートパイロット」**ともいいます。
これまでは、航空機や船舶の方が自動運転技術は先行していましたが、IoTシステムとの関連において、現在、自動車の自動運転技術が注目を集めています。
通常、自動車を運転する際には、人間が**「認知」「判断」「操作」**のプロセスを繰り返したり、同時に行ったりしています。
自動運転車では、各種センサを利用して**「認知」**を行い、そこから得られたデータをもとに**「判断」**のプロセスをAIが実行します。そして、その判断に従い、電子制御されたアクセル・ブレーキ・ステアリングなどに**「操作」**の制御命令を発することになります。

参考

VR
「バーチャルリアリティ」ともいい、コンピュータグラフィックス（コンピュータを使って静止画像や動画像を処理・生成する技術）や音響効果を組み合わせて、人工的に現実感（仮想現実）を作り出す技術のこと。
「Virtual Reality」の略。

アメリカの自動車技術会（SAE）では、自動運転のレベルを、次のようにレベル0～レベル5まで分類しています。

段　階	概　要	運転の主体	自動化の内容
レベル0	運転自動化なし	人間	−
レベル1	運転支援	人間	・車の前後（加速・減速）または左右（ハンドリング）のいずれかの操作支援を、特定のエリアに限定して行う。 ・運転者は常に自動運転状況を監督する必要がある。
レベル2	部分運転自動化	人間	・車の前後（加速・減速）および左右（ハンドリング）の両方の操作支援を、特定のエリアに限定して行う。 ・運転者は常に自動運転状況を監督する必要がある。
レベル3	条件付運転自動化	車（自動運転システム）	・すべての運転操作を、特定のエリアに限定して行う。 ・原則として自動運転システムの責任において自動運転されるが、緊急時には人間が運転する必要がある。
レベル4	高度運転自動化	車（自動運転システム）	・すべての運転操作を、特定のエリアに限定して行う。 ・特定エリア内においては、緊急時にも運転者は不要。特定エリア外の運転のために、ハンドルなど人間が運転する機器は必要。
レベル5	完全運転自動化	車（自動運転システム）	・すべての運転操作を、エリアの限定なしに自動で行う。 ・ハンドルなど人間が運転する機器は不要。

（4）ワイヤレス給電

「ワイヤレス給電」とは、電気線やコネクタの接続が必要なく、電子機器などを無線で給電（充電）できる技術のことです。**「ワイヤレス充電」**や**「ワイヤレス電力伝送」**ともいいます。それぞれの機器専用の充電器のほか、汎用的に使える国際標準規格**「Qi」**に準拠した充電器もあります。

ワイヤレス給電には、現在実用化されている**「非放射型」**と、将来の実用化が期待される**「放射型（マイクロ波空間伝送）」**があります。エネルギーの収集方法や利用方法などの特徴は、次のとおりです。

方　式	特　徴
非放射型	比較的狭い範囲で電力を伝える方式のこと。実現方式には、「電界結合方式」や「磁界共振方式」などがある。 ・**電界結合方式** 給電側と受電側に電極（電流を流すための導体）を設置し、双方の電極を近づけた際に発生する電界により、電力を伝える方式のこと。送電距離は最大でも10cm程度と短いが、電力のロスが少ないことが長所である。携帯情報端末の給電などで使われている。 ・**磁界共振方式** 給電側と受電側の双方にコイル（針金を巻いたもの）を用意し、それらのコイルに同じ周波数を発振させることにより、磁界が共振し、電力が伝わる方式のこと。磁界共振方式は、電界結合方式より電力ロスは大きいが、数10cm程度の伝送も可能な点が長所である。自動車への給電などで使われている。
放射型 （マイクロ波空間伝送）	電力を電磁波（電波）に変換して、アンテナを利用して電力を伝える方式のこと。まだ実用化されていない方式であるが、数mから数kmの送電が可能であり、IoT時代を支える電力インフラになると期待されている。 利用方法としては、屋内では数m以上離れたセンサや情報機器への充電などが挙げられる。屋外では、自動車やドローンなどの運用中の送電や、災害地区への大電力送電などが考えられる。

磁界共振方式によるワイヤレス給電

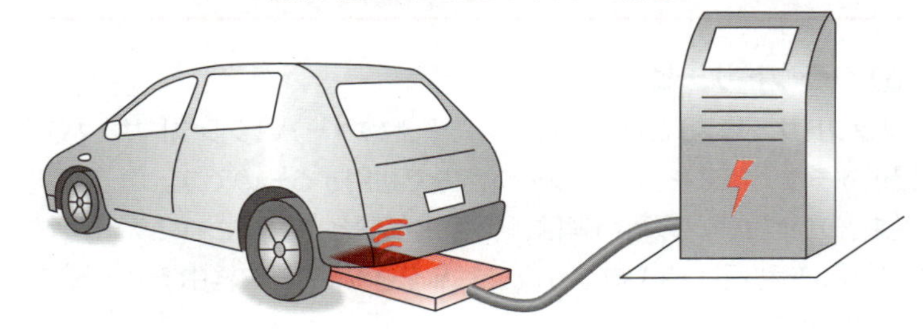

(5) ロボット

「ロボット」とは、“外部の情報を知覚するセンサ”、“収集した情報を分析して判断する知能・制御系”、“外部に対し何らかの操作を行う駆動系”の3つの機能を有する機械システムのことです。

IoT社会となり、世の中のあらゆるモノにセンサが取り付けられ、そこから収集した情報がクラウドサーバなどに取り込まれるようになっています。そのため、クラウドサーバ上の知能・制御系が遠隔地のロボットを操作するような状況も生まれており、ロボットが持つ3つの機能の一部をネットワーク上で実現するロボットも登場しています。

ロボットの具体的な活用方法や役割には、次のようなものがあります。

●危険な業務の現場

- 災害地や原発の内部を調査する遠隔操縦ロボット
- 夜間にオフィスや商業施設内を巡回警備する自走ロボット
- 製鉄所の高温下の環境で作業を行う人間型ロボット

●建設・生産の現場

・作業者が重量物を持ち上げる際にサポートする装着型ロボット
・天井施工、搬入、溶接などを担当する、各プロセス専用のロボット

●接客・物流・配送の現場

・ホテルでの受付対応や、カフェで注文を取る人間型ロボット
・ラインを流れてくる商品を見極め、アームで梱包まで行うピッキングロボット
・離島に物資を届ける配送用ドローン

●医療・農業の分野

・内視鏡手術をサポートする、複数アームを持つ手術ロボット
・画像認識により、熟れたトマトだけを見分ける収穫用ロボット

●日常生活を支援する分野

・高齢者を癒し、万一の際には通報を行う見守りロボット
・スマートホームと人間のインタフェースとなる対話型ロボット

参考

スマートホーム

家庭内の電化製品をネットワークでつないで一元管理することにより、電力使用の最適化を図って快適な暮らしを実現する住宅のこと。

(6) クラウドサービス

「クラウドサービス」とは、インターネット上のサーバ（クラウドサーバ）が提供するサービスを、ネットワーク経由で利用するものです。
従来、コンピュータの利用者は、PCの内部などに記録されたデータやプログラムを利用していましたが、これらをネットワーク経由でサービスとして利用します。
IoTシステムと関わるものとしては、多くの場所に設置されたセンサが取得した情報を、インターネット経由でクラウドサーバに取り込み、様々な分析・加工などの処理を行うサービスなどが挙げられます。処理されたデータは、利用者に閲覧しやすい形で提供したり、各種制御機器やロボット、ドローン、自動運転車などに送信して制御・駆動に使われたりします。

参考

スマートシティ

都市内や地域内のあらゆるものがつながり、自律的に最適な機能やサービスを実現する都市や地域のこと。ICTを活用して、都市や地域の機能やサービスを効率化・高度化し、人口減少や高齢化などによって起こる様々な課題の解決や活性化の実現を目指すものである。

(7) スマートファクトリー

「スマートファクトリー」とは、工場内のあらゆるモノがつながり、自律的に最適な運営ができる工場のことです。広くIoTが利用された工場であり、具体的には、製造設備や仕掛中の部品、原材料や製品在庫の数量、生産計画など、工場内のあらゆるモノ・情報を取り込み、それらをAIなどで処理することで、最適な生産や運営を実現します。
ドイツのインダストリー4.0においても、スマートファクトリーの整備は、重要な目標のひとつとされています。

2-3-6　組込みシステム

「組込みシステム」とは、特定の機能を実現するために組み込まれたコンピュータシステムのことで**「マイクロコンピュータ」**ともいいます。**「組込みOS」**と呼ばれる専用のソフトウェアと、必要最低限のメモリ・CPU・ROMを搭載したハードウェアで構成されています。利用者の操作に合わせてリアルタイムに動作するリアルタイムOSが主流となり、細やかな制御ができるようになっています。

組込みシステムの例として、炊飯器、洗濯機、エアコン、携帯電話、携帯情報端末などの一般家庭で使われる機器や、インターネットに接続できる通信機能を持った**「情報家電」**などがあります。また、産業用ロボット、信号機、エレベータなどの様々な産業を実現するために使われる機器があります。

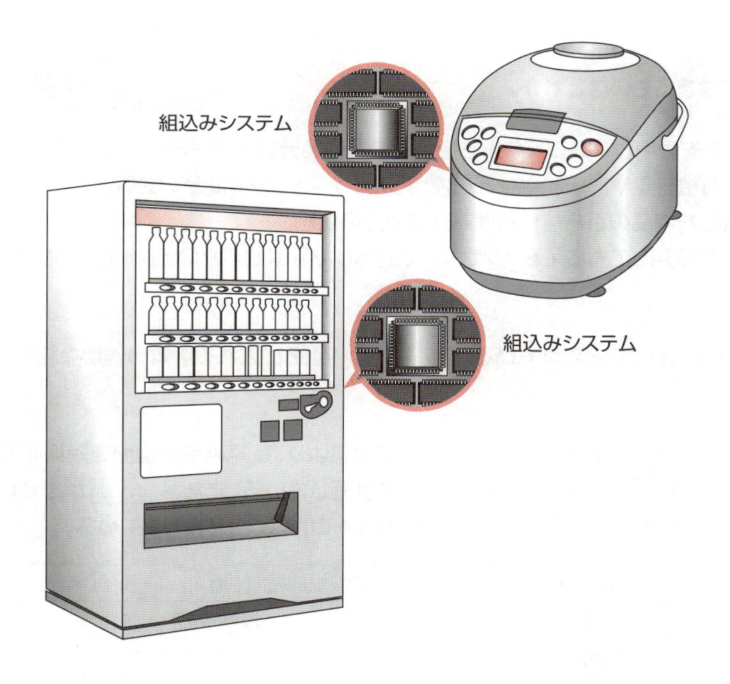

参考

リアルタイムOS

リアルタイム処理を目的としたOSで、利用者の使いやすさより、データの処理速度を優先しており、銀行のATM(Automatic Teller Machine：現金自動預払機)や列車の座席予約などで使われている。

参考

ファームウェア

機器を制御するためにハードウェアに組み込まれたソフトウェアのこと。処理を高速化するためにROMなどに書き込まれることが多い。

参考

ロボティクス

ロボットに関連する分野の学問のこと。制御機能やセンサ技術など、ロボットの設計・製作および運転に関する研究を行う。製造業などで多く使用されている産業用ロボットや、掃除ロボットに代表される家庭用ロボットなど、様々な用途で活用されている。「ロボット工学」ともいう。

2-4 予想問題

※解答は巻末にある別冊「予想問題 解答と解説」P.7に記載しています。

問題2-1

企業が取り扱う事業や製品を、市場占有率と市場成長率を軸とするグラフにプロットし、花形・金のなる木・問題児・負け犬の4つに分類する経営分析手法の名称として、適切なものはどれか。

ア　SWOT分析
イ　プロダクトポートフォリオマネジメント
ウ　マーケティングリサーチ
エ　バスケット分析

問題2-2

ニッチ戦略にあてはまるものはどれか。

ア　自社ブランドを愛用している著名人を招いての新商品発表会の企画
イ　食材として有機野菜や高級和牛などを使用したファストフード商品の企画
ウ　自社で開発した商品の百貨店における試食販売の企画
エ　幅広い世代に飲用してもらえるコンセプトで開発した清涼飲料水のテレビCMの企画

問題2-3

A社は、EC事業へ参入したいと考えている。次の記述中のa、bに入れる字句の適切な組合せはどれか。

A社では、自社にない技術やノウハウを獲得することにより、新規事業の展開を短期間で実現するため、EC事業に強いB社への［　a　］を計画している。また、［　a　］が成功しなかった場合でも、B社との連携を深めるためにB社への［　b　］を検討している。

	a	b
ア	OEM	資本参加
イ	OEM	ベンチマーキング
ウ	M&A	資本参加
エ	M&A	フランチャイズチェーン

問題2-4

経営戦略と整合性をとりながら、企業の情報資源を統括する役割にある者の名称として、適切なものはどれか。

ア　CEO　　イ　CFO　　ウ　COO　　エ　CIO

問題2-5

マーケティングミックスにおける4つのPとして、適切なものはどれか。

ア　Product（製品）、Price（価格）、Place（流通）、Promotion（販売促進）
イ　Piece（部品）、Price（価格）、Period（期間）、Promotion（販売促進）
ウ　Piece（部品）、Price（価格）、Place（流通）、Process（過程）
エ　Product（製品）、Price（価格）、Place（流通）、Process（過程）

問題2-6

製品には、技術研究→製品開発→製品化→事業化というプロセスがある。事業化するために立ちはだかっている困難として、適切なものはどれか。

ア　魔の川
イ　死の谷
ウ　ダーウィンの海
エ　ハッカソン

問題2-7

RFIDの特徴として、適切なものはどれか。

ア　スーパーやコンビニエンスストアなどで、商品が販売された時点で、販売情報を収集する仕組み
イ　これまでラベルやシールで管理していた商品情報などを、ディジタルデータとしてICチップに埋め込み、製品タグとして利用する仕組み
ウ　人工衛星を利用した大規模システムで、受信機が人工衛星から電波を受信し、受信機の位置を正確に特定できる仕組み
エ　あらかじめICチップに現金をチャージしておくことで、精算システムなどにチップをかざして支払い処理を行う仕組み

問題2-8

AIにおけるディープラーニングの特徴として、適切なものはどれか。

ア　“AならばBである”というルールを人間があらかじめ設定し、新しい知識を論理式で表現したルールに基づく推論の結果として、解を求めるものである。
イ　人間の脳神経回路を模倣して認識などの知能を実現する方法であり、ニューラルネットワークの仕組みを取り入れ、人間と同じような認識ができるようにするものである。
ウ　推論や探索といったアルゴリズムを使い、ゲームやパズルなどの解法を見つけることに適した手法である。
エ　実際の映像に仮想の映像や情報を重ねることにより、視覚情報を拡張する技術のことである。

問題2-9

ディープラーニングを用いた処理に関する記述として、最も適切なものはどれか。

ア　オフィスの自動掃除ロボットが、距離センサを用いて壁の存在を検知し、壁を避けて走行できるようになった。
イ　システムが大量の画像を取得し処理することによって、農薬散布用のドローンが、害虫がついている作物の葉はどれかを、上空からより確実に見分けることができるようになった。
ウ　病院の入院患者のベッドの下に離床センサを設置することにより、患者の心拍数や呼吸数などを自動で計測できるようになった。
エ　大型バスにおいて、自動でアイドリングストップする装置を搭載することによって、運転経験が豊富な運転者が運転する場合よりも燃費を向上させた。

問題2-10

IoTの説明として、適切なものはどれか。

ア　機器を制御するためにハードウェアに組み込まれたソフトウェア
イ　通信回線を介して、企業間における商取引のための電子データを交換する仕組み
ウ　人間の脳がつかさどる機能を分析して、その機能を人工的に実現させたシステム
エ　家電・自動車・アナログ製品など、様々なモノをインターネットに接続する技術

問題2-11

ドローンの活用方法として、最も適切なものはどれか。

ア　人工衛星からの電波を受信し、現在地を自動車の運転者に伝達する。
イ　災害発生地において、4足歩行で障害物を乗り越えながら調査を行う。
ウ　離島に向けて、生活物資の配送を行う。
エ　複数のアームを持ち、遠隔地の医師の操縦により手術を行う。

問題2-12

オプトインメール広告の特徴として、適切なものはどれか。

ア　ビルの壁や電車内などで、ディスプレイを使って情報を発信する広告
イ　あらかじめ同意を得たユーザに対してのみ送信する広告
ウ　検索エンジンの検索キーワードと連動して、その検索結果に関連した内容について表示する広告
エ　あらかじめ同意を得ていないユーザに対して送信する広告

第3章

システム戦略

情報システム戦略をもとに、業務プロセスの把握、業務改善の方法、情報システム構築の流れ、システム化に向けた要件定義の作成などについて解説します。

3-1 システム戦略

3-1-1 情報システム戦略

ITの進化と普及に伴い、今や情報システムは、企業経営に欠かせない存在になっています。情報システムが経営戦略や事業戦略の実現を支える存在であり続けるためには、明確な戦略が必要です。

❶ 情報システム戦略の意義

「情報システム戦略」とは、経営戦略や事業戦略の実現を支援するために、ITを効果的に活用して業務活動をシステム化し、中長期的な視点で業務の効率化を図る戦略のことです。システムの有効性や投資効果を分析して、システムの導入を立案計画していきます。
情報システム戦略は、経営戦略のひとつとして位置付けることができます。
システム化を実現するメリットには、次のようなものがあります。

メリット	説　明
業務の効率化	伝票の記入や在庫数の管理などの定型業務の中で、手作業で行っていた作業をシステム化すると、作業時間を短くしたり、計算ミスを防いだりできる。
意思決定の支援	大量に蓄積されたデータの分析業務をシステム化することで、必要なデータの検索や集計作業が効率化され、経営戦略や事業戦略などの意思決定を迅速かつ的確に行える。
コストの削減	システム化により、業務活動を自動化することで、生産性が向上し、コスト削減につながる。

❷ 情報システム戦略の目標

情報システム戦略の立案計画には、現状の業務内容や業務の流れを正しく把握することが重要です。システム化の具体的な目標（あるべき姿）を明確にするには、業務の流れを可視化し、合理的で効果的な仕組みを考える必要があります。業務の流れを**「業務プロセス」**といい、それを可視化することを**「モデリング」**といいます。モデリングすると、現状の業務活動を把握・整理しやすくなるため、改善策を考えるのに役立ちます。

参考

エンタープライズサーチ
企業内のWebサイトやデータを検索するためのシステム。

参考

EA
企業の業務とそれに対応した情報システムの現状を把握し、目標とする将来のあるべき姿を設定して、全体最適の観点から業務と情報システムを改善するという考え方のこと。「エンタープライズアーキテクチャ」ともいう。
「Enterprise Architecture」の略。
現状とあるべき姿を比較する際、ギャップ分析などが用いられる。

参考

ギャップ分析
現状とあるべき姿を比較することで、課題を明らかにする分析手法のこと。課題を明確にすることで、具体的な改善策を検討する。
「ギャップ」とは、現在の姿とあるべき姿との“ずれ”を意味し、そのギャップを埋めるためには何が足りないのか、どこを重点的に改善していけばよいのかなど、現状の課題を明らかにする。

参考

SoRとSoE
「SoR」とは、基幹系システムに代表される、従来型のしっかり設計されたデータを記録することを重視したシステムのこと。バックエンド（サーバ側）の領域に位置するシステムである。
「Systems of Record」の略。日本語では「記録のシステム」の意味。
「SoE」とは、IoTシステムに代表される、つながることを重視したシステムのこと。フロントエンド（利用者側）の領域に位置するシステムである。
「Systems of Engagement」の略。日本語では「つながりのシステム」の意味。

3-1-2　業務プロセス

経営戦略や事業戦略に沿って、担当業務のシステム化について検討します。そのためには担当業務の業務プロセス（業務の流れ）をモデリングして、改善策を考える必要があります。

❶ 代表的なモデリング手法

代表的なモデリングの手法には、次のようなものがあります。

(1) E-R図

「E-R図」とは、**「エンティティ（Entity：実体）」**と**「リレーションシップ（Relationship：関連）」**を使ってデータの関連を図で表現する手法のことです。エンティティは、いくつかの属性を持ち、これを**「アトリビュート（Attribute：属性）」**といいます。

リレーションシップの種類には、**「1対1」**、**「1対多」**、**「多対多」**の3種類があります。

なお、関連名は必要に応じて記述します。

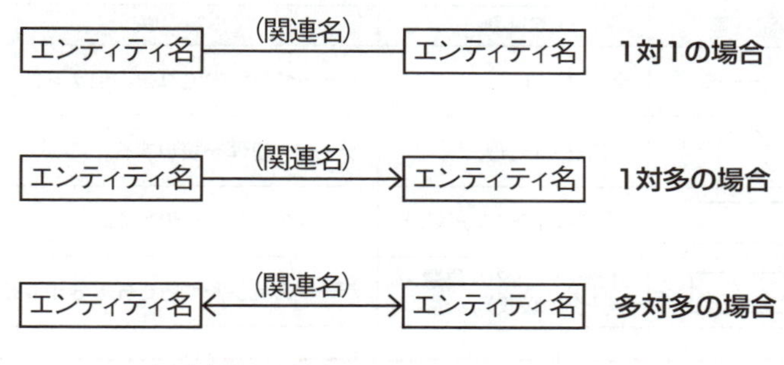

①エンティティを長方形で表す。

②長方形の中にエンティティ名を記入する。

③エンティティ間の関連を直線または矢印で表す。線のわきに関連名を（関連名）として記入する。

④**「1対1」**の関連は、直線で表す。

「1対多」の関連は、多側を指す片方向矢印とする。

「多対多」の関連は、両方向矢印とする。

参考

E-R図

「Entity Relationship Diagram」の略。

参考

リレーションシップの表記

E-R図の表現は、次のように、「関連」を「ひし形」で表現したり、「1対多」を「1対＊」、「1対n」、「1対m」で表現したりする方法もある。

〔E-Rモデル表現（1対nの場合）〕

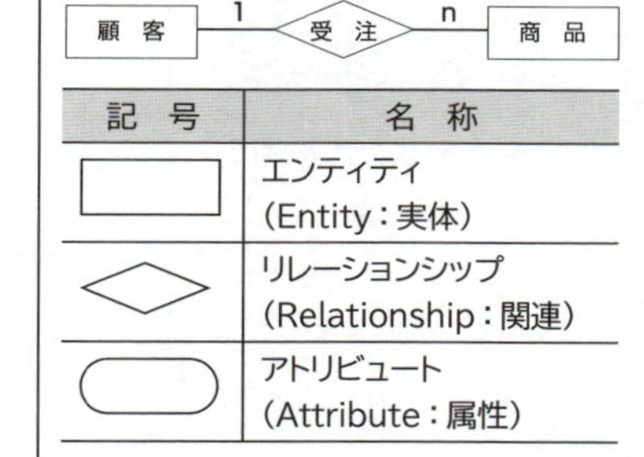

記 号	名 称
（長方形）	エンティティ（Entity：実体）
（ひし形）	リレーションシップ（Relationship：関連）
（角丸長方形）	アトリビュート（Attribute：属性）

第3章 システム戦略

例
顧客、受注、商品についての関連をE-R図で表した例

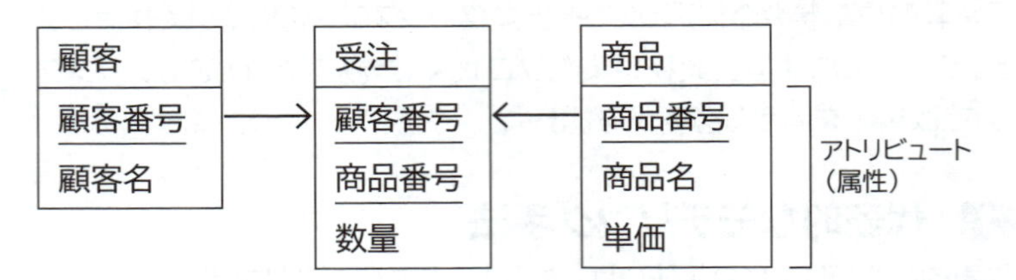

“顧客”は“受注”と1対多で関連付けられていて、一人の顧客が複数の注文を行うことを意味する。
“商品”は“受注”と1対多で関連付けられていて、一種類の商品が複数の受注において、注文されることを意味する。

(2) DFD

参考
DFD
「Data Flow Diagram」の略。

「DFD」とは、**「データフロー」**、**「プロセス」**、**「データストア」**、**「外部」**の4つの要素を使って、業務やシステムをモデリングし、業務の流れをデータの流れとして表現する手法のことです。

記　号	名　称	意　味
⟶	データフロー	データや情報の流れを表現する。
○	プロセス（処理）	データの処理を表現する。
＝	データストア（ファイル）	データの蓄積を表現する。
□	外部（データの源泉／データの吸収）	データの発生源や行き先を表現する。

例
顧客から商品を受注してから出荷するまでの処理をDFDで表した例

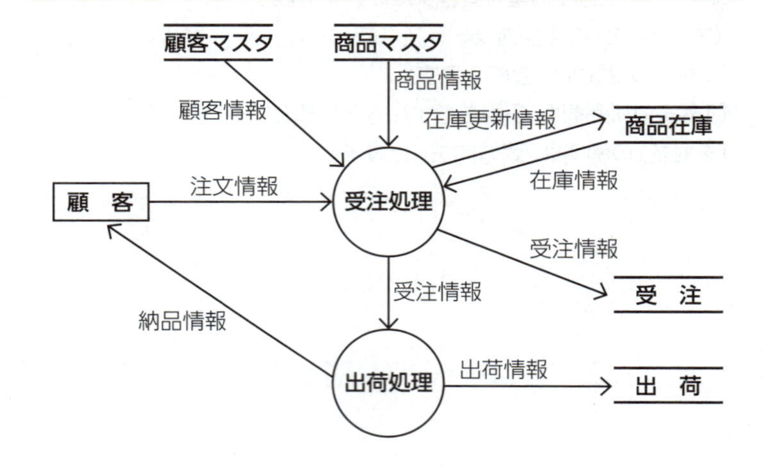

(3) BPMN

「BPMN」とは、11個の基本要素を用いて、業務の流れを表現する手法のことです。業務の関係者が、共通で理解しておくべき業務の実行手順、役割分担、関係者間のやり取りなど、統一的な表記方法で視覚化することができます。

グループ	記号	名称	意味
フロー オブジェクト		イベント (Event)	事象(アクション)を表現する。
		アクティビティ (Activity)	作業を表現する。
		ゲートウェイ (Gateway)	条件分岐を表現する。
接続 オブジェクト		シーケンスフロー (Sequence Flow)	アクティビティが実行される順序を表現する。
		メッセージフロー (Message Flow)	関係者間でのメッセージ送受信の流れを表現する。
		関連 (Association)	関連を表現する。
スイムレーン		プール (Pool)	関係者を表現する。
		レーン (Lane)	プールの中でさらに役割(ロール)の区分を表現する。
成果物		データオブジェクト (Date Object)	データの蓄積を表現する。
		グループ (Group)	グループを表現する。
		注釈 (Annotation)	補足情報としての注釈を表現する。

例

顧客から商品を受注してから納品するまでの処理をBPMNで表した例

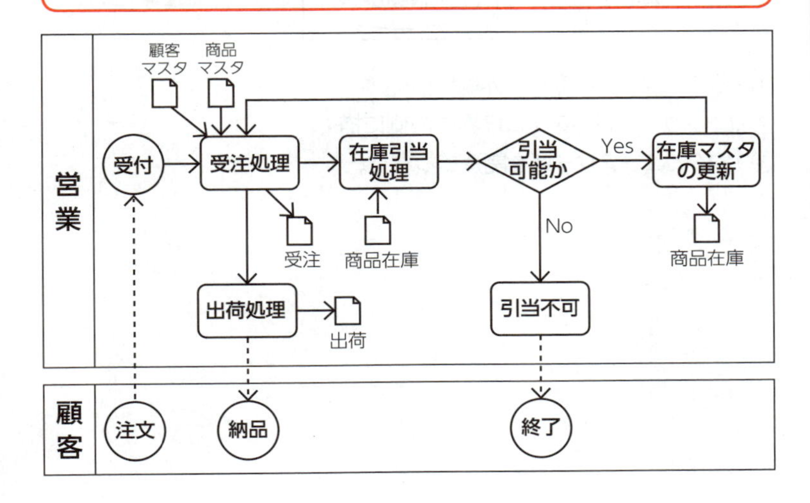

参考

BPMN

「Business Process Modeling Notation」の略。

参考

UML
「Unified Modeling Language」の略。

(4) UML

「UML」とは、ソフトウェアの機能や構造を決定する段階で利用される図の表記方法のことです。標準化された図式を使うことで、言語や開発手法の違いにかかわらず、目的のプログラムを認識することができるようになります。
UMLは、箱と線で構成される図でソフトウェアの機能や構造を表現します。代表的なUMLには、次のようなものがあります。

●ユースケース図

「ユースケース図」とは、システムの利用者と、システムが提供する機能、外部システムとの関係を表した図のことです。システムがどのような機能を持つのか、操作した場合どのように反応するのか、システムの外部から見た役割をわかりやすい図で表すことによって、システムの全体を大まかに把握することができます。ユースケース図は、通常、システム開発初期の要件定義の段階で使用します。
ユースケース図は、次のような記号でシステムの役割を表現します。

記　号	名　称	役　割
人型	アクタ	システムにアクセスする何らかの役割を持つ。
楕円	ユースケース	システムが外部に対して提供する機能を持つ。
直線	関連	アクタとユースケースの関連を表現する。
長方形	システム境界	システムの内側と外側を区切る役割を持つ。

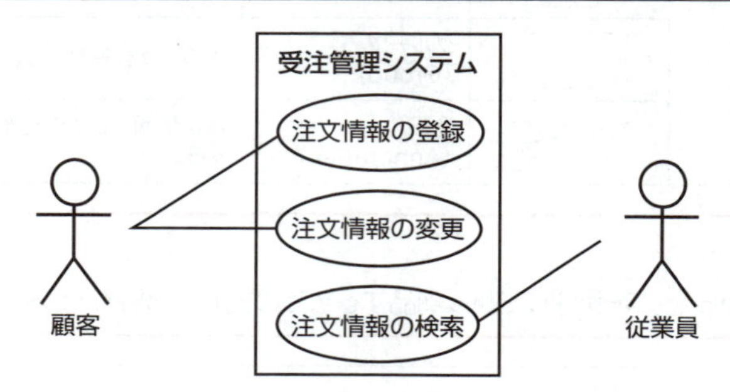

①アクタはシステム境界の外側に描く。
②ユースケースはシステム境界の内側に描く。
③アクタとユースケースを関連でつなぐ。

●クラス図

「クラス図」とは、システムの構造を表す図のことです。クラス図の表現は、3つの部分からなり、1番上にクラス名、2番目に属性、3番目にメソッド（操作）を明記します。

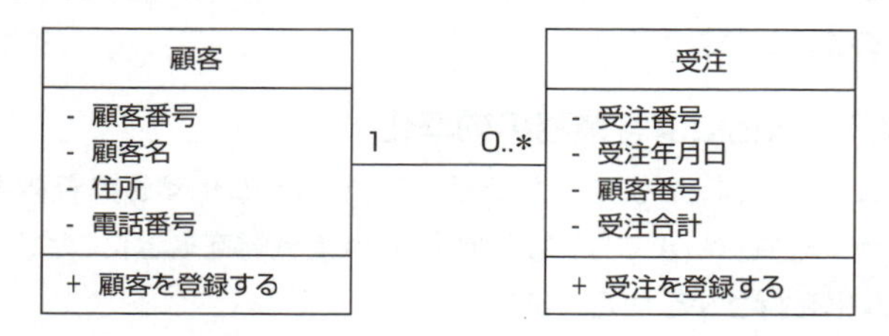

①クラスの関連は、**「1対多」**を**「1対*」**と表現する。
②クラスの関連は、**「0以上多」**を**「0..*」**と表現する。
③すべてのクラスから直接アクセスできる属性の前には**「+」**を付ける。
④対象の属性があるクラス以外からはアクセスできない属性の前には**「−」**を付ける。

2 業務プロセスの分析

業務プロセスを分析する代表的な手法には、次のようなものがあります。

手　法	説　明
BPR	業務プロセスを抜本的に見直して、商品・サービスの品質向上やコストダウンを図り、飛躍的に業績を伸ばそうとする考え方。「Business Process Reengineering」の略で、日本語で「ビジネスプロセス再構築」の意味。
BPM	業務プロセスの問題発見と改善を継続的に進めようとする考え方。「Business Process Management」の略で、日本語で「ビジネスプロセス管理」の意味。
ワークフロー	事務処理などをルール化・自動化することによって、円滑に業務が流れるようにする仕組み、またはシステム。

3 業務改善および問題解決

身近な業務をシステム化し、コンピュータやネットワークを効果的に活用することで、ホワイトカラーを含む業務活動を効率的に進めることができるようになります。

ただし、現状の業務をそのままシステム化しても業務の効率化を図ることはできないため、事前に、経営戦略や事業戦略に基づいて行った、業務内容を把握する作業や業務プロセスを整理する作業から、業務上の改善点や問題点を洗い出します。

その際、業務プロセスで問題となっている結果やその原因などを分析して、問題点があれば解決する手段を見つけ、業務をどのように改善すれば効率的に行えるのかを考えることが重要です。

参考

クラス

データとその操作手順であるメソッドをまとめたオブジェクトのひな型を定義したもの。

参考

RPA

従来、人間が行っていたPCの定型業務を、ソフトウェアを使って自動化・効率化する取組みのこと。具体的には、Webブラウザを使った情報の閲覧や取得、表計算ソフトへの書込み、社内情報システムへの入力などについて、単独の業務だけではなく、それぞれを組み合わせた一連の業務フローとして自動化・効率化する。

「Robotic」という言葉が使われているが、ここでは、実体のあるロボットではなく、ソフトウェアで作られた仮想ロボットのことを指す。

「Robotic Process Automation」の略。

参考

ホワイトカラー

事務系の仕事をする労働者のこと。具体的には、管理的職業の従事者、専門的・技術的職業の従事者、事務の従事者、販売の従事者などが該当する。

❹ ITの有効活用

現在、業務改善や業務の効率化を図るために、多くの企業がIT化を推進しています。ITを有効活用して、企業内でのコミュニケーションを円滑に行うとともに、ツールを有効活用することで、業務改善や業務の効率化を進めることができます。

(1)システム化による業務の効率化

システム化には、様々な方法があります。システム化する業務内容や環境によっても異なりますが、経営戦略や事業戦略をもとに、どのようにシステム化を行うかを決定します。
システム化による業務効率化の方法には、次のようなものがあります。

種類	特徴
ネットワークの構築	複数のコンピュータをケーブルで接続して、プログラムやデータなどのソフトウェア資源、記憶装置やプリンタなどのハードウェア資源を共有する。ソフトウェアを共有することでコストダウンを図り、ハードウェアやデータを共有することで作業の効率化を図ることができる。また、文字だけでなく、静止画像、音声、動画などのマルチメディア情報のやり取りもでき、様々な表現を用いたコミュニケーション手段として利用できる。
オフィスツールの導入	文書作成ソフトや表計算ソフトなどの種類があり、一般に広く利用されている。導入が容易で、多くのPCで利用できる。
グループウェアの導入	「グループウェア」とは、企業や組織内の業務を支援するためのソフトウェアのこと。複数の人が情報を共有し、効率よく共同で業務を進めることで、大幅なペーパーレスを実現したり、業務のノウハウや企業活動の基礎データを共有したりできるため、統一した情報源を確保し、情報の共有を図ることができる。時間と距離にとらわれないコミュニケーションが実現することで、情報伝達の迅速化、正確化が向上する。
ソフトウェアパッケージの導入	業務別ソフトウェアパッケージや業種別ソフトウェアパッケージなどの種類があり、標準的な業務プロセスに適用できる。自社のシステムを開発するよりコストを抑えることができる。
システム開発	個別にシステムを開発することで必要な機能を装備でき、特殊な業務プロセスに適用できる。コストが高くなりやすい。

参考

BYOD
従業員が私的に保有する情報機器(PCや携帯情報端末など)を、企業内の業務のために使用すること。端末の導入コストを削減できる一方で、マルウェアに感染するリスクや、情報漏えいのリスクなどが増大する。
「Bring Your Own Device」の略。

参考

MtoM
「M2M」ともいい、機械と機械が人間の手を介さずに、ネットワークを通じて情報交換を行うことにより、自律的に制御や動作をする仕組みのこと。
工場における工作機械の制御、エレベータの稼働状況の管理、自動販売機の遠隔在庫管理などで利用されている。
「Machine to Machine」の略。
日本語では「機器間通信」の意味。

参考

テレワーク
ICTを活用して時間や場所の制約を受けずに、柔軟に働く労働形態のこと。「tele(遠い・離れた)」と「work(働く)」を組み合わせた造語である。

(2) コミュニケーションのためのシステム利用

グループウェアやオフィスツールなどを効果的に利用し、活用することで、様々なコミュニケーションを行うことができます。
コミュニケーションを円滑に行うツールには、次のようなものがあります。

ツール	特　徴
電子メール	インターネットを介して、世界中の人とメッセージをやり取りできる仕組み。「E-mail」ともいう。相手が忙しくてもメッセージを送ることができるため、業務を遮ることなく連絡できる。また、文字として残るため、記録として残したり聞き間違いを防止したりできる。
電子掲示板	インターネット上で、不特定多数の人と様々な話題についての意見や情報を交換したり、レポートや通達を使って連絡したりできる仕組み。「BBS」ともいう。また、共有ファイルをアップロードすることもでき、企業内で伝えたい情報を素早く、間違いなく伝達できるため、回覧などの紙を削減できる。
テレビ会議	ネットワークを使用した電子会議のことで、コンピュータを共有して音声やビデオを用いることで、離れた場所にいる複数の参加者が仮想的に会議をすることができる。会議のために出張しなくても、時間を合わせれば会議を開くことができる。
チャット	インターネットを通じて、複数の参加者同士がリアルタイムに文字で会話をすること。ほかの人が入力した文字は、順次PCの画面に表示され、自分の意見もその場で入力できるため、参加者全員に見てもらうことができる。複数の人と同時に会話するのに便利なツール。
ブログ	Web上に記録(log)を残すという意味。日記を書くように、簡単に記事を作成してインターネット上に公開できる。公開された記事には、読んだ人がコメントを付けたり、記事をリンクさせたりして多くの人とコミュニケーションを取ることができる。
SNS	友人、知人間のコミュニケーションの場を提供するコミュニティ型の会員制Webサイトのこと。居住地域や出身校が同じ人同士などの交流の場として活用できる。「Social Networking Service」の略。
シェアリングエコノミー	モノやサービス、場所などの資産や資源を、多くの人と共有・有効利用する社会的な概念のこと、またはそのような概念のもとに展開されるサービスのこと。日本語では「共有経済」の意味。 近年、インターネットやソーシャルメディアの普及により、不特定多数の個人同士を結びつけることが容易になったため、シェアリングエコノミーに該当するサービスが多く生まれている。具体的には、利用していない住宅などの空き部屋を提供する宿泊サービスや、一般の乗用車に同乗して目的地まで送ってもらうライドシェア、個人が不要になった中古品を売買するサービス、個人のスキル(DIYや料理など)を提供するサービスなどがある。

参考

コミュニケーションの形式

コミュニケーションの形式には、次のようなものがある。

名称	内容
プッシュ型	特定の人に情報を送信すること。電子メールやボイスメールなどが該当する。
プル型	自分の意思で必要な情報にアクセスすること。イントラネットサイトなどが該当する。
相互型	2人以上の参加者が情報を交わすこと。テレビ会議などが該当する。

参考

トラックバック

ブログの機能のひとつで、ある記事から別の記事に対してリンクを設定したときに、リンク先となった別の記事からリンク元の記事へのリンクが自動的に設定される仕組みのこと。なお、リンク先に対しては、リンクが設定されたことを通知する。

参考

ソーシャルメディア

利用者同士のつながりを促進することで、インターネット上で利用者が発信する情報を多くの利用者に幅広く伝える仕組みのこと。ソーシャルメディアには、SNSやブログ、動画共有サイトなどがある。

参考

DIY

個人が自分で何かを作ったり、修理したりすること。
「Do It Yourself」の略。
日本語では「自分でやる」の意味。

3-1-3 ソリューションビジネス

業務改善を行うには、問題を解決する糸口を見つけることが重要です。糸口を正確に見つけ出すことで、システム化の成否が決まります。
「ソリューションビジネス」とは、業務における課題を把握し、それを解決する糸口を見つける手助けを提供するビジネスのことです。

❶ ソリューション

「ソリューション」とは、情報技術を利用した問題解決のことです。
業務改善を行う場合、何を解決すればよいのか、そのためには何が必要なのかということを正確に認識していないと、最終的に満足のいくシステム化はできません。そのようなことにならないように、顧客と話し合って信頼関係を築き、問題点や課題を正しく認識する必要があります。そして、顧客の要望に応じて、解決策を提案し、問題解決への支援を行います。

❷ ソリューションの形態

問題点を解決するソリューションビジネスのひとつに、システム開発があります。
システム開発は一般的に全社的な規模で行われます。開発にあたっては、目標とするシステムの内容や規模、自社内における体制や環境、さらには開発にかかる費用などを総合的に考慮し、自社で開発するか外部の専門業者に委託するかを検討します。
自社で開発を行わない場合は、情報システム部門などが情報を取りまとめ、システム開発を請け負うシステムベンダなどに委託したり、業務別や業種別のソフトウェアパッケージを導入したりします。
システム化におけるソリューションの形態には、次のようなものがあります。

形　態	説　明
SOA	ソフトウェアの機能や部品を独立したサービスとし、それらを組み合わせてシステムを構築する考え方。「サービス指向アーキテクチャ」ともいう。サービスを個別に利用したり、組み合わせて利用したりして、柔軟にシステムを構築できる。 「Service Oriented Architecture」の略。
ASPサービス	インターネットを利用して、ソフトウェアを配信するサービス。利用料金は、ソフトウェアを利用した時間などで課金される。ソフトウェアのインストール作業やバージョン管理などを社内で行う必要がなくなるため、運用コストを削減し、効率的に管理できる。「ASP」とは、このサービスを提供する事業者のこと。 「Application Service Provider」の略。
クラウド コンピューティング	インターネットを通じて必要最低限の機器構成でサービスを利用する形態。インターネット上にあるソフトウェアやハードウェアなどを、物理的な存在場所を意識することなく利用できる。代表的なサービスには、SaaSやIaaS、PaaS、DaaSなどがある。

参考

ソフトウェアパッケージの導入
会計業務ソフトや販売管理ソフトなど、汎用的な業務の機能がまとめられているビジネスシステムのソフトウェアパッケージを導入することで、経営効率を高め、業務改善を図ることもできる。

参考

インストール
ソフトウェアをコンピュータシステムに新しく組み込むこと。

参考

オンプレミス
サーバやデータベースなどの自社の情報システムを、自社が管理する設備内で運用する形態のこと。近年広く普及しているクラウドコンピューティングと対比して使われる。

形　態	説　明
SaaS	インターネットを利用して、ソフトウェアの必要な機能を利用する形態。ソフトウェアの必要な機能だけを利用し、その機能に対して料金を支払う。「Software as a Service」の略。
IaaS	インターネットを利用して、情報システムの稼働に必要なサーバ、CPU、ストレージ、ネットワークなどのインフラを利用する形態。これにより、企業はハードウェアの増設などを気にする必要がなくなる。 「Infrastructure as a Service」の略。
PaaS	インターネットを利用して、アプリケーションソフトウェアが稼働するためのハードウェアやOS、データベースソフトなどの基盤（プラットフォーム）を利用する形態。これにより、企業はプラットフォームを独自で用意する必要がなくなり、ハードウェアのメンテナンスや障害対応などを任せることもできる。 「Platform as a Service」の略。
DaaS	インターネットを利用して、端末のデスクトップ環境を利用する形態。OSやアプリケーションソフトウェアなどはすべてサーバ上で動作するため、利用者の端末には画面を表示する機能と、キーボードやマウスなどの入力操作に必要な機能だけを用意する。 「Desktop as a Service」の略。
SI	情報システムの設計、開発、テスト、運用・保守など一括したサービスを提供する事業形態。システム開発の経験がない企業でも、複数ベンダの製品を統合した最適なシステム開発が行える。「System Integration」の略。
アウトソーシング	外部（out）の経営資源（source）を利用すること。「外部委託」ともいう。 自社の業務の一部を、専門的な能力やノウハウを持っている事業者に依頼することで、自社の限られた経営資源を有効に活用できる。
オフショア アウトソーシング	アウトソーシングの一種で、比較的人件費などの経費が安い海外のサービス提供者に自社の業務の一部を委託する形態のこと。オフショアとは、日本語で「海外で」という意味。
ホスティング サービス	アウトソーシングの一種で、プロバイダなどの事業者が所有するサーバや通信機器などの設備を、ネットワーク経由で借り受けて利用すること。「レンタルサーバサービス」ともいう。サーバ1台を丸ごと借り受けるサービスと、サーバの一区画を借り受けるサービスがある。 これを利用すると、企業は自前で環境を整備したり、専門技術者を確保したりする必要がなくなり、コストや手間を大幅に削減できる。
ハウジングサービス	アウトソーシングの一種で、自社でサーバや通信機器などの設備を用意して、通信回線や電源などの環境が整った事業者にそれを預けて利用すること。 ホスティングサービスと比べて、サーバの機種やOSの環境、セキュリティ対策などを自由に構成できる。
BPO	業務の一部を外部企業に委託（アウトソーシング）すること。例えば、給与計算などの定型化された業務や、多くの経験とノウハウを必要とする人事関連業務などを専門業者に任せて業務の効率化を図り、自社の中核となる領域に経営資源を集中させることで、競争力の強化を図ることができる。 「Business Process Outsourcing」の略。

参考

オンラインストレージ

インターネット上のサーバの一区画を、データの保存用として間借りするサービスのこと。インターネット上にデータを保存しておくと、インターネットに接続可能な場所からいつでもアクセスすることができる。

参考

PoC

新しい概念や技術などが実現可能かどうかを、実際に調べて証明すること。AIなどの新しい技術の実現を実証するときなどに実施する。
「Proof of Concept」の略。
日本語では「概念実証」や「実証実験」の意味。

3-1-4　システム活用促進・評価

ITを使って業務改善や業務の効率化を図るためには、ITを推進していく活動が必要です。IT化の推進には、利用者一人ひとりの**「情報リテラシ」**が必要となってきます。

❶ 情報リテラシ

「情報リテラシ」とは、情報を使いこなす能力のことです。具体的には、次のような能力を指します。

- **コンピュータやアプリケーションソフトウェアなどの情報技術を活用して情報収集できる。**
- **収集した情報の中から、自分にとって必要なものを取捨選択できる。**
- **自分でまとめた情報を発信できる。**
- **収集した情報を集計してその結果を分析できる。**
- **収集した情報から傾向を読み取れる。**

❷ 普及啓発

情報化の進んだ現代では、インターネットなどで簡単に情報を収集することができます。しかし、収集した情報の中から信頼のできる情報を見つけ出すには、情報リテラシを身に付けることが必要です。情報リテラシを身に付けることにより、問題解決や意思決定に情報を活かすことができます。情報リテラシの習得には、情報技術の教育はもちろん、普及活動も欠かせません。

また、ディジタルディバイドについても問題となっています。**「ディジタルディバイド」**とは、コンピュータやインターネットなどを利用する能力や機会の違いによって、経済的または社会的な格差が生じることです。日本語では**「情報格差」**の意味を持ちます。

例えば、インターネットは低コストで情報発信ができるため、社会にはインターネットでしか提供されていない情報も数多くあります。コンピュータやインターネットを使えない人は、この情報を入手することができません。このように、コンピュータやインターネットなどの情報ツールを利用できないことによって不利益を被ったり、社会参加の可能性を制限されてしまったりなど、情報収集能力の差が不平等をもたらす結果となってきています。

ディジタルディバイドの問題を解決するためには、行政や民間企業など、様々な組織が情報技術の教育や普及活動に取り組む必要があるといえます。

参考

デジタルトランスフォーメーション（DX）

様々な活動についてITをベースに変革することであり、特に企業においては、ITをベースに事業活動全体を再構築すること。「DX」ともいう。

DXは「Digital Transformation」の略ではないが、英語圏で「Trans」を「X」と略すことが多いため「DX」と略される。

例えば、民泊サービスやライドシェアなどは、スマートフォンやクラウドサービスを組み合わせることにより、従来の宿泊業界、タクシー業界を脅かすまでの存在になっている。このように、従来までの枠組みを破壊し、ITを駆使して、より顧客の利便性を追求するような変革を行う企業が、デジタルトランスフォーメーションを実現する企業といえる。

参考

ゲーミフィケーション

ゲームの要素を他の領域のサービスに利用すること。人を楽しませるゲーム独特の発想や仕組みにより、利用者を引き付けて、継続利用や目標達成などにつなげていく。最近ではビジネスへの利用にとどまらず、企業の人材開発や従業員向けサービスなどにも利用されている。

また、ゲーミフィケーションのゲームの要素には、付与される「ポイント」や、ポイントに応じて一定条件の達成時に獲得する「バッジ」などがある。

参考

アクセシビリティ

高齢者や障がい者などを含むできるかぎり多くの人々が情報に触れ、自分が求める情報やサービスを得ることができるように設計するための指標のこと。

❸ ビッグデータ

「ビッグデータ」とは、これまで一般的だったデータベース管理システムでは取扱いが困難な巨大かつ複雑なデータ群のことです。大量・多種多様な形式・リアルタイム性などの特徴を持つデータで、その特徴を**「4V」**という概念で示します。
従来のデータベース管理システムでは、販売・生産に関わる数値情報や顧客情報など、定型化された構造化データを取り扱っていました。
しかし、IoTが一般的になるにつれ、生産現場や公共の場所、家庭、人体(ウェアラブル端末)などに設置された無数のセンサから、リアルタイムに膨大な量のデータを取得できるようになりました。
また、人々が利用するスマートフォンやタブレット、SNSなどからは、単なるテキストではない、画像・音声・動画などの様々な種別のデータも大量に発生します。
以前は、このような膨大なビッグデータを処理することは不可能でしたが、現在においては、通信の高速・大容量化やクラウドサーバの進展による大量データの蓄積、AIによる大量データの分析などが可能になっており、このことがビッグデータに注目が集まる理由となっています。
さらに、収集・蓄積・分析したビッグデータを、社会や産業、我々の生活に向けて、いかに価値ある活用ができるかということが重要になります。

(1)ビッグデータの分類

ビッグデータについては、様々な考え方の分類法があります。そのひとつとして、総務省では、個人・企業・政府の3つの主体が生成するデータに着目し、次の4つに分類しています。

種　類	説　明
政府:オープンデータ	国や地方公共団体が保有する公共情報のこと。官民でデータを活用するため、開示が推進されている。
企業:知のデジタル化	企業の暗黙知(ノウハウ)をデジタル化・構造化したデータのこと。今後、多様な分野・産業などで、様々なノウハウがデジタル化されることが想定されている。
企業:M2Mデータ	設備や機械装置、建築物など、いわゆるモノとモノをネットワークで接続し、モノ同士で交換されるデータのこと。
個人:パーソナルデータ	個人属性、行動履歴、ウェアラブル端末から収集された情報などの個人情報のこと。また、ビジネス目的などのために、特定個人を判別できないように加工された匿名加工情報も含む。

(2)ビッグデータの活用方法

ビッグデータの活用方法には、様々なものがあります。
総務省で着目する3つの主体である**「オープンデータ」「産業データ」「パーソナルデータ」**では、次のような活用方法があります。

参考

4V

ビッグデータには、ビッグデータを特徴付けるものとして「4V」という概念がある。4Vとは、データに価値をもたらすものを意味し、「Volume(量)」、「Variety(多様性)」、「Velocity(速度)」「Veracity(正確性)」を指す。
また、最近では「Value(価値)」を加えて「5V」とする考え方もある。

種　類	意　味
Volume(量)	膨大なデータ
Variety(多様性)	テキスト・画像・音声など多様なデータ
Velocity(速度)	リアルタイムで収集されるデータ
Veracity(正確性)	データの矛盾を排除した正確なデータ

参考

産業データ

「知のデジタル化」と「M2Mデータ」を合わせたものであり、企業活動から生成されるデータのこと。

参考

M2M

「MtoM」ともいい、機械と機械が人間の手を介さずに、ネットワークを通じて情報交換を行うことにより、自律的に制御や動作をする仕組みのこと。
「Machine to Machine」の略。
日本語では「機器間通信」の意味。

種　類	活用方法
オープンデータ （国・自治体）	・自治体の予算・税収・支出を見える化し、国民一人ひとりが税金の使われ方について責任ある意見を言えるように支援する。 ・図書館の各席の空き状況を提供し、利用者が参照できるようにする。 ・地域の防犯情報やAED設置場所をアプリで提供し、防犯意識を高めたり、急病人発生のケースに活用したりする。
産業データ （企業）	・工場内の生産性向上やコスト削減を目的にデータを収集・活用する（製造業）。 ・農業の生産性向上を目的に気象データなどを収集・活用する（農業）。 ・各種ヘルスケアサービス提供のため、顧客のウェアラブル端末から体調データを収集・活用する（健康産業）。 ・航空機の安全運航のため、エンジンの稼働データを収集し、故障の予兆発見などに活用する（航空）。
パーソナルデータ （個人）	・企業の各種サービスの提供を受けるため、各企業に提供する。 ・各企業は、マーケティングなどに活用するため、個人の了承を得た上で、データを収集・活用する。

（3）ビッグデータの分析方法

ビッグデータの分析方法には、次のようなものがあります。

種　類	説　明
クロス集計分析	あるデータを、何らかの基準（切り口）ごとに集計し、分析する手法のこと。 例えば、コンビニエンスストア各店の売上金額を、男女別、年代別、曜日別などに分けて分析することにより、それぞれの属性間の関係を知ることができる。
アソシエーション分析	蓄積されたデータの中から、一見関係のない2つの事象が、共に起きやすい傾向などを調べるための手法のこと。 例えば、スーパーの販売データの中から、「ビールと紙おむつが同時に購入されやすい」などの傾向がわかれば、両者の売り場を接近させるなどし、さらに同時購入を増加させることができる。
ロジスティック回帰分析	「YES」「NO」のどちらかの値を持つ複数の要因を分析し、物事の発生確率を予測する手法のこと。医療分野において、病気の発症確率を求めるときなどに使われる。 例えば、「飲酒習慣の有無」「運動習慣の有無」から生活習慣病の発症確率を求めることなどが挙げられる。
クラスタ分析	様々な性質のものが混在している集団の中から、似たようなものを集めた群（クラスタ）を作り、分析する手法のこと。 例えば、顧客の嗜好特性の分析や、製品ブランドのポジショニングの分析などに使われる。
デシジョンツリー分析 （決定木分析）	あるデータの集団から予測や分類をするための手法のことであり、「もし～だとしたら」の仮説をもとに、データの集団を細分化していき、どのような仮説によって、どのような予測・分類が求められるのかを分析する。 例えば、膨大な顧客データの中から、自社の新製品を購入する確率が高い人は、どのような属性であるかなどを分析する。

（4）ビッグデータを活用する際の留意点や課題

ビッグデータを活用する際の留意点や課題としては、次のようなものが挙げられます。

●目的を明確化する

ビッグデータの活用においては、ビッグデータを分析することが目的ではなく、その分析結果からビジネス上の知見を得て、ビジネス上の目標を達成することが真の目的となります。常に目的に合致した活動を行っているかを確認する必要があります。

●データの消失や搾取に対するリスクに備える

ビッグデータを蓄積・分析する際には、クラウドサービスなど、外部ベンダのサービスを利用することが多くあります。ベンダの選定にあたっては、セキュリティ要件を確認し、最も信頼できるベンダを選びます。
また、企業の情報漏えいなどのセキュリティ事故においては、企業内部の人的ミスや内部犯による搾取などが多くの割合を占めます。内部のセキュリティ対策について、適切な対応が必要です。

●プライバシーに考慮する

企業が扱う情報には、多くの個人情報が含まれます。個人情報保護法を遵守し、適切な管理を行います。

●迅速なデータ処理へ対応する

ビッグデータは膨大な量のため、利用するプラットフォームやサービスによっては、十分な性能を出せず、分析・活用に遅延が発生するケースがあります。ビジネス活用においては、そうした遅延が重大な機会損失を引き起こしかねません。処理性能の観点から、プラットフォームやサービスの要件を確認する必要があります。

●データサイエンティストを安定的に確保する

現在、ビッグデータ分析に対する需要の広がりに対し、数学的な素養とビジネス的な知見を併せ持つ優秀な**「データサイエンティスト」**は、非常に不足している状況ですが、安定的に確保する必要があります。
データサイエンティストを社外から招へいすることや、内部育成することが考えられますが、どちらにおいても、魅力的な業務内容や報酬など、自社で安定的に活躍してもらえる環境作りが必要です。

参考

プラットフォーム
アプリケーションソフトウェアが稼働するためのハードウェアやOSなどの基盤のこと。

(5) ビッグデータの活用技術・学問分野

ビッグデータに関連する技術や学問分野には、次のようなものがあります。

●データマイニング

「データマイニング」とは、蓄積された大量のデータを分析して、新しい情報を得ることです。例えば、**「日曜日にAという商品を購入する男性は同時にBも購入する」**など、複数の項目での相関関係を発見するために利用されます。

●テキストマイニング

「テキストマイニング」とは、大量の文書（テキスト）をデータ解析し、有益な情報を取り出す技術のことです。
現在、ビッグデータとして、様々な種別の情報が存在しています。その中においても、テキスト情報は、インターネット上のWebサイト・ブログ・SNSなどに膨大な量が存在します。
テキストマイニングでは、こうしたテキスト情報を、自然言語処理によって単語単位に区切ります。そのような単語群において、出現頻度や出現傾向、出現タイミング、相関関係などを分析することにより、価値のある情報を取り出すことができます。

●データサイエンス

「データサイエンス」とは、ビッグデータなどの大量のデータの中から、何らかの価値のある情報を見つけ出すための学問分野のことです。
数学、統計学、情報工学、計算機科学などと関連した分野であり、企業のマーケティングなどビジネス分野をはじめ、医学・生物学・社会学・教育学・工学など、幅広い分野で活用されます。
また、データサイエンスの研究者や、マーケティングなど企業活動の目的のためにデータサイエンスの技術を活用する者のことを**「データサイエンティスト」**といいます。

参考

データウェアハウス
通常の業務で利用しているデータベースから、データを整理し取り出して蓄積した大量のデータのこと。蓄積したデータを分析することで、意思決定に利用される。

参考

BIツール
経営戦略を役立てるために、蓄積されたデータを視覚化したり、分析したりする機能を備えたシステムの総称のこと。
BIは「Business Intelligence」の略。

参考

自然言語処理
人が日常で使っている言葉（自然言語）をコンピュータに処理させる技術のこと。

3-2 システム企画

3-2-1　システム化計画

「システム化計画」とは、経営戦略や事業戦略に基づいて、システム化構想やシステム化基本方針を立案し、業務の効率化を図る情報システムの開発計画のことです。**「システム化構想」**とは、システムの要件定義をする前に、業務分析を行い、システムの基本的な要件であるシステム化の全体像、範囲、スケジュール、予算などを導き出すことです。システム化は企業のシステム戦略やビジネスモデルに応じて開発するため、システム化構想を誤ると業務が今まで以上に複雑になったり、効果が見込めなかったりする可能性があります。

また、**「システム化基本方針」**とは、業務をシステム化する際の基本的な開発方針のことで、開発する目的や課題などの基本方針に基づいてシステム化を行います。システム化計画は、システムを具体化する最終段階で設計します。

システム化を立案する段階で、どのようなスケジュールや体制、予算で、どの業務までを適用範囲とするのか、費用対効果はあるのかなど、システム化の全体像を考えてしっかりとしたシステム化計画を策定する必要があります。

システム化を計画・立案する手順は、次のとおりです。

開発スケジュールの検討	システム化計画における全体の開発スケジュールを検討する。

開発体制の検討	システム開発体制を検討する。

リスク分析	システムを開発するうえで発生しうるリスクを分析する。

1 開発スケジュールの検討

システム化計画における、全体の開発スケジュールを検討します。

まず、経営戦略に基づいてシステムが必要になる時期を最終目標にし、システムの構築順序、現行業務からの移行、教育・訓練を踏まえて、全体の開発スケジュールを組んでいきます。

参考

システム化の適用範囲

システム化を導入する際、業務のどこまでをシステムに反映させるかという適用範囲を検討する必要がある。適用範囲は小さすぎても効果が見込めず、大きすぎても使いこなせない可能性がある。

参考

費用対効果

開発するシステムについて「費用対効果」があるかどうかの検討は、経営戦略の成否にかかわるため、大変重要である。システムを導入する際、開発・運用にかかる費用を割り出し、企業活動を行う上でその費用を上回る利益や費用に対応した効果が見込めるかどうか検討をし、効果が見込めないのであれば、システム化そのものを再検討する必要がある。システム化を行う際、どれだけ効率化が図れるか、どれだけ利益が上がるかといった項目について、目標とする費用対効果の度合いを定期的に評価する必要がある。

ただし、経営戦略に基づいたシステムの必要時期を優先してシステム構築期間があまりに短期間になってしまうと、システムの品質が落ちてしまうこともあります。システムの必要時期を優先させるか、多少遅れてもシステム構築に余裕を持たせるかなどの経営判断が必要になることもあります。

❷ 開発体制の検討

全体の開発スケジュールが決まったら、開発体制を検討します。
開発体制は、システム開発部門だけでなく、実際に利用する業務部門を含めて考えます。
どちらか一方だけがかかわって、実際の業務と離れたシステムになったり、全社的なシステムと整合性が取れないシステムになったりしないよう、双方がシステム化にかかわることで、経営戦略に沿ったシステムが開発できます。
その際、全体の開発責任者やシステム開発の責任者、業務担当者を決めるなど、適切な人員配置を行う必要があります。

❸ リスク分析

「リスク分析」とは、システムを構築・運用していく上で、リスクがどこに、どのように存在しており、そのリスクが発生した場合、どの程度の損失や影響があるのかを測定することです。考えられるリスクの中で、予測される発生確率と損失額の大きいものから優先順位を付け、優先順位の高いものから対処していくようにします。
システム化において考えられるリスクと原因には、次のようなものがあります。

リスクの種類	原　因	
ハードウェア障害	・電源の入れ忘れ ・機器の設定ミス	・機器の接続不良 ・機器の故障　など
ソフトウェア障害	・ユーザの操作ミス ・OSやソフトウェアの設定ミス	・ソフトウェアのバグ ・コンピュータウイルス　など
ネットワーク障害	・ケーブルの断線 ・ネットワーク機器の設定ミス ・ネットワーク機器の故障	・IPアドレスの設定ミス ・制約の違反　など
データ障害	・データの破損 ・データの形式が異なる	・フォーマット形式が異なる ・データの記憶領域の不足　など
性能障害	・メモリの不足 ・ディスク容量の不足 ・データ量の増加	・ファイルの断片化 （フラグメンテーション）　など
災害による障害	・火災や水害、地震の発生　など	

3-2-2　要件定義

「要件定義」とは、システムや業務全体の枠組み、システム化の範囲、システムを構成するハードウェアやソフトウェアに要求される機能や性能などを決定することです。
要件定義には、**「業務要件定義」**、**「機能要件定義」**、**「非機能要件定義」**の3つがあります。

1 業務要件定義

「業務要件定義」では、システム化の対象となる業務について、業務を遂行するうえで必要な要件を定義します。それぞれの業務プロセスが、どのような目的で、いつ、どこで、誰によって、どのような手順で実行されているかを明らかにする必要があります。つまり、現行の業務を可視化するプロセスです。また、業務上発生する伝票や帳票類などの書類の流れについても整理します。ここで定義した内容は、システムで実現すべき機能の重要な判断材料となります。

2 機能要件定義

「機能要件定義」では、業務要件を実現するうえで必要なシステムの動作や処理内容を定義します。利用者（システム利用部門）の要求事項や現行業務を合わせて分析し、システムに実装すべき機能を具体化します。
機能要件に挙げられた内容がコストに見合うかどうかを見極めるとともに、限られた予算の中で最大限の効果を引き出すために、優先順位を付けることも必要です。

3 非機能要件定義

「非機能要件定義」では、処理時間やセキュリティ対策など、システムを設計するうえで考慮すべき機能以外の要件を定義します。これらの要件を定義するためには知識や経験が必要とされるため、一般的に、利用者（システム利用部門）から明確な要件が提示されることは少ないといえます。このことが落とし穴となり、検討が不十分なままに進めてしまうと、運用後のトラブルにつながりかねません。

参考

ソフトウェアライフサイクル
システム化を計画するにあたっては、全体的なプロセスの流れである「ソフトウェアライフサイクル」を考慮することが重要である。
具体的には、次のようなサイクルを視野に入れて立案する。

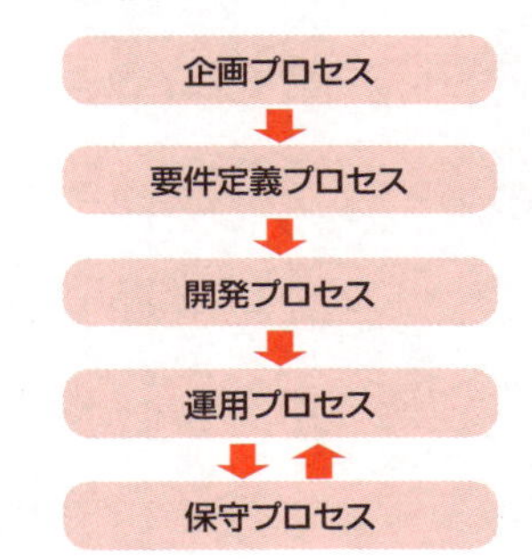

3-2-3 調達計画・実施

企業は、経営戦略を実現するために、業務改善、問題解決を行います。業務活動は、分野や目的によって様々な形式があり、業務活動を行う際には、それぞれの事例で個別に判断する必要がありますが、基本的な調達計画は一定で変わりません。
企業活動における**「調達」**とは、業務の遂行に必要な製品やサービスを取りそろえるための購買活動のことです。システム化を推進する際には、システム化に必要なハードウェアやソフトウェア、ネットワーク機器、設備などを調達する必要があります。
要件定義の内容を踏まえ、既成の製品やサービスを購入するか、内部でシステム開発を行うか、外部にシステム開発を委託するかといった調達方法を決定し、何をどのように調達するのか、調達の際の条件などを定義し、**「調達計画」**を策定します。

❶ 調達の流れ

調達の基本的な流れは、次のとおりです。

情報提供依頼（RFI）	システム化に必要な製品・サービスなどの情報提供の依頼事項をまとめ、発注先の候補となる企業に配付して情報提供を依頼する。

提案依頼書（RFP）の作成・配付	システム化に関する概要や提案依頼事項、調達条件などのシステムの基本方針をまとめ、発注先の候補となる企業に配付してシステム提案を依頼する。

提案書の入手	発注先の候補となる各企業から提案書を入手し、提案内容を比較する。

見積書の入手	発注先の候補となる各企業から見積書を入手し、見積内容を比較する。

発注先企業の選定	発注先の企業を選定する。

契約締結	発注先の企業と契約を締結する。

参考

グリーン調達
環境に配慮した原材料や部品などを優先的に購入したり、環境経営を積極的に実践している企業から優先的に製品やサービスを購入したりすること。

(1) 情報提供依頼(RFI)

「情報提供依頼(RFI)」とは、**「提案依頼書(RFP)」**の作成に先立って、システムベンダなどの発注先の候補となる企業に対して、システム化に関する情報提供を依頼すること、またはそのための文書のことです。
情報提供依頼の実施により、システム化に必要なハードウェアやソフトウェアなどの技術情報、同業他社の構築事例、運用・保守に関する情報などを広く収集することができます。

参考
RFI
「Request For Information」の略。

(2) 提案依頼書(RFP)の作成・配付

「提案依頼書(RFP)」とは、システム化を行う企業が、システムベンダなどの発注先の候補となる企業に対して、具体的なシステム提案を行うように依頼する文書のことです。
提案依頼書には、システム概要、目的、必要な機能、求められるシステム要件、契約事項などのシステムの基本方針を盛り込みます。
提案依頼書は、発注先の候補となる企業への提案依頼という役割のほかに、事前にシステム要件を明らかにすることで、実際の開発段階に入ってからの混乱を未然に防止する役割も担っています。

参考
RFP
「Request For Proposal」の略。

(3) 提案書の入手

「提案書」とは、提案依頼書をもとに必要事項を記載した文書のことです。
発注先の候補となる企業は、提案依頼書に基づいてシステム構成や開発手法などを検討し、提案書を作成して、依頼元の企業に対して提案をします。
依頼元の企業は、提出された提案書を評価し、発注先の企業を選定する資料にします。

(4) 見積書の入手

「見積書」とは、システムの開発、運用、保守などにかかる必要経費や納期などの必要事項を記載した文書のことです。
発注先の候補となる企業は依頼元の企業からの要求に対して、費用、納期、支払方法を記載した見積書を提出します。

(5) 発注先企業の選定

発注先の企業を選定します。発注先の企業を選定するにあたって、どのような基準で選定するのかを検討する必要があります。提案依頼書の内容や導入予算、サービスなど、選定基準に必要な項目を挙げ、その中から優先順位を決めて総合的に判断できるようにします。代表的な発注先企業の選定方法には、**「企画競争」**や**「一般競争入札」**があります。

名　称	説　明
企画競争	複数のシステムベンダなどの企業に対して企画書の提出やプレゼンテーションの実施を求め、提案内容を競争させて調達先を選定する方法。
一般競争入札	入札情報を公告し、一定の参加資格を満たしたすべての参加者に対して、見積書の提出を求め、価格を競争させて調達先を選定する方法。

(6) 契約締結

発注先の企業との契約を締結します。事前に契約内容を明らかにしておくことで、口約束や曖昧な発注による開発現場の混乱や紛争の発生、納期の遅れやシステム障害などのトラブルを未然に防ぐことができます。

2 製造業の業務の流れ

製造業における業務の流れは、次のとおりです。

流　れ	説　明
①購買	製品を製造（生産）するために必要な原材料や設備を購入する。
②製造（生産）	原材料により製品を製造する。
③販売	製造した製品を顧客に販売する。

3 販売業務の物の流れ

販売業務における物の流れは、次のとおりです。

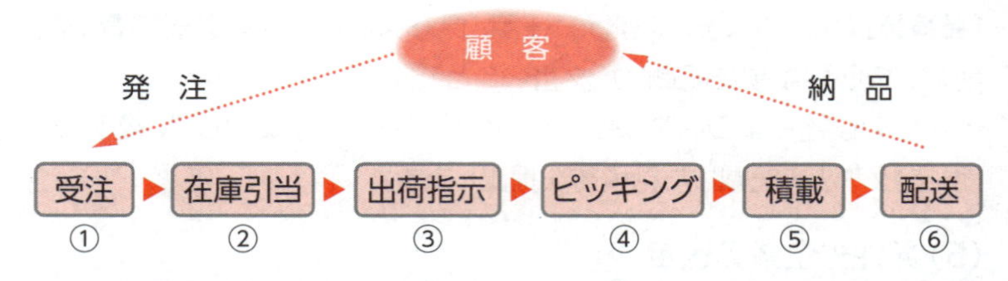

流　れ	説　明
①受注	顧客からの注文により受注処理を行う。
②在庫引当	受注した商品の在庫を確認する。
③出荷指示	在庫がある場合には出荷を指示する。
④ピッキング	出荷指示に従って商品を倉庫から取り出す。
⑤積載	商品をトラックなどに積み込む。
⑥配送	商品を顧客に配送する。

また、販売業務における顧客と企業間の書類のやり取りは次のようになります。

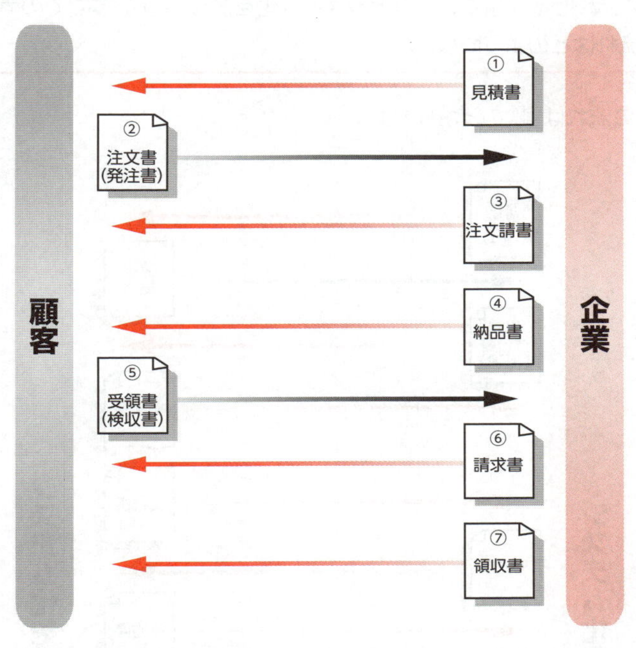

流　れ	説　明
①見積書	顧客の購入要求に対して、商品の金額、納期、支払方法などを提示する。
②注文書（発注書）	顧客が商品を企業に注文（発注）する。
③注文請書	企業が顧客からの注文を受けたことを知らせる。
④納品書	企業が顧客に納品した商品を知らせる。
⑤受領書（検収書）	顧客が商品を受け取ったことを企業に知らせる。
⑥請求書	企業が顧客に対して商品の代金を請求する。
⑦領収書	企業が顧客から代金を受け取ったことを知らせる。

例

システム化を依頼する企業とシステム化を請け負う企業間での書類の流れはどのようになるか。

書類の流れは、次のとおりである。

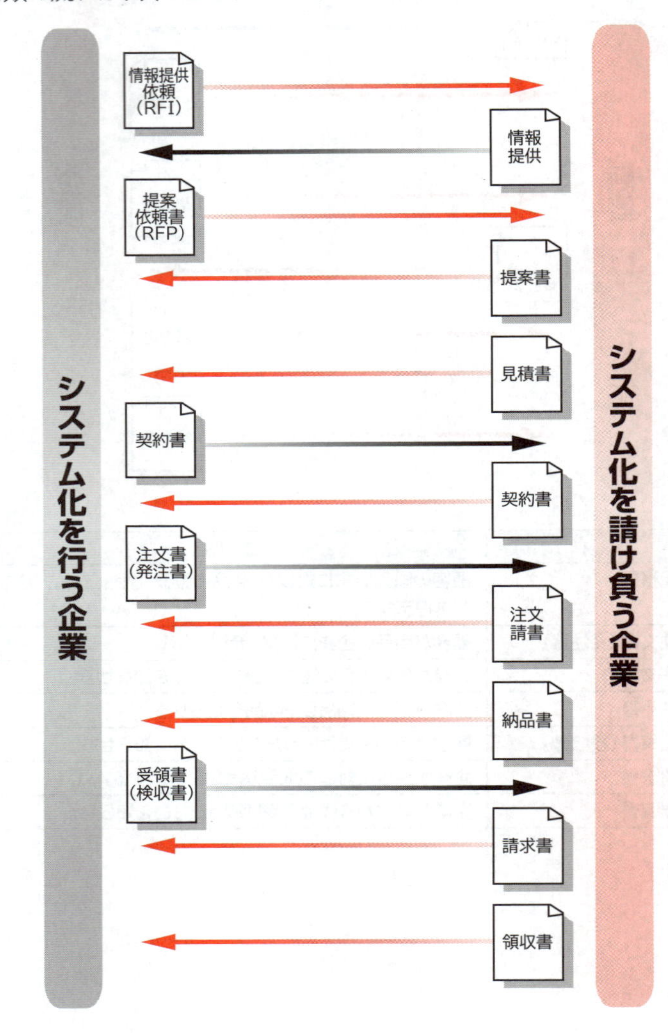

3-3 予想問題

※解答は巻末にある別冊「予想問題 解答と解説」P.11に記載しています。

問題3-1

企業における情報システム戦略についての記述として、適切なものはどれか。

ア　情報システム戦略が成功すれば、業務の効率化や意思決定の支援などのメリットが得られる一方でコストアップは避けられない。

イ　大量に蓄積されたデータの分析業務をシステム化することで、経営戦略や事業戦略などの意思決定が迅速かつ的確に行えるようになる。

ウ　業務の効率化を図るために、すべての業務においてシステムの導入を計画する方がよい。

エ　COOを中心にシステム化推進体制を確立し、経営戦略に基づき業務全体を対象としてシステム化全体計画を最初に作成する。

問題3-2

顧客から商品を受注して、在庫引当、納品するまでの処理をDFDで表した。図中の①から⑤に当てはまる組合せとして適切なものはどれか。ここで、図中の各プロセスには受注処理、発注処理、出荷処理、在庫引当処理のいずれかが当てはまるものとする。

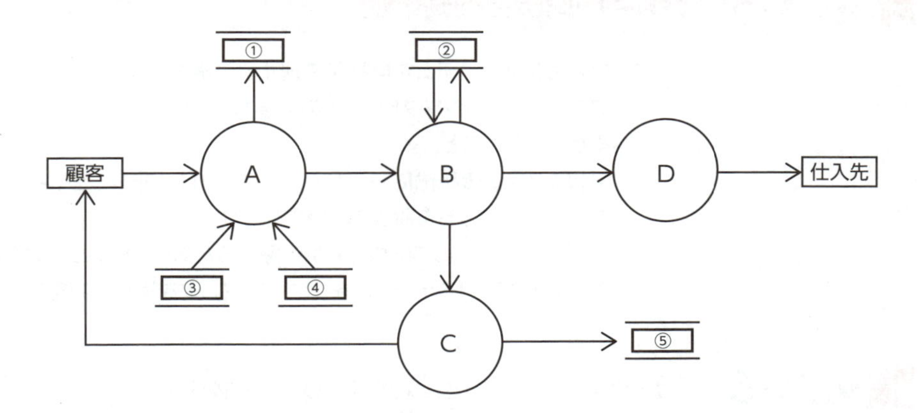

	①	②	③	④	⑤
ア	商品在庫データ	受注データ	顧客マスタ	商品マスタ	出荷データ
イ	受注データ	出荷データ	商品マスタ	顧客マスタ	商品在庫データ
ウ	受注データ	商品在庫データ	顧客マスタ	商品マスタ	出荷データ
エ	顧客マスタ	商品在庫データ	商品マスタ	受注データ	出荷データ

問題3-3

RPAの事例として、適切なものはどれか。

ア 自社が実施するサービスの品質向上を図るため、自社の業務プロセスを継続的に改善する。
イ 人が行っていた手順の決まっている定型的な事務作業を、ハードウェアで実現したロボットに代替させて、自動化・効率化を図る。
ウ 人が行っていた手順の決まっている定型的な事務作業を、ソフトウェアで実現したロボットに代替させて、自動化・効率化を図る。
エ 自社が実施するサービスに障害が発生した際、通常のサービスへの回復を最優先で行う。

問題3-4

コミュニケーションの形式には、プッシュ型コミュニケーション、プル型コミュニケーション、相互型コミュニケーションがある。次の記述のうち、プル型コミュニケーションに該当するものはどれか。

ア テレビ会議を利用して、商品企画会議を行う。
イ 電子メールに商品企画会議の議事録を添付し、出席者に送信する。
ウ イントラネットサイトにアクセスし、次回の商品企画会議の日程を確認する。
エ 次回の商品企画会議で議論すべき課題について、主要メンバが集まって整理する。

問題3-5

SaaSを説明したものはどれか。

ア 自社の情報システムを自社が管理する設備内で運用すること。
イ アプリケーションソフトウェアの必要な機能だけを、インターネットを通じて利用できるサービスのこと。
ウ 情報システムの稼働に必要なサーバやCPU、ストレージ、ネットワークなどのインフラを、インターネットを通じて利用できるサービスのこと。
エ アプリケーションソフトウェアが稼働するためのハードウェアやOS、データベースなどの基盤（プラットフォーム）を、インターネットを通じて利用できるサービスのこと。

問題3-6

オフショアアウトソーシングの事例として、適切なものはどれか。

ア A社では、複数の事業所で勤務する社員がインターネットを利用して、どこの事業所からでも最新のデータにアクセスできるような環境を整えている。
イ B社では、当初自社で運用していた顧客管理用のデータベースサーバを、専門の事業者にシステムをそのまま移設し運用を任せることにした。
ウ C社は、情報システムの設計から開発、テスト、運用・保守に至るまでの業務を一括して請け負っている。
エ D社では、自社のコールセンタ業務を海外の提携会社に委託している。

問題3-7 情報リテラシの説明として、適切なものはどれか。

ア　自ら収集した情報の中から、自分にとって必要なものを取捨選択し、活用できること
イ　既存のソフトウェアを解析して、その仕組みや仕様などの情報を取り出すこと
ウ　コンピュータやインターネットなどを利用する能力や機会の違いによって、経済的または社会的な格差が生じること
エ　個人の能力差にかかわらず、すべての人がWebサイトから情報を平等に入手できるようにすること

問題3-8 ディジタルディバイドの説明として、適切なものはどれか。

ア　コンピュータやインターネットなどを利用する能力や機会の違いによって、経済的または社会的な格差が生じること。
イ　国籍、性別、年齢、学歴、価値観などの違いにとらわれず、様々な人材を積極的に活用すること。
ウ　高齢者や障がい者などを含むできるかぎり多くの人々が情報に触れ、自分が求める情報やサービスを得ることができるようにすること。
エ　情報化社会において注意すべき情報モラルやマナーのこと。

問題3-9 ビッグデータは、Volume（量）、Variety（多様性）、Velocity（速度）、Veracity（正確性）の4Vの特徴を持つといわれている。ビッグデータの分析がもたらすものとして、最も適切なものはどれか。

ア　様々なデータを処理することで、分析対象のデータの精度を高める。
イ　膨大なデータを処理することで、あるパターンを発見する。
ウ　対象データを無作為に抽出することで、予測の精度を高める。
エ　リアルタイムにデータを収集することで、原因と結果の関係を導き出す。

問題3-10 ビッグデータの分類のうち、"オープンデータ"に該当するものはどれか。

ア　企業の暗黙知（ノウハウ）をデジタル化・構造化したデータ
イ　国や地方公共団体が保有する公共情報
ウ　設備や機械装置、建築物など、いわゆるモノとモノをネットワークで接続し、モノ同士で交換されるデータ
エ　個人属性、行動履歴、ウェアラブル端末から収集された情報などの個人情報

問題3-11

ビッグデータの活用方法や分析方法、活用上の留意点の説明として、最も適切なものはどれか。

ア　産業データの活用事例には、公立図書館の各席の空き状況を提供し、利用者が参照できるようにすることがある。
イ　蓄積されたデータの中から、一見関係のない2つの事象が共に起きやすい傾向などを調べる手法のことをクロス集計分析という。
ウ　ビッグデータの活用においては、ビジネス上の目標を達成することが真の目的となる。
エ　大量の文書をデータ解析し、有益な情報を取り出す技術をデータウェアハウスという。

問題3-12

F社では、初期投資額が4,000万円の新規システムの開発を検討中である。システム運用にかかる経費がひと月当たり50万円、年間保守料が初期投資額の10%であるとき、投資金額の回収期間として最も適切な期間はどれか。システム稼働後の効果額はひと月当たり250万円とし、金利コストなどは考慮しないものとする。

ア　2年
イ　3年
ウ　4年
エ　5年

問題3-13

A社では、給与システムの開発を外部委託することになった。システムの調達の流れに関して、次の記述中のa、bに入れる字句の適切な組合せはどれか。

A社は、発注先の候補となる企業に［ a ］を提示し、システム化に関する情報提供を依頼した。その後、発注先の候補となる企業に［ b ］を提示し、具体的なシステム提案を行うように依頼した。

	a	b
ア	RFI	SLA
イ	RFI	RFP
ウ	RFP	RFI
エ	SLA	RFP

IT Passport

マネジメント系

第4章

開発技術

システム開発のプロセスやテスト手法、ソフトウェア開発のプロセスや開発手法などについて解説します。

4-1 システム開発技術

4-1-1　システム開発のプロセス

業務で利用するシステムは、必要な機能が正しく動作することはもちろん、利用者（システム利用部門）にとって使いやすいことが求められます。システムを開発する部門は、システムを利用する様々な部門と連携して、要求を調査・分析し、開発するシステムに反映していくことが重要です。
また、システム開発は必ずしも自社内で行わなければならないというわけではなく、システム開発を専門とする会社に外部委託することもできます。
システム開発を他社に委託する際の代表的な契約方法として**「請負契約」**があります。
システムを開発する一般的な手順は、次のとおりです。

要件定義	システムに要求される機能を整理する。

システム設計	要件定義に基づき、システムを設計する。

開発（プログラミング）	設計した内容に基づき、システムを開発する。 作成した個々のプログラムは「単体テスト」を行い、それぞれの動作を検証する。

テスト	単体テストが済んだ個々のプログラムを結合して、「結合テスト」→「システムテスト」→「運用テスト」の順番で、システム全体が正常に動作するかを確認する。

システムの導入・受入れ	完成したシステムを導入し、そのシステムが要求どおりに動作するかを検証する。

システムの運用・保守	利用者（システム利用部門）が実際にシステムを運用し、不都合があれば改善する。

参考

レビューの必要性

システム開発のプロセスごとに、「レビュー」を実施する必要がある。レビューとは、設計やシステムにバグ（間違い）がないかどうかをチェック・確認すること。レビューの目的は、潜在するバグを発見し、これを修正することで品質を高めることにある。
レビューは、開発者個人で行う場合や、少人数のプロジェクトチームで行う場合、関係者全員で行う場合などがある。
レビューのメリットは、開発者自身で行っても効果があるが、開発者以外の人が行うことで客観的なチェックができ、開発者自身が気付かなかったバグを発見できることである。

❶ 要件定義

「要件定義」とは、システムやソフトウェアに要求される機能、性能、内容を明確化するもので、**「システム要件定義」**や**「ソフトウェア要件定義」**があります。利用者（システム利用部門）の要望を調査・分析し、技術的に実現可能かどうかを判断し、その後、要望の実現に向けた要件を細かく定義し、**「要件定義書」**として整理します。

利用者の要望を調査する際は、**「ヒアリング」**というインタビューなどの形式で要件を聞き出す方法が有効です。要件定義をスムーズに漏れなく行うために、あらかじめヒアリングすべき項目を明確にしておき、計画を立てて実施します。また、ヒアリングした結果は、あとから確認できるよう議事録などに残しておくことが重要です。

要件定義は、システム設計の第一歩となります。システム要件定義の内容をもとにシステム設計のプロセスに進み、そこでソフトウェアに関する要件定義を行います。

より良いシステムを開発するためには、システムを利用する様々な部門と協力しながら、各要件を定義していく必要があります。

「システム要件定義」では、システム化するにあたって、システムに要求される機能や性能を定義します。

一般的に、システムに実装すべき機能、性能（応答時間など）、信頼性（稼働時間や稼働条件など）、安全性（障害発生時の対処方法や保守など）に関する要件などを規定します。

また、システム運用にあたって使用するハードウェアの性能やシステムの利用者に対する教育の条件なども合わせて規定します。システム要件定義に挙げた内容がコストに見合うかどうか、限られた予算の中で最大限の効果を発揮するために、優先順位を付けることも必要です。

❷ システム設計

要件定義に基づき、システムを設計します。

システムを設計する手順は、次のとおりです。

システム方式設計 （外部設計）	要件定義書に基づき、ハードウェアなどのシステムの方式を具体的に設計する。利用者（システム利用部門）が主体となり、システム開発部門と共同で実施する。

ソフトウェア要件定義 （外部設計）	システム方式設計書に基づき、開発するソフトウェア要件について、利用者から見える部分を設計する。利用者（システム利用部門）が主体となってシステム開発部門と共同で実施する。

参考

品質特性

ソフトウェアの品質を評価する基準となるものであり、ソフトウェアの品質を高めるうえで重要な指標となる。

品質特性には、次のようなものがある。

品質特性	説明
機能適合性	必要な機能が適切に盛り込まれているかどうかの度合い。
信頼性	継続して正しく動作するかどうかの度合い。
使用性	使いやすいか（操作性がよいか）どうかの度合い。
性能効率性	求められる応答時間や、どれくらい少ない資源で動作するかどうかの度合い。
保守性	修正がしやすいか（修正の影響範囲が少ないか）どうかの度合い。
移植性	簡単に別環境に移せるかどうかの度合い。

ソフトウェア方式設計（内部設計）	ソフトウェア要件定義書に基づき、システムに必要な内部機能を設計する。 システム開発部門が実施する。

ソフトウェア詳細設計（プログラム設計）	ソフトウェア方式設計書に基づき、プログラム内の構造を設計する。 システム開発部門が実施する。

(1) システム方式設計（外部設計）

「システム方式設計」では、要件定義の内容をもとに、システムの構成を設計します。要件定義書にあるすべてのシステム要件を次のように分割します。

- **ハードウェアで実現する内容（ハードウェア構成）**
- **ソフトウェアで実現する内容（ソフトウェア構成）**
- **利用者が手動で実現する内容（手作業）**

要件をこのように分割することで、利用者の作業範囲が明確になり、リスクを考慮した選択肢の提案や、効率的な運用、保守などを踏まえたシステム構成の設計が可能になります。設計した内容は、**「システム方式設計書」**として整理します。

(2) ソフトウェア要件定義（外部設計）

「ソフトウェア要件定義」では、利用者から見えるソフトウェアの要件を定義します。一般的に、システムのインタフェースを設計したり、取り扱うデータを洗い出したりします。ここでの内容は、**「ソフトウェア要件定義書」**として整理します。

設　計	内　容
インタフェースの設計	人間とコンピュータとの接点にあたる部分を「ユーザインタフェース」または「ヒューマンインタフェース」という。システムの入出力画面や帳票などの印刷イメージを設計する。
データの洗い出し	関係データベースを利用するために、テーブルデータを設計する際、業務で利用するデータ項目をすべて抽出して、正規化によって重複するデータを除く。

参考

ハードウェア構成とソフトウェア構成

ハードウェア構成では、サーバやハードディスクなどの多重化や分散化を検討し、ハードウェア構成（サーバ構成やネットワーク構成など）を決定する。ソフトウェア構成では、新規で開発するかパッケージを利用するか、どのミドルウェアを利用するかなどを検討し、ソフトウェア構成を決定する。

参考

共同レビュー

システム要件定義やシステム方式設計、ソフトウェア要件定義、ソフトウェア方式設計は、システム開発部門と利用者（システム利用部門）が共同でレビューを行う。共同レビューでは、限られた予算の中で最大限の効果を発揮できるか、費用対効果の面から優先順位を付けたり、設計したシステム方式がシステム要件に合致しているか、実現可能かなどをチェックする。

参考

ユーザレビュー

利用者（システム利用部門）が行うレビューのこと。

(3) ソフトウェア方式設計(内部設計)

「ソフトウェア方式設計」では、システムに必要な機能を**「どのように実現するのか」**というシステム内部の設計を行います。つまり、システム方式設計やソフトウェア要件定義で決めた機能を実現するために、プログラミングを行う、という観点から設計します。ここで設計した内容は**「ソフトウェア方式設計書」**として整理します。
システムの内部機能を設計するため、システム開発部門が行い、利用者(システム利用部門)は設計には関与しません。

(4) ソフトウェア詳細設計(プログラム設計)

ソフトウェア方式設計に基づいて、プログラム内の構造の設計をします。**「ソフトウェア詳細設計」**では、プログラム内の機能詳細を定義したり、データベースへのアクセス方法(SQL文)など、プログラム構造の細かい処理単位を設計したりします。ここで設計した内容は**「ソフトウェア詳細設計書」**として整理します。その後、この設計書に基づいてプログラミングが実施されます。
システムの内部機能を設計するため、システム開発部門が行い、利用者(システム利用部門)は設計には関与しません。

❸ 開発(プログラミング)

「プログラミング」とは、プログラム言語の規則や文法に則ってアルゴリズム(問題解決のための処理手順)を記述し、動作テストまでを行うことです。
システム設計で設計した内容をもとに、個々のプログラムを作成します。システムを動かすためには、個々のプログラムの処理手順や処理内容、処理結果などを設計したとおりに作成していくことが重要です。
さらに、作成した個々のモジュールがソフトウェア詳細設計書どおりに正常に動作するかを確認するため、**「単体テスト(モジュールテスト)」**を実施します。単体テストは、ひとつひとつのモジュール内にある論理エラーを発見するために実施され、モジュールが決められた仕様どおりに機能するかどうかをチェックします。一般的に、ソフトウェア詳細設計(プログラム設計)の担当者、プログラムの開発担当者が主体となってテストを実施します。
単体テストでは、主に**「ホワイトボックステスト」**が使用されます。プログラムは、**「コンパイラ」**を用いて、コンピュータ上で実行可能なプログラムに変換し、作成したプログラムにバグがないかを確認します。

参考

プログラムの保守性の向上
プログラムの保守性を向上させるには、変数名やコメントの書き方、使用できない文字列や長さの制限、大文字と小文字の区別など、プログラミングのルールを守る必要がある。この守るべきルールのことを「プログラミング作法」という。プログラミング作法に従ってプログラミングすることで誰が見ても処理の内容を容易に理解できるプログラムになり、プログラムの修正がしやすくなる。

参考

コーディング
アルゴリズムやデータ処理をプログラム言語でコードとして作成すること。作成したコードのことを「ソースコード」という。

参考

コードレビュー
作成したソースコードをレビューすること。コードの可読性・保守性が高いか、ソフトウェア詳細設計書・プログラミング作法に基づいているかを確認する。

参考

デバッグ
コンピュータプログラムのバグを探し、取り除く作業のこと。単体テストとは異なり、バグが存在することが判明した場合、その箇所を絞りプログラムを修正する。

参考

モジュール
プログラムを構成する最小単位のこと。一般的に、ひとつのプログラムは、ひとつ以上のモジュールからできている。

④ テスト

単体テストが終了したらモジュールを結合し、設計・開発したシステムが正常に動作するか、運用に耐えられるかなどを確認するために、テストを実施します。テストは、プログラムやシステムの品質を確認する重要な工程です。
テストは、テスト計画に基づいて実施し、その実績を評価しながら作業を進めていきます。

参考

プログラムの品質
プログラムの品質向上はテストを繰り返して行うよりも、プログラムの設計段階で行うようにする。

(1) テストの実施手順

テストを行う手順は、次のとおりです。

テスト計画の作成
テストの日程や参加者、評価基準などを決定する。
プログラムの品質向上を目的とするテストの繰返しは行わない。

テスト仕様の設計
設計仕様に基づき、テストデータと予測結果の対応などを設計する。

テスト環境の設定
テストデータの作成や、テストに使用する機器などのテスト環境を準備する。
その際、プログラム作成者がテストデータの準備やテスト環境の設定などを行うと、実際に起こり得る突発的なエラーを起こしにくいため、プログラム作成者以外の担当が行うとよい。

テストの実施
テスト仕様に基づき、テストを実施する。
テスト完了後にプログラムの修正が発生した場合、再度テストを実施する。その際、修正した部分が確認できるデータを元のテストデータに追加する。

テスト結果の評価
テスト結果に基づき、システムを評価し、問題点がないかを判断する。

(2) テストの技法

システム開発における主なテストの技法には、**「ホワイトボックステスト」**と**「ブラックボックステスト」**があります。

●ホワイトボックステスト

「ホワイトボックステスト」とは、プログラムの制御や流れに着目し、プログラムの内部構造や論理をチェックする技法のことです。

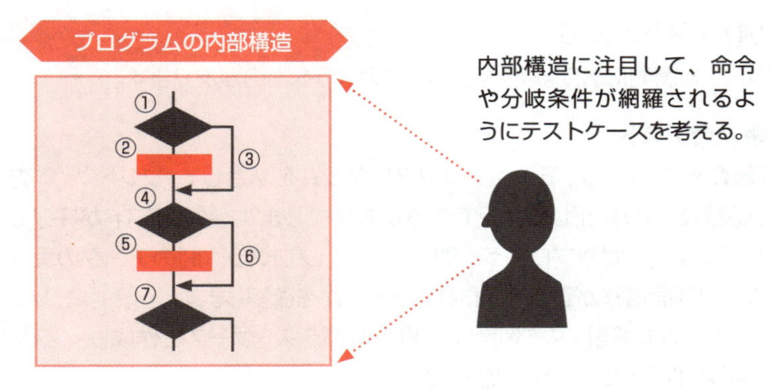

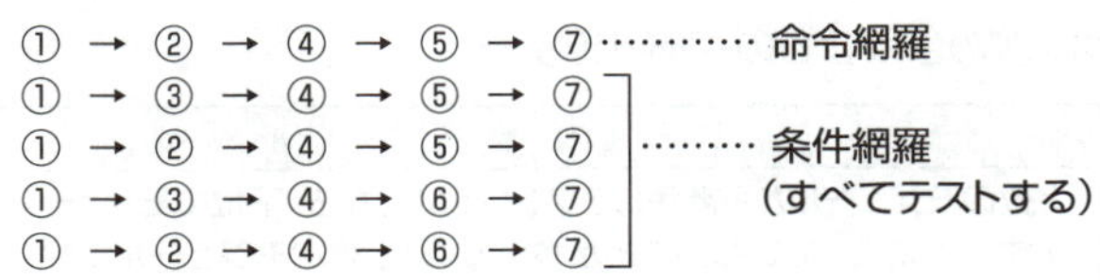

●ブラックボックステスト

「ブラックボックステスト」とは、入力データに対する出力結果について着目し、機能が仕様書どおりかをチェックする技法のことです。多くのテスト工程で使われる技法です。

(3) テストの計画

テストの計画では、入力したデータに対して期待どおりの結果が出力されるかを検証するためのデータを準備します。しかし、正しいデータが入力された場合の結果を確認するだけで、テストを終了させるのでは不十分です。実際の業務では、必ずしも正しいデータが入力される、また正常な状態でシステムが使われるとは限らないため、様々なケースを想定して次のようなテストデータを用意します。

種　類	説　明
正常データ	業務が正常に処理されることを確認する。
例外データ	業務で発生する例外のケースが例外として処理されるかを確認する。
エラーデータ	誤ったデータがエラーとして正確に検出されるかを確認する。

※まず、正常データでのテストを行ってから、次に例外データやエラーデータでテストを行う。

参考

テストケース

テストするパターンを想定したテスト項目や条件のこと。

参考

命令網羅

すべての命令を少なくとも1回は実行するようにテストケースを作成する方法のこと。ホワイトボックステストのひとつ。

参考

条件網羅

すべての判定条件に対して、真・偽両方のケースを網羅するようにテストケースを作成する方法のこと。ホワイトボックステストのひとつ。

(4) テストの実施

システム開発におけるテストには、次のようなものがあります。

●結合テスト

「結合テスト」では、モジュールやプログラムを結合して、ソフトウェア方式設計どおりに正しく実行できるかを検証します。単体テストが完了したモジュール間やプログラム間で実施し、プログラム間のデータの受け渡しや画面遷移が正しく行われるかどうかを確認します。一般的に、ソフトウェア方式設計（内部設計）の担当者がテストケースを作成し、システム開発部門内でテストを実施します。

結合テストには、次のようなものがあります。

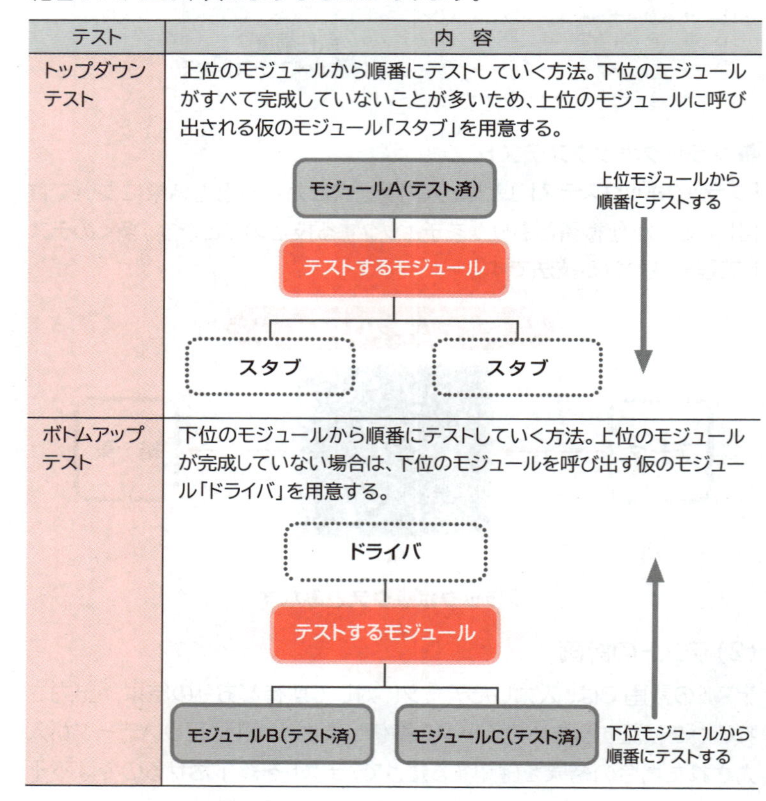

テスト	内　容
トップダウンテスト	上位のモジュールから順番にテストしていく方法。下位のモジュールがすべて完成していないことが多いため、上位のモジュールに呼び出される仮のモジュール「スタブ」を用意する。
ボトムアップテスト	下位のモジュールから順番にテストしていく方法。上位のモジュールが完成していない場合は、下位のモジュールを呼び出す仮のモジュール「ドライバ」を用意する。

●システムテスト

「システムテスト」では、結合テストが完了したプログラムを結合して機能全体がシステム方式設計（外部設計）で設計した要求仕様を満たしているかを検証します。一般的に、システム方式設計（外部設計）の担当者がテストケースを作成し、システム開発部門と利用者（システム利用部門）が協力してテストを実施します。

システムテストでは、目的に応じて次のようなテストを実施します。

テスト	説　明
機能テスト	必要な機能がすべて含まれているかを検証する。
性能テスト	レスポンスタイム（応答時間）やターンアラウンドタイム（すべての処理結果を受け取るまでの時間）、スループット（単位時間当たりの仕事量）などの処理性能が要求を満たしているかを検証する。
例外処理テスト	エラー処理機能や回復機能が正常に動作するかを検証する。
負荷テスト（ラッシュテスト）	大量のデータの投入や同時に稼働する端末数を増加させるなど、システムに負荷をかけ、システムが耐えられるかを検証する。
操作性テスト	利用者（システム利用部門）が操作しやすいかを検証する。
回帰テスト（リグレッションテスト、退行テスト）	各テスト工程で発見されたエラーを修正したり仕様を変更したりしたときに、ほかのプログラムに影響がないかを検証する。
ペネトレーションテスト（侵入テスト）	外部からの攻撃や侵入を実際に行ってみて、システムのセキュリティホールやファイアウォールの弱点を検出する。

●運用テスト

「運用テスト」では、実際の業務データを使用し、業務の実態に合ったシステムかどうか、操作マニュアルや運用マニュアルどおりに稼働できるかどうかを検証します。利用者（システム利用部門）が主体となって実施します。

運用テストでは、次のような項目をテストします。

項　目	説　明
業務機能	業務を行う上で必要な機能を満たしているかを検証する。
操作性	利用者（システム利用部門）が操作しやすいシステムかを検証する。
異常対策	データ異常、異常な操作、機器異常などの場合の対策が講じられているかを検証する。
処理能力	現行の機器構成で処理能力が十分かを検証する。

参考

セキュリティホール

セキュリティ上の不具合や欠陥のこと。セキュリティホールを悪用されると、コンピュータウイルスに感染させられたり、外部から攻撃を受けたりする恐れがある。

参考

テストカバー率

テストを網羅した比率のこと。この比率が100%になると、テストが完了したと判断できる。「網羅率」「カバレッジ」ともいう。テストカバー率によって、成果物の品質を評価することができる。

(5) テスト結果の評価

システムを検収するには、テストの結果が良好であることが必要です。このとき、テスト結果に基づきシステムを評価する基準について考慮する必要があります。

代表的な評価基準には**「バグ管理図」**があります。バグ管理図とは、テスト時間と検出されたバグの累積数の関係をグラフにしたものです。理想的なバグ管理図は、**「ゴンペルツ曲線（信頼度成長曲線）」**という形の曲線になります。

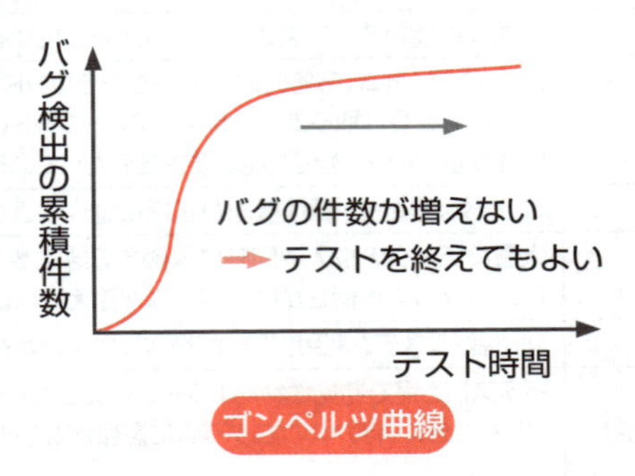

システム開発において、エラーの発生は避けては通れないが、どのタイミングでエラーを検出し対応するかによってその対応工数が異なる。システム開発の初期段階では、プログラムが単体であることからエラーの発生したプログラムだけを修正し、テストを実施するという手順になるため、対応工数が比較的少なくて済む。しかし、後工程に進むとプログラムが連結され、エラーの発生したプログラムだけでなく、周囲のプログラムについてもテストを行う必要があるため、テストにかかる工数が初期段階に比べて大幅に増加する。

また、開発工数の増加は、費用面において見積りと大きく差異を生じさせてしまう。システム開発における工数は、そのまま費用（人件費）として考えられるため、開発初期段階でプログラムの品質を高めておく必要がある。

5 システムの導入・受入れ

システムが完成したら、開発を行っていた環境から、実際に運用する環境に移行します。

(1) 導入手順

新システムに移行する際は、既存のデータやシステムなどの扱いをどうするかといった詳細事項をあらかじめまとめておく必要があります。また、移行時には予期しないエラーが発生することも考えられるため、それらを考慮したスケジュールを立てることも必要です。

システムの移行手順は、次のような手順で行うようにします。

移行データの決定	旧システムから新システムに移行するデータを決定する。

移行方法の決定	移行するデータをそのまま利用するか、データ変換が必要かなどデータの移行方法を明確にする。

システム導入計画	システムをインストールする手順やスケジュールなどの計画を立てる。

システムの導入	システム導入計画に基づきシステムを導入する。

（2）システム導入計画

システム導入計画では、次のような点を明確にします。ここで作成した導入計画は**「システム導入計画書」**として文書化します。

- システムの稼働に必要な環境整備（ハードウェア、ソフトウェア）
- システムの導入・運用にかかる費用
- 移行のタイミング
- データを移行する際のバックアップ方法
- システムの導入による業務への影響とその対処方法
- システムの導入にかかわるスケジュール
- システムの導入にかかわる支援体制

（3）導入

システム導入手順や体制が整ったら、導入計画に基づいてシステムの導入作業を行います。システム導入の作業結果は、あとから事実を確認できるように文書化して残すようにします。

（4）受入れ

システム開発を外部の専門業者に委託した場合、委託先である開発部門は利用者（顧客）にシステムを引き渡します。このとき利用者は開発部門からシステムの受入れを行います。

システムの受入れ時には、利用者の要求がすべて満たされているか、システムが正常に稼働するか、契約内容どおりにシステムが完成しているかなどを確認するため**「受入れテスト」**を行います。

受入れテストに問題がない場合は、開発部門は利用者にシステムを納入し、利用者は検収を行います。

さらに、開発部門は利用者に対する教育訓練や支援を行います。支援の期間や内容については、システム保守の契約内容や期間などに依存します。

参考

インストール

ソフトウェアをコンピュータシステムに新しく組み込むこと。

参考

検収

利用者がシステムをテストし、受け入れること。

参考

瑕疵担保責任

引き渡されたシステムに瑕疵（すぐにはわからない欠陥など）があった場合に、売り主（開発者側）が買い主（利用者側）に対して責任を負うこと。

システムの検収後、一定期間内に発見された瑕疵については、売り主が無償で修正したり賠償金を支払ったりする責任を負っている。

参考

利用者マニュアル

ソフトウェアやシステムの利用方法が書かれた説明書のこと。システムを利用するための運用手順やコンピュータの操作方法、運用規定などが文書化されている。

稼働前に利用者マニュアルを使用して操作教育が行われたり、稼働後に業務内容に合わせて利用者マニュアルを確認しながら操作を習得したりする。

❻ システムの運用・保守

システム開発が完了したら、利用者（システム利用部門）が実際にシステムを利用します。システムの利用状況や稼働状況を監視したり、不都合があれば改善したりします。また、情報技術の進展や経営戦略の変化に対応するために、プログラムの修正や変更を行うこともあります。
システム稼働後に利用状況や稼働状況を監視し、システムの安定稼働、情報技術の進展や経営戦略の変化に対応するために、プログラムの修正や変更を行うことを**「ソフトウェア保守」**または**「システム保守」**といいます。

(1) 運用・保守に関する留意点

システムの運用・保守に関する留意点は、次のとおりです。

- **本稼働中のプログラムは直接修正せず、あらかじめバックアップしてから修正作業を行う。また、プログラムの修正後は、本番環境と同等レベルの環境でテストを行う。**
- **プログラムを変更した場合、変更内容は、障害原因などを調査する際にも役立つので、必ず修正履歴を記録しておく。また、リグレッションテストを実施し、ほかのプログラムに影響がないことを確認する。**
- **システム開発にかかわるドキュメント一式（設計書や操作手順書など）は、常に最新の状態を維持する。**
- **データ量の増加によるディスク不足が起きていないかどうか、性能劣化が発生していないかどうかなどを監視して、必要に応じて改善・対処する。**

(2) システムの保守

障害を防止するための主な保守作業には、次のようなものがあります。

保守の形態	説　明
予防保守	将来の障害の発生に備え、未然に障害の原因を取り除いておく。
定期保守	定期的に日常点検する。また、専門の業者と保守契約を締結し、月に1回などのペースでハードウェアの点検を依頼する。
リモート保守	専門の業者との保守契約を締結し、専門の業者と利用者を通信回線で接続して、リモート（遠隔操作）で障害の原因を取り除く。

(3) システムの障害対策

システムの運用を維持していく上で重要なのは、システムに障害が起こらないように予防措置を講じておくことです。しかし、予期しない事象が発生することが考えられます。
システム開発の際には、障害の発生は避けられないものと考えておく必要があります。重要なのは、発生した障害によってシステム全体に影響が及んだり業務が停止したりすることがないように、開発時に十分な対策を用意しておくことです。

参考

ドキュメントの保管

ドキュメントは、システム開発のプロセスごとに残していくことが重要である。具体的なドキュメントとして、「要件定義書」、「設計書」、「開発したプログラム」、「テスト実施計画書」、「テスト実施報告書」などが挙げられる。
例えば、設計書は、開発するシステムの設計図として、開発担当者が常に確認しながら、開発を進めていく重要なドキュメントになる。さらに、テスト実施報告書は、運用・保守の段階でプログラム変更が必要になった場合、現状のシステムを把握するための唯一のドキュメントとなる。

しかし、障害にも規模があり、発生確率が極めて低い場合や、発生時の被害額が微少である場合は、その事前対策にかかる費用との兼ね合いで事前対策を用意しないという選択肢もあります。

⑦ システム開発の外部委託

システム開発を外部委託する際に締結する契約の種類と、委託先の従業員への作業指示は、次のとおりです。

契約	内容
請負契約	請負事業者(システム開発を受注した会社)は、自らの管理下で作業を進め、それに伴うリスクに関しても責任を負う。そのため、請負事業者の従業員に対して作業指示を出し、場合によっては下請人を使用することも可能である。それに対し、注文者(システム開発を発注した会社)は、請負事業者の従業員に対して作業指示を出すことができない。
準委任契約	受任者(システム開発を委任された会社)は、委任者(システム開発を委任した会社)からの依頼を受け、従業員に対して作業指示を出す。
派遣契約	派遣元(人材を派遣する会社)は、派遣労働者を雇用し、派遣契約を結んだ派遣先(人材の派遣を依頼した会社)に人材を派遣する。派遣された労働者は、派遣先からの作業指示に従って作業を行う。

4-1-2 ソフトウェアの見積り

業務をシステム化する場合には、コストを意識してシステムに組み込む機能を決定する必要があります。
システム開発のコストを見積もる方法は、次のとおりです。

種類	説明
プログラムステップ法	システム全体のプログラムのステップ数(行数)からシステムの開発工数や開発費用などを見積もる方法。過去の類似システムの実績値から見積もる。「LOC法」ともいう。
ファンクションポイント(FP)法	入出力画面や使用するファイル、開発する機能の難易度などを数値化してシステムの開発工数や開発費用などを見積もる方法。GUIやオブジェクト指向でのプログラム開発の見積りに向いている。
類推見積法	過去の類似した実績を参考に、システムの開発工数や開発費用などを算出する。類似性が高いほど、信頼性の高い見積りになる。

参考

LOC
「Lines Of Code」の略。

参考

FP
「Function Point」の略。

参考

相対見積
アジャイル開発では、システムをより早く、仕様変更に柔軟に対応できるように開発を進める必要がある。仕様変更が発生することをあらかじめ想定するため、絶対的な数値として精緻な見積りを行うのではなく、過去の類似した実績と比較して相対的に見積りを行う。

4-2 ソフトウェア開発管理技術

4-2-1 ソフトウェア開発プロセス・手法

ソフトウェアを開発する場合は、システム全体の規模や処理内容に応じた開発プロセスや手法を選ぶ必要があります。

① ソフトウェア開発手法

「ソフトウェア開発手法」とは、ソフトウェアの開発工程の進め方のことです。
代表的な開発手法には、次のようなものがあります。

手　法	説　明
構造化手法	プログラムを個々の処理ごとに分解し、階層的な構造にして開発する手法。 処理ごとに分割することで、動作の検証や修正、保守などを容易に行える。
オブジェクト指向	データと操作を組み合わせて「オブジェクト」を定義し、オブジェクト単位で開発する手法。 属性（固有のデータ）とメソッド（データに対する処理や操作）を一体化し、オブジェクトとしてとらえるため、部品化や再利用が容易に行える。 また、オブジェクトの内部動作を覆い隠し、外部動作だけに注目することで開発が容易に行える。特に大規模なシステム開発に適している。

参考

クラス
オブジェクト指向の基本概念のひとつで、属性とメソッドをまとめてオブジェクトのひな型を定義したもののこと。クラスは、オブジェクトを作り出すための設計図のような役割を持つ。

参考

継承
オブジェクト指向の基本概念のひとつで、ある基準となるクラス（スーパクラス）に対して、機能を加えて新しいクラス（サブクラス）を作成すること。

② ソフトウェア開発モデル

「ソフトウェア開発モデル」とは、高品質のソフトウェアを効率的に開発するために用いられる開発モデルのことです。
代表的なソフトウェア開発モデルには、次のようなものがあります。

(1) ウォータフォールモデル

「ウォータフォールモデル」とは、“滝が落ちる”という意味を持ち、システム開発を各工程に分割し、上流工程から下流工程へと各工程を後戻りせず順番に進めていく開発モデルのことです。基本的に、前の工程が完了してから次の工程へ進みます。
ウォータフォールモデルは、開発コストの見積りや要員管理などが比較的行いやすく、大規模な開発でよく使用されます。ただし、システムの仕様変更やミスが発生した場合には、すでに完了している前の工程にも影響が及ぶことがあるため、やり直しの作業量が非常に多くなるという特徴があります。

参考

オフショア開発
安価な労働力を大量に得られることを狙って、比較的人件費などの経費が安い海外の事業者や海外の子会社に、システム開発を委託する開発形態のこと。

また、ウォータフォールモデルは、異なる工程を並行して進めることが不可能であるため、作業期間の短縮を図る場合は、ひとつの工程の中の可能な部分だけを並行で作業し、工程そのものの期間を短くします。ただし、並行で作業するための人員の調整が発生し、コストが増加する傾向になるので注意が必要です。

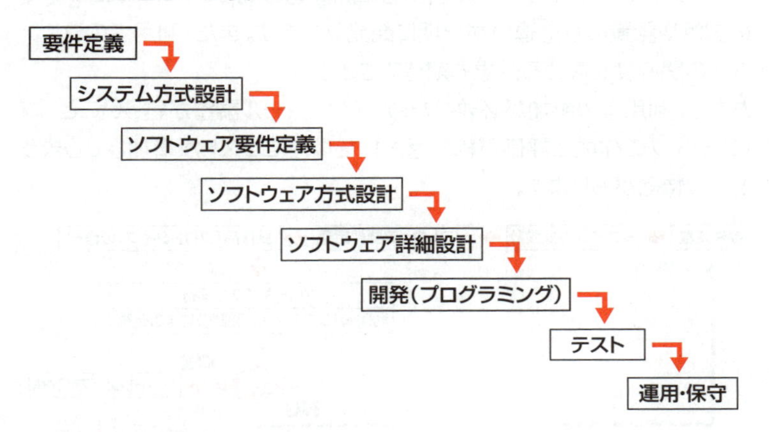

(2) スパイラルモデル

「スパイラルモデル」とは、システムをいくつかのサブシステムに分割し、サブシステムごとに**「要件定義」「システム設計」「開発」「テスト」**のサイクルを繰り返しながら、システムの完成度を高めていく開発モデルのことです。**「繰返し型モデル」**ともいいます。スパイラルモデルは、独立性の高いシステムの開発に使用されます。

スパイラルモデルでは、サブシステムごとに利用者(システム利用部門)が検証し、次のサイクルで利用者の要求を取り入れることができます。そのため、利用者の満足度は高くなりますが、開発工程の管理が複雑になるという特徴があります。

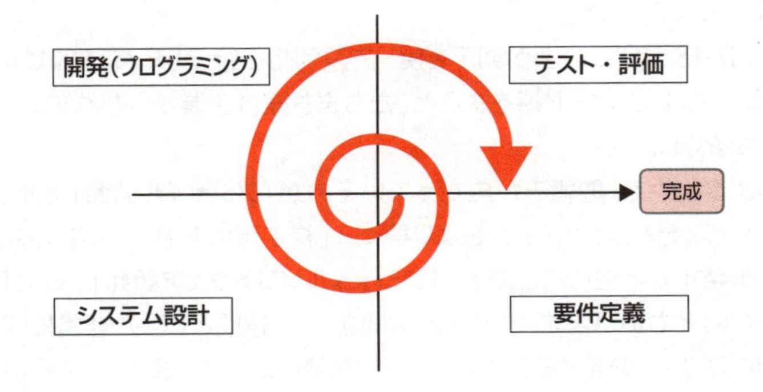

参考

インクリメンタルモデル

システムをいくつかのサブシステムに分割して、サブシステムごとに要件定義、システム設計、開発、テストのサイクルを繰り返しながら、システムの完成度を段階的に高めていく開発モデルのこと。スパイラルモデルとの違いは、サブシステム内で機能を段階的に作成し、上乗せしていく点である。「段階的モデル」ともいう。

(3) プロトタイピングモデル

「プロトタイピングモデル」とは、システム開発の早い段階からプロトタイプ（試作品）を作成して、利用者（システム利用部門）の確認を得ながら開発を進めていく開発モデルのことです。

プロトタイピングモデルでは、利用者と開発者の間で、システムについての誤解や認識の食い違いが早期に発見できます。また、利用者のシステムへの関心度を高める効果も期待できます。

ただし、利用者の参加が必要なため、スケジュール調整が難しいこと、プロトタイプの作成と評価が繰り返された場合にコストが増加してしまうという特徴があります。

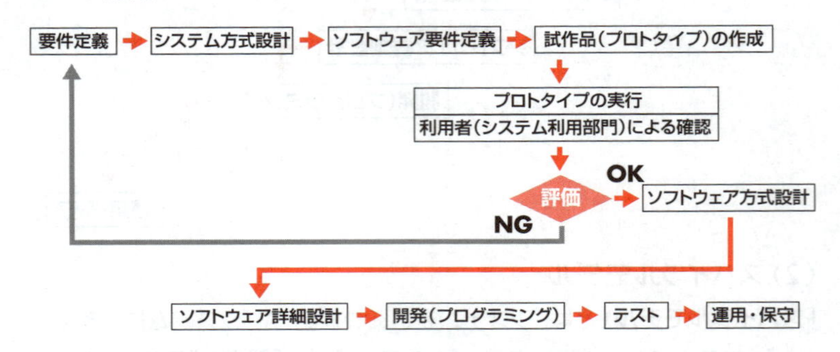

> **参考**
> **RAD**
> 開発するシステムをいくつかのサブシステムごとに分割し、優先度の高いものから開発を進めていく開発モデルのこと。
> 高機能なソフトウェア開発ツールを用いて短期間に低コストでシステムを開発することを目的とする。スパイラルモデルやプロトタイピングモデルで利用されることが多い。
> 「Rapid Application Development」の略。

❸ アジャイル

「アジャイル」には、"俊敏な"という意味があります。

ビジネス環境が比較的安定していた時代であれば、中長期計画に基づき、仕様を精緻に固め、信頼性・安定性の高いシステムを開発するウォータフォールモデルのような手法は有効でした。

しかし、現在、ビジネス環境はますます不確実性が高くなり、絶えず変化する状況です。さらに、ビジネスとITは切り離して考えることができない状況になっています。

特に、IoTシステムのようなITを使って差別化を行う**「ディジタルビジネス」**などでは、スピード感を失うと、たちまち競合企業から遅れをとることになるでしょう。

そのような中で、取組みが広がっているのが**「アジャイル開発」**です。アジャイル開発とは、システムをより早く、仕様変更に柔軟に対応し、効率よく開発する手法のことです。**「アジャイルソフトウェア開発」**、単に**「アジャイル」**ともいいます。まず開発期間を1～2週間といった非常に短い期間に区切り、開発するシステムを小さな機能に分割します。この短い作業期間の単位を**「イテレーション（イテレータ）」**といい、イテレーションの単位ごとに、開発サイクルを一通り行って1つずつ機能を完成させます。

> **参考**
> **イテレーション（イテレータ）**
> アジャイル開発で採用する、短い期間に区切った繰り返し開発を行う単位のこと。
> 日本語では「繰返し」や「反復」の意味。

また、1つの機能の完成の度にユーザからのフィードバックを得ていくため、リスクの最小化にもつながります。そして、このようなイテレーションを繰り返すことで、段階的にシステム全体を作成します。

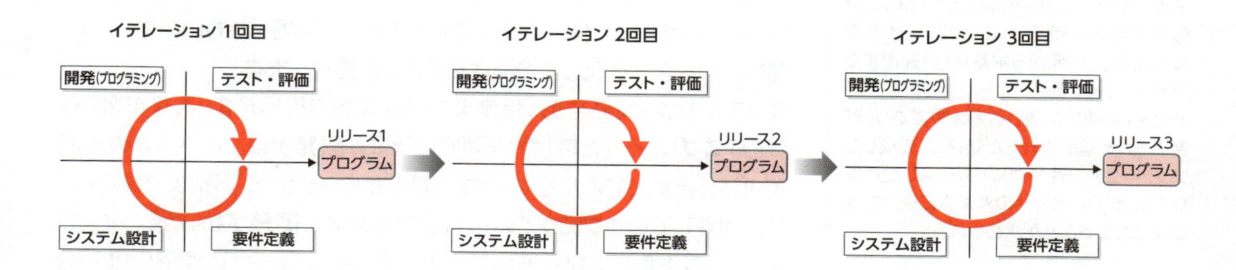

なお、アジャイル開発では、システムをより早く、仕様変更に柔軟に対応できるようにするため、詳細な設計書の作成には手間をかけないようにします。

アジャイル開発自体は、基本的な考え方を示したものであり、具体的な開発手法としては**「XP（エクストリームプログラミング）」**や**「スクラム」**があります。

(1) XP（エクストリームプログラミング）

「XP（エクストリームプログラミング）」とは、アジャイル開発の先駆けとなった手法であり、10人程度までの比較的少人数のチームで行われる、小規模のソフトウェア開発に適した手法のことです。

XPでは、**「単純さ」「コミュニケーション」「フィードバック」「勇気」「尊重」**などを重視する価値として提唱しています。

特徴としては、設計よりもコーディングやテストを重視し、常にチームメンバやユーザのフィードバックを得ながら、修正や設計変更を行っていく点が挙げられます。また、XPには、**「プラクティス」**と呼ばれる実践的な技法が定義されています。

主なプラクティスには、次のようなものがあります。

技 法	説 明
ペアプログラミング	2人のプログラマがペアとなり、共同で1つのプログラムを開発する。2人のプログラマは相互に役割を交替し、チェックし合うことで、コミュニケーションを円滑にし、プログラムの品質向上を図る。
テスト駆動開発	プログラムの開発に先立ってテストケースを記述し、そのテストケースをクリアすることを目標としてプログラムを開発する。
リファクタリング	外部からソフトウェアを呼び出す方法を変更せずに、ソフトウェアの中身（ソフトウェアコード）を変更することでソフトウェアを改善する。

参考

XP

「eXtreme Programming」の略。

参考

テストケース

テストするパターンを想定したテスト項目や条件のこと。

参考

DevOps

開発(Development)と運用(Operations)を組み合わせて作られた用語であり、ビジネスのスピードを止めないことを目的に、情報システムの開発チームと運用チームが密接に連携し、開発から本番移行・運用までを進めていくこと。
アジャイル開発に通じる考え方であり、開発チームと運用チームが連携し、完成したソフトウェアを速やかにリリースし続けるためには、DevOpsの考え方に則った組織体制とすることが求められる。

(2) スクラム

「スクラム」とは、アジャイル開発の手法のひとつであり、ラグビーのスクラムから名付けられた、複雑で変化の激しい問題に対応するためのシステム開発のフレームワーク（枠組み）のことです。これは反復的（繰返し）かつ漸進的な（少しずつ進む）手法として定義したものです。また、開発チームを一体化して機能させることを重視します。
スクラムでは、開発を9人程度までの少人数で行います。最長4週間程度の**「スプリント」**と呼ばれる期間ごとに、開発するプログラムの範囲を決定します。スプリントの単位で開発からレビュー、調整までを行い、常に開発しているプログラムの状況や進め方に問題がないか、コミュニケーションを取りながら進めていきます。また、ユーザの要望の優先順位を柔軟に変更しながら開発を進めていくことも、スクラムの特徴といえます。
なお、スクラムでは、スプリントの単位で期間を固定し、繰り返して開発を行うため、予定されている機能が完成できなくても期間（スプリント）は延長されることはありません。

4 リバースエンジニアリング

「リバースエンジニアリング」とは、既存のソフトウェアを解析して、その仕組みや仕様などの情報を取り出すことです。反対に、仕組みや仕様を明確にした上で、ソフトウェアコードを作成することを**「フォワードエンジニアリング」**といいます。
システムの保守を確実に行うには、ソフトウェア設計書などの文書が必要になりますが、その文書が存在しない場合に、リバースエンジニアリングが有効です。
そのほかにもモジュール間の関係の解明やシステムの基本仕様の分析を含むこともあります。これは既存のソフトウェアとの互換性を保つために行われます。

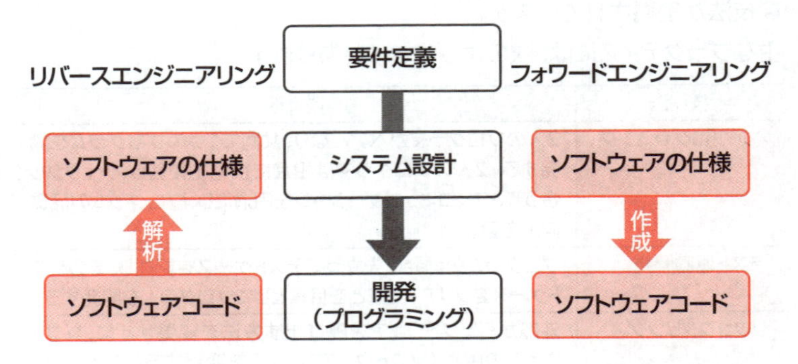

❺ 共通フレーム

「共通フレーム」とは、ソフトウェア開発において、企画、開発、運用、保守までの作業内容を標準化し、用語などを統一した共通の枠組み（フレーム）のことです。システム開発部門と利用者（システム利用部門）で共通の枠組みを持つことで、お互いの役割、業務範囲、作業内容、責任の範囲など取引内容を明確にし、誤解やトラブルが起きないように、双方が共通認識を持てるようになります。

共通フレームの代表的なものに**「SLCP（ソフトウェアライフサイクルプロセス）」**があります。これはソフトウェアを中心としたソフトウェア開発と取引のための共通フレームになります。

なお、共通フレームは、個々のソフトウェア開発に合わせ、必要に応じて修整して利用します。

参考

SLCP

「Software Life Cycle Process」の略。

❻ 能力成熟度モデル

「能力成熟度モデル」とは、システムの開発と保守の工程を評価したり、改善したりするための指標のことです。組織としてのソフトウェアの開発能力を客観的に評価できます。**「CMM」**ともいいます。

能力成熟度モデルには複数の種類がありますが、この内容を統合したものが**「CMMI」**です。

CMMIでは、成熟度を次の5段階のレベルで定義しています。

レベル	成熟度	説　明
1	初期の状態	システム開発のルールが定義されておらず、個人のスキルに依存している状態。
2	管理された状態	システム開発のルールが組織の経験則として存在し、管理されている状態。
3	定義された状態	システム開発のルールが組織で定義されており、安定して一定の水準のシステムが開発できる状態。
4	定量的に管理された状態	レベル3に加えて、さらに一定の基準で数値化して評価できるようになっている状態。
5	最適化している状態	レベル4に加えて、組織として継続的に工程の改善に取り組んでいる状態。

参考

CMM

「Capability Maturity Model」の略。

参考

CMMI

「Capability Maturity Model Integration」の略。日本語では「能力成熟度モデル統合」の意味。

4-3 予想問題

※解答は巻末にある別冊「予想問題 解答と解説」P.16に記載しています。

問題4-1

開発するソフトウェアについて、次のような要件は、ソフトウェアの品質特性にあてはめるとどれにあたるか。

> システムが予期せぬ動作をしたときに、データが失われることなく、直前の状態に回復できるか。

ア 移植性
イ 保守性
ウ 使用性
エ 信頼性

問題4-2

開発担当者のAさんは、入力データが仕様書どおりに処理されるかを確認するために、プログラムの内部構造に着目して、命令や分岐条件が網羅されるようなテストケースを考えた。Aさんが実施しようとしているテストはどれか。

ア ブラックボックステスト
イ ホワイトボックステスト
ウ トップダウンテスト
エ ボトムアップテスト

問題4-3

ソフトウェア保守に関する記述として適切なものはどれか。

ア システム稼働後にソフトウェアのバージョンアップを行った際に一部のプログラムに不具合が発生した。そのプログラムの改修内容を履歴として文書に残す行為はソフトウェア保守にはあたらない。
イ システム開発が完了し、開発環境から本番環境に移行した。その際、一部のプログラムに不具合が発生したため、そのプログラムを改修することはソフトウェア保守にあたる。
ウ システム稼働後に、システムの安定稼働、情報技術の進展や経営戦略の変化に対応するために、プログラムを改修することはソフトウェア保守にあたる。
エ システム稼働後に発見されたプログラムのバグの改修はソフトウェア保守にはあたらない。

問題4-4

**A社では、新たに営業支援システムを開発することになった。システム化にあたって、入出力画面や出力帳票、使用するファイル数をもとにして数値化し、システム開発のコストを見積もることにした。
A社が実施するコストを見積もる方法として、適切なものはどれか。**

ア　ファンクションポイント法
イ　ボトムアップ見積法
ウ　類推見積法
エ　プログラムステップ法

問題4-5

あるシステムを開発するときに、請負事業者と注文者の間で請負契約を結んだ。請負事業者と注文者の関係で適切なものはどれか。

ア　システムの一部分の機能について設計が始まったので、報酬の支払いをした。
イ　急を要する作業があったので、注文者から請負事業者の従業員に対して直接指示が出された。
ウ　請負事業者が開発したシステムが完成しなかったので、注文者からの報酬が支払われなかった。
エ　注文者の承諾がないため、請負事業者は第三者にシステムの開発を依頼することができなかった。

問題4-6

システムをいくつかのサブシステムに分割し、サブシステムごとに図のようなサイクルを繰り返しながら、システムの完成度を高めていく開発モデルはどれか。

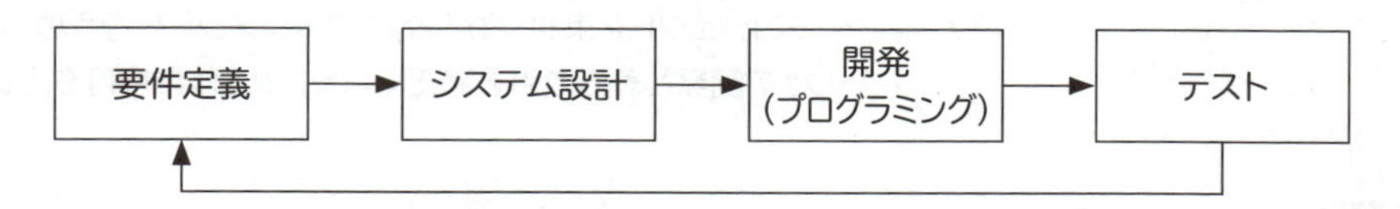

ア　プロトタイピングモデル
イ　リバースエンジニアリング
ウ　ウォータフォールモデル
エ　スパイラルモデル

問題4-7

アジャイル開発の特徴として、最も適切なものはどれか。

ア　開発チームと運用チームが密接に連携して、システム開発を進めていく。
イ　システム工程を分割し、前の工程が完成してから次の工程へと、後戻りせず順番に進めていく。
ウ　設計書を重視して、詳細な設計書を作成する。
エ　イテレーションという短い作業期間に区切って、1つずつ機能を完成させていく。

問題4-8

ソフトウェアの開発手法のひとつとして、“スクラム”がある。“スクラム”の説明として、最も適切なものはどれか。

ア　開発チームを組織として一体化し、スプリントと呼ばれる期間ごとに開発するプログラムの範囲を決定して、スプリントの単位で開発を行う。
イ　開発期間をイテレーションと呼ばれる非常に短い期間に区切り、そのイテレーションの単位ごとに、開発サイクルを一通り行って1つずつ機能を完成させる。
ウ　プログラムの開発に先立ってテストケースを記述し、そのテストケースをクリアすることを目標としたプログラムを開発する。
エ　プログラムの品質向上を図るために、2人のプログラマが協力して、相互に役割交換・チェックし合うなどして、プログラムを開発する。

問題4-9

共通フレームの説明として、適切なものはどれか。

ア　プロジェクトマネジメントに必要な知識を体系化したもの
イ　ITサービスマネジメントの成功事例を集めた枠組み
ウ　複数のプロジェクトを束ねて戦略的にマネジメントを行う専門の組織
エ　ソフトウェア開発とその取引を適正に行うため、作業項目を定義して標準化した枠組み

問題4-10

システム開発会社であるK社は、システム開発における方針や手順などが組織全体で定義されており、安定して一定の水準のシステム開発が行える状態である。これをCMMIの指標に照らすと、どのレベルに該当するか。

ア　2
イ　3
ウ　4
エ　5

第5章

プロジェクトマネジメント

プロジェクトマネジメントのプロセスや手法などについて解説します。

5-1 プロジェクトマネジメント

5-1-1 プロジェクトマネジメント

新しい情報システムやサービスを開発するなど、様々な企業活動を行う際は、企業全体が目的意識を持ち、一丸となって計画を遂行することが重要です。一般的に、プロジェクト組織を構成し、プロジェクトの進捗やコスト、品質、人員などを管理しながら組織的にプロジェクトを進めることで、効率的に計画を遂行できます。

1 プロジェクト

「プロジェクト」とは、一定期間に特定の目的を達成するために一時的に集まって行う活動のことです。
プロジェクトの主な特徴は、次のとおりです。

- **目的や目標の達成に向けた一連の活動である。**
- **「始まり」と「終わり」のある期限付きの活動である。**
- **明確な目的や目標が存在する。**
- **プロジェクトのための組織を編成する。**
- **様々な分野から専門知識や豊富な経験を持つ人が集まる。**
- **非日常的な繰り返しのない業務を行う。**
- **決められた経営資源を使って活動する。**
- **一時的な集団で、目的の達成後は解散する。**

プロジェクトは、日常的に繰り返される作業とは異なり、新しい情報システムや独自のサービスを開発するといった非日常的な活動です。このような特定の目的を一定期間内に確実に達成するためには、決められた経営資源（ヒト・モノ・カネ・情報）を効率よく使い、円滑にプロジェクトを推進する必要があります。

2 プロジェクトマネジメント

「プロジェクトマネジメント」とは、プロジェクトの立上げから完了までの各工程をスムーズに遂行するための管理手法のことです。

参考

ベンチマーク
類似した他のプロジェクトの実績を基準とし、それと比較することで、プロジェクトの品質を評価する手法のこと。

参考

プロジェクトマネジメントオフィス
複数のプロジェクトを束ねて戦略的にマネジメントを行う専門の管理組織のこと。開発標準化など各プロジェクトのマネジメントを支援したり、要員調整など複数のプロジェクト間の調整をしたりする。「PMO」ともいう。
PMOは「Project Management Office」の略。

一般的なプロジェクトのプロセスは、次のとおりです。

立上げ・計画	プロジェクトを立ち上げ、どのように進めていくかを計画する。

実行・把握	プロジェクトを実行し、作業のスケジュールやコスト、品質などを把握する。

終結・評価	目的を達成したら、プロジェクトを終結し、作業実績や成果物（完成品）を評価する。

(1) プロジェクトの立上げ・計画

プロジェクトを立ち上げる際は、**「プロジェクト憲章」**と呼ばれるプロジェクトの認可を得るための文書を作成します。プロジェクト憲章には、プロジェクトの目的や概要、成果物、制約条件、前提条件、概略スケジュール、概算コストの見積りなどが含まれます。
システム開発を依頼したクライアント（発注者）に、プロジェクト憲章が承認されたあと、**「プロジェクトマネージャ」**を中心に、プロジェクトを立ち上げます。
プロジェクトが発足すると、そのプロジェクトのために選出された**「プロジェクトメンバ」**と**「キックオフ」**と呼ばれる会議（ミーティング）を行い、プロジェクトの重要事項や体制、作業の進め方、進捗（スケジュール）管理の方法などを話し合います。それらの詳細な内容は**「プロジェクト計画書」**にまとめます。

(2) プロジェクトの実行・把握

プロジェクト計画書の完成後、プロジェクトを実行に移し、作業に入ります。プロジェクトが実行されている間、プロジェクトマネージャは、プロジェクトメンバやクライアントとのコミュニケーションを欠かさないようにし、プロジェクトの進捗、コスト、品質などの実績を把握し、必要に応じて調整を行います。

(3) プロジェクトの終結・評価

目標とするシステムの完成後、プロジェクトを終結し、解散します。クライアントにシステムが受け入れられたら、**「プロジェクト完了報告書」**を作成します。
プロジェクト完了報告書には、実際にかかったコストや進捗など、すべての作業実績、最終的な成果物（完成品）の一覧、評価を記載します。評価には、計画と実績の差異、発生した変更とその要因、発生したリスクとその対処方法など、次のプロジェクトに役立つような情報を記載しておきます。

参考

マイルストーン
プロジェクト管理で使用される用語のこと。プロジェクト内の作業スケジュールにおける主要な節目（例えば、結合テスト日や顧客レビュー日など）をいう。

参考

プロジェクトマネージャ
プロジェクトを管理し、統括する人のこと。プロジェクトメンバをまとめ、プロジェクトの進捗管理、作業工程の管理などを行う。

参考

インセンティブ制度
プロジェクトの進行にとって望ましい行動を促進するための報奨制度のこと。「インセンティブ」とは、報奨金や景品、ポイントなど、特定の行動を促すための動機付けとなる刺激策のこと。

参考

プロジェクトのスケジュール
プロジェクトのスケジュールには、プロジェクト全体の実行計画を示した「大日程計画表（マスタスケジュール）」、工程ごとの作業計画を示した「中日程計画表（工程別作業計画）」、作業単位または担当者ごとの作業計画を示した「小日程計画表（週間作業計画）」などがあり、目的に応じてこれらを組み合わせて作成する。

5-1-2　プロジェクトマネジメントの知識エリア

プロジェクトマネージャがプロジェクトを統合的に遂行するためのガイドラインとして**「PMBOK（ピンボック）」**があります。PMBOKとは、プロジェクトマネジメントに必要な知識を体系化したもので、プロジェクトマネジメントのデファクトスタンダードや世界標準ともいわれています。
PMBOKには、次のような10の知識エリアがあります。

知識エリア	内　容
プロジェクトスコープマネジメント	成果物と作業範囲を明確にし、必要な作業を洗い出す。
プロジェクトタイムマネジメント	作業の工程やスケジュールを調整し、プロジェクトを期間内に完了させる。
プロジェクトコストマネジメント	プロジェクトを予算内で完了させる。
プロジェクト品質マネジメント	品質目標を定め、品質検査を行う。
プロジェクト人的資源マネジメント	プロジェクトメンバを調達し、育成する。
プロジェクトコミュニケーションマネジメント	プロジェクトメンバ同士やチーム間の、意思疎通や情報共有などを図る。
プロジェクトリスクマネジメント	リスクを想定し、回避方法や対処方法を決定する。
プロジェクト調達マネジメント	必要な資源を選定し、発注や契約を行う。
プロジェクトステークホルダマネジメント	ステークホルダとの意思疎通を図り、プロジェクトへの適切な関与を促す。
プロジェクト統合マネジメント	ほかの知識エリアを統括し、プロジェクト全体を管理する。

PMBOKの特徴は、これらの知識エリアの全体的なバランスを取ることで、成果物や作業範囲が大幅に変更されても、柔軟に対応できることです。

❶ プロジェクトスコープマネジメント

「プロジェクトスコープマネジメント」とは、プロジェクトの最終的な成果物（成果物スコープ）と、成果物を得るために必要な作業範囲（プロジェクトスコープ）を明確にし、プロジェクト全体を通じてこの2つの関係を管理していくことです。

「WBS」とは、プロジェクトの作業範囲を詳細な項目に細分化（要素分解）し、階層化した図表のことです。**「作業分解構成図」**ともいいます。
WBSを作成する手順は、次のとおりです。

プロジェクトにおける個々の成果物を決定する。

成果物を得るために必要とする作業範囲を決定する。

作業範囲を細分化し、作業を決定する。

参考
PMBOK
「Project Management Body Of Knowledge」の略。

参考
プロジェクトスコープ記述書
成果物、作業の一覧、制約条件（除外事項など）を定義し、記述したもの。プロジェクトスコープ記述書をもとに、WBSを作成する。

参考
WBS
「Work Breakdown Structure」の略。

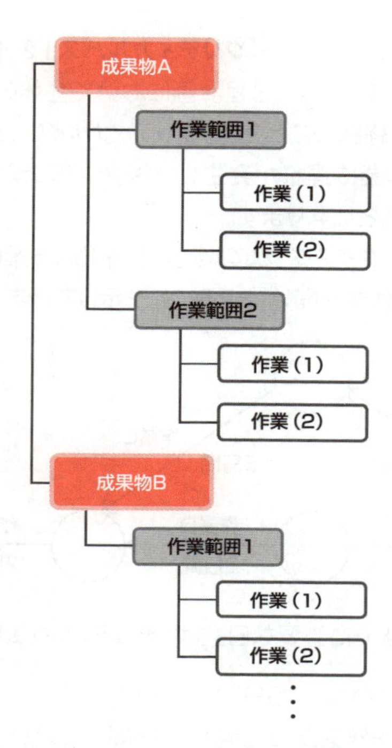

作成したWBSは、PMBOKにおけるすべての知識エリアの基盤となり、スケジュール、コスト、人的資源、品質などの計画、管理に活用されます。また、プロジェクト進行中や、WBSに過不足が見つかった場合は、常にスコープを最新の状態に保つように見直し、変更があった場合は、随時更新します。

❷ プロジェクトタイムマネジメント

「プロジェクトタイムマネジメント」とは、プロジェクトを決められた期間内に完了させるため、作業の順序や、実行に必要な作業期間や経営資源などを見極めながら、精度の高いスケジュールの作成や管理を行うことです。

スケジュール計画は、算出した稼働日数をもとに決定し、作業ごとの進捗確認や個々の作業の完了日、引継ぎ日などを明確にします。

スケジュール計画を行う場合は、**「アローダイアグラム」**や**「PERT図」**を使用し、計画されたスケジュールを図に表す場合は、**「ガントチャート」**を使用します。

プロジェクトには、様々な作業があり、作業ごとに必要な日数を見積もっていきます。

アローダイアグラムを使うと、**「クリティカルパス」**を求めることができます。クリティカルパスとは、日程計画において全体の日程の中で最も作業日数のかかる経路のことです。クリティカルパスとなっている経路上のいずれかの作業に遅れが発生した場合、プロジェクト全体のスケジュールが遅れることになります。

例えば、次のアローダイアグラムの場合、作業Eは作業Cと作業Dの両方が終了した時点で作業が開始できることを示しています。

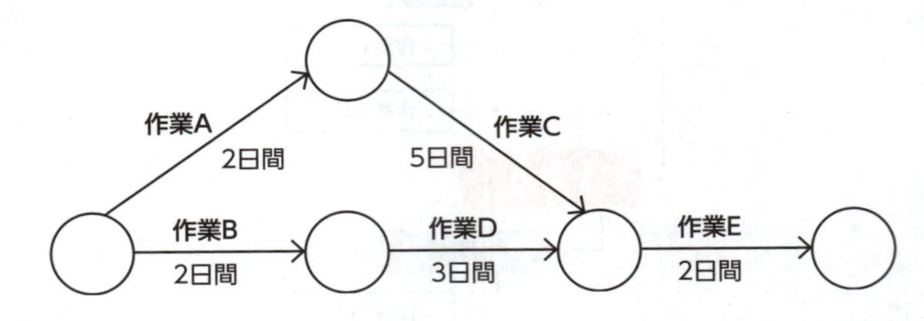

作業Eに着手するまでに必要な日数は、それぞれ次のようになります。

作業A（2日間）＋作業C（5日間）＝7日間
作業B（2日間）＋作業D（3日間）＝5日間

このときのクリティカルパスは作業A→作業Cです。つまり、作業Eは、作業を開始してから7日後に着手できることになります。

例

次のアローダイアグラムの作業Cを3日間短縮できる場合の全体の所要日数は何日か。

3日間短縮
作業A 2日間
作業C 5日間 → 2日間
作業B 2日間
作業D 3日間
作業E 2日間

作業Cを3日間短縮する前のクリティカルパスは、作業A→作業Cである。この時点での全体の所要日数は、次のとおりである。

作業A（2日間）＋作業C（5日間）＋作業E（2日間）＝9日間

作業Cを3日間短縮すると、クリティカルパスは、作業B→作業Dとなる。そのため、全体の所要日数は、次のようになる。

作業B（2日間）＋作業D（3日間）＋作業E（2日間）＝7日間

参考

アローダイアグラムの表記

アローダイアグラムは、次の記号を使って記述する。

記号	意味
⟶	作業を表現する。矢印の上側に作業名、下側に所要日数を記載する。
○	作業と作業の間の結合点を表現する。
------＞	ダミー作業を表現する。所要日数はかからない作業で、順序だけを表現する。

例

システムのリプレースに関する次の作業内容と作業の依存関係をもとにアローダイアグラムを作成するとどのようになるか。

〔作業内容〕

作業No.	作業内容	作業日数
S1	システムのバックアップ	2
D1	データ抽出	2
D2	データ変換	2
H1	ハードウェアの調達	3
H2	ハードウェアの環境整備	2
S2	ソフトウェアのインストール	1
S3	ソフトウェアのカスタマイズ	2
D3	データのロード	1
S4	運用テスト	4

〔作業を進める条件〕

(1) S1はすべての作業に先立てて行う。

(2) D1とD2は、ハードウェアの準備と並行作業が可能である。

(3) ソフトウェアの準備が完了してからD3を行い、次にS4を行う。

作業を進める条件(2)から、D1とD2の作業については、H1、H2との並行作業が可能であることがわかる。

また、S2、S3のソフトウェアのインストールやカスタマイズについては、ハードウェアの準備が整っていないと開始できないため、H1、H2の終了後に開始する必要がある。

次に、D3、S4については、作業を進める条件(3)で、ソフトウェアの準備が完了してからとされているため、S3の作業終了後に開始する。同時に、D2のデータ変換作業も終了している必要がある。

以上のことから、アローダイアグラムは次のようになる。

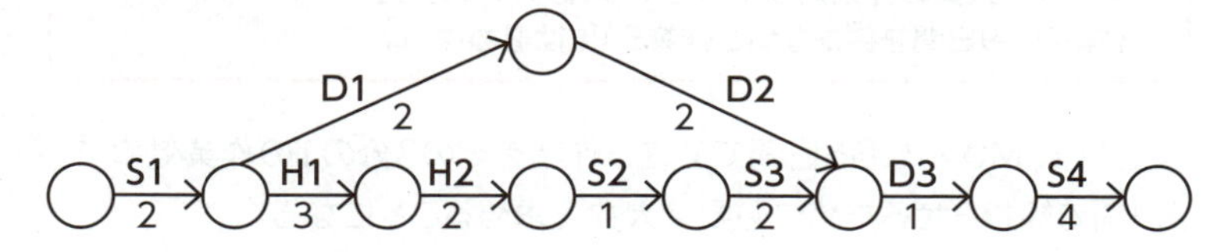

例

次の作業計画において、当初、担当者はMさん1人であったが、作業Hに対して人員を追加し、作業短縮を図りたい。作業計画が次の条件によって進められる場合に、作業を短縮するために必要な人数は最低で何名か。ただし、追加する人員の作業効率はMさんの3分の1とする。

〔作業計画〕

作業No.	作業日数
S1	2
S2	3
S3	2
D1	3
D2	4
D3	2
H1	3
H2	3

〔作業を進める条件〕

(1) 作業Dと作業Hは並行できる。

(2) 作業Dと作業Hは作業S2まで完了したあとで開始でき、作業S3を始める前に完了するように計画する。

作業を進める条件に従ってアローダイアグラムを作成すると、次のようになる。

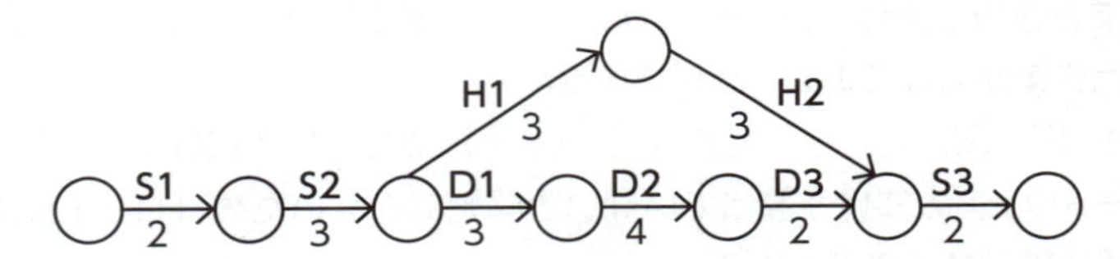

人員を追加できる工程は作業Hである。メイン作業者のMさんを作業Dに回し、作業Hの6日間に対して人員を追加すればよい。ただし、次のことを考慮する必要がある。

- **追加する人員の作業効率がMさんの3分の1である。**
- **作業Dの9日間を待たないと作業S3には進めない。**

以上から、Mさんなら6日間でできる作業をその3分の1の作業効率で、9日間で終わらせるために必要な人数を求めることになる。

6人日の作業を9人日で行う場合の1日当たりの作業量は次のようになる。

$$6 \div 9 = \frac{6}{9}$$

追加する人員の作業効率が3分の1であることから、追加する人員数は、次のとおりである。

$$\frac{6}{9} \div \frac{1}{3} = 2人$$

❸ プロジェクトコストマネジメント

「プロジェクトコストマネジメント」とは、プロジェクトを決められた予算内で完了させるため、プロジェクトの進捗状況を評価するための重要な基準を作成し、プロジェクト全体を通じてコストを管理することです。
コスト管理には、**「EVMS」**を使用します。
「EVMS」とは、予算と作業の進捗を比較し、プロジェクトの進み具合を定量的に評価する手法のことです。**「出来高管理システム」**ともいいます。
EVMSでは、WBSで細分化した作業から見積った工数に基づき、コストの計画書を作成し、スケジュールとコストのかい離を測定します。測定した結果を分析して、作業の遅れや予算の超過などを予測し、スケジュールや予算を調整します。

❹ プロジェクト品質マネジメント

「プロジェクト品質マネジメント」とは、プロジェクトおよびその成果物に求められる品質を満たすために、品質管理の方針や目標、責任などを明確にし、その達成に向けて必要なプロセスの実施や管理を行うことです。明確にした内容は、**「品質マネジメント計画書」**としてまとめます。

❺ プロジェクト人的資源マネジメント

「プロジェクト人的資源マネジメント」とは、プロジェクトの目的や目標の達成に向けてプロジェクトメンバがそれぞれの役割と責任を果たし、プロジェクトチームとして有効に機能するように組織を管理することです。
プロジェクトの成功には、マンパワーとチーム力が欠かせません。プロジェクトにかかわるすべての人に、効果的に能力を発揮してもらうために、次のような点に考慮しながら、プロジェクトメンバの人選を行います。

- **プロジェクトに参加可能な期間**
- **能力や専門知識の有無**
- **過去のプロジェクト経験**
- **プロジェクトへの関心度**
- **プロジェクトメンバの調達コスト**

さらに、プロジェクトチーム発足後は、プロジェクトチームとしてのパフォーマンスを高めるために、個人のスキルアップを図るだけでなく、チーム内のコミュニケーションを促進するなど、チームワークの強化策を計画し、実施していく必要があります。
さらに、プロジェクトメンバ、およびチームとしてのパフォーマンスを評価し、問題点を把握し、改善します。必要であれば、スケジュールやコストへの影響度を見極めつつ、要員計画の見直しなども行います。

参考

EVMS
「Earned Value Management System」の略。

参考

工数
システム開発などで必要とする作業量のこと。一般的に「人月」という単位で表される。

参考

人月
工数の単位のこと。1人が1か月で行う作業を1人月とする。
例）1人で3か月かかる作業
　→3人月の作業
例）2人で3か月かかる作業
　→6人月の作業

参考

コンティンジェンシー予備
当初のプロジェクト範囲に含まれている、予測はできるが発生することが確実ではないイベント（リスク）に対する対策費用のこと。イベントが発生した場合でもプロジェクトを支障なく遂行させるために、ある程度の費用を見積もっておくとよい。

6 プロジェクトコミュニケーションマネジメント

「プロジェクトコミュニケーションマネジメント」とは、プロジェクトに関する情報の生成から配布、廃棄までを適切に管理することにより、ステークホルダと情報を効果的に結び付け、プロジェクトの成功を促すことです。
ステークホルダとの良好な関係を維持していくためには、ステークホルダとコミュニケーションを図り、ステークホルダが必要としている情報を適切なタイミング、手段などを考慮して提供します。プロジェクトマネージャは、ステークホルダとのコミュニケーションを通じて問題や課題を共有し、その解決を目指す役割を担います。さらに、プロジェクトの進捗状況についても定期的に報告します。通常、進捗状況の把握には、EVMSの考え方を用います。
また、プロジェクトメンバ自身がコミュニケーションの重要性を認識し、コミュニケーションスキルの向上に努めることも重要です。

7 プロジェクトリスクマネジメント

プロジェクトにおけるリスクには、発生すると脅威となるマイナスのリスクと、発生すると好機となるプラスのリスクがある。
「プロジェクトリスクマネジメント」とは、プロジェクトにマイナスの影響を与えるリスク（脅威）の発生確率を低減するとともに、プロジェクトにプラスの影響を与えるリスク（好機）の発生確率を高めるために、プロジェクト全体を通じてリスクを適切に管理し、コントロールすることです。
特にマイナスのリスク（脅威）は、考えられるリスクの中で、予測される発生確率と損失額の大きいものから優先順位を付け、優先順位の高いものから対処することを検討します。また、予測されるリスクを回避するための対策を立てることも必要です。
プロジェクトマネージャは、定例ミーティングなどでプロジェクトメンバからの状況報告を受け、プロジェクト全体のリスクを監視し、コントロールしていきます。
もし、リスクが発生した場合は、リスク分析と対策で計画された方針に従って処理します。様々な契約に関するリスクに備えて、法的な問題にも対処できるようにしておきます。

参考

脅威に対して適用できる対応戦略

脅威に対して適用できる対応戦略には、次のようなものがある。

名称	説明
回避	脅威の発生を避ける。
転嫁	他者に責任を移転する。
軽減	脅威の発生確率と影響度を下げる。
受容	脅威の発生時に対処する。

参考

好機に対して適用できる対応戦略

好機に対して適用できる対応戦略には、次のようなものがある。

名称	説明
活用	好機の発生を確実にする。
共有	他者と好機を共有する。
強化	好機の発生確率と影響度を上げる。
受容	好機を受け入れる。

8 プロジェクト調達マネジメント

「プロジェクト調達マネジメント」とは、作業の実行に必要なモノやサービスを外部から購入・取得するために、購入者と納入者の間での契約を管理することです。
WBSにより洗い出した成果物と作業範囲に基づいて、外部から調達すべき技術やサービスを検討し、調達先の候補を選定します。このことを**「引合（ひきあい）」**と呼びます。一般的に、入札や見積りをしたり、直接指名したりして選定します。発注や契約処理、検収など、一連の流れをまとめて管理します。

⑨ プロジェクトステークホルダマネジメント

「プロジェクトステークホルダマネジメント」とは、プロジェクトの計画を遂行するために、プロジェクトに影響を及ぼすステークホルダをコントロールすることです。プロジェクトにかかわる**「ステークホルダ」**とは、プロジェクトの発足によって様々な影響や利害を受ける人のことであり、プロジェクトマネージャ、プロジェクトメンバ、利用者（顧客）などが含まれます。プロジェクトを成功させるためには、ステークホルダの協力が不可欠であり、プロジェクトへの適切な関与を促すことが重要です。

⑩ プロジェクト統合マネジメント

「プロジェクト統合マネジメント」とは、ほかの9つの知識エリアを統括し、プロジェクト全体を管理することです。プロジェクト全体の方針や計画を立てるとともに、プロジェクトの実行中に発生した変更に対処します。長期のプロジェクトの場合、新しい技術や効率的な技術が開発されることもあるため、柔軟に対応する力が必要になります。また、大幅なスケジュールの遅れ、納期の延期、コストの高騰などについても十分に協議することが必要です。最終的に目標とした成果物が得られるように全体を管理します。

例

5人でプログラム開発作業を開始してから4か月が経過し、全体の4割程度の工程が終了した。残りの作業を3か月で終了させるために人員の追加が決まった。以下の条件下で、何名の人員を追加する必要があるか。

〔条件〕
（1）当初の5人の作業効率は変更ないものとする。
（2）追加する人員の作業効率は8割とする。

全体の作業量を求め、そこから残りの作業量を割り出す。

終了した作業量：5人×4か月＝20人月
全体の作業量　：20人月÷40％＝50人月
残りの作業量　：50人月−20人月＝30人月

残りの作業量30人月を3か月で終了させるためには1か月当たり次の作業量をこなす必要がある。

30人月÷3か月＝10人月

追加する人員の作業効率が8割であることから、追加する人員数は次のとおりである。

追加する人員が担当する作業量：10人月−5人月＝5人月
追加する人員数　　　　　　　：5人月÷80％＝6.25人→7人

5-2 予想問題

※解答は巻末にある別冊「予想問題 解答と解説」P.19に記載しています。

問題5-1

システム開発に関するプロジェクトにおいて、マイルストーンとして適切なものはどれか。

ア　システム導入の際の費用の算出
イ　テスト計画の立案
ウ　システムの検収
エ　システムの本稼働開始後、1週間の立会い

問題5-2

PMBOKについて説明したものとして、適切でないものはどれか。

ア　プロジェクトマネージャがプロジェクトを統合的に遂行するためのガイドラインである。
イ　プロジェクトマネジメントに必要な知識を体系化したものである。
ウ　システム開発やシステム保守の工程を評価したり、改善したりするための指標となるものである。
エ　スコープ、タイム、コストなどの管理対象を知識エリアとして分類している。

問題5-3

プロジェクトマネージャのAさんは、スケジュール、コスト、人的資源、品質などの計画・管理に活用するため、プロジェクトの作業範囲を詳細な項目に細分化し、階層化した図表を作成した。Aさんが作成した図表はどれか。

ア　管理図　　イ　DFD　　ウ　アローダイアグラム　　エ　WBS

問題5-4

次のアローダイアグラムにおいて、作業Fの所要日数が8日から5日に短縮した場合、全体の所要日数は何日短縮できるか。

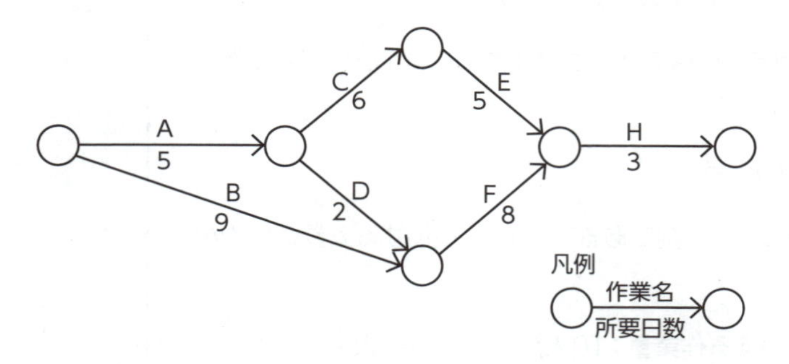

ア　1日　　イ　2日　　ウ　3日　　エ　4日

問題5-5

次のアローダイアグラムで、作業Eが1日から3日かかることに変更となった場合、全体の所要日数は何日延長となるか。

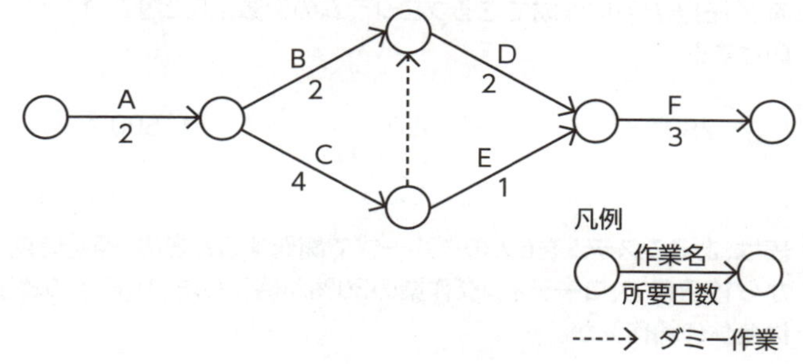

ア　1日
イ　2日
ウ　3日
エ　4日

問題5-6

あるソフトウェアプログラミングの作業を、Aさんが1人で行うと12日かかり、Bさんが1人で行うと6日かかることがわかっている。2人で作業を行う場合には、1日の全作業時間の10%が打ち合わせに必要となる。2人で作業をした場合、プログラミングを完了するのに少なくとも何日必要か。

ア　4日
イ　5日
ウ　9日
エ　10日

問題5-7

あるプログラム開発作業において、各工程で必要となる作業量は、設計=20、プログラミング=40、テスト=18である。開発担当者の候補A～Dが1日当たりに行うことができる作業量が表のとおりであるとき、開発に最も時間のかかる担当者は誰か。

担当者	設計	プログラミング	テスト
A	2.5	8	9
B	2.5	6.25	5
C	5	8	6
D	2.5	12.5	5

ア　A
イ　B
ウ　C
エ　D

問題5-8

あるシステム開発に関して、作成するプログラムの本数が8,000個であることがわかっている。ほとんどのプログラムを外部委託することになったが、25%のプログラムについては、自社内で作成することとなった。作成に必要な工数は何人月になるか。このとき、担当者が1日当たりに作成できるプログラムの個数は0.2個で、1か月につき20日間作業するものとする。

ア 250　　イ 380　　ウ 500　　エ 610

問題5-9

表は、あるシステムを6人のグループで開発するときの、開始時点での計画表である。開始から19日目で、コーディング作業の50%が終了した。19日目の終了時点で残っている作業は全体の約何%か。

作業	計画工数
仕様書作成	4日
プログラム設計	7日
テスト計画書作成	2日
コーディング	6日
コンパイル	4日
テスト	5日

ア 43%　　イ 57%　　ウ 63%　　エ 68%

問題5-10

あるシステム開発における予算が400千円で、工程A～Dに均等に割り当てている。工程A、Bが完了し、工程Cが40%完了した時点でコストを見直すことになった。この時点での作業進捗率とコスト残高は、表のとおりである。次の条件でコストを見直した場合、全体のコストはいくらになるか。

〔条件〕
(1) 工程Cのコスト消費率は現状のまま変化しないものとする。
(2) 工程Dのコストは20%削減するものとする。

	作業進捗率	コスト残高（千円）
工程A	100%	−10
工程B	100%	10
工程C	40%	48
工程D	0%	100

ア 390千円
イ 400千円
ウ 410千円
エ 430千円

第6章

サービスマネジメント

情報システムの運用を管理するITサービスマネジメントやサービスサポートの基本的な役割や構成、システム環境整備の考え方、システム監査の基本的な知識などについて解説します。

6-1 サービスマネジメント

6-1-1　サービスマネジメント

「サービスマネジメント」とは、顧客のニーズに応じて必要なサービスを速やかに提供すると同時に、サービスの品質を維持・向上させる活動のことです。

1 ITサービスマネジメント

「ITサービスマネジメント」とは、IT部門の業務を**「ITサービス」**ととらえ、安定的かつ効率的に運用するための管理方法のことです。
例えば、金融機関や運輸産業などは、様々なITサービスを提供することで、企業経営や社会全体を支えています。そのITサービスにトラブルが発生すると、自社だけではなく、社会全体に大きな影響を与えて、事故や混乱を引き起こす可能性があります。
そのため、ITサービスを効率的に運用し、サービスの品質を維持・向上させることを目的としてITサービスを管理します。

2 ITIL

「ITIL（アイティル）」とは、ITサービスを活用したビジネスを成功させるためのベストプラクティス（成功事例）をまとめたフレームワーク（枠組み）のことで、ITサービスマネジメントにおける**「デファクトスタンダード」**として活用されています。
ITILは、ITサービスにおける総括的なガイドラインですが、ITサービスの運用をすべてITILに合わせる必要はありません。実際の業務と照らし合わせ、該当する部分を参考にして運用していくのが望ましいとされています。

参考
ITIL
「Information Technology Infrastructure Library」の略。

3 サービスレベル管理

「サービスレベル管理」とは、ITサービスの提供者と利用者の合意に基づいたサービスレベルを維持・改善していくプロセスのことです。品質を確保し、安定したITサービスを提供するために、**「サービスレベル合意書（SLA）」**や**「サービスレベル管理（SLM）」**を実施し、運用・管理を行います。

（1）サービスレベル合意書（SLA）

「サービスレベル合意書」とは、提供するITサービスの品質と範囲を明文化し、ITサービスの提供者と利用者の合意に基づいて運用管理するために交わされる**「品質保証契約」**のことです。**「SLA」**ともいいます。

参考
SLA
「Service Level Agreement」の略。

契約内容には、システムサービスの範囲、課金内容、問合せの受付時間、システム障害時の復旧目標時間などが含まれます。
もともとは、通信事業者がネットワークサービスの通信品質を保証するために行った契約形態として広まったといわれています。実際のデータ転送速度の下限や障害発生時の故障時間の上限などについて基準を設け、その設定値を守らなかった場合の罰則や補償などを規定しています。現在では、様々なITサービスにおいて活用されています。

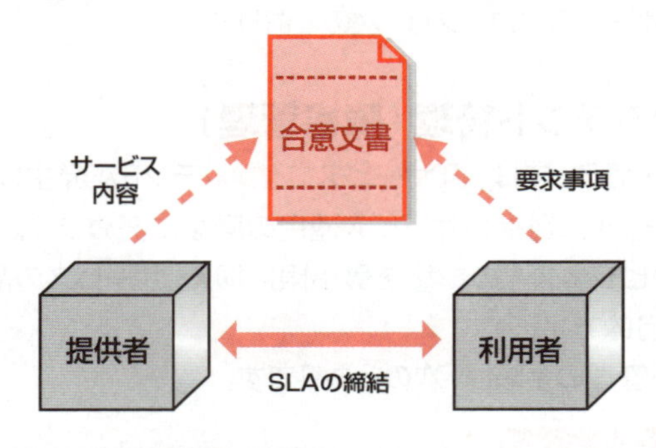

(2) サービスレベル管理(SLM)

「サービスレベル管理」とは、契約したサービスレベルが守られているかどうかを計測し、サービスレベルの維持・向上を図る管理方法のことです。**「SLM」**ともいいます。サービスレベル管理のPDCAサイクルは、次のとおりです。

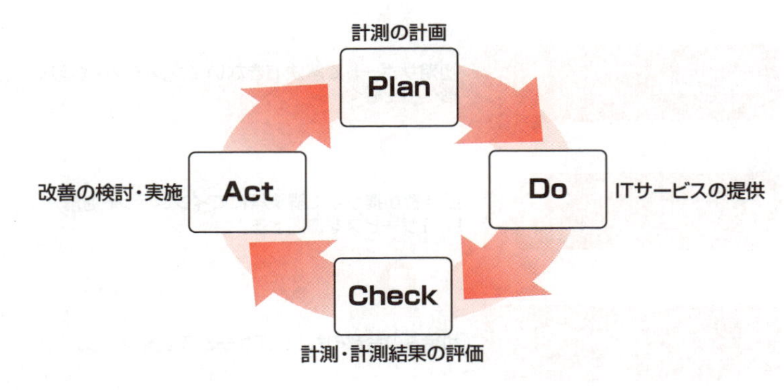

❹ ITサービス可用性管理

「ITサービス可用性管理」とは、利用者が必要なときに、いつでもITサービスを利用できるように、ITサービスを構成する個々の機能の維持・管理を行う一連の活動のことです。現代社会においてはITとビジネスが切り離せなくなっており、ITサービスの中断はそのままビジネスの停止につながりかねません。したがって、ITサービスの可用性を確保することは、ビジネスの継続を保証するという意味でも非常に重要です。

参考

SLM
「Service Level Management」の略。

6-1-2　サービスサポート

「サービスサポート」とは、サービスの運用をサポートするためのプロセスのことで、ITILのフレームワークのひとつです。サービスサポートは、5つのプロセスと、サービスデスクで構成され、これらのプロセスを実施することで、ITサービスを一元的に管理します。
サービスサポートのプロセスは、次のとおりです。

❶ インシデント管理（障害管理）

「インシデント管理」では、ITサービスにインシデントが発生した場合に、可能な限り迅速に通常のサービス運用の回復に努めます。サービスの中断時間やビジネスへの影響を最小限に抑え、サービスの品質を維持することが目的です。
インシデント管理の手順は、次のとおりです。

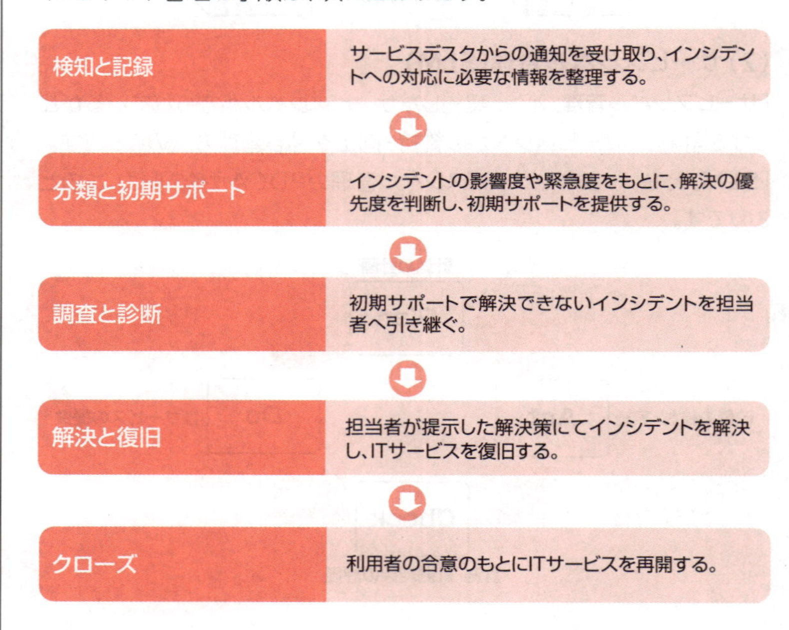

❷ 問題管理

「問題管理」では、インシデントの原因を**「問題」**としてとらえ、原因を追求します。問題を解決するための対策を検討し、変更管理に引き継ぎます。
問題管理では、再発防止のための根本原因を突き止め、排除することに重点が置かれています。問題管理のプロセスは、インシデントの発生を受けて問題を解決する受動的な活動と、潜在する問題を検出してインシデントの発生を予防する積極的な活動の2つに分類することができます。

参考
インシデント
情報システムにおける障害や事故、ハプニングなど、サービスの質を低下させる、または低下させる可能性のある事象のこと。

参考
ヒヤリハット
重大なインシデントに至らなかったが、その一歩手前の状態のこと。インシデント管理では、ヒヤリハットの教訓を活かすための管理も行う。

❸ 構成管理

「構成管理」では、ITサービスを構成するハードウェアやソフトウェアなどの構成情報を正確に管理し、より良いITサービスを提供するためにそれらを維持していきます。

構成管理を実施するメリットには、次のようなものがあります。

- **組織が所有する情報資産を正確に把握する。**
- **機器の維持コストを正確に把握し、予算の策定やコスト削減に役立てる。**
- **ライセンス管理や情報セキュリティ管理を効率化する。**
- **規定外の情報資産の使用を禁止し、法令遵守を徹底する。**

❹ 変更管理

「変更管理」では、問題管理によって明らかになった解決策や、ライフサイクルに応じて必要になった構成の変更などについての**「変更要求」**を受け付け、それらを評価、実施していくための活動を行います。承認された変更要求は、リリース管理へと引き継ぎます。

変更管理は、次のような手順で行います。

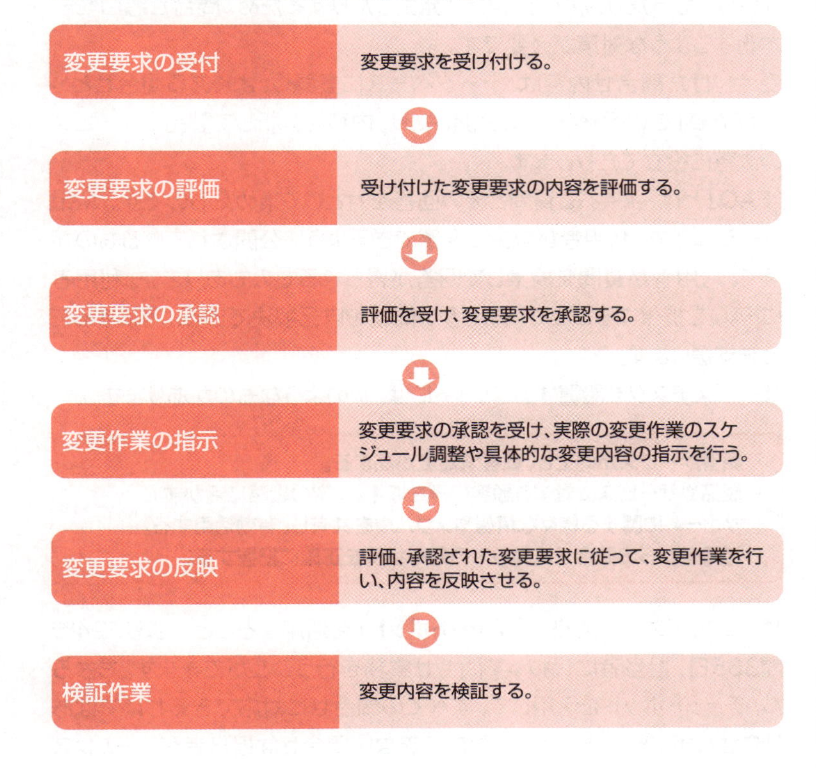

参考

バージョン管理

コードやファイルなどを改訂した時間や、改訂者、改訂した内容などをバージョン(版)として記録すること。構成管理のひとつとして行われる。

参考

変更要求

ハードウェアやソフトウェア、ドキュメント、手順などに関する変更を要求すること。「RFC(Request For Change)」ともいう。

❺ リリース管理

「リリース管理」では、変更管理で決定した変更作業を行います。単に変更作業を行うだけでなく、変更後のITサービスの安定した提供を保証する必要もあります。
また、リリース（変更管理で承認された変更）に必要なハードウェアやソフトウェアなどを新しく調達した場合は、構成管理への引き継ぎも必要となります。

❻ サービスデスク

「サービスデスク」とは、利用者からの問合せに対応するための単一の窓口のことです。**「ヘルプデスク」**、**「コールセンタ」**、**「ユーザサポート」**ともいいます。
一般的には、製品の使用方法やサービスの利用方法、トラブルの対処方法、故障の修理依頼、クレームや苦情への対応など様々な問合せを受け付けます。受付方法は、電話や電子メール、FAXなど様々ですが、問合せ内容によって窓口を複数設置してしまうと、どこが適切な窓口かわかりづらくなったり、調べる手間が発生したりするため、問合せ窓口を一本化するような対策が必要です。
受け付けた問合せ内容は、データベースに登録し、よくある問合せとして**「FAQ」**をWebページに公開したり、内容を分析して製品やサービスの改善に役立てたりします。
「FAQ」とは、よくある質問とその回答を対として集めたものです。Webページなどで、利用者が自由に参照できるように公開されているものが多く、利用者が質問を検索して回答が得られるものもあります。利用者にFAQを提供することで、利用者が問題を自己解決できるようにすることを支援します。
サービスデスクを設置するメリットには、次のようなものがあります。

- **顧客サービスが向上し、顧客満足度が高まる。**
- **製品やサービスに対する顧客の声を収集し、次の戦略に活かす。**
- **サポートに関する様々な情報やノウハウを共有し、有効活用する。**
- **利用者からの問合せに対しての対応状況を正確に把握する。**

サービスデスクの業務に**「チャットボット」**を活用することにより、24時間365日、担当者に代わって問合せ業務を行うことができます。もちろん、チャットボットを活用して、すべての問合せに対応できるわけではありませんが、チャットボットで対応できない問合せは担当者がシームレス（途切れのないよう）に引き継ぐなどの機能を持つチャットボットも開発されています。

参考

エスカレーション
利用者からの質問、クレームや苦情などに担当者が対処できない場合に、上位者や管理者などに連絡し、対応を引き継ぐこと。

参考

FAQ
「Frequently Asked Questions」の略。

参考

チャットボット
「対話（chat）」と「ロボット（bot）」という2つの言葉から作られた造語であり、人間からの問いかけに対し、自動で対応を行うロボット（プログラム）のこと。
一般的に、ユーザがWeb上に用意された入力エリアに問合せを入力すると、システムが会話形式で自動的に問合せに対応する。

例

利用者から障害発生の連絡があった際のサービスサポートのプロセスであるインシデント管理と問題管理を踏まえた上でのサービスデスクの役割とはどのようなものか。

インシデント管理は、インシデント発生時にサービスの中断時間やほかの業務への影響を最小限に抑え、早急に通常のサービスに戻ることを前提とした活動のことである。また、問題管理は、インシデントの発生原因を特定し、再発防止策を提示する活動のことである。
これら2点を踏まえた上でサービスデスクが行うことは、利用者からの障害の連絡を受けた時点で、同様の障害が過去に起こっていないかを調べ、そのときの対応方法を伝達する。同時に、障害が発生した箇所の担当部門とシステム管理者への連絡を行い、再発防止への第一歩を担うことである。

6-1-3 ファシリティマネジメント

「ファシリティマネジメント」とは、企業が保有するコンピュータやネットワーク、施設、設備などを維持・保全し、より良い状態に保つための考え方のことです。
もともとは経営手法のひとつとして、企業の所有する不動産や建物などの施設を運用管理するための手法でした。これを応用し、情報システムにおいても、ファシリティマネジメントに沿った環境整備を行い、情報システムを最適な状態で管理することを目的とします。

① システム環境の整備

情報システムは、様々なシステム環境によって支えられています。
情報システムにおけるファシリティマネジメントでは、地震・水害などの自然災害への対策、火災などの事故への対策を行うことが重要であると考えられています。窓の有無、空調、ノイズ、漏水・漏電など、機器の運用に障害となるものが発生していないかどうかを定期的に確認し、必要に応じて対策を講じます。

参考

AIを活用したチャットボット

最近では、AIを活用したチャットボットがある。
AIを活用したチャットボットでは、人間からの問いかけに対して日々学習を行い、新しい質問に対応できるように成長する。ただし、学習には一定の時間がかかり、完全に正しい対応ができるようになるわけではない点には注意が必要となる。

参考

ファシリティ

施設や設備のこと。

参考

フリーアドレス

従業員に特定の席を割り当てずに、オープンスペースとして共有の席を用意し、出社した従業員が空いている席を使って仕事を行うオフィス形態のこと。オフィス賃料や管理費用などを削減するための省スペース対策として導入されることが多い。

参考

グリーンIT

PCやサーバ、ネットワークなどの情報通信機器そのものの省エネや資源の有効活用をするという考え方のこと。例えば、PCの電源を節電モードに設定し、利用していないときに自動的に電源をオフにするなどして、省エネを行う。
「Green of IT」の略。

参考

サーバラック

サーバを格納する棚のこと。複数のサーバを格納することによって、サーバの保守性や設置効率を高めることができる。

参考

データセンタ

サーバやネットワーク機器を設置し、運用するための専用施設のこと。自家発電設備や高度な空調設備、セキュリティの確保、耐震性の確保などが求められる。
「DC」ともいう。DCは「Data Center」の略。
また、インターネットの接続環境を提供することから、「IDC」ともいう。IDCは「Internet Data Center」の略。
なお、データセンタがサービスを提供する場合は、大きく分けてホスティングサービス（データセンタの設備を借りる）と、ハウジングサービス（自社の設備をデータセンタに預ける）がある。

参考

ホットアイルとコールドアイル

「ホットアイル」とは、データセンタなどでサーバ室内の暖気だけを集めた空間のことである。
「コールドアイル」とは、空調機器によりサーバが吸引する冷気だけを集めた空間のことである。
ホットアイルとコールドアイルを明確に分けて暖気と冷気が混ざらないようにすることで、サーバ室内の空調効果が上がり、消費電力を削減できる。

情報システムを守る機器には、次のようなものがあります。

種　類	説　明
無停電電源装置（UPS）	停電や瞬電時に電力の供給が停止してしまうことを防ぐための予備の電源のこと。「UPS」ともいう。停電時は、無停電電源装置内のバッテリーから電力を供給するが、無停電電源装置が継続して供給できる時間は一般的に10～15分程度である。無停電電源装置をコンピュータと電源との間に設置することにより、停電や瞬電時に電力の供給を一定期間継続し、その間に速やかに作業中のデータを保存したり、システムを安全に停止させたりすることができる。 UPSは「Uninterruptible Power Supply」の略。
サージ防護機器	「サージ」とは、瞬間的に発生する異常に高い電圧のこと。近くに落雷があった場合、高い電圧によって発生した電流（数千～数万A）が電線や電話回線を通じて流れ込み、コンピュータが壊れてしまうことがある。「サージ防護機能（サージプロテクト機能）」の付いたOAタップを使用することで、サージの被害を防ぐことができる。
自家発電装置	停電などにより主電源が使えなくなった場合に、専用のコンセントから電力を供給する装置のこと。太陽光発電装置、風力発電装置、ディーゼル発電装置、ガス発電装置など複数の種類がある。一般的に通常時は使われないことが多いため、いざというときに動作するよう、定期的に点検を行っておくことが重要である。
免震装置	データセンタの基礎部分や各階の間などに設置され、地震の際に建物の揺れそのものを抑える装置のこと。コンピュータやネットワークなどの機器を震動から守り、災害による故障や破損を回避できるため、有効な事業継続対策のひとつとされている。床に設置する「床免震」や機器の下に設置する「機器免震」などがある。
セキュリティワイヤ	ノートPCなどに取り付けられる、盗難を防止するためのワイヤのこと。ノートPCなどの機器にセキュリティワイヤを装着し、机などに固定すると、容易に持出しができなくなるため、盗難防止に適している。

❷ システム環境の維持・保全

システム環境を最適な状況で使用できるよう整備したあとは、それらを適切な状態で維持・保全していくという活動が必要です。施設や設備を点検し、減価償却の期限をむかえた資産については、新しい資産に移行し、古い資産を処分します。システム環境を維持・保全していく活動は、施設や設備の寿命を長期化するだけでなく、快適かつ安全なITサービスを継続的に提供することを目的としています。
適切なタイミングで確実に実施する必要があるため、管理責任者を配置するとともに、マニュアル類を整備し、明確な維持保全計画を立案し、それをもとに作業を進めます。また、計画された保全活動が適正に行われているかどうかを確認するために、定期的な報告および評価を行うことも重要です。

6-2 システム監査

6-2-1 システム監査

企業において、システム監査は発展的な業務を行っていく上で重要なものです。

1 システム監査

「システム監査」とは、独立した第三者である**「システム監査人」**によって、情報システムを総合的に検証・評価し、その関係者に助言や勧告を行うことです。

> **参考**
> **システム監査人**
> 情報システムについて監査を行う人のこと。情報システムに関する専門的な知識や技術、システム監査の実施能力を有すると同時に、被監査部門から独立した立場であることが求められる。

(1) システム監査の目的

システム監査の目的は、情報システムを幅広い観点から調査し、情報システムにかかわるリスクが適切にコントロールされているか、情報システムを安全・有効・効率的に機能させているか、情報システムが経営に貢献しているかを判断することにあります。
一般的な監査項目には、次のようなものがあります。

- 情報システムが、障害に対する信頼性を確保しているかどうか。
- 情報システムが、災害や不正アクセスに対する安全性を確保しているかどうか。
- 情報システムが、企業の経営方針や戦略に対して効率的に貢献しているかどうか。

(2) システム監査のプロセス

システム監査のプロセスは、次のとおりです。

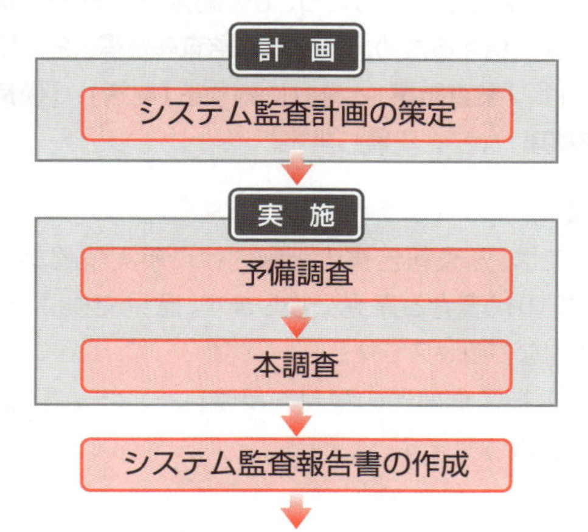

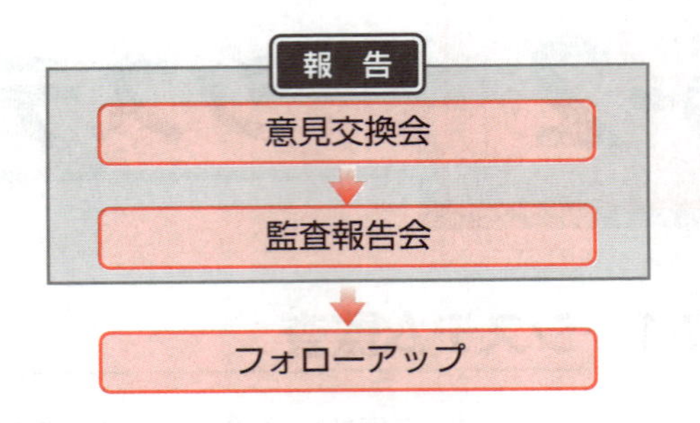

参考

システム監査基準

情報システムを適切に監査するためのガイドラインのこと。システム監査を実施する際、システム監査人に求められる行為規範および監査手続の規則が示されている。

参考

監査証拠

情報システムや利用情報のログ、エラー状況のログなど、追跡調査ができるような情報のこと。これらを精査し、監査の目的である情報システムの信頼性、安全性、効率性などが確保されていることを証明する。すべてのログを検証するのは困難なため、システム監査計画の時点で、必要な監査証拠を選定しておく。

●システム監査計画の策定

企業の経営状況や経営方針、情報システムの問題点などを調査し、監査の目的や被監査部門、対象となる情報システムなどを明確にします。
ここでは、**「監査計画書」**を作成します。監査計画書には、数年単位の**「中長期計画書」**、年度単位の**「基本計画書」**、監査項目単位の**「個別計画書」**があります。

●予備調査

「予備調査」は、本調査を実施する前に、対象となるシステムの概要を把握するために行います。実際には、被監査部門の管理者へのヒアリングや資料によって確認します。その結果、本調査で詳細な調査が必要な項目と不要な項目を分けたり、先に作成した監査個別計画を修正したりします。

●本調査

「本調査」では、システム監査計画で設定した監査項目や手続きに従い、具体的な調査・分析・検討を行います。
監査技法は、インタビューによる聞き取り、現場の調査、文書や記録などの資料の入手と照合、質問票による調査などが一般的です。知り得た情報は、**「監査証拠」**として保全します。

●システム監査報告書の作成

すべてのシステム監査が終了したら、その結果を経営者や被監査部門、関係部門に正確に伝えるため、**「システム監査報告書」**を作成します。
監査報告書には、**「監査結果」**とそれに対する**「総括」**、**「優良点」**、**「指摘事項」**、**「改善事項」**などを記載します。

●意見交換会

「意見交換会」では、監査報告書の記載内容に事実誤認がないかどうかを、被監査部門の代表者と意見交換します。意見交換は、システム監査における特徴的なプロセスです。
意見交換会での被監査部門の意見を反映し、システム監査報告書を追加・修正して、完成させます。

●監査報告会

完成した監査報告書に基づき、経営者に監査結果を説明する**「監査報告会」**を開催します。

●フォローアップ

システム監査は、改善勧告を実現することで、有効性が決まります。そのため、システム監査人は、改善の状況を確認し、改善の実現を支援していきます。これを**「フォローアップ」**といいます。定期的に監査を行い改善の実施状況を確認したり、必要であればフォローアップ監査を実施したりします。

❷ その他の監査業務

その他の代表的な監査業務には、次のようなものがあります。

名　称	説　明
会計監査	会計や決算に関する財務諸表を、第三者によって検証・評価すること。公認会計士または監査法人によって行われる。
業務監査	会計業務以外の業務活動全般について、第三者によって検証・評価すること。内部監査人または監査役によって行われる。
情報セキュリティ監査	情報セキュリティの対策の妥当性、有効性、網羅性などを、第三者によって検証・評価すること。内部監査人または監査役によって行われる。

6-2-2　内部統制

企業の健全な運営を実現するための手法として、**「内部統制」**と**「ITガバナンス」**があります。

❶ 内部統制

「内部統制」とは、企業が業務を適正に行うための体制を自ら構築し、運用する仕組みのことです。**「財務報告に係る内部統制の評価及び監査の基準」**では、内部統制について次のように定義しています。

> **内部統制とは、基本的に、業務の有効性及び効率性、財務報告の信頼性、事業活動に関わる法令等の遵守並びに資産の保全の4つの目的が達成されているとの合理的な保証を得るために、業務に組み込まれ、組織内のすべての者によって遂行されるプロセスをいい、統制環境、リスクの評価と対応、統制活動、情報と伝達、モニタリング（監視活動）及びIT（情報技術）への対応の6つの基本的要素から構成される。**
>
> **（財務報告に係る内部統制の評価及び監査の基準より）**

(1) 内部統制の目的

内部統制には、業務活動を支援するための4つの目的があります。
内部統制の目的は、次のとおりです。

●業務の有効性と効率性

「業務の有効性」とは、業務目標が達成された度合いのことです。**「業務の効率性」**とは、業務目標に対して、時間、人材、コストなどが合理的に使用されることです。達成度や合理性を測定・評価する体制を整えることで、業務目標の達成を支援します。

●財務報告の信頼性

財務報告に虚偽記載が生じることのないように体制を整え、財務報告の信頼性を支援します。

●事業活動に関わる法令等の遵守

業務活動を行う上で必要となる法令、基準、規範などを遵守する体制を整備し、業務活動における法令遵守を支援します。

●資産の保全

企業が保有する資産の取得や使用、処分を正当な手続きのもとで行うための体制を整え、資産の保全を支援します。

(2) 内部統制の基本的要素

内部統制には、内部統制の目的を達成するために必要とされる6つの基本的要素があります。
内部統制の基本的要素は、次のとおりです。

●統制環境

内部統制を実現するための基盤となる組織の環境（風土）を整えます。具体的には、組織の目標や指針、行動規範などを明確にし、組織の一人ひとりに周知することで、意識を向上させます。より良い環境を整えることが、組織内のすべての者の意識に影響を与えるとともに、すべての基本的要素の基盤となります。

●リスクの評価と対応

組織目標の達成を阻むと思われるリスクを識別し、分析・評価することで、リスクへの対応策を検討します。

●統制活動

「統制活動」とは、内部統制を業務活動の中に取り入れるための、方針や手続きのことです。その実現のためには、次の点に注意します。

参考

内部統制報告制度
金融商品取引法に基づき、財務報告の信頼性を確保するために上場企業に対して義務付けられた制度のこと。
経営者自らが作成した「内部統制報告書」を、公認会計士や監査法人が監査証明し、企業が年度ごとに内閣総理大臣に提出する。

参考

IT統制
ITを利用した内部統制のこと。企業で利用している情報システムや管理している情報が健全かつ有効に使われているかどうかを監視・統制することを目的とする。
IT統制は、業務処理統制と全般統制に分類できる。
「業務処理統制」とは、業務を管理するシステムにおいて、承認された業務がすべて正確に処理・記録されることを確保するための統制活動のこと。
「全般統制」とは、業務処理統制が有効に機能するように環境を整備するための統制活動のこと。

参考

レピュテーションリスク
企業や組織に悪い評判・評価が広まることにより、企業や組織の信用が失われ、業績が悪化するリスクのこと。
レピュテーションは、評判や評価を意味する。

- 業務の中で違法行為や不正行為などが発生するリスクを明確にする。
- 担当者間で相互に不正な行動を防止できるようにするため、職務分掌を図る。
- リスクに対応する際の実施ルールを設定し、適切に実施されているかどうかをチェックする体制を確立させる。

●情報と伝達

組織内のすべての者が、必要な情報を正確に取得し、伝達、共有できるような環境を整備します。

●モニタリング

内部統制が正しく機能しているかどうかを評価します。
モニタリングには、次のような種類があります。

種　類	説　明
日常的モニタリング	通常の業務に組み込まれて、継続的に行われるモニタリング。経理担当者が請求金額と入金情報を確認するなど。
独立的評価	経営者、取締役会、監査役など、業務と関係のない第三者の視点から定期的に行われるモニタリング。

●ITへの対応

「ITへの対応」とは、組織目標を達成するための方針や手続きを定めた上で、業務の実施において必要とする情報システムを適切に取り入れることです。情報システムを導入し、業務の有効性と効率性を高め、より良い内部統制の体制を構築します。

② ITガバナンス

「ITガバナンス」とは、情報システムを活用するためのIT戦略を策定し、実行を統治する仕組みのことです。
情報システムをいかに活用するかは、企業の優劣や競争力にかかわってきます。例えば、莫大な投資で情報システムを導入しても、経営方針との整合性がなかったり、利用者のニーズに合わなかったりすると、十分な投資効果を得ることができません。
そのため、ITガバナンスは、ITを効果的に活用して、経営戦略の実現を支援し、事業を成功へと導くことを目的としています。
ITガバナンスにおいては、経営戦略とIT戦略の整合性が求められるため、経営陣や最高情報責任者（CIO）のリーダシップが欠かせません。
また、ITガバナンスを実現するための取組みとして**「システム監査」「情報セキュリティ監査」**などが挙げられます。

参考

職務分掌
ひとつの職務（権限や職責）を複数の担当者に分離させることによって、権限や職責を明確にすること。

参考

IT戦略
情報システムを経営戦略の一部として活用するために、企業が目指す情報システムの方向性や投資などを中長期的に定めたもの。

参考

ITガバナンス
経済産業省のシステム管理基準では、ITガバナンスを次のように定義している。
- 経営陣がステークホルダのニーズに基づき、組織の価値を高めるために実践する行動であり、情報システムのあるべき姿を示す情報システム戦略の策定および実現に必要となる組織能力である。
- 経営陣はITガバナンスを実践するうえで、情報システムにまつわるリスクだけでなく、予算や人材といった資源の配分や、情報システムから得られる効果の実現にも十分に留意する必要がある。

6-3 予想問題

※解答は巻末にある別冊「予想問題 解答と解説」P.22に記載しています。

問題6-1

ITサービスの利用者がITサービスの提供者と契約する際、双方の間でITサービスの品質と範囲を明文化した文書として、適切なものはどれか。

ア SLM
イ RFP
ウ NDA
エ SLA

問題6-2

システムの運用におけるインシデント管理の手順の要素を、“初期サポート”、“調査”、“解決”、“検知”としたとき、手順のAに該当するものはどれか。

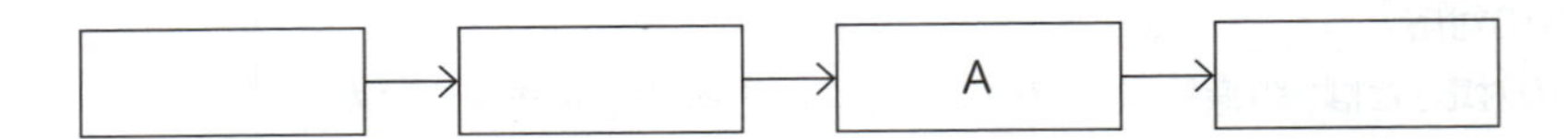

ア 初期サポート
イ 調査
ウ 解決
エ 検知

問題6-3

K社では、新システムの導入に伴いサービスデスクの設置も検討している。サービスデスクの設置にあたり次のような事項を検討している。検討内容として適切なものを全て挙げたものはどれか。

a 問合せ内容ごとにサービスデスクの窓口を用意し、利用者からの問合せに対し迅速に対応できるようにする。
b 受け付けた問合せ内容は、個人情報保護の観点から、問題解決後2日以内に完全消去するようにする。
c サービスデスクに寄せられる問合せのうち、頻繁に寄せられるものはあらかじめ対応方法を公開するようにする。

ア a、b、c
イ a、b
ウ a
エ c

問題6-4

次のファシリティマネジメントの施策のうち、大規模災害発生時にも対応できるものはどれか。

ア　データセンタにおいてホットアイルとコールドアイルを明確にする。
イ　データサーバのバックアップは遠隔地のバックアップセンタを利用する。
ウ　グリーンITを推奨する。
エ　データセンタ内の電源を二重化する。

問題6-5

情報システムにおいて、次のファシリティマネジメントに沿った環境整備の実施事項として、適切でないものはどれか。

ア　サージ防護機能のあるOAタップを使用する。
イ　ネットワークを流れるデータを暗号化する。
ウ　ノート型PCにセキュリティワイヤを取り付ける。
エ　停電や瞬電に備えて、無停電電源装置を設置する。

問題6-6

システム監査の特徴として、適切なものはどれか。

ア　システム監査は、システム監査人の主観に基づいてシステムを総合的に検証・評価するものである。
イ　システム監査基準における予備調査とは、システム監査を実施することができない特別な事情がある場合に行うものである。
ウ　システム監査の実施後に取りまとめられる報告書は、システム監査人以外が閲覧することを許されないものである。
エ　システム監査は、原則として第三者であるシステム監査人が、システム監査基準に則って執り行うものである。

問題6-7

システム監査人の行為に関する記述として、適切なものはどれか。

ア　監査結果を受けて業務改善を実施し、改善状況を報告する。
イ　設計書のレビューで発見された不具合を修正する。
ウ　本調査で知り得た情報を監査証拠として保全し、監査終了後にシステム監査報告書を作成する。
エ　フォローアップを行ったあとに、作成した監査報告書に基づき監査報告会を開催する。

問題6-8 内部統制に関する記述として、適切なものはどれか。

ア　担当者間で相互に不正な行動を防止できるようにするために職務分掌を図る。
イ　違法行為や不正行為に対する社内からの通報は、内部統制が正しく機能しているかの評価材料にならない。
ウ　内部統制とは、業務が適正に行われているか、外部の独立した第三者によって監査することである。
エ　内部統制では、必要な情報は一部の担当者間で共有できるように環境を整備する必要がある。

問題6-9 IT統制のうち、業務処理統制がかかわる処理についての記述として適切なものはどれか。

ア　会計システムへデータを入力する際の各種マスタとの整合性チェック
イ　社内給与システムのバックアップの運用ルールや手順の策定
ウ　社内会議室予約システムの外部委託契約に関する管理
エ　人事データベースのシステム開発の規定

問題6-10 ITガバナンスの説明として、適切なものはどれか。

ア　情報システムを活用するためのIT戦略を策定し、実行を統治する仕組み
イ　企業活動を監視し、経営の透明性や健全性をチェックしたり、経営者や組織による不祥事を防止したりする仕組み
ウ　企業の業務の現状を把握し、目標とするあるべき姿を設定して、全体最適の観点から業務と情報システムを改善するという考え方
エ　業務プロセスを抜本的に見直して、商品・サービスの品質向上やコストダウンを図り、飛躍的に業績を伸ばそうとする考え方

IT Passport

テクノロジ系

第7章

基礎理論

基数、集合、確率、統計の基本的な考え方や、情報のディジタル化、アルゴリズムなどについて解説します。

7-1 基礎理論

7-1-1 離散数学

コンピュータが扱う情報は、ディジタル量などを扱う**「離散数学」**と密接な関係にあります。離散数学は、コンピュータの論理回路、データ構造、言語理論などの幅広い分野の基礎となるものです。

❶ 数と表現

コンピュータ内部では、命令やデータはすべて2進数で表現されています。データ表現の基礎となる2進数やほかの進数について、基本的な理論を理解しておくことはプログラミングなどをする際にとても重要です。

(1) 2進数・8進数・10進数・16進数

コンピュータ内部では、電流の有無や電圧の高低などによってデータを認識し処理しています。電流の有無や電圧の高低などによって認識されたデータは、**「0」**と**「1」**で組み合わされた数値で表現されます。この方法を**「2進数」**といいます。

しかし、この2進数は、**「0」**と**「1」**の羅列のため、人間にとって使いづらいものです。そこで、人間が普段使っている**「0」**～**「9」**の10種類の数字を使った**「10進数」**に置き換えて表現します。さらに、**「0」**～**「7」**の数字を使った**「8進数」**、**「0」**～**「9」**の数字と**「A」**～**「F」**のアルファベットを使った**「16進数」**などで表現する場合があります。

2進数	10進数	8進数	16進数	2進数	10進数	8進数	16進数
0	0	0	0	1001	9	11	9
1	1	1	1	1010	10	12	A
10	2	2	2	1011	11	13	B
11	3	3	3	1100	12	14	C
100	4	4	4	1101	13	15	D
101	5	5	5	1110	14	16	E
110	6	6	6	1111	15	17	F
111	7	7	7	10000	16	20	10
1000	8	10	8				

※16進数では、10から15までをAからFで表現します。

(2) 基数変換

「基数変換」とは、ある進数から別の進数に置き換えることです。
基数変換の方法は、次のとおりです。

●2進数から10進数への変換

10進数の各位の数字が、10^0、10^1、10^2…の何倍なのかを表しているのと同じように、2進数の各位の数字は、2^0、2^1、2^2…の何倍なのかを表しています。この性質を利用して、2進数から10進数へ変換します。

> **例**
> $(1010)_2$を10進数に変換するとどうなるか。

$$
\begin{aligned}
&(\ 1 \quad 0 \quad 1 \quad 0\ )_2 \\
&= 2^3\times1 + 2^2\times0 + 2^1\times1 + 2^0\times0 \\
&= 8\times1 + 4\times0 + 2\times1 + 1\times0 \\
&= 8 + 0 + 2 + 0 \\
&= (10)_{10}
\end{aligned}
$$

●10進数から2進数への変換

10進数を2で割っていくと、簡単に変換できます。

> **例**
> $(10)_{10}$を2進数に変換するとどうなるか。

2) 10 …0 ← 余りを書く。
2) 5 …1
2) 2 …0
1 ← 商が「1」になるまで、2で割る。

矢印の順に、最後の商と余りを前から並べて書くと2進数に変換できる。

$(10)_{10}$ → $(1010)_2$

参考

基数

1桁で表現できる数のこと。例えば、2進数は「0」と「1」の2種類なので、基数は「2」となる。

参考

10進数の数字

10進数の数字「1203」を展開すると、次のように「1203」となる。

$$
\begin{aligned}
&(1 \quad 2 \quad 0 \quad 3)_{10} \\
&=10^3\times1 + 10^2\times2 + 10^1\times0 + 10^0\times3 \\
&=1000\times1 + 100\times2 + 10\times0 + 1\times3 \\
&=1000+200+0+3 \\
&=1203
\end{aligned}
$$

参考

2進数の書き方・読み方

「1010」と書くと10進数の数字と区別がつかないため、2進数を表すときは、「$(1010)_2$」のように、数字を括弧でくくり横に2を付ける。また、$(1010)_2$は「イチ、ゼロ、イチ、ゼロ」と1桁ずつ読む。

参考

n^0

nがどのような値でも、$n^0=1$（ゼロ乗は1）と定義されている。

●2進数から8進数または16進数への変換

2進数から8進数または16進数への変換は、次のように行います。

- ・2進数3桁は、8進数1桁に変換できる。
- ・2進数4桁は、16進数1桁に変換できる。

> **例**
> (11010)₂を8進数、16進数に変換するとどうなるか。

2進数から8進数への変換
下位の桁から3桁ずつ区切る
11　010
3　2
(32)₈

区切った数字ごとに、
10進数へ変換する

2進数から16進数への変換
下位の桁から4桁ずつ区切る
1　1010
1　10
(1A)₁₆

●8進数または16進数から2進数への変換

8進数または16進数から2進数への変換は、次のように行います。

- ・8進数1桁は、2進数3桁に変換できる。
- ・16進数1桁は、2進数4桁に変換できる。

> **例**
> (43)₈、(F5)₁₆をそれぞれ2進数に変換するとどうなるか。

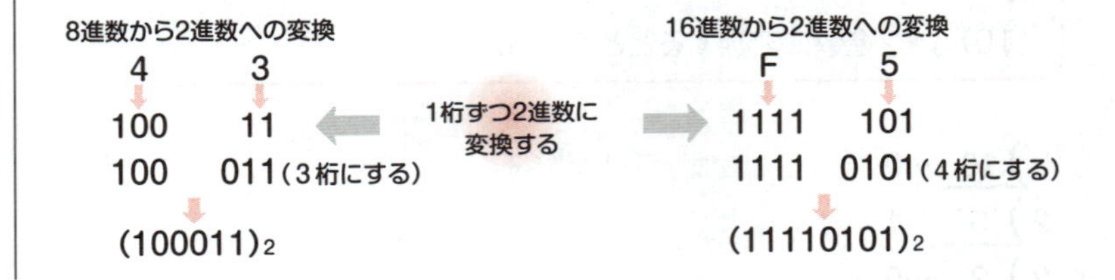

基数変換のまとめ

10進数の値を2で割り、商と余りを求める。商が1になるまで繰り返す。最後の商1と余りを下から列挙することで、2進数に変換できる。

2 進数の値を下位の桁から 3 桁ずつ区切り、各桁の値に2^0、2^1、2^2をかけて、その結果を加えることで、8 進数に変換できる。同様に、4 桁ずつ区切り、2^0、2^1、2^2、2^3をかけて、その結果を加えることで、16 進数に変換できる。

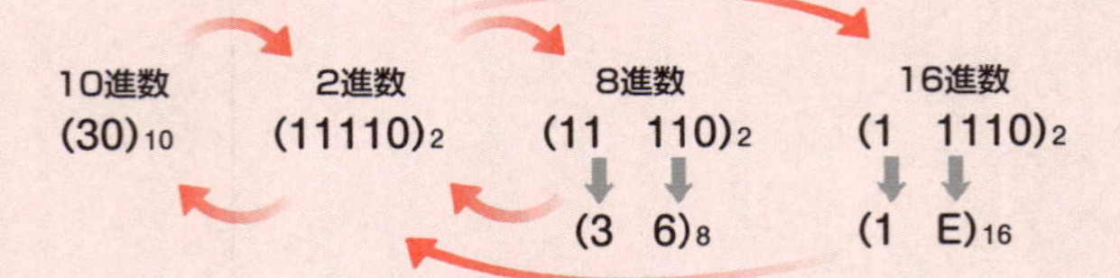

2進数の値を下位の桁から順番に、2^0、2^1、2^2・・・をかけて、その結果を加えることで、10進数に変換できる。

8 進数、16 進数の値を 1 桁ずつ 2 で割り、商と余りを求め、商が 1 になるまで繰り返す。最後の商 1 と余りを下から列挙する。各桁で求められた 2 進数の値を上位の桁から順番に並べることで、2 進数に変換できる。
※2 進数に変換した各桁の値が、3 桁、4 桁にならない場合は、上位に 0 を付加して、8 進数の場合は 3 桁、16 進数の場合は 4 桁にする。

(3) 符号付き2進数

「符号付き2進数」とは、2進数で負の数を扱うための表現方法のことです。符号付き2進数では、最上位ビットを**「符号ビット」**として扱うことによって、**「+」**と**「−」**の符号を区別します。最上位の1ビットが**「0」**の場合は正の数を表し、**「1」**の場合は負の数を表します。

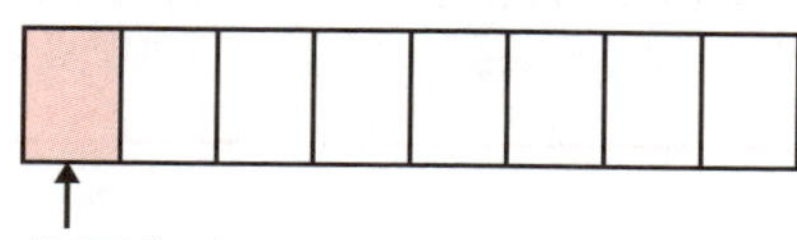

符号ビット
0ならば正の数、1ならば負の数を表す

符号なし2進数（通常の2進数）8ビットでは、0から255の値を表現できます。しかし、符号付き2進数の場合は、最上位の1ビットを符号ビットとして使用するため、値を表現できる桁数は7桁です。そのため、符号付き2進数8ビットでは、最大で−128から127の値を表現できます。
代表的な符号付き2進数の種類は、次のとおりです。

●1の補数

「1の補数」とは、正の数のビットを反転させて、負の数を表現します。

−3の場合

①正の数3のビットを求める　00000011
②ビットを反転させる　11111100　………1の補数

●2の補数

「2の補数」とは、1の補数に1を加えて、負の数を表現します。

−3の場合

①1の補数を求める　11111100
②1の補数に1を加える　+　1

11111101　………2の補数

参考

表現できる値の範囲
ビット数に応じた表現できる値の範囲は、次のとおりである。

ビット数	符号なし2進数	符号付き2進数
4	0〜15	−8〜7
8	0〜255	−128〜127
12	0〜4095	−2048〜2047
16	0〜65535	−32768〜32767
32	0〜4294967295	−2147483648〜2147483647

参考

補数
ある数に足すと、桁がひとつ繰り上がる数のこと。

(4) 2進数の加算・減算

2進数を加算・減算するときは、10進数と同じように桁をそろえて、下の桁から計算します。

●加算

加算をするときに重要なのは、桁を上げて、**「$(1)_2+(1)_2=(10)_2$」**と計算することです。

> **例**
> $(1001)_2+(011)_2$を計算するとどうなるか。

11 ← 桁上げ

$$
\begin{array}{rr}
 & (1001)_2 \\
+ & (011)_2 \\
\hline
 & (1100)_2
\end{array}
$$

●減算

減算をするときに重要なのは、桁を下げて、**「$(10)_2-(1)_2=(1)_2$」**と計算することです。

> **例**
> $(1001)_2-(011)_2$を計算するとどうなるか。

01 ← 桁下げ

$$
\begin{array}{rr}
 & (1001)_2 \\
- & (011)_2 \\
\hline
 & (110)_2
\end{array}
$$

> **例**
> 8ビットの数値で符号化されたチケットと景品の一覧表がある。景品の種類は、チケットA、Bのそれぞれに書かれている数値を加算した結果で決まる。チケットA、Bの数値が表のとおりの場合、ア～オのそれぞれの景品は何になるか。

〔チケット一覧表〕

	チケットA	チケットB
ア	01001000	01111001
イ	01000101	01100010
ウ	00111111	10001000
エ	00101100	00111000
オ	00011111	00111001

〔景品一覧表〕

景品	番号
ポケットティッシュ	00000001～01100100
芳香剤	01100101～10010110
洗剤セット	10010111～10110100
コーヒーギフト	10110101～11000010
旅行券	11000011～11001000

ア…01001000+01111001=11000001
　　したがって、景品はコーヒーギフトになる。
イ…01000101+01100010=10100111
　　したがって、景品は洗剤セットになる。
ウ…00111111+10001000=11000111
　　したがって、景品は旅行券になる。
エ…00101100+00111000=01100100
　　したがって、景品はポケットティッシュになる。
オ…00011111+00111001=01011000
　　したがって、景品はポケットティッシュになる。

❷ 集合

「集合」とは、ある明確な条件に基づきグループ化されたデータの集まりのことです。
集合は、**「AまたはB」**などの文章で表現することができ、この表現の方法を**「命題」**といいます。
命題によって表現した集合は、**「ベン図」**によって図式化することができます。
ベン図を解釈するには、**「真理値」**を求めます。**「真理値」**とは、1ならば**「真」**を、0ならば**「偽」**を意味します。
例えば、Aに含まれ、Bに含まれないならば、それぞれの真理値はA=1、B=0となります。
これを、命題**「AまたはB」**にあてはめた場合、**「1または0」**となり、命題の論理が成立します。しかし、命題**「AかつB」**にあてはめた場合は、**「1かつ0」**となり、命題の論理は成立しません。
真理値をまとめたものを、**「真理値表」**といいます。

参考

論理演算
1または0の組合せで行われる演算のこと。

命題	AまたはB	AかつB	Aではない	AではないB　または BではないA
ベン図	A B	A B	A	A B
論理式による表記	A+B	A・B	$\overline{A}$	$\overline{A}$・B+A・$\overline{B}$
論理演算の種類	論理和（OR）	論理積（AND）	否定（NOT）	排他的論理和（XOR）

真理値表

A	B	A OR B
0	0	0
0	1	1
1	0	1
1	1	1

A	B	A AND B
0	0	0
0	1	0
1	0	0
1	1	1

A	NOT A
0	1
1	0

A	B	A XOR B
0	0	0
0	1	1
1	0	1
1	1	0

7-1-2 応用数学

収集したデータを分析することにより業務上の問題点を発見し、業務改善の手がかりとします。データを分析するには、**「応用数学」**を使います。応用数学とは、数学的な知識をほかの分野に適用することを目的とした数学のことで、**「確率」**や**「統計」**などがあります。

❶ 確率

「確率」とは、収集したデータの総数や度合いを判断する手法のことです。

(1) 順列

「順列」とは、あるデータの集まりの中から任意の個数を取り出して並べたときの並べ方の総数のことです。

異なるn個から任意にr個を取り出して、1列に並べた順列の数を${}_nP_r$と表した場合、次の式で求めることができます。

順列を求める計算式

$${}_nP_r = n\times(n-1)\times(n-2)\times\cdots\times(n-r+1)$$

例

1、2、3、4、5、6の数字から4個の異なる数字を取り出し、4桁の数を作る場合は何通りか。

${}_6P_4=6\times(6-1)\times(6-2)\times(6-3)=6\times5\times4\times3=360$通り

(2) 組合せ

「組合せ」とは、あるデータの集まりの中から、任意の個数を取り出すときの取り出し方の総数のことです。

異なるn個から任意のr個を取り出す組合せの数を${}_nC_r$と表した場合、次の式で求めることができます。

組合せを求める計算式

$${}_nC_r = \frac{{}_nP_r}{r!} = \frac{n!}{(n-r)!\,r!}$$

例

1、2、3、4、5、6の数字から4個の異なる数字を取り出す場合は何通りか。

$$\frac{{}_6P_4}{4!} = \frac{6\times5\times4\times3}{4\times3\times2\times1} = 15\text{通り}$$

参考

!

「!」は階乗を表す記号。
例えば「3!=3×2×1」となる。

例
ある会合の参加者8人が1対1で連絡を取り合うために必要な経路の数は何通りか。

次の2通りの方法で組合せの数を算出できる。

$$\frac{{}_{n}P_{r}}{r!} = \frac{{}_{8}P_{2}}{2!} = \frac{8\times7}{2\times1} = 28\text{通り}$$

または

$$\frac{n!}{(n-r)!\,r!} = \frac{8\times7\times6\times5\times4\times3\times2\times1}{6\times5\times4\times3\times2\times1\times2\times1} = 28\text{通り}$$

樹形図を使って求める場合は、次のようになる。
なお、参加者8人はA～Hで表すものとする。

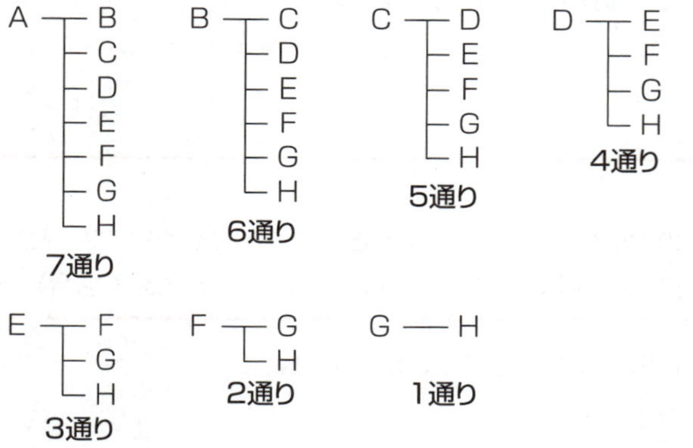

```
A ┬ B     B ┬ C     C ┬ D     D ┬ E
  ├ C       ├ D       ├ E       ├ F
  ├ D       ├ E       ├ F       ├ G
  ├ E       ├ F       ├ G       └ H
  ├ F       ├ G       └ H      4通り
  ├ G       └ H      5通り
  └ H      6通り
 7通り

E ┬ F     F ┬ G     G ── H
  ├ G       └ H
  └ H      2通り     1通り
 3通り
```

したがって、7+6+5+4+3+2+1=28通り

(3) 確率

「確率」とは、全事象の場合の数に対する、ある事象の起こり得る数の割合のことです。
全体の事象の数がn通りで、事象Aがそのうちのr通り起こる確率をP(A)と表した場合、次の式で求めることができます。

確率を求める計算式

$$P(A) = \frac{r}{n}$$

例
10本のくじの中に当たりが3本あるとき、2本のくじを引いて2本とも当たりくじである確率はどうなるか。

〔すべての事象の組合せ〕
10本のくじから2本のくじを引く組合せを求める。

$${}_{10}C_2 = \frac{10\times 9}{2\times 1} = 45\text{通り}$$

〔2本とも当たりの場合の組合せ〕
3本の当たりくじから2本の当たりくじを引く組合せを求める。

$${}_{3}C_2 = \frac{3\times 2}{2\times 1} = 3\text{通り}$$

したがって、求める確率は次のようになる。

$$\frac{3}{45} = \frac{1}{15}$$

例
10本のくじの中に当たりが3本あるとき、2本のくじを引いて2本とも当たりくじである確率はどうなるか。（その他の方法で求める場合）

1回だけくじを引いて、当たりくじである確率は、

$$\frac{\text{当たりくじの数}}{\text{くじの総数}}$$

であるから、2回くじを引くと考えて解く。

1回目当たりくじを引く確率 … $\frac{3}{10}$

2回目当たりくじを引く確率 … $\frac{2}{9}$

したがって、求める確率は次のようになる。

$$\frac{3}{10} \times \frac{2}{9} = \frac{1}{15}$$

❷ 統計

「統計」とは、あるデータについて収集・調査し、その性質を数量的に表す手法のことです。

(1) データの代表値

「データの代表値」とは、データ全体の特性をひとつの数値で表現するものです。データの代表値として、次のような値が使われます。

値	説　明
平均値	全体の合計をデータ数で割った値のこと。一般的に"平均値"と呼んでいるものは、"算術平均"のことである。 例：19,21,23,19,18の平均値を求める場合 $\frac{19+21+23+19+18}{5}=20$
メジアン（中央値）	データを昇順、または降順に並べた場合に中央に位置する値のこと。データの個数が偶数の場合には中央に位置する2つの値の平均を採用する。 例：19,21,23,19,18のメジアンを求める場合 18→19→<u>19</u>→21→23 メジアン
モード（最頻値）	データの出現度数の最も高い値のこと。 例：19,21,23,19,18のモードを求める場合 <u>19</u>　21　23　<u>19</u>　18 モード

(2) データの散布度

「データの散布度」とは、個々のデータが平均値のまわりでどのようにばらついているかの度合いを数値で表現するものです。

同じ平均値を持つデータの集まりでも、次のように特徴が異なる場合があります。

	データ	平均値
Aグループ	20、21、22、19、18	$\frac{20+21+22+19+18}{5}=20$
Bグループ	10、30、5、25、30	$\frac{10+30+5+25+30}{5}=20$

この違いを表現する数値が、散布度の指標となる**「分散」**、**「標準偏差」**、**「レンジ」**などです。

値	説　明
分散	（個々のデータの値－平均）を2乗した値の合計をデータ数で割った値のこと。
標準偏差	分散の平方根をとった値のこと。
レンジ（範囲）	データの最大値と最小値との差のこと。

参考

ワークサンプリング法

観測回数を決めて、ランダムな瞬間に、ある作業者の作業状況を観測し、設備や作業時間などを分析する手法のこと。「瞬間観測法」ともいう。

Aグループと Bグループの平均値は同じですが、散布度を計算すると次のようになります。

	Aグループ	Bグループ
平均値	20	20
分散	$\{(20-20)^2+(21-20)^2+(22-20)^2$ $+(19-20)^2+(18-20)^2\}\div5$ $=(0+1+4+1+4)\div5$ $=10\div5$ $=2$	$\{(10-20)^2+(30-20)^2+(5-20)^2$ $+(25-20)^2+(30-20)^2\}\div5$ $=(100+100+225+25+100)\div5$ $=550\div5$ $=110$
標準偏差	$\sqrt{2}\fallingdotseq1.414$	$\sqrt{110}\fallingdotseq10.488$
レンジ（範囲）	22−18=4	30−5=25

平均値だけではデータがどのようになっているかを正確に分析できませんが、散布度をみると、全体の分布状態を正確に把握できます。

(3) 正規分布

事象が起こる確率が変数によって決まる場合、変数と各事象が起こる確率との関係を**「確率分布」**といい、この変数を**「確率変数」**といいます。確率分布の代表的なものに、**「正規分布」**があります。
正規分布とは、データの分布状態をグラフで表したときに、グラフの形が**「正規曲線」**という曲線になるような分布のことです。正規曲線は、平均値を中心とした左右対称のつりがね型の曲線です。
正規分布の特徴として、平均値±標準偏差の範囲に約68%、平均値±（標準偏差×2）の範囲に約95%、平均値±（標準偏差×3）の範囲に約99%のデータが含まれます。
正規分布に従うデータとしてよく知られているものに、多人数の身長、同じ工程で作られる多数の製品の重さ、測定の誤差などがあります。
このような性質から、工業製品の不良品の数といった、平均値から大きくずれているデータの数を予測する場合などに利用します。

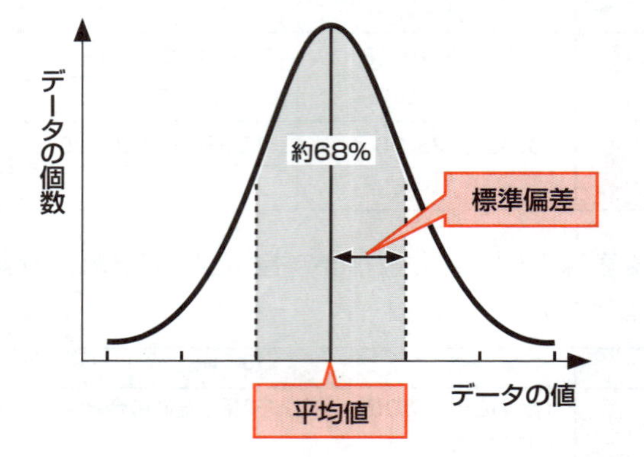

参考

度数分布表
データの分析状態を表形式でまとめたもの。

参考

ヒストグラム
データの分布状態を表すには、ばらつきを棒グラフで表示するヒストグラムを使うこともできる。
ヒストグラムでは、データの全体像、中心の位置、ばらつきの大きさなどを確認できる。

例

サイコロを投げて、出た目の数だけスゴロクの駒を進める。サイコロを1回投げたときの進める駒数の期待値はいくらか。ただし、出た目が1と2のときは駒を進めないものとする。
また、サイコロは1～6までの数値を一様乱数として出現させるものとする。

ここでは、サイコロを振って目が出る確率は一様乱数であるため、それぞれの目が出る確率は$\frac{1}{6}$となる。

また、ここでの確率変数は進める駒数となるため、3～6の目が出現する期待値を求める計算式は、次のとおりである。

3の目…$\frac{1}{6} \times 3 = \frac{3}{6}$

4の目…$\frac{1}{6} \times 4 = \frac{4}{6}$

5の目…$\frac{1}{6} \times 5 = \frac{5}{6}$

6の目…$\frac{1}{6} \times 6 = \frac{6}{6}$

したがって、サイコロを1回投げたときの進める駒数の期待値は、次のとおりである。

$$\frac{3}{6} + \frac{4}{6} + \frac{5}{6} + \frac{6}{6} = 3$$

参考

期待値

ある物事に対して試行を行った結果、得られる数値の平均値のこと。例えば、サイコロを何回か振ったときに平均してどのくらいの目が出るかというもの。
期待値は、ある事象が起こる確率と確率変数をかけ合わせた値の合計で求められる。

参考

一様乱数

ある範囲の数値からランダムに数値を選んだ場合に、すべての数値が等しい確率で出現すること。

7-1-3　情報に関する理論

コンピュータで扱う数値やデータに関する基礎的な理論を知るためには、情報量の表現方法、ディジタル化の考え方、文字の表現などを理解する必要があります。

❶ 情報量の単位

コンピュータの記憶容量や性能を表す情報量の単位には、**「ビット」**と**「バイト」**があります。情報量の単位を知っておくことは、PCの性能やメモリ、ハードディスクの空き容量などを知る際にも役立ちます。

(1) ビットとバイト

「ビット」とは、コンピュータが扱うデータの最小単位のことです。**「1ビット（1bitまたは1b）」**は、2進数と同様に0と1で表されます。また、8ビットを**「1バイト（1Byteまたは1B）」**で表します。

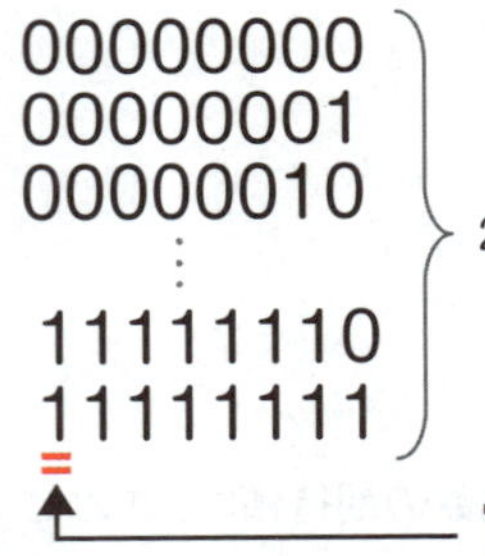

2⁸=256種類のデータを表現できる

1ビット
8ビット=1バイト

(2) 情報量を表す単位

バイトより大きな情報を表す単位は、次のとおりです。

単　位	読み方	意　味
kB	キロバイト	10^3=1000バイト　（1KB=2^{10}=1024バイト）
MB	メガバイト	10^6=1000kバイト（2^{20}=1024Kバイト）
GB	ギガバイト	10^9=1000Mバイト（2^{30}=1024Mバイト）
TB	テラバイト	10^{12}=1000Gバイト（2^{40}=1024Gバイト）
PB	ペタバイト	10^{15}=1000Tバイト（2^{50}=1024Tバイト）

※記憶容量を表すときは、コンピュータが扱う情報が2進数のため厳密的には2^{10}倍（1024倍）で単位を変換しますが、一般的には細かい端数（24）を切り捨てて10^3倍（1000倍）で単位を変換します。

※通常、10^3（1000倍）を表す場合は「k」と小文字で書きますが、2^{10}（1024倍）を表す場合は「K」と大文字で書いて区別します。

8ビット = 1バイト →(×1000) 1kB →(×1000) 1MB →(×1000) 1GB →(×1000) 1TB →(×1000) 1PB

参考

ビットで表現できるデータの種類

ビットで表現できるデータの種類は、次のとおり。

1ビット　2^1=2種類
2ビット　2^2=4種類
3ビット　2^3=8種類
4ビット　2^4=16種類
5ビット　2^5=32種類
6ビット　2^6=64種類
7ビット　2^7=128種類
8ビット　2^8=256種類

参考

接頭語

10の整数乗倍を表すときに使われるもの。それだけでは独立して使われず、ほかの単位と一緒に使われ、その単位の10の整数乗倍を表す。通常、国際単位系（SI）で定められている「SI接頭語」が利用される。接頭語には、次のようなものがある。

接頭語	読み方	意　味
f	フェムト	10^{-15}
p	ピコ	10^{-12}
n	ナノ	10^{-9}
μ	マイクロ	10^{-6}
m	ミリ	10^{-3}
k	キロ	10^3
M	メガ	10^6
G	ギガ	10^9
T	テラ	10^{12}
P	ペタ	10^{15}

(3) 処理速度を表す単位

コンピュータの処理速度を表すときに使われる、1秒未満の時間を表す単位は、次のとおりです。

単　位	読み方	意　味
ms	ミリ秒	$1\text{ms}=10^{-3}\text{s}=\frac{1}{10^{3}}\text{s}$
μs	マイクロ秒	$1\mu\text{s}=10^{-6}\text{s}=\frac{1}{10^{6}}\text{s}$
ns	ナノ秒	$1\text{ns}=10^{-9}\text{s}=\frac{1}{10^{9}}\text{s}$
ps	ピコ秒	$1\text{ps}=10^{-12}\text{s}=\frac{1}{10^{12}}\text{s}$

2 ディジタル化

帳票、写真、絵画などの**「アナログデータ」**をコンピュータで取り扱えるようにするには、データをディジタル信号（0と1からなるコード）に変換して**「ディジタル化」**する必要があります。ディジタル化することで、画像加工、コピー、通信などを高速にし、データの利用範囲を広げることができます。さらに、ディジタルデータを活用することでオリジナルであるアナログデータの劣化を防止したり、データ活用の効率化を実現したりできます。

(1) A/D変換

「A/D変換」とは、アナログ信号からディジタル信号へ変換することです。逆に、ディジタル信号をアナログ信号に戻すことを**「D/A変換」**といいます。

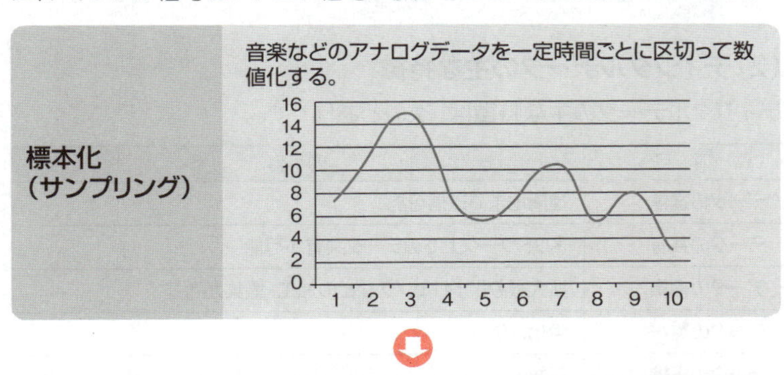

量子化

アナログ信号をディジタル信号に変換するとき、アナログ量を標本化して棒グラフ状にし、これを数値（ビット）で表す。

16 14 12 10 8 6 4 2 0

7 12 15 8 5 8 11 5 8 3

1 2 3 4 5 6 7 8 9 10

参考

エンコード

データを一定の規則に基づいて変換すること。エンコードを行うソフトウェアのことを「エンコーダ」という。

参考

デコード

エンコードされたデータから、一定の規則に基づいて変換し、元のデータを取り出すこと。デコードを行うソフトウェアのことを「デコーダ」という。

参考

サンプリングレート

1秒間にアナログデータを測定する回数のこと。「サンプリング周波数」ともいい、「Hz」で表す。サンプリングレートが大きいほど、ディジタルデータで再現できる音質がよい。

符号化

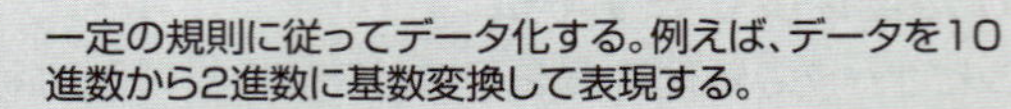
一定の規則に従ってデータ化する。例えば、データを10進数から2進数に基数変換して表現する。

7	0	1	1	1
12	1	1	0	0
15	1	1	1	1
8	1	0	0	0
5	0	1	0	1
8	1	0	0	0
11	1	0	1	1
5	0	1	0	1
8	1	0	0	0
3	0	0	1	1

符号のディジタル表示

符号化されたデータをディジタルデータに変換する。

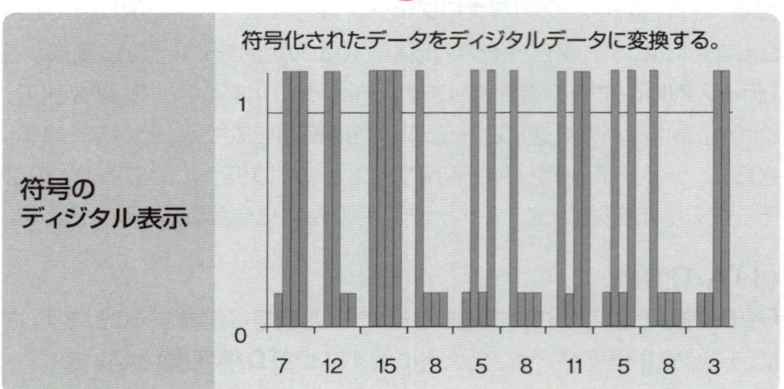

(2) ディジタルデータの主な特徴

ディジタルデータの主な特徴は、次のとおりです。

項　目	内　容
データの送信	遠隔地まで送信可能
データの共有	ネットワーク上でのデータ共有が可能
データの編集	拡大・縮小、トリミングなどの加工・編集が可能
データの質	劣化しない
データの圧縮	可能
データの検索	可能
データのコピー	可能

参考

サンプリングと量子化

アナログ信号は連続するデータで、ディジタル信号は個々の途切れたデータである。A/D変換時に、サンプリングの周期を短くし量子化の段階を増やすことで、より細かく数値を採ることができアナログデータに近づけることができる。

・サンプリング周期が長く、量子化の段階が少ない

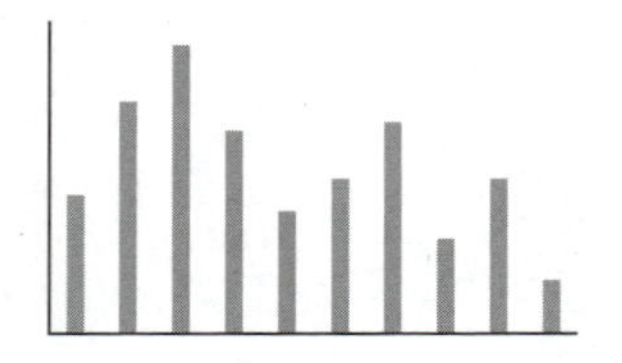

・サンプリング周期が短く、量子化の段階が多い

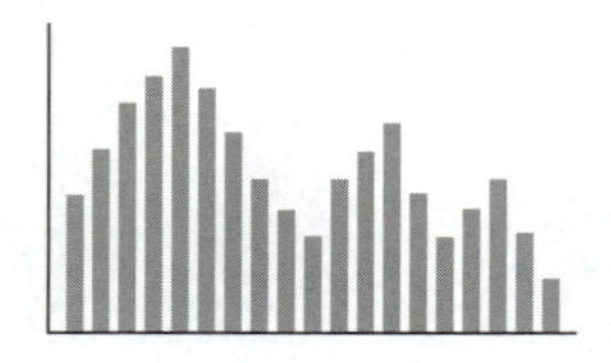

❸ 文字の表現

コンピュータ内部では、文字を2進数の数値として扱います。すべての文字に割り当てられた2進数コードを**「文字コード」**といいます。

種　類	説　明
ASCIIコード	ANSI（米国規格協会）が規格した文字コード。7ビットコード体系で英数字・記号などを表し、パリティビットを1ビット付加して1バイトで表す。
JISコード	JIS（日本工業規格）が規格した文字コード。英数字・記号などを表す1バイトコード体系と漢字やひらがなを表す2バイトコード体系がある。
シフトJISコード	マイクロソフト社などが規格した文字コード。「拡張JISコード」ともいう。JISの2バイトコードとASCIIの1バイトコードを混在させた2バイトコード体系。Windows、MacOSなど多くのコンピュータで利用されている。
EUC	AT&T社が規格した文字コード。「拡張UNIXコード」ともいう。UNIXで漢字などを扱えるようにした2バイトコード体系。「Extended Unix Code」の略。
Unicode	ISO（国際標準化機構）とIEC（国際電気標準会議）が規格した文字コード。全世界の文字に対応付けたコード体系。2バイトコード体系や4バイトコード体系がある。

例
日本語で10文字分を表すために必要なビット数はいくらか。

日本語は全角文字であるため、1文字につき2バイト必要である。
日本語10文字を表すために必要なバイト数は、次のとおりである。

2バイト×10文字＝20バイト

1バイト＝8ビットであることから、20バイト＝160ビット　となる。

例
既存のデータベースに各社員の所属を表すコードのフィールドを用意することになった。所属コードは数値のみ8桁を使用する。データベースに登録されている従業員数は25,000名である。このとき、所属コードを保存する領域として最小で何キロバイト必要となるか。データの圧縮等は行わない。

所属コードが数値のみの扱いであるため、1桁1バイトと考えることができる。所属コードが8桁なので、用意するフィールドは、8バイトである。登録されている従業員数が25,000名ということから、所属コードの保存領域として確保する必要があるのは次のとおりである。

8バイト×25,000名＝200,000バイト

1キロバイト＝1,000バイトであることから

200,000÷1,000＝200キロバイト　となる。

参考

パリティビット
文字コードなどの誤りを検査するためのビットのこと。

7-2 アルゴリズムとプログラミング

7-2-1　データ構造

システムを開発する際は、必要な機能が正しく動作するように、プログラムを作成していく必要があります。ここでは、プログラム作成に必要なデータ構造やアルゴリズムについて解説します。

1 データとデータ構造

「データ」とは、コンピュータ内部で扱う情報のことです。そのデータを、系統立てて扱う仕組みを、**「データ構造」**といいます。
システム開発にとって、データ構造の設計は、すべての基礎となります。目的の作業が実行できるようなデータ構造を、あらかじめ検討・設計しておく必要があります。
基本的なデータ構造は、次のとおりです。

(1) 変数

「変数」とは、プログラム中で扱うデータを、一時的に記憶するための領域のことです。変数を定義するときは、英数字や記号などを使った変数名を付け、ほかのデータとは区別します。また、変数を使うときは、変数に値を代入します。
例えば、式**「y=a+10」**に対して、a=10を代入すると、y=20になります。変数の特徴は、プログラムを実行するたびに違った値を代入できるため、プログラム自体を書き換える必要がないことです。

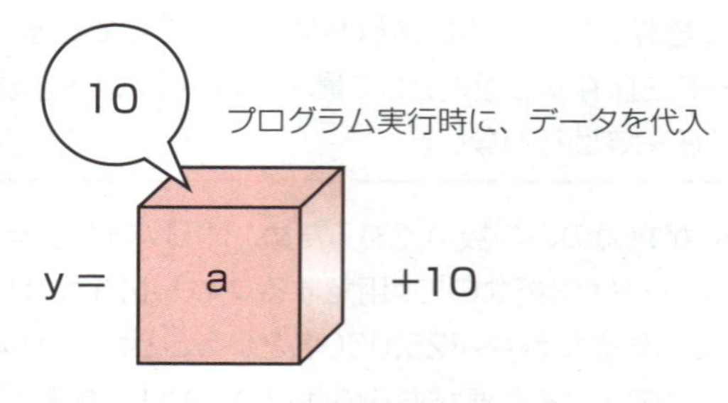

変数は、データを入れておく箱のようなもの

参考

定数
一定の値に固定されたデータのこと。変数の反義語。

参考

絶対値
0からの距離を示す値のこと。例えば、+1または−1の絶対値は1、+2または−2の絶対値は2となり、正や負の符号をとった値となる。

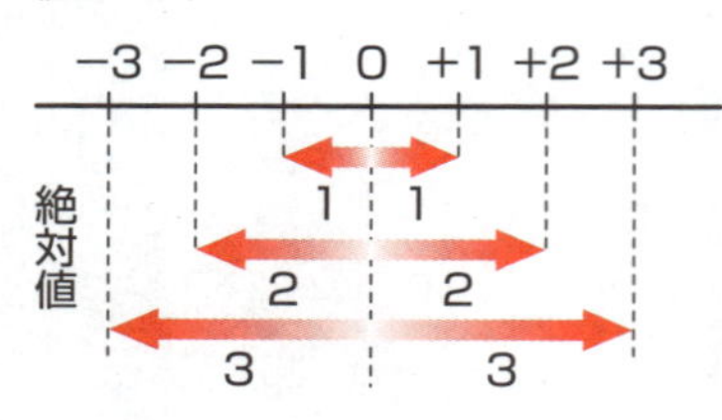

(2) フィールドのタイプ

「フィールドのタイプ」とは、格納するデータの種類のことです。**「データ型」**ともいいます。プログラム中で扱うデータには、数値や文字列などのフィールドのタイプを定義します。変数にフィールドのタイプを定義すると、適切なデータのみ代入できるようになるため、プログラムの精度が向上します。

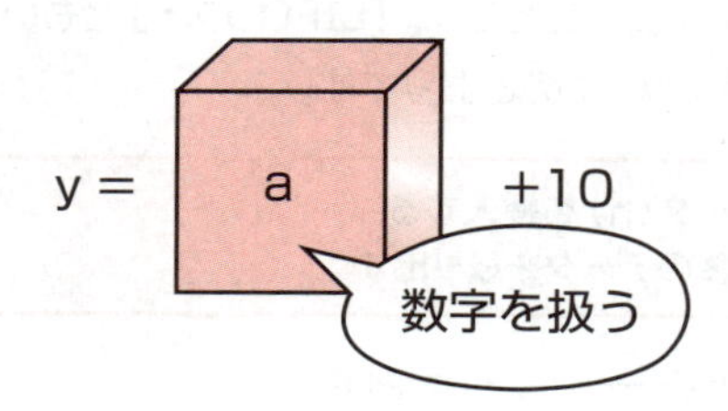

(3) 配列

大量のデータを扱うには、変数ではなく**「配列」**というデータ構造を活用すると便利です。ひとつのデータを記憶する変数に対して、配列は同じ種類のデータを複数並べて記憶できます。通常、配列には連続的にデータを格納しますが、個々のデータを識別する**「添え字」**を持っているため、特定のデータを探したり特定のデータから順にデータを取り出したりすることができます。

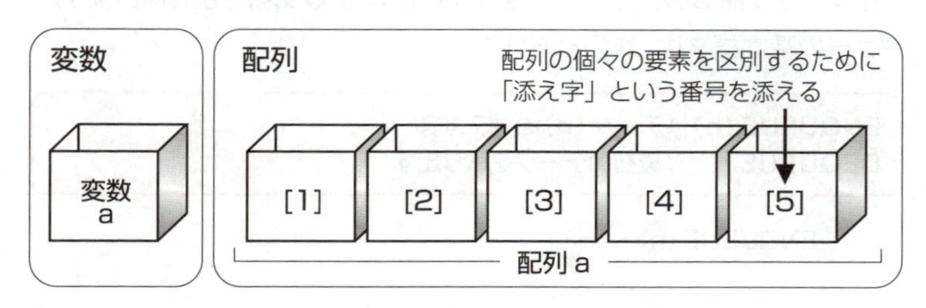

(4) リスト

「リスト」とは、散在する複数のデータを数珠つなぎにするデータ構造のことです。配列のようにデータが連続的に記憶されているとは限りません。リストではデータとともに、次のデータの格納位置を示す**「ポインタ」**という情報を持ちます。データの入れ替えや追加の際は、ポインタを変更することでデータのつながりを再定義できます。

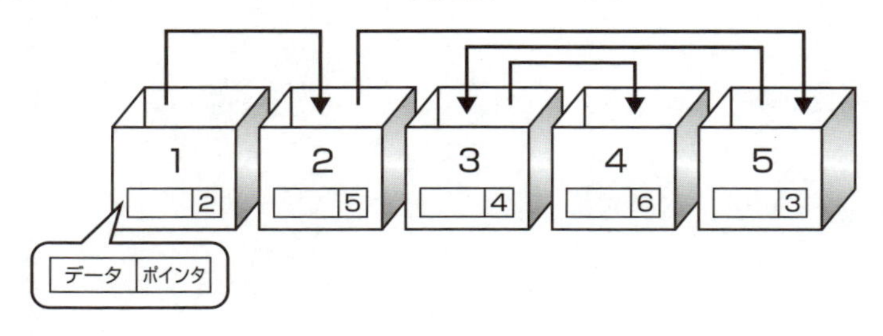

参考

配列の注意点

配列を利用するときは、あらかじめ配列の大きさや代入するデータの順番を決めておく必要がある。これらをあとから変更するには、配列を再定義する必要がある。

参考

その他のデータ構造

・レコード…1行分のデータのこと
・ファイル…データをまとめたもののこと

❷ スタックとキュー

リストにデータの挿入や取出しを行う際の考え方には、次のようなものがあります。

(1) スタック

「スタック」とは、リストの最後にデータを挿入し、最後に挿入したデータを取り出すデータ構造のことです。**「LIFOリスト」**ともいいます。
スタックの基本構文は、次のとおりです。

PUSH (n) :データ(n)を挿入する
POP :最後のデータを取り出す

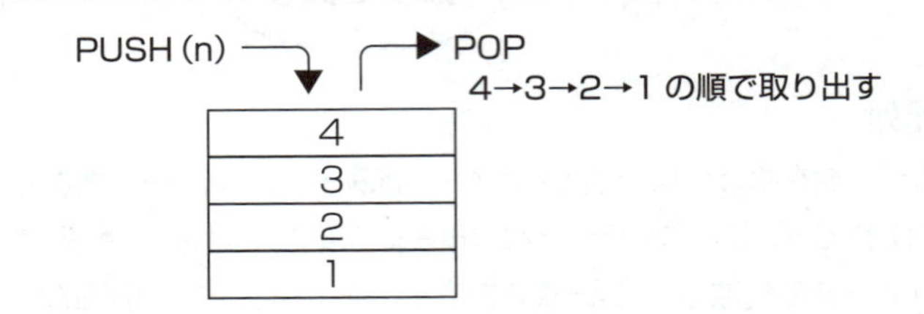

参考
LIFO
後入先出法のこと。後に入れたデータを先に出す。
「Last-In First-Out」の略。

(2) キュー

「キュー」とは、リストの最後にデータを挿入し、最初に挿入したデータを取り出すデータ構造のことです。**「待ち行列」**、**「FIFOリスト」**ともいいます。
キューの基本構文は、次のとおりです。

ENQUEUE (n) :データ(n)を挿入する
DEQUEUE :最初のデータを取り出す

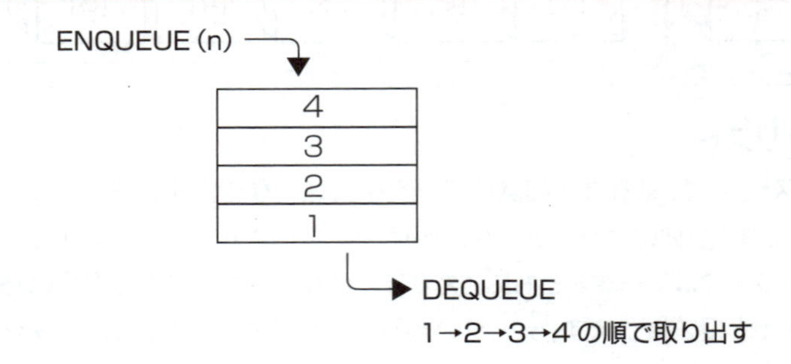

参考
FIFO
先入先出法のこと。先に入れたデータを先に出す。
「First-In First-Out」の略。

例

図のように、数字が書かれた箱が積み上げられている。

1～4の操作手順に従って箱を積み上げていく。すべて操作し終わったとき、すべての箱の値を足し合わせた合計はいくらになるか。

ただし、常に箱は5個積まれている状態で、下からしか取り出せないものとする。また、新しく箱を積み上げる場合は、一番下の箱を廃棄する。

3
7
6
5
2

操作1：一番下の箱を取り出し、その数値を2乗した値が書かれた箱を一番上に置く。

操作2：箱に書かれた値が小さい順になるように並べ替える。

操作3：操作2で並べ替えを行った回数を示す値が書かれた箱を一番上に置く。

操作4：下から2つ箱を取り出し、書かれた値の積の一の位の値が書かれた箱を2つ置く。

〔操作1〕

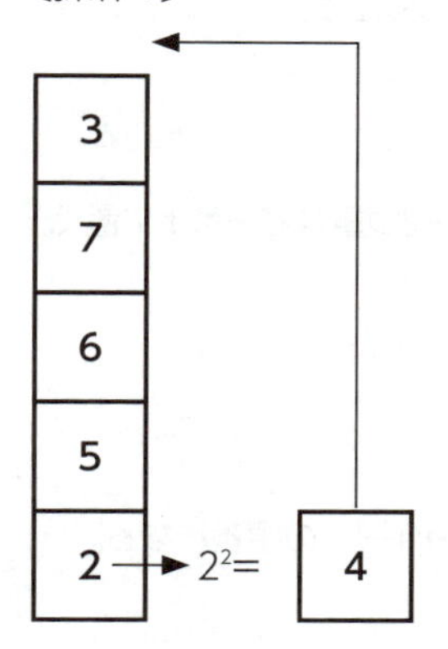

①操作1で一番下の箱「2」を取り出す。

②$2^2$=4

③「4」と書かれた箱を一番上に置く。

〔操作2〕

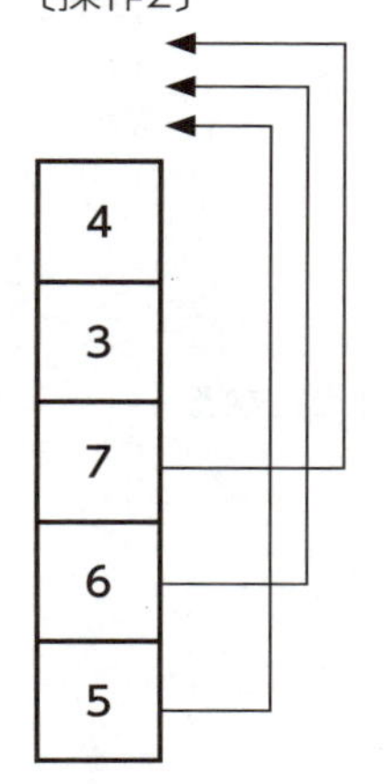

①一番下の箱「5」を取り出して一番上に置く。

②一番下の箱「6」を取り出して一番上に置く。

③一番下の箱「7」を取り出して一番上に置く。

参考

木構造

データを階層構造で管理するときに使われる図のこと。木構造の各要素を「節(ノード)」、最上位の節を「根(ルート)」、最下位の節を「葉(リーフ)」、各節を関連付ける線を「枝(ブランチ)」といい、次のような形で表現される。

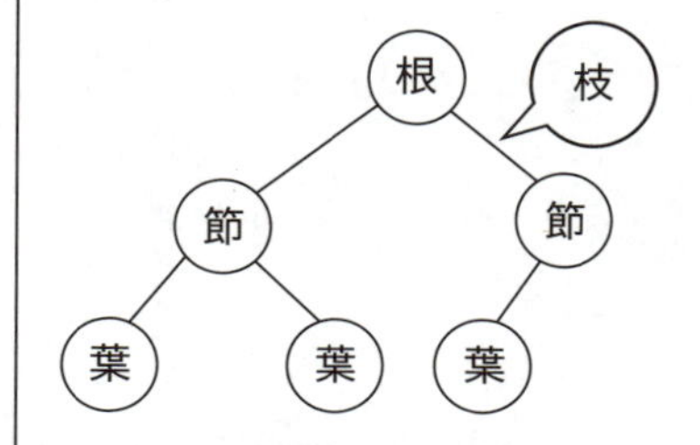

参考

2分木

節から分岐する枝が2本以下の木構造のこと。

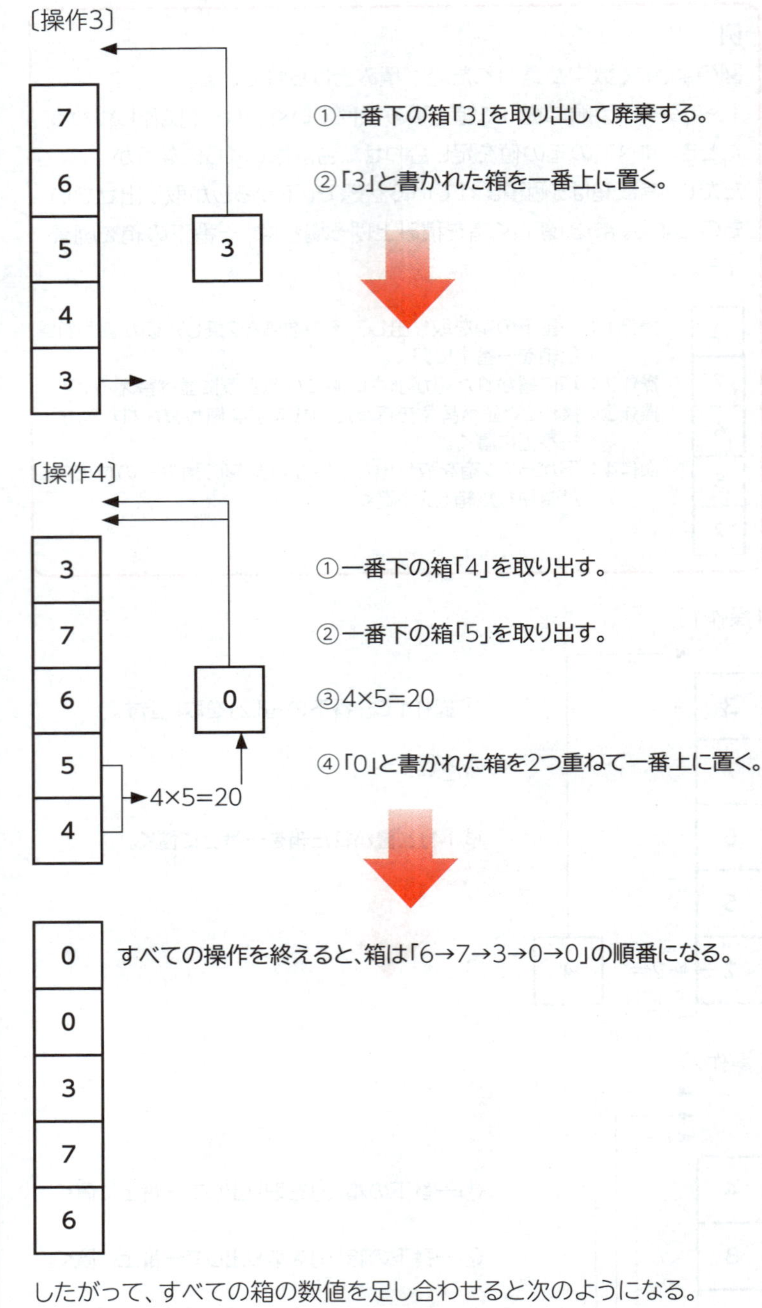

したがって、すべての箱の数値を足し合わせると次のようになる。

6+7+3+0+0=16

7-2-2 アルゴリズム

「アルゴリズム」とは、問題を解決するための処理手順のことです。システム開発や業務の分析を行う際は、はじめにアルゴリズムを考えます。アルゴリズムによって手順を明確にすることで、効率的にプログラムを作成できます。

1 流れ図

「流れ図」とは、作業の流れやプログラムの手順を、記号や矢印を使って図で表したものです。**「フローチャート」**ともいいます。
流れ図は、プログラムの手順のほかにも、データの経路や制御を示すことができ、アルゴリズムをわかりやすく図式化する方法として活用されています。

（1）流れ図の記号

流れ図の記号は、JIS（日本工業規格）によって定められています。代表的な記号には、次のようなものがあります。

記号	名称	説明
（角丸長方形）	端子	流れ図の始まりと終わりを表す。
（線・矢印）	線	手順やデータ、制御などの流れを表す。
（長方形）	処理	演算や代入などの処理を表す。
（平行四辺形）	データ記号	データの入力と出力を表す。
（ひし形）	判断	条件を判断して、その結果によって複数の処理からひとつを選択する制御機能を表す。
（上角を落とした長方形）	ループ端（開始）	ループの始まりを表す。
（下角を落とした長方形）	ループ端（終了）	ループの終わりを表す。

❷ アルゴリズムの基本構造

アルゴリズムの基本構造には、**「順次構造」**、**「選択構造」**、**「繰返し構造」**があります。これらを組み合わせることによって、複雑なアルゴリズムを示すことができます。

(1) 順次構造

「順次構造」とは、順番に流れを示したものです。

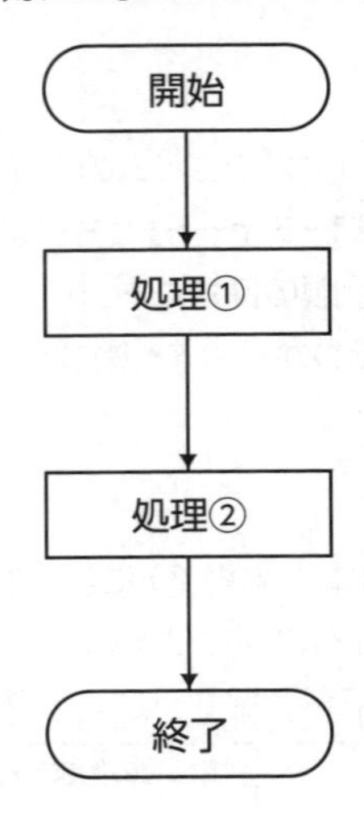

(2) 選択構造

「選択構造」とは、条件によって処理を選択する流れを示したものです。

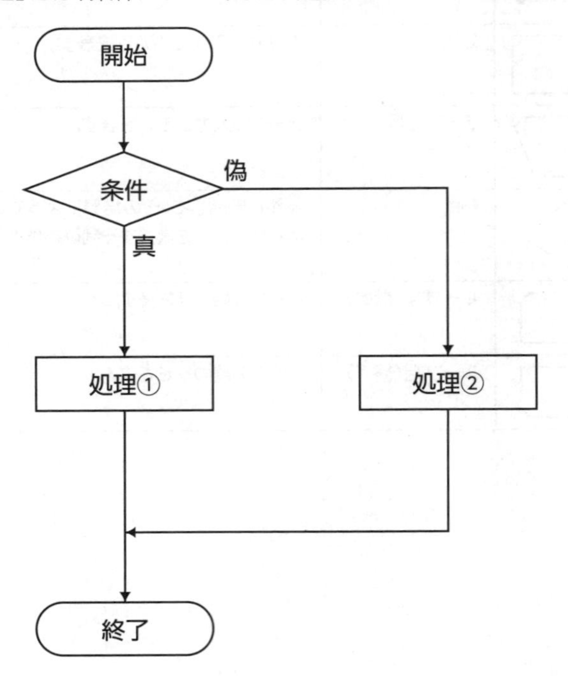

例
うるう年を考慮した日付の入力システムを流れ図で表すとどのようになるか。
うるう年の定義は次のとおりとする。
西暦年が4で割り切れる場合はうるう年である。ただし、100でも割り切れる場合はうるう年ではない。100で割り切れてさらに400でも割り切れる場合は、うるう年である。

うるう年の定義に基づいて流れ図を作成すると、次のようになる。

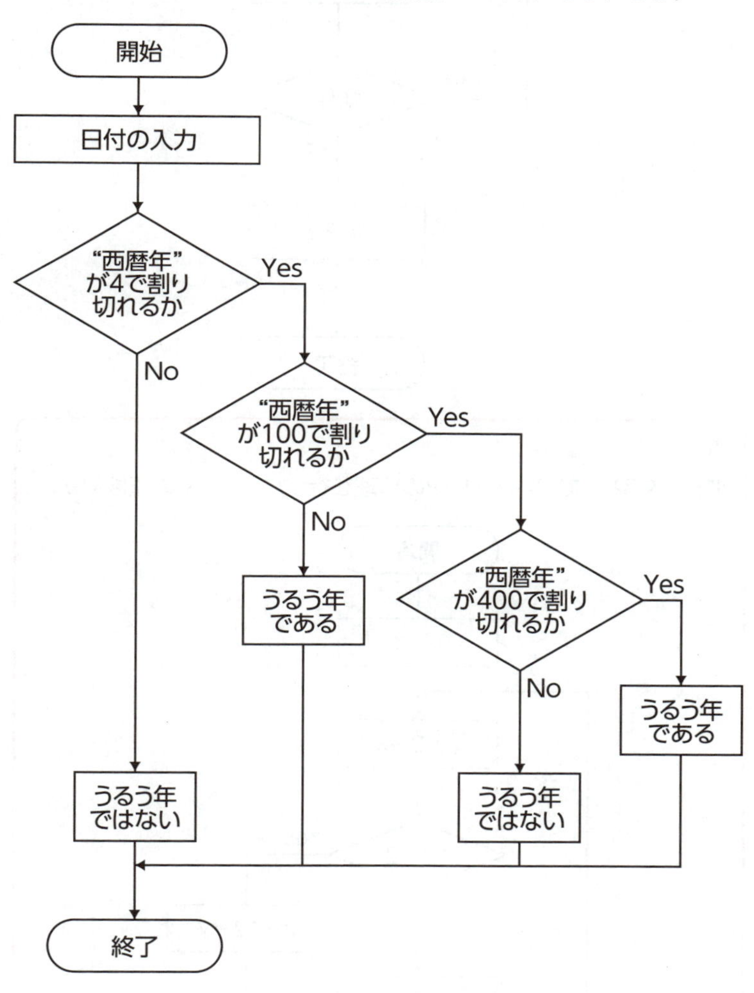

第7章 基礎理論

参考

条件による繰返し

条件によって繰返す場合、繰返しの前に条件を判定する（前判定）方法、繰り返した後で条件を判定する（後判定）方法がある。

(3) 繰返し構造

「繰返し構造」とは、決められた回数または条件などによって、条件が満たされている間、または条件が満たされるまで繰返す流れを示したものです。

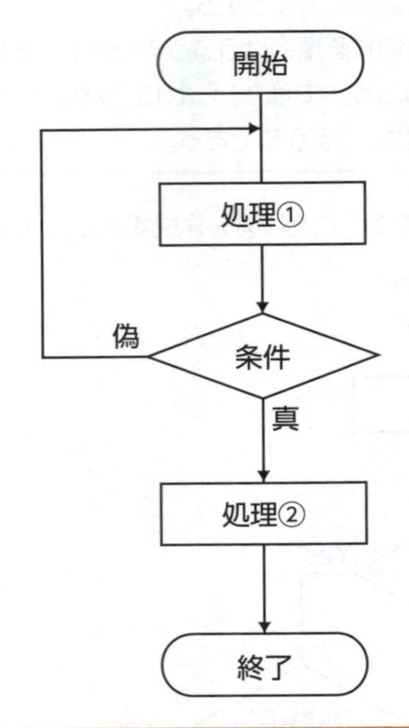

例

変数aを3として、次の流れ図の処理を行ったときのyの値は何か。

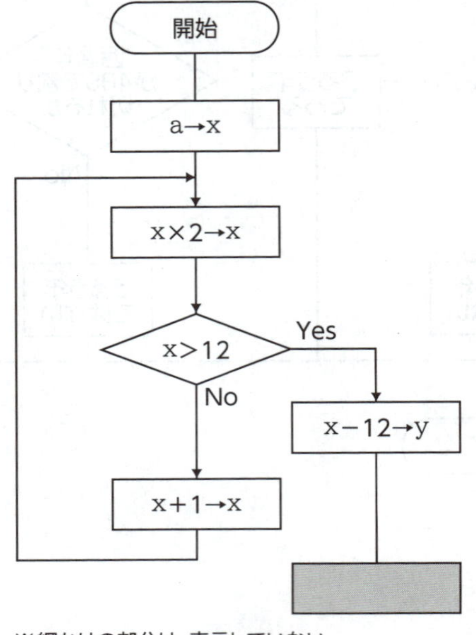

※網かけの部分は、表示していない。

処理の流れは次のようになる。

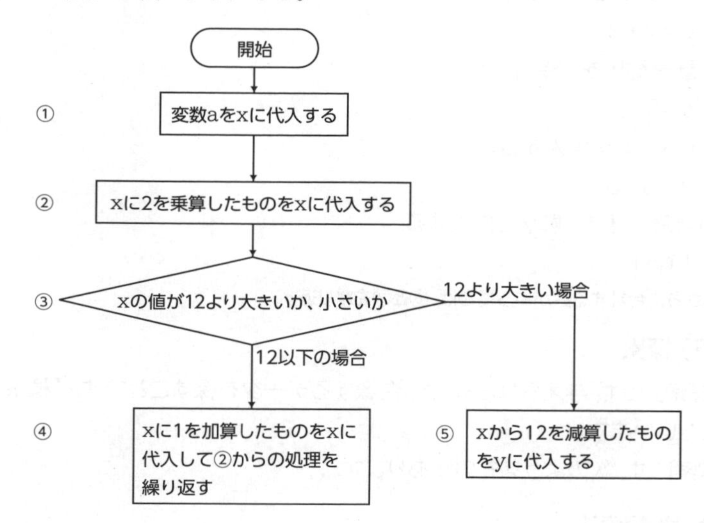

実際に処理を行うと

① 3をxに代入する。

② 3×2=6で、6をxに代入する。

③ xが12以下なので、④に進む。

④ 6+1=7で、7をxに代入する。

② 7×2=14で、14をxに代入する。

③ xが12より大きいので、⑤に進む。

⑤ 14−12=2で、2をyに代入する。

以上の処理で、yの値は2となる。

3 代表的なアルゴリズム

代表的なアルゴリズムには、次のようなものがあります。

(1) 合計

「合計」とは、足し算をすることです。足す回数が1回ないし数回の場合は順次構造で記述しますが、複数回の場合は選択構造や繰返し構造で記述します。合計は、最も基本的なアルゴリズムです。

2、3、6を合計する例：y=y+x

①値yに0を代入する（初期化）。

y=0+x

②値xに2を代入する。

y=0+2

③計算結果を、解yに代入する。

2=2

④値xに3を代入する。

　y=2+3

⑤計算結果を、解yに代入する。

　5=5

⑥値xに6を代入する。

　y=5+6

⑦計算結果を、解yに代入する。

　11=11

※さらに合計する数がある場合は、⑥と⑦を繰り返す。

(2) 探索

「探索」とは、与えられた条件に合致するデータを探すことです。**「検索」**ともいいます。
探索には、次のようなものがあります。

●線形探索法

「線形探索法」とは、データの先頭から末尾までを順番に探していく方法のことです。**「リニアサーチ」**ともいいます。

6を探索する場合

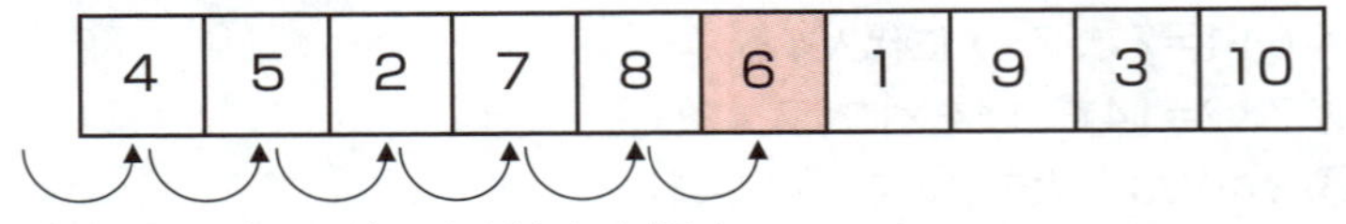

①先頭のデータが、6かどうかを探す。
②2番目のデータが、6かどうかを探す。
③6が見つかるまで繰り返す。

●二分探索法

「二分探索法」とは、中央のデータより、前にあるか後ろにあるかを絞り込みながら探していく方法のことです。**「バイナリサーチ」**ともいいます。

6を探索する場合

1	2	3	4	5	6	7	8	9	10

①中央より後ろに絞り込む。

1	2	3	4	5	6	7	8	9	10

②さらに、6～10の中で中央より前に絞り込む。

1	2	3	4	5	6	7	8	9	10

③さらに、6～7の中で中央より前に絞り込み、6を見つける。

(3) 併合

「併合」とは、2つのファイルの並び順はそのままで、1つにまとめることをいいます。**「マージ」**ともいいます。

2つのファイルを、1つにまとめる場合

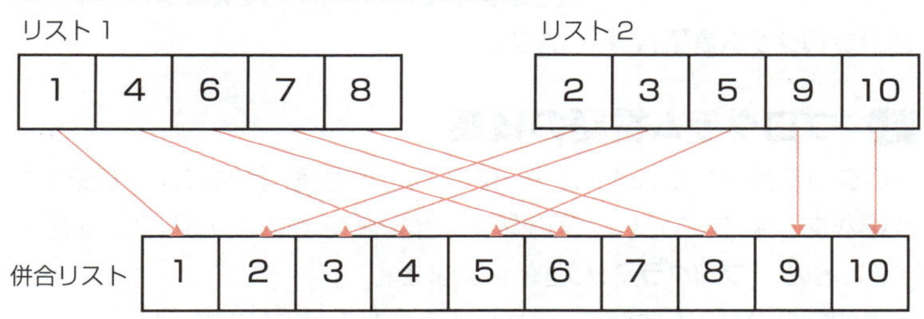

小さいデータから順に並べ、末尾のデータまで繰り返す

(4) 整列

「整列」とは、データの並び順を整えることです。**「並べ替え」**、**「ソート」**ともいいます。

●バブルソート

「バブルソート」とは、隣接したデータの値を比較し、データの先頭から末尾までを順番に整列する方法のことです。整列のアルゴリズムの中で、最も一般的なのがバブルソートです。

データを昇順に整列する場合

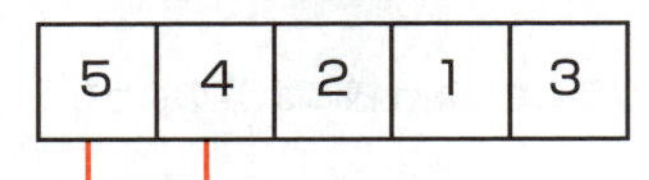

①1番目>2番目ならば、データを入れ替える。

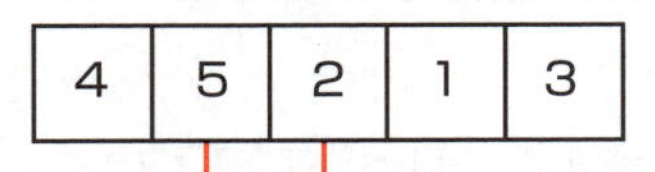

②2番目>3番目ならば、データを入れ替える。

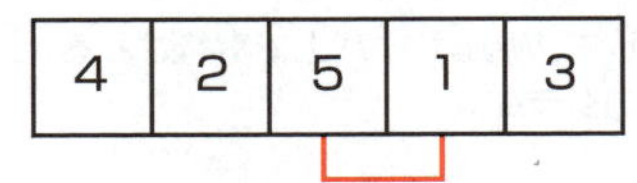

③3番目>4番目ならば、データを入れ替える。

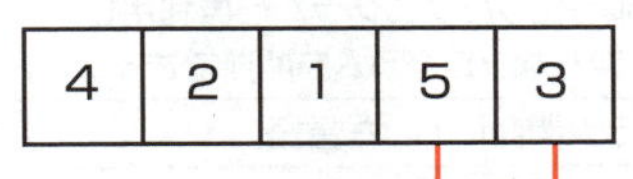

④4番目>5番目ならば、データを入れ替える。

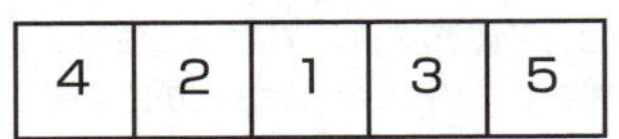

⑤データの並び順が整うまで、①～④を繰り返す。

参考

整列のアルゴリズム

整列のアルゴリズムには様々な種類がある。

●比較ソート

2つのデータを比較し、順番に並べ替える方法のこと。バブルソートは、比較ソートの一種。

●挿入ソート

2つのデータを比較し、間に挿入して並べ替える方法のこと。

●マージソート

整列した後で併合する方法のこと。

7-2-3　プログラミング・プログラム言語

「プログラム」とは、アルゴリズムをコンピュータに指示するための文書のことです。そのプログラムを記述するための規則や文法をまとめたものを、**「プログラム言語」**といいます。

❶ プログラム言語の種類

プログラム言語には、コンピュータの形式や用途、目的によって様々な種類があります。これらのプログラム言語を使ってアルゴリズムを記述することを、**「プログラミング」**といいます。
代表的なプログラム言語には、次のようなものがあります。

種類		特徴
低水準言語	機械語 （マシン語）	CPUが理解できる2進数の命令コードで記述する言語。 機械語はCPUの種類ごとに異なる。
	アセンブラ言語	人間が読みやすいように、機械語の命令部分を記号にした言語。
高水準言語	C言語	もともとUNIXを開発するために作られた言語。OSやアプリケーションソフトウェアなど、様々な分野で利用されている。オブジェクト指向型に発展させた「C++（シープラスプラス）」がある。
	Java	インターネットや組み込みシステムなどで広く利用されているオブジェクト指向型の言語。Javaで作成されたプログラムは、「Java仮想マシン（JavaVM）」と呼ばれる実行環境の上で動作するため、異なるハードウェアや異なるOSの上で実行できる。 Javaで作成されるプログラムや技術仕様には、次のようなものがある。 **・Javaアプリケーション** ブラウザとは別に独立して動作するJavaで作成されたプログラム。 **・Javaアプレット** Webサーバからデータをダウンロードして、ブラウザと連動して動作するJavaで作成されたプログラム。 **・Javaサーブレット** ブラウザの要求に応じて、Webサーバ上で実行されるJavaで作成されたプログラム。 **・JavaBeans** Java言語で部品化されたプログラム（Bean）を作成するための技術仕様。部品化したプログラムを再利用して組み合わせることで、新たなプログラムを開発できる。
	COBOL	事務処理関連のプログラム開発に適した言語。
	Fortran	科学技術関連のプログラム開発に適した言語。
	BASIC	比較的記述が簡単なことから、初心者用として広く利用されている言語。Windows上で動作するアプリケーションソフトウェアの開発用に発展させたVisual Basicが広く使われている。

参考

低水準言語と高水準言語
「低水準言語」とは、コンピュータが解釈しやすい形式で記述するプログラム言語の総称のこと。
「高水準言語」とは、ハードウェアを意識せず、人間の言葉に近い形式でプログラムを記述する言語の総称のこと。

参考

スクリプト言語
機械語への変換を省略して簡単に実行できるようにしたプログラム言語のこと。代表的なスクリプト言語には、「Python」、「JavaScript」、「Perl」などがある。

参考

Python（パイソン）
テキスト処理だけでなく、アプリケーションソフトウェアの開発にも適したスクリプト言語のこと。オブジェクト指向型の言語であり、最近ではAI（人工知能）をプログラミングできる言語として注目されている。

参考

JavaScript
ネットスケープコミュニケーションズ社が開発したスクリプト言語で、HTMLに組み込まれるインタプリタ言語のこと。ブラウザで実行される。Javaとは全く別の言語である。

参考

Perl（パール）
テキスト処理に適したスクリプト言語のこと。Webページの掲示板やアクセスカウンタなどのCGIで利用される。
「Practical Extraction and Report Language」の略。

❷ 言語プロセッサ

高水準言語によって作成されたプログラムは、そのままではコンピュータで実行することができません。コンピュータが理解できる機械語に変換（翻訳）するために、**「言語プロセッサ」**というソフトウェアを使います。
代表的な言語プロセッサには、次のようなものがあります。

種　類	特　徴
コンパイラ	ソースプログラムを一括して機械語のプログラム（目的プログラム）に翻訳する。翻訳後にまとめて機械語を実行するので、インタプリタで翻訳するより実行速度が速い。
インタプリタ	ソースプログラムを1命令ずつ機械語に翻訳しながらプログラムを実行する。1命令ごとに翻訳と実行を繰り返すため、コンパイラで翻訳するより実行速度は遅いが、プログラム上の記述のバグを発見しやすい。

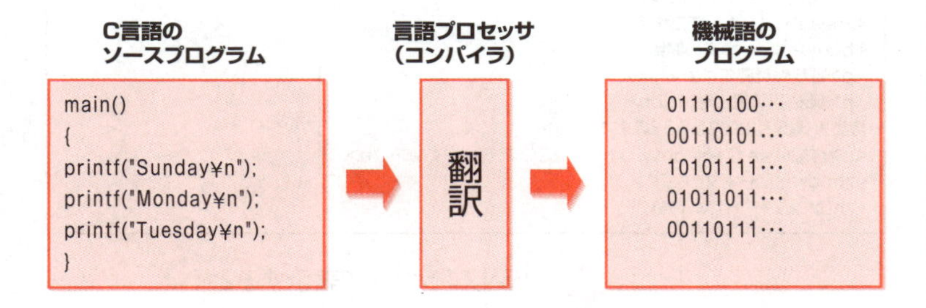

7-2-4　マークアップ言語

「マークアップ言語」とは、タグを使って文書の構造を記述するための言語のことです。タグを使って、文章を構成する要素を示す制御文字を埋め込んでいきます。代表的なものに、**「HTML」**や**「XML」**などがあります。

❶ HTML

「HTML」とは、**「SGML」**をもとに開発された、Webページを作成するための言語のことです。**「タグ」**という制御文字を使って、どのようにページを表示するのかを指示します。<>で囲まれた部分がタグです。

参考

CGI

Webページを利用してWebサーバ側のプログラムを利用するための仕組みのこと。CGIでは、Webページに訪れるごとに新たなページを生成するなど、動的なページを作成することができる。
「Common Gateway Interface」の略。

参考

ロードモジュール

コンパイラによって翻訳された機械語のプログラム（目的プログラム）は、必要に応じてライブラリ（利用するモジュール）と連係する。このライブラリと連係して実行可能となった機械語のプログラムのことを「ロードモジュール」という。

参考

HTML

「Hyper Text Markup Language」の略。

参考

SGML

マークアップ言語のひとつで、データ交換を容易にすることを目的として開発された文書フォーマットのこと。電子出版や文書データベースなどに使われている。
「Standard Generalized Markup Language」の略。

●基本的なタグ

タグ	タグの説明
<html>～</html>	HTMLの開始と終了
<head>～</head>	ヘッダの開始と終了
<title>～</title>	タイトルの開始と終了
<body>～</body>	本文の開始と終了
<p>～</p>	段落の開始と終了
<a>～</a>	リンクの開始と終了（href属性でリンク先を指定）
 	改行

HTMLでタグを記述してWebページを作成する場合

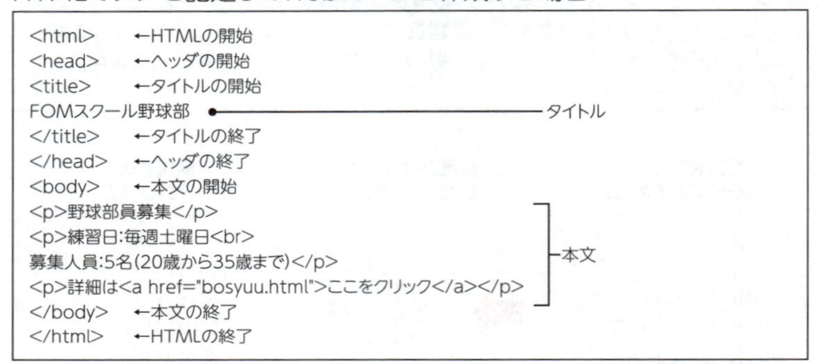

```
<html>      ←HTMLの開始
<head>      ←ヘッダの開始
<title>     ←タイトルの開始
FOMスクール野球部 ●―――――――――――――― タイトル
</title>    ←タイトルの終了
</head>     ←ヘッダの終了
<body>      ←本文の開始
<p>野球部員募集</p>                                       ┐
<p>練習日:毎週土曜日<br>                                  │
募集人員:5名(20歳から35歳まで)</p>                        ├本文
<p>詳細は<a href="bosyuu.html">ここをクリック</a></p>     ┘
</body>     ←本文の終了
</html>     ←HTMLの終了
```

Webブラウザで表示すると

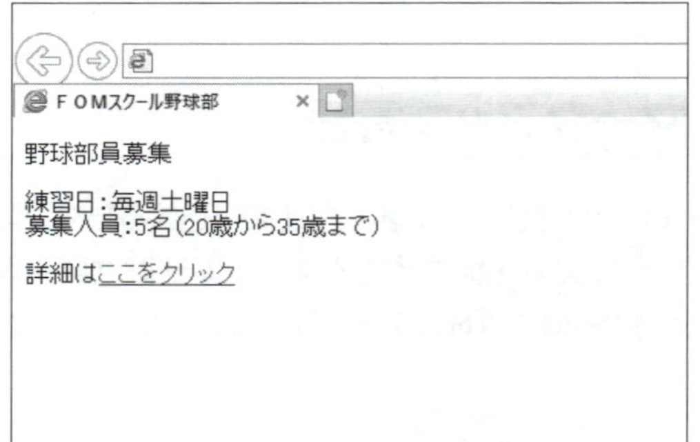

❷ XML

「XML」とは、インターネット向けに最適化されたデータ記述をするためのマークアップ言語のことです。タグを独自に定義することができることから、拡張可能なマークアップ言語といわれています。
XMLは、文書と、文書の型を定義する情報（DTD）を別に定義できます。XMLで書かれた文書は、DTDで定義された規則に従って解釈され、画面上に表示されます。
現在では、情報サービス産業界だけでなく、様々な企業が、インターネット上での情報公開や電子商取引などで幅広く活用しています。

参考

HTML5
HTML 4.01の後継バージョン。
HTML5では、音楽を再生できる「audio」や動画を再生できる「video」などのタグが新しく追加された。これらのタグを使うことで、HTMLだけで、Webページに簡単に動画や音声を掲載できる。

参考

スタイルシート
Webページのデザインやレイアウトをまとめて登録したもの。スタイルシートを利用すると、Webページのデザインの一元管理も可能となるため、デザインを効率よく設定したり変更したりできるだけでなく、Webサイト全体のディスク容量を抑えることができる。
スタイルシートは、スタイルシート言語で記述する。

参考

CSS
文字の書体や色、サイズ、背景、余白などWebページのデザインやレイアウトを定義する際に利用される「スタイルシート言語」のこと。
「Cascading Style Sheets」の略。

参考

XML
「eXtensible Markup Language」の略。

参考

RSS
Webページが更新されたことがひと目でわかるように、見出しや要約などを記述したXMLベースのファイルフォーマットのこと。

参考

RSSリーダ
あらかじめ指定したWebサイトを巡り、フィードを取得して、リンク一覧を作成するソフトウェアのこと。
「フィード」とは、Webサイトの見出しや要約などを小さくまとめた更新情報のこと。

7-3 予想問題

※解答は巻末にある別冊「予想問題 解答と解説」P.26に記載しています。

問題7-1

2進数の10.011を10進数で表したものはどれか。

ア 2.125　　イ 2.25　　ウ 2.375　　エ 2.625

問題7-2

A市にある水族館とB市にある美術館をまとめて検索する。このときの検索条件を表す論理式として適切なものはどれか。

ア （“A市” OR “B市”）OR（“水族館” OR “美術館”）
イ （“A市” OR “B市”）AND（“水族館” OR “美術館”）
ウ （“A市” AND “水族館”）AND（“B市” AND “美術館”）
エ （“A市” AND “水族館”）OR（“B市” AND “美術館”）

問題7-3

Aさん、Bさん、Cさん、Dさん、Eさんが1列に並ぶとき、AさんとDさんが隣同士になる並び方は、何通りあるか。

ア 12通り　　イ 24通り　　ウ 48通り　　エ 96通り

問題7-4

表は、おみくじを引いた結果に応じて得点するゲームの得点表である。おみくじを1回引いたときの得点の期待値はいくらか。ただし、各得点の出現確率は等しいものとする。

	大吉	中吉	小吉	吉	末吉	凶
得点	5	4	3	2	1	なし

ア 0.4　　イ 0.5　　ウ 2.5　　エ 3

問題7-5

音声のサンプリングを1秒間に10,000回行い、サンプリングした値をそれぞれ8ビットのデータとして記録する。このとき、700メガバイトの容量を持つCDに、記録できる音声は最大何分か。

ア 116分　　イ 666分　　ウ 1166分　　エ 1666分

問題7-6

次のような文字の置換規則に従って文字列を置換する。置換した結果が「00101110110」であったときの置換前の文字列はどれか。

文字	置換後の表示
A	10
B	11
C	0

ア　CABBAB　　イ　CCABABC　　ウ　CCBCBAA　　エ　CAABABC

問題7-7

預かった荷物を上下に可動するボックスに入れ、最大100個まで保管できる荷物預かりシステムがある。このシステムは、荷物を預けるときに整理券が発行され、荷物を引き取るときに整理券の番号をもとに荷物を探し出す仕組みになっている。次のような手順で荷物を探し出す場合、使用している方法として適切なものはどれか。

①整理券の番号をもとに、中央の番号より前にあるか後ろにあるかを絞り込む
②①で絞り込んだ番号が、さらに中央の番号より前にあるか後ろにあるかを絞り込む
③同様に、探している番号が見つかるまで②を繰り返す

ア　バブルソート　　イ　リニアサーチ
ウ　バイナリサーチ　　エ　マージ

問題7-8

HTMLとCSSについての説明として正しい組合せはどれか。

	HTML	CSS
ア	決められたタグを使って文書の構成を記述するマークアップ言語で、Webページ作成時に利用される。	文字の書体やサイズ、背景、余白などを定義するHTML用のスタイルシート言語。
イ	タグを独自に定義して文書の構成を記述するマークアップ言語で、Webページ作成時に利用される。	コンピュータの機種や環境にかかわらず、作成元のアプリケーションソフトウェアで作成したとおりに表示できるファイル形式。
ウ	テキスト処理に適したスクリプト言語で、Webページの掲示板やアクセスカウンタなどのCGIで利用される。	マークアップ言語の標準化を行う団体。
エ	オブジェクト指向型のプログラム言語で、異なるハードウェアや異なるOSの上で実行できる。	ISOとIECが規格した文字コードのことで、全世界の文字に対応付けたコード体系。

第8章

コンピュータシステム

コンピュータの構成要素やシステム構成要素、ハードウェア、ソフトウェアを確認し、各要素の種類や特徴などについて解説します。

8-1 コンピュータ構成要素

8-1-1　プロセッサ

「プロセッサ」とは、コンピュータの頭脳ともいえる重要な装置で、コンピュータの中枢をなす部分です。**「中央演算処理装置」**、**「CPU」**（以下、**「CPU」**と記載）ともいいます。
コンピュータは、CPUを中心に様々な機能を持つ装置で構成されています。コンピュータを利用するうえで、基本的な構成要素やその仕組みを理解することが重要です。

> **参考**
> **CPU**
> 「Central Processing Unit」の略。

❶ コンピュータの構成

コンピュータは、**「演算」**、**「制御」**、**「記憶」**、**「入力」**、**「出力」**の5つの機能を持つ装置から構成されます。

装　置	働　き
演算装置	プログラム内の命令に従って計算する。制御装置と合わせてCPUという。
制御装置	プログラムを解釈し、ほかの装置に命令を出す。
記憶装置	プログラムやデータを記憶する。「メインメモリ（主記憶装置）」と「補助記憶装置」に分けられる。
入力装置	メインメモリにデータを入力する。
出力装置	メインメモリのデータを出力（表示・印刷など）する。

また、それぞれの装置間でのデータや制御の流れは、次のとおりです。

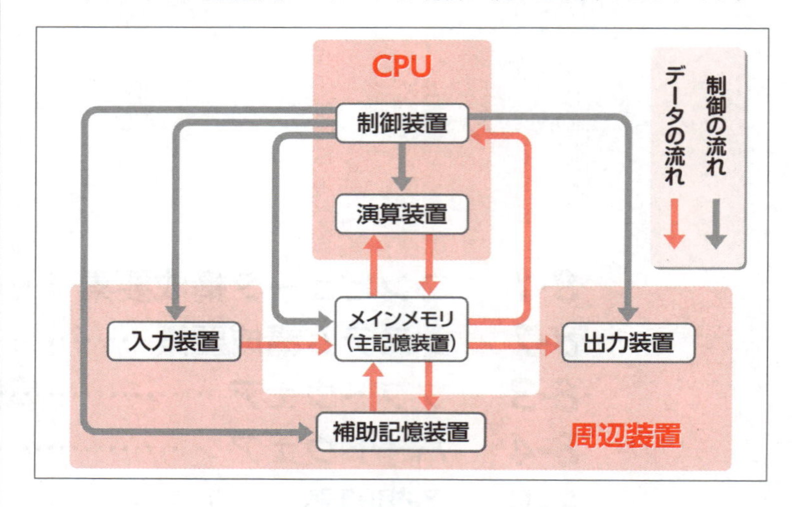

> **参考**
> **周辺装置**
> CPUとメインメモリ以外の装置のこと。

例えば、キーボードから入力された**「1+2=」**を処理するプログラムは、次のような順序で動作します。

①入力装置（キーボード）で**「1+2=」**と入力する。
②記憶装置（メインメモリ）に**「1+2=」**が格納される。
③演算装置（CPU）が**「1+2=」**を計算する。
④記憶装置（メインメモリ）に結果**「3」**が格納される。
⑤出力装置（ディスプレイ）に**「3」**が表示される。

2 CPUの基本的な仕組み

初期のコンピュータのCPUは、複数のチップから構成されていましたが、技術の進歩に伴い、ひとつのチップに集積されるようになりました。このようにひとつのチップで構成されるCPUを**「マイクロプロセッサ」**といいます。
CPUの基本的な仕組みや機能は、次のとおりです。

(1) CPU

CPUには、各装置に命令を出す**「制御」**と、プログラム内の命令に従って計算をする**「演算」**の機能が組み込まれています。
CPUは小型化が進み、最近では指先ほどのサイズのものもあります。
コンピュータの処理速度は、CPUの性能によって大きく左右され、一度に処理するデータ量によって**「32ビットCPU」**や**「64ビットCPU」**などに分類されます。32ビットCPUは32ビットのデータを一度に処理でき、64ビットCPUは64ビットのデータを一度に処理できます。ビット数が大きいものほど処理能力が高く、性能が良いCPUといえます。

(2) クロック周波数

CPU内部または外部の装置間で、動作のタイミングを合わせるための周期的な信号を**「クロック」**といい、**「クロック周波数」**は1秒間当たりの信号数を表します。
同じビット数のCPUでも、クロック周波数によって処理能力が異なります。クロック周波数が大きければ大きいほどデータをやり取りする処理回数が多いことになり、処理速度が速いといえます。
単位は、**「Hz（ヘルツ）」**で表され、**「Core i7 6700（3.4GHz）」**のように、CPUの名称に続いて**「MHz（メガヘルツ）」**、または**「GHz（ギガヘルツ）」**で表されます。例えば、3.4GHzのCPUでは、1秒間に約34億回の動作をします。

1Hz →(×1000) 1kHz →(×1000) 1MHz →(×1000) 1GHz

参考

互換CPU
オリジナルのCPUと同じ処理能力が搭載されているCPUのこと。オリジナルのCPUを互換CPUに置き換えても、同じOSやアプリケーションソフトウェアを動作させることができる。

参考

GPU
画像を専門に処理するための演算装置のこと。CPUでも画像処理はできるが、より高度な画像処理を行う場合は、GPUを使うことで、画像の表示をスムーズにして高速に処理することができる。例えば、3次元(3D)グラフィックスでは、高度な画像処理が必要となるため、GPUを使うとよい。
GPUには、CPUに内蔵されるタイプと、拡張ボードに搭載されるタイプがある。より高度な画像処理を行う場合は、拡張ボードに搭載されたGPUを用いる。
「Graphics Processing Unit」の略。

参考

マルチコアプロセッサ
1つのCPU内に複数のコア（演算処理部分）を持つCPUのこと。複数のCPUを搭載しているように、複数のコアで分散して処理することができる。
1つのCPU内に2つのコアを持つCPUのことを「デュアルコアプロセッサ」、1つのCPU内に4つのコアを持つCPUのことを「クアッドコアプロセッサ」という。

参考

ターボブースト
マルチコアプロセッサにおいて、複数あるうちの一部のコアを休止させて、残りのコアの動作周波数を上げることにより、コンピュータの処理能力を向上させる技術のこと。CPUの許容発熱量や消費電力量に余裕があるときに、コアの動作周波数を上げて処理する。

参考

プログラムカウンタ
CPUにおいて、次に実行する命令の情報（主記憶装置上の命令の格納場所）を記憶するレジスタのこと。「命令アドレスレジスタ」や「命令カウンタ」ともいう。

参考

レジスタ
CPUを構成するもののひとつで、処理中の命令などを一時的に記憶する領域のこと。

参考

FSB
「Front Side Bus」の略。

例
クロック周波数2GHzのCPUにおいて、1命令を平均0.5クロックで実行できるとき、このCPUが1秒間に実行できる命令数はいくらか。

1秒間に実行できる命令数を求める計算式

命令数＝CPUのクロック周波数÷1命令を実行するのに必要なクロック数

2GHz＝2,000,000,000Hz

2,000,000,000Hz÷0.5クロック＝40億命令

したがって、40億命令となる。

(3) バス幅

「バス」とは、装置間のデータのやり取りに使われるデータの通り道のことです。各装置とCPUはバスによって物理的に接続されています。バスが何本の信号線でできているかを表すのが**「バス幅」**で、ビット単位で表します。バス幅が大きければ大きいほど、処理速度が速くなります。
バスの種類は、次のとおりです。

●内部バス

「内部バス」とは、CPU内部のデータのやり取りに使用する伝送路のことです。
例えば32ビットCPUの場合、ワンクロック（クロック回路が1回信号を送る間）ごとに、CPU内部で32ビットのデータがやり取りされます。
内部バスのクロック周波数を**「コアクロック周波数」**といいます。

●外部バス（FSBバス）

「外部バス」とは、CPUとメモリや周辺装置の間でのデータのやり取りに使用する伝送路のことです。
外部バスのクロック周波数を**「外部クロック周波数」**、または**「FSBクロック周波数」**といいます。

8-1-2 記憶装置

「記憶装置」とは、PCが処理するために必要なデータなどを記憶する装置のことです。
記憶装置は、その種類や特徴から**「メモリ」**と**「記録媒体」**に分類することができます。

1 メモリ

「メモリ」とは、コンピュータを動作させるうえで、処理に必要なデータやプログラムを記憶しておくための装置の総称のことで、IC（半導体）が使われています。

(1) メモリの種類

メモリは、データを記憶する方法で次のように分類できます。

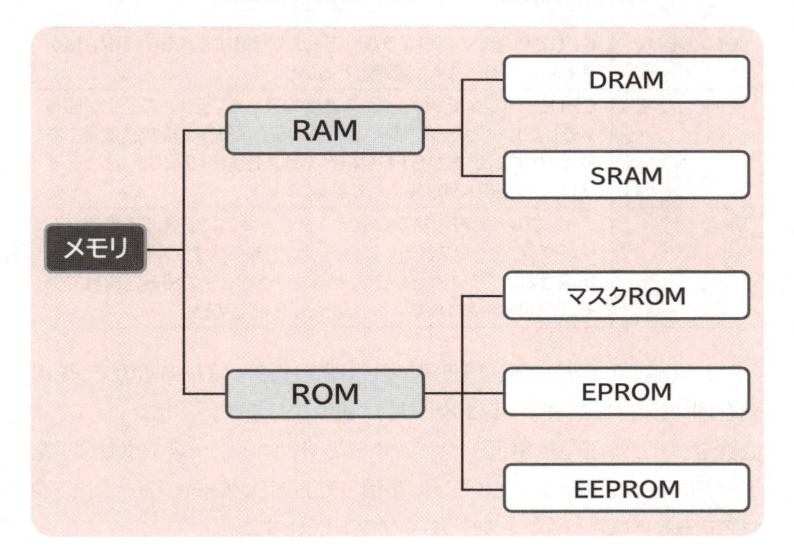

●RAM

「RAM」は、電源を切ると記憶している内容が消去される性質（揮発性）を持ったメモリです。データの読み書きができ、**「DRAM」**はメインメモリに、**「SRAM」**はキャッシュメモリに利用されています。

比較内容	DRAM	SRAM
容量	大きい	小さい
処理速度	遅い	速い
コスト	安い	高い
リフレッシュ（電気の再供給）	あり	なし
消費電力	多い	少ない

参考
IC
「Integrated Circuit」の略。

参考
RAM
「Random Access Memory」の略。

参考
DRAM
「Dynamic RAM」の略。

参考
SRAM
「Static RAM」の略。

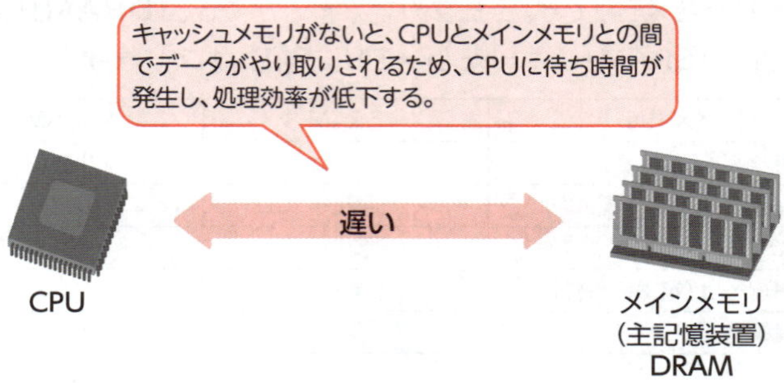

参考

ROM

「Read Only Memory」の略。

参考

フラッシュメモリ

電気的に書換え可能なEEPROMの一種のこと。PCでは、BIOSや補助記憶装置などで利用されている。

参考

BIOS

コンピュータ本体と周辺装置間の入出力を制御するプログラムのこと。
ROMに記憶され、マザーボードに組み込まれている。
「Basic Input/Output System」の略。

参考

メモリアドレス

メモリ内の位置情報のこと。単に「アドレス」ともいう。メモリは1バイトごとに一意の番号が割り当てられており、CPUはこのメモリアドレスを使ってメモリ内の情報にアクセスする。

参考

拡張メモリ

標準で搭載されているメモリに対して、あとから増設して追加するメモリのこと。

●ROM

「ROM」は、電源を切っても記憶している内容を保持する性質（不揮発性）を持ったメモリです。データやプログラムの読出し専用のROMと、書換えが可能なROMがあり、コンピュータのBIOSの記憶装置やフラッシュメモリに利用されています。

種　類	特　徴
マスクROM	製造段階でデータが書き込まれ、その後書き換えることができない。
EPROM	あとからデータを書き込むことができる。紫外線を使用してデータを消去することができる。「Erasable Programmable ROM」の略。
EEPROM	電気的にデータを消去できるEPROM。代表的なものにフラッシュメモリがあり、ディジタルカメラやICカードで使われている。「Electrically EPROM」の略。

(2) メモリの用途

メモリは、用途別に分類すると、次のようになります。

種　類	特　徴
メインメモリ	CPUで処理するプログラムやデータを記憶するメモリ。DRAMが使われている。「主記憶装置」ともいう。
キャッシュメモリ	CPUとメインメモリのアクセス速度の違いを吸収し、高速化を図るメモリ。コンピュータの多くは、キャッシュメモリを複数搭載しており、CPUに近い方から「1次キャッシュメモリ」、「2次キャッシュメモリ」という。SRAMが使われている。
VRAM	ディスプレイに表示する画像データを一時的に記憶する専用メモリ。「グラフィックスメモリ」ともいう。一般にメインメモリとは別に用意され、グラフィックスアクセラレータボードに組み込まれている。DRAMが使われている。「Video RAM」の略。

CPU（高速）とメインメモリ（低速）の処理速度には差があるので、その差を埋めるために**「キャッシュメモリ」**が利用されます。
低速なメインメモリに毎回アクセスするのではなく、一度アクセスしたデータは高速なキャッシュメモリに蓄積しておき、次に同じデータにアクセスするときはキャッシュメモリから読み出します。
メインメモリへのアクセスを減らすことによって処理を高速化します。

キャッシュメモリがない場合

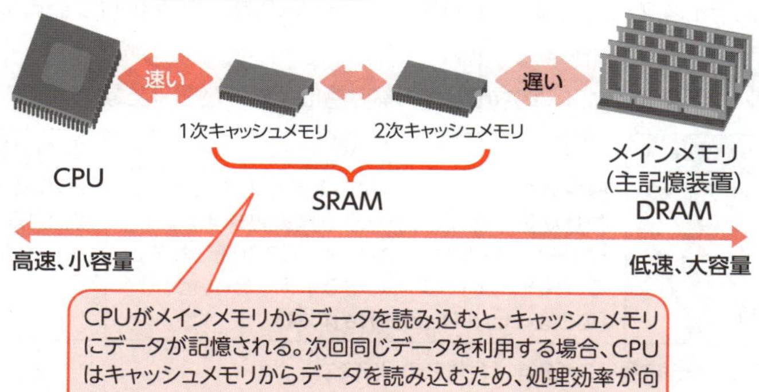

2 記録媒体

「記録媒体」とは、作成したデータやファイルを記憶する装置です。**「補助記憶装置」**ともいいます。
記録媒体に記憶したデータは、電源を切っても記憶内容を保持しているため、データを持ち運んだり配布したりできます。また、記憶容量が大きいため、データやプログラムの保存に利用されています。
記録媒体には、次のようなものがあります。

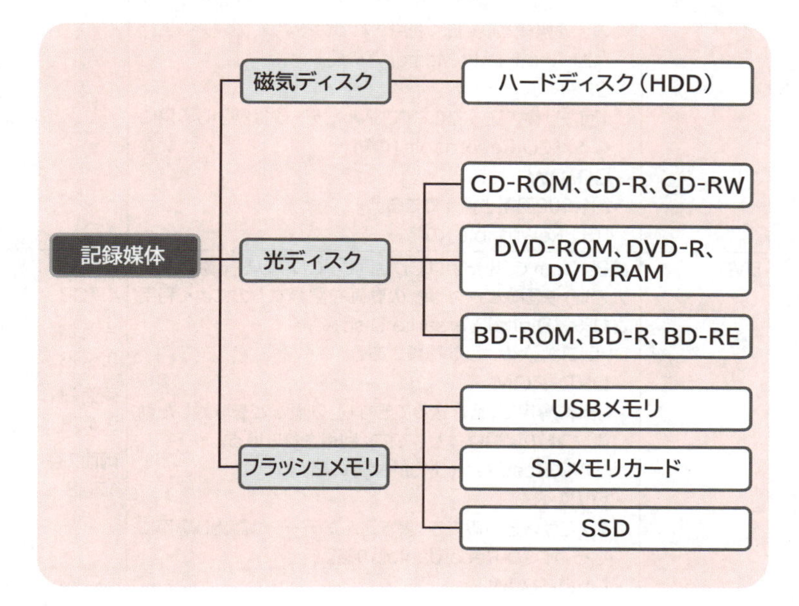

参考

CPUがアクセスする順序
CPUがキャッシュメモリからデータを読み込むとき、まず「1次キャッシュメモリ」にアクセスし、データがない場合は「2次キャッシュメモリ」にアクセスする。

参考

断片化と最適化

「断片化」とは、データがハードディスク上の複数の場所に分散して記録されていること。「フラグメンテーション」ともいう。データの追加や削除、移動などを繰り返すことで、連続した領域に記録されていたデータが断片化された状態になる。
断片化されると、アクセス速度が低下するため、定期的に断片化を修復する必要がある。このことを「最適化」または「デフラグ」といい、専用のソフトウェアを使って修復する。

参考

光ディスクの保存期間

データが記憶されている記録層の上に薄い樹脂の保護膜がありデータを保護している。光ディスクを長年使用すると、この保護膜が劣化して記憶内容が失われることがある。

(1) 磁気ディスク

「磁気ディスク」とは、磁気を利用してデータの読み書きを行う記録媒体のことです。
代表的な磁気ディスクの特徴と記憶容量は、次のとおりです。

記録媒体	特　徴	記憶容量
ハードディスク	磁性体を塗布した円盤状の金属を複数枚組み合わせた記録媒体に、データを読み書きする。コンピュータの標準的な記録媒体として利用されている。「HDD（ハードディスクドライブ）」ともいう。 HDDは「Hard Disc Drive」の略。	数10GB～ 数10TB

※記載の記憶容量は2019年11月現在の目安です。

(2) 光ディスク

「光ディスク」とは、レーザ光を利用して、データの読み書きを行う記録媒体のことです。
代表的な光ディスクの特徴と記憶容量は、次のとおりです。

記録媒体	特　徴	記憶容量
CD	直径12cmで、日常業務のバックアップ用によく利用される。 「Compact Disc」の略。 CDには、次のような種類がある。 **・CD-ROM** 読出し専用で、書き込みできない。ソフトウェアパッケージの流通媒体として広く利用されている。 「CD Read Only Memory」の略。 **・CD-R** 1回だけ書き込みでき、書き込んだデータは読出し専用になる。「CD Recordable」の略。 **・CD-RW** 約1,000回書き換えできる。 「CD ReWritable」の略。	650MB 700MB
DVD	直径12cmで、見た目はCDと同じ。CDよりも記憶容量が大きい。映画やビデオなどの動画を記録するのによく利用される。「Digital Versatile Disc」の略。 DVDには、次のような種類がある。 **・DVD-ROM** 読出し専用で、書き込みできない。映画などを収録した動画ソフトの流通媒体として広く利用されている。 「DVD Read Only Memory」の略。 **・DVD-R** 1回だけ書き込みでき、書き込んだデータは読出し専用になる。「DVD Recordable」の略。 **・DVD-RAM** 10万回以上書き換えできる。 「DVD Random Access Memory」の略。	片面1層 4.7GB 片面2層 8.5GB 両面1層 9.4GB 両面2層 17GB

記録媒体	特　徴	記憶容量
Blu-ray Disc	CDやDVDと同じ直径12cmで、DVDよりも記憶容量が大きい。動画像などの大容量記録媒体として利用される。 ・**BD-ROM** 読出し専用で、書き込みできない。 「Blu-ray Disc Read Only Memory」の略。 ・**BD-R** 1回だけ書き込みでき、書き込んだデータは読出し専用になる。「Blu-ray Disc Recordable」の略。 ・**BD-RE** 1,000回以上書き換えできる。 「Blu-ray Disc REwritable」の略。	片面1層 25GB 片面2層 50GB 片面3層 100GB 片面4層 128GB

※記載の記憶容量は2019年11月現在の目安です。

(3) フラッシュメモリ

「フラッシュメモリ」とは、電源を切っても記憶している内容を保持する性質（不揮発性）を持ち、書換えが可能なメモリのことで、記憶素子として半導体メモリを用いています。データの書換え回数には上限がありますが、通常利用の範囲では上限回数を上回ることはほとんどありません。
代表的なフラッシュメモリの特徴と記憶容量は、次のとおりです。

記録媒体	特　徴	記憶容量
USBメモリ	コンピュータに接続するためのコネクタと一体化しており、小さく可搬性にも優れている。	数10MB～ 数TB
SDメモリカード	ディジタルカメラや携帯情報端末などに使われている。	数100MB～ 数TB
SSD	ハードディスクよりも、消費電力、データ転送速度、衝撃耐久性の面で優れているため、ハードディスクに代わる次世代ドライブとして注目されている。「Solid State Drive」の略。	数10GB～ 数TB

※記載の記憶容量は2019年11月現在の目安です。

❸ 記憶階層

「記憶階層」とは、コンピュータで利用する記憶装置の構造をピラミッド型の階層図で表したものです。通常、データのアクセス速度が遅い記憶装置を下から順に積み重ね、上に積み重なるほどCPUからの位置が近くアクセス速度の速い記憶装置になります。

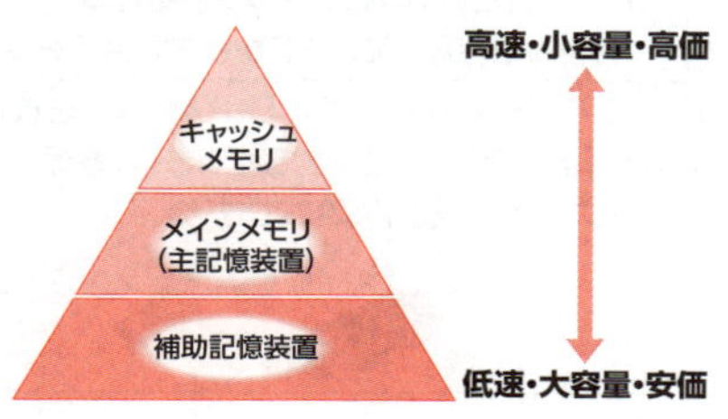

参考

リムーバブルディスク
USBメモリや光ディスクに代表される、持ち運び可能な記録媒体のこと。

8-1-3　入出力デバイス

コンピュータには、プリンタやイメージスキャナなどの周辺機器を接続することができます。接続するためには、**「インタフェース」**の種類が同じである必要があります。

❶ 入出力インタフェース

「入出力インタフェース」とは、コンピュータと周辺機器など、2つの間でデータ（電気信号）のやり取りを仲介する装置や方式のことです。
コンピュータでは、数値化された電気信号に基づいて情報を処理します。つまり、ディジタル情報を扱って、処理を行います。このとき、コンピュータと周辺機器の間で行われる電気信号のやり取りを仲介するのが、インタフェースです。
入出力インタフェースは、データの伝送方法で**「シリアルインタフェース」**、**「パラレルインタフェース」**、**「ワイヤレスインタフェース」**に分けられます。
シリアルインタフェースとパラレルインタフェースは有線、ワイヤレスインタフェースは無線です。

(1) シリアルインタフェース

「シリアルインタフェース」とは、データを1ビットずつ転送するインタフェースのことです。信号線の数が少なく信号のズレが生じにくいため、長距離伝送に向いています。
シリアルインタフェースには、次のような種類があります。

種　類	特　徴
USB	キーボードやマウス、プリンタ、ディスプレイなど、様々な周辺機器を接続するインタフェース。USBハブを使い127台までの周辺機器を接続できる。コンピュータの電源を入れたまま着脱（ホットプラグ）でき、ケーブルを使って電力供給（バスパワー方式）もできる。 伝送速度は、12MbpsのUSB1.1や480MbpsのUSB2.0、5GbpsのUSB3.0、10GbpsのUSB3.1などがある。また、周辺機器側のコネクタ形状には、USB Type-A、USB Type-B、USB Type-Cなどがある。 USB機器にUSBケーブル経由で電力を供給する方式のことを「バスパワー方式」といい、ACアダプタや電源コードを必要とせず、USBケーブルだけを接続して、USBから電力供給を受けて動作する。
IEEE1394	ディジタルビデオカメラやDVD-RAMなどを接続するインタフェース。63台までの周辺機器を接続できる。電源を入れたままの着脱（ホットプラグ）や電力供給もできる。

参考

インタフェース
接続部分のこと。例えば、PCと周辺機器の接続部分を指す。

参考

アナログ
情報が連続の値として表されていること。アナログは時間的に連続しているため波状に変化する。伝送距離が長くなるほど、減衰、雑音の影響を受ける。

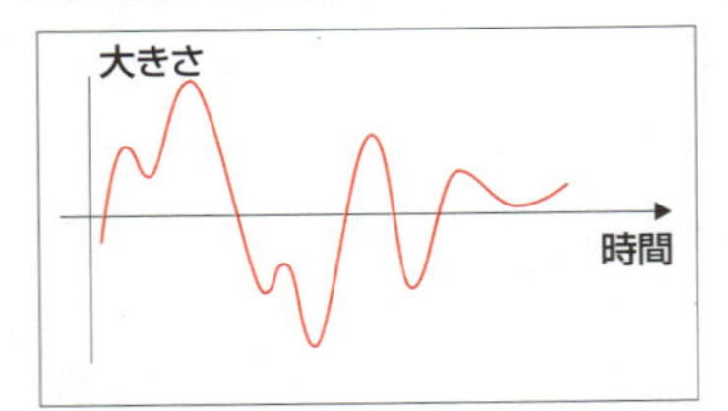

参考

ディジタル
情報が数値で具体的に表されていること。ディジタルは数値化され棒グラフ状に変化する。伝送距離が長くても、減衰、雑音の影響を受けにくいという特徴がある。

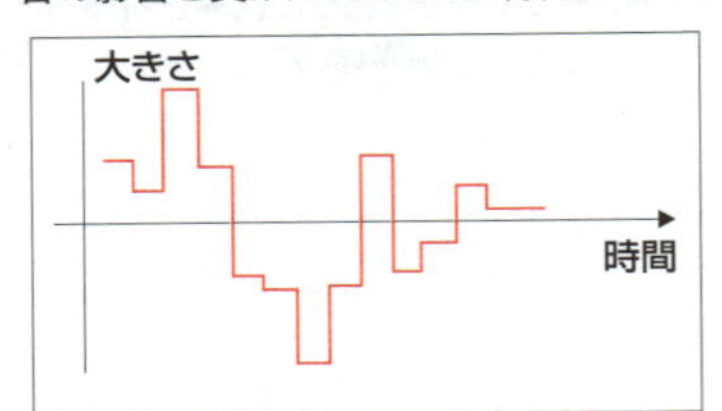

参考

DVI
コンピュータとディスプレイを接続するインタフェースのひとつ。
液晶ディスプレイに接続する場合に使われることが多い。「DVI-D」「DVI-I」「DVI-A」の3種類があり、DVI-Dはディジタル信号のみ伝送でき、DVI-Iはディジタル信号とアナログ信号の両方を伝送でき、DVI-Aはアナログ信号のみ伝送できる。

参考

DisplayPort
コンピュータとディスプレイを接続するインタフェースのひとつ。DVIの後継となるもので、DVIに比べてコンパクトで使いやすくなっている。1本のケーブルで映像・音声・制御情報を伝送できる。

USBの接続形態

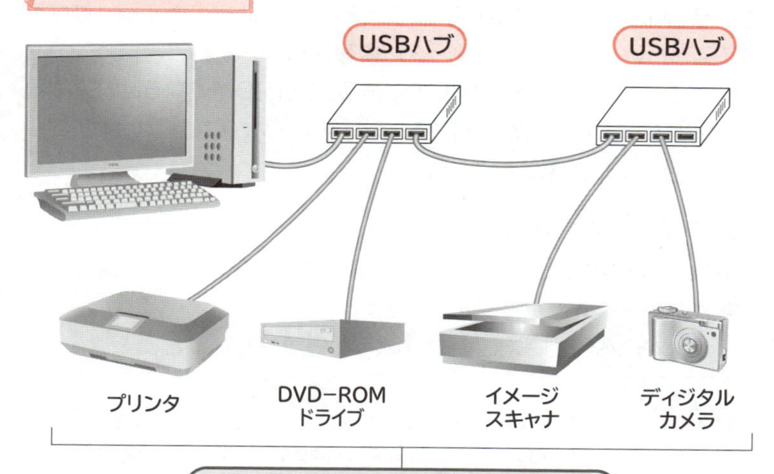

USBハブを含め127台まで接続可能

※コンピュータ本体のUSBポートからプリンタなどの周辺機器を
直接接続することもできる。

(2) パラレルインタフェース

「パラレルインタフェース」とは、データを複数ビットまとめて転送するインタフェースのことです。信号線を束ねてデータを並行送信するため、信号のズレが生じやすく長距離伝送には向きません。

パラレルインタフェースには、次のような種類があります。

種　類	特　徴
IEEE1284	主に、コンピュータ本体とプリンタを接続するためのインタフェース。プリンタ以外にもイメージスキャナなどを接続することもある。
SCSI (スカジー)	コンピュータ本体と周辺機器を接続するためのインタフェース。主に、外付けの周辺機器を接続するときに使う。デイジーチェーン方式(各機器間を直列的に接続する方式)で周辺機器を7台(コンピュータ本体のSCSIボードを含めると8台)まで接続可能。規格によって15台(コンピュータ本体のSCSIボードを含めると16台)まで接続できるものもある。

参考

HDMI

1本のケーブルで映像・音声・制御情報をディジタル信号で伝送するインタフェースのこと。劣化しにくいディジタル信号を用いるため、高解像度の映像に適している。
主に、テレビやDVDレコーダなどの家電製品で利用されるが、PCとディスプレイの接続にも利用される。
「High-Definition Multimedia Interface」の略。

参考

アナログRGB

コンピュータとディスプレイを接続するインタフェースのこと。
映像の色をR(Red:赤)、G(Green:緑)、B(Blue:青)に分解して、アナログ信号として伝送する。

参考

PCMCIA

PCカードなどの標準規格化を行っている米国の標準化団体のこと。
PCカードは、SCSIカード、LANカードなどの種類があり、パラレル転送方式でデータを伝送する。
「Personal Computer Memory Card International Association」の略。

参考

ポートリプリケータ

ノート型PCやタブレット端末などに接続して利用する機能拡張用の機器のこと。シリアルポート(USBやIEEE1394など)、パラレルポート(IEEE1284やSCSIなど)、HDMI端子、LAN端子、DVI端子など、複数の種類の接続端子を持つ。ノート型PCやタブレット端末には、目的とする接続端子を装備していないことがあるため、ポートリプリケータを利用して周辺機器を接続することができる。

SCSIで接続する場合は、デイジーチェーン方式で周辺機器を7台まで接続でき、両端の機器には、**「ターミネータ」**という抵抗を必ず取り付けます（SCSIボードには、ターミネータが内蔵されています）。
利用するときは、各SCSI機器に割り振るSCSI IDが重なると周辺機器が動作しないなどの問題が起こることがあるため、重複しないようにID番号を設定する必要があります。

参考
ターミネータ
デイジーチェーン方式で周辺機器を接続した場合に、終端部分で電気信号が反射しないように接続する抵抗のこと。「終端抵抗」ともいう。

(3) ワイヤレスインタフェース

「ワイヤレスインタフェース」とは、赤外線や電波を利用して、無線でデータ転送を行うインタフェースのことです。
ワイヤレスインタフェースには、次のような種類があります。

種　類	特　徴
IrDA	赤外線を使用し、転送距離は一般的に2m以内の無線通信を行うインタフェース。装置間に障害物があるとデータ転送が阻害される場合がある。 「Infrared Data Association」の略。
Bluetooth	2.4GHz帯の電波を使用し、転送距離が100m以内の無線通信を行うインタフェース。コンピュータやプリンタ、携帯情報端末などに搭載されている。IrDAに比べて比較的障害物に強い。
ZigBee （ジグビー）	2.4GHz帯の電波を使用し、転送距離は数10m程度、転送速度は最大250kbpsの無線通信を行うインタフェース。消費電力が少ないという特徴を持つ。エアコンやテレビのリモコンで使われている。

参考
NFC
10cm程度の至近距離でかざすように近づけてデータ通信する近距離無線通信技術のこと。
交通系のICカード（ICチップが埋め込まれたプラスチック製のカード）などで利用されている。例えば、NFC搭載の交通系のICカードを自動改札でかざすことによって、自動改札が開いて通り抜けることができ、交通料金の精算も同時に行う。
NFCは、RFIDの一種である。
「Near Field Communication」の略。日本語では「近距離無線通信」の意味。

2 IoTデバイス

「IoTデバイス」とは、IoTシステムに接続するデバイス（部品）のことです。
具体的には、IoT機器に組み込まれる**「センサ」**や**「アクチュエータ」**を指します。また、広義では、センサやアクチュエータを組み込んだIoT機器そのものを指すこともあります。
IoTデバイスは、主に、クラウドサーバに情報を送信する**「入力デバイス」**と、クラウドサーバから情報を取得する**「出力デバイス」**に分けられます。
入力デバイスは、周囲の環境や情報の変化を収集するセンサを組み込んでおり、ネットワークに接続されています。出力デバイスは、クラウドサーバから情報を取得し、アクチュエータによって人やモノを適切な状態に導く役割を持っています。

(1) センサの種類

「センサ」とは、光や温度、圧力などの変化を検出し計測する機器のことです。これまでも、多くの機器に搭載され、エアコンの温度や風量を調整したり、ガスコンロの過熱を防止したりするなどの用途で活用されています。
IoTシステムにおいては、センサで収集した変化や情報はクラウドサーバへ送られ、さらに価値ある情報になるよう、分析・加工されます。

代表的なセンサには、次のようなものがあります。

種　類	説　明
光センサ	光によって物の大きさや長さ、幅などの量、位置などを計測することができるセンサのこと。光が当たると電流が流れる半導体素子などが使われる。自動販売機での紙幣・硬貨の識別や、駅の自動改札での通行人の通過検知など、身近な場所で多く使われている。
輝度センサ（照度センサ）	周囲の環境の明るさを検知するセンサのこと。光センサと同様の半導体素子が使われる。スマートフォンやタブレットでは、周りの明るさに反応して、液晶の輝度を自動調節するために使われている。
赤外線センサ	赤外線の光を電気信号に変換して、必要な情報を検出することができるセンサのこと。赤外線は温度を持つものから自然に放射されるが、人間の目には見えないという特性があるため、家電製品のリモコンから防犯・セキュリティ機器まで幅広く使われている。
電波センサ	赤外線より波長の長い電波（マイクロ波）を観測し、環境に左右されずに観測を行うことができるセンサのこと。電波を利用しているため、雨や風などの厳しい気候条件や屋外でも誤検知が少ないという特徴がある。また、電波は物の陰や部屋の隅まで届くため、広い領域をカバーすることができる。自動車の盗難防止や一人暮らしの高齢者の見守りなどに使われている。
磁気センサ	磁気が働く空間での強さ、方向などを計測できるセンサのこと。ノート型PCの開閉時に画面の照明を切り替える非接触スイッチに利用されるなど、目的に応じて多種多様な磁気センサが存在し、電気・工学分野などで幅広く使われている。
加速度センサ	一定時間の間に速度がどれだけ変化するかを計測できるセンサのこと。傾きや動き、振動や衝撃といった様々な情報が得られるため、ゲーム用コントローラをはじめ、スマートフォンや情報家電で多く使われている。
ジャイロセンサ	回転が生じたときの大きさを計測できるセンサのこと。ディジタルカメラの手振れ補正や自動車の横滑り防止などに使われている。回転の速度を表す量である角速度を計測できることから「角速度センサ」ともいう。
超音波センサ	人間の耳には聞こえない高い周波数を持つ超音波を使って、対象物の有無や対象物までの距離を計測できるセンサのこと。光ではなく音波を使用するため、水やガラスなどの透明体、ほこりの多い環境でも測定できるという特徴がある。駐車場や踏切での自動車検知、輸送機器の障害物感知、魚群探知機などに使われている。
ひずみゲージ	ひずみを計測できるセンサのこと。物体に外から力を加えたときに生じる、伸び・縮み・ねじれなどにより抵抗が変化することを応用して、ひずみの量を測定する。自動車や航空機などの輸送機器や、高層ビルや高架道路などの土木建築構造物などの状態を監視して、安全性を確保する目的で多く使われている。
その他のセンサ	スマートフォンなどに搭載されているタッチパネルやマイクなども、外部からの入力を検知するため、広義のセンサである。

参考

赤外線と紫外線

人の目に見える光を「可視光線」といい、可視光線の赤の外側にある波長の長い光を「赤外線」、紫の外側にある波長の短い光を「紫外線」という。

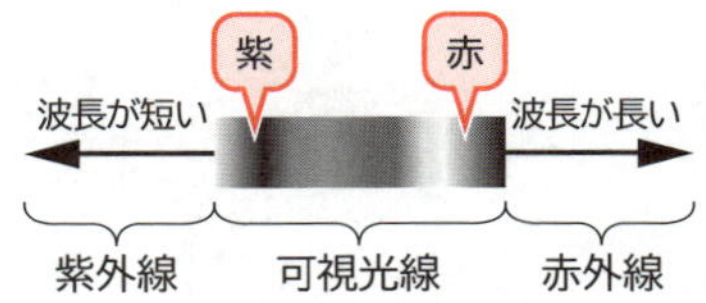

(2) 応用的な仕組みのセンサ

代表的なセンサを組み合わせて実現するなど、応用的な仕組みのセンサには、次のようなものがあります。

種　類	説　明
距離センサ	距離を計測するセンサには、超音波や赤外線を使うものなどがある。 超音波距離センサの場合は、超音波を発射し、対象に反射して戻ってくるまでの時間を計測して、距離を計算する。 赤外線距離センサの場合は、赤外線を照射し、対象からの反射光を、受光素子と呼ばれる部品で受信する。このとき、受光素子は「どの部分に反射光を受けたか」という位置情報も計測するため、発射位置と受光位置をもとに、対象までの距離を計算できる。 スマートフォンにおいて、通話をするために耳をディスプレイに近づけると、自動的にディスプレイがOFFになる機種があるが、これも距離センサ(この場合、「近接センサ」とも呼ぶ)を使用している。
離床センサ	マットレスの下に敷くことで、身体から発する微弱な振動を察知し、各種データを取得できるシート状のセンサのこと。心拍数・呼吸数・起き上がり・離床のほか、体動(呼吸や心拍よりは大きな体の動き)の頻度や強度を測定し、そのデータをソフトウェアで解析することにより、睡眠状態と覚醒状態を判定できる。
非接触の心拍数計測センサ	マイクロ波を人体に照射すると、人体の表面は心拍の影響で微細動しているため、マイクロ波の振動数が変化する。これを「ドップラー効果」という。この変化を一定のアルゴリズムで解析することにより、対象者の心拍数を計測できる。対象者が複数人の場合も、それぞれの心拍数を計測可能である。

参考

距離センサの仕組み

対象の物体

①超音波の発射

送信機

②超音波の受信

受信機

③反射時間を距離に換算

(3) アクチュエータ

「アクチュエータ」とは、入力されたエネルギーや信号などを、物理的・機械的な動作へと変換する装置のことです。

IoTシステムにおいて、アクチュエータは**「分析・加工された情報を、現実世界にフィードバックするための装置」**といえます。

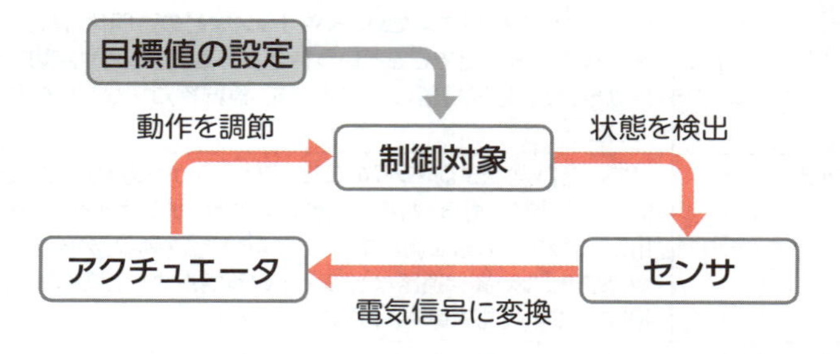

具体的には、センサが収集した情報はクラウドサービスで分析・加工などされ、ネットワーク経由でアクチュエータに送られます。情報を受信したアクチュエータは、何らかのフィードバック動作を行います。

例えば、ビニールハウス内の湿度センサが湿度を計測し、クラウドサービスへ情報を送信します。湿度情報を受け取ったクラウドサービスが**「標準より湿度が低いので湿度を上げるべきだ」**と判断すれば、ハウス内の散水機と接続された通信機能付きの制御装置に対して**「散水を開始するように」**という制御情報を送信します。この情報を受け取った制御装置は、電動モータを使って散水機のスイッチをONにすることで、散水が開始されます。
この制御装置がアクチュエータにあたります。

❸ デバイスドライバ

「デバイスドライバ」とは、周辺機器を制御・操作できるようにするためのソフトウェアのことです。単に**「ドライバ」**ともいいます。すべての周辺機器には、デバイスドライバが必要なため、周辺機器を利用する際には、デバイスドライバをインストールする必要があります。デバイスドライバは、OSの種類やコンピュータの機種に応じたものを用意する必要があるため、デバイスに付属されているものを使用したり、デバイスの製造元のWebサイトからダウンロードして入手したりします。
ただし、最近のOSは**「プラグアンドプレイ」**の機能を持っているため、周辺機器を接続するだけで簡単に使用できるようになっています。
なお、一度インストールされたデバイスドライバは、周辺機器を変更しなくても、操作機能の向上やセキュリティの修復のために、更新することがあります。

参考

デバイス
キーボードやマウス、ディスプレイなどコンピュータに接続されている周辺機器のこと。

参考

インストール
ソフトウェアをコンピュータシステムに新しく組み込むこと。

参考

プラグアンドプレイ
コンピュータに周辺機器を増設する際、OSが自動的に最適な設定をしてくれる機能のこと。接続した周辺機器に必要なデバイスドライバの追加や設定が自動的に行われる。プラグアンドプレイを行うには、コンピュータだけでなく、周辺機器もプラグアンドプレイに対応している必要がある。

8-2 システム構成要素

8-2-1　システムの構成

「情報システム」とは、業務の活動を進める上で、コンピュータを利用するようにしたものです。
情報システムは、使用するコンピュータの種類や処理形態などによって分類されます。システムを開発するには、目的に合わせた構成を選択します。

❶ 情報システムの処理形態

情報システムの処理形態には、次のようなものがあります。

（1）集中処理

「集中処理」とは、1台のコンピュータ（ホストコンピュータ）ですべての処理を行う形態のことです。集中処理の特徴は、次のとおりです。

- 1台で管理するため、設備や人員を集中させることができる。
- 運用管理、セキュリティ管理、保守が行いやすい。
- 処理をしているコンピュータが故障するとシステム全体が停止する。

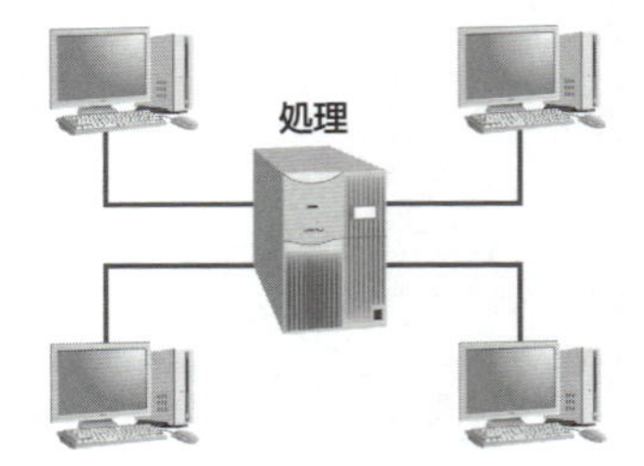

（2）分散処理

「分散処理」とは、ネットワークに接続されている複数のコンピュータで処理を分担して行う形態のことです。分散処理の特徴は、次のとおりです。

- 機能の拡張が容易である。
- 1台のコンピュータが故障してもシステム全体は停止しない。
- 処理をしているコンピュータが複数台あるため、運用管理、セキュリティ管理、保守が複雑になる。
- 異常が発生した場合、発生した場所を特定するのが困難である。

参考

オンラインシステム
コンピュータ同士を通信回線などで接続して処理するシステム構成のこと。

参考

スタンドアロン
ネットワークに接続しないで1台のコンピュータで処理するシステム構成のこと。

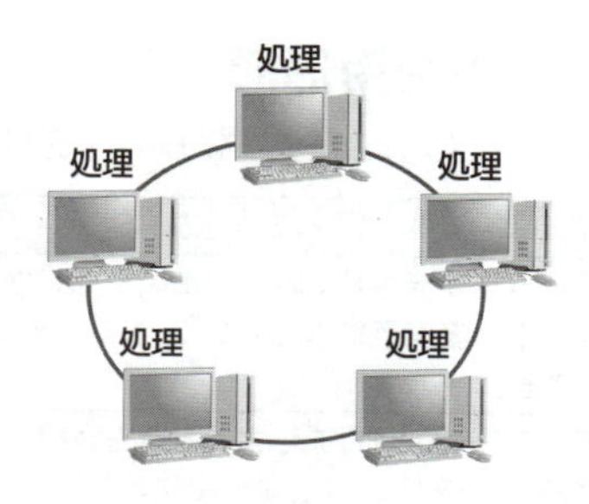

分散処理には、次のような種類があります。

種　類	説　明
水平分散	コンピュータを対等な関係で結び付けて処理を分散する形態。「ピアツーピア」ともいう。
垂直分散	コンピュータを階層的に結び付けて処理を分散する形態。「クライアントサーバシステム」で利用される。

❷ 情報システムの構成

代表的な情報システムの構成には、次のようなものがあります。

構　成	説　明
デュアルシステム	同じ構成を持つ2組のシステムが同一の処理を同時に行い、処理結果に誤りがないかなどをチェックしながら処理を行うシステム。一方に障害が発生した場合は、障害が発生したシステムを切り離し、もう一方のシステムで処理を継続する。
デュプレックスシステム	システムを2組用意して、一方を主系（現用系）、もう一方を従系（待機系）として利用し、通常は主系で処理を行うシステム。主系に障害が発生した場合は、主系で行っている処理を従系に切り替えて処理を継続する。 デュプレックスシステムは、次の2種類に分けられる。 **・コールドスタンバイシステム** 主系と従系で別の処理を行う形態。主系に障害が発生していない間は、従系の資源を有効に活用できるというメリットがあるが、障害発生時にシステムを切り替える際、従系の処理をいったん停止する必要があるため、切り替えに時間を要する。 **・ホットスタンバイシステム** 主系と従系で別の処理を行わず、従系を常に主系と同じ状態で待機させる形態。従系は別の処理を行っていないため、障害発生時に迅速に切り替えができる。
シンクライアント	サーバ側でアプリケーションソフトウェアやファイルなどの資源を管理し、クライアント側のコンピュータには最低限の機能しか持たせないシステム。クライアント側には、サーバに接続するためのネットワーク機能や入出力を行うための機能を用意するだけで利用できるため、運用管理の容易さやセキュリティ面で優れている。
クラスタ	複数のコンピュータ（サーバを含む）をネットワークでつないで、あたかもひとつのシステムのように運用するシステム構成。 障害発生時に業務を中断することなくサービスを提供し続けることができる信頼性の向上を狙ったシステム構成のひとつである。

参考

並列処理

データ処理を同時に並行して行うこと。

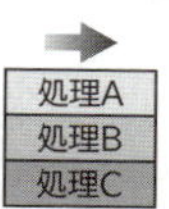

参考

逐次処理

データ処理を1つずつ順番に行うこと。

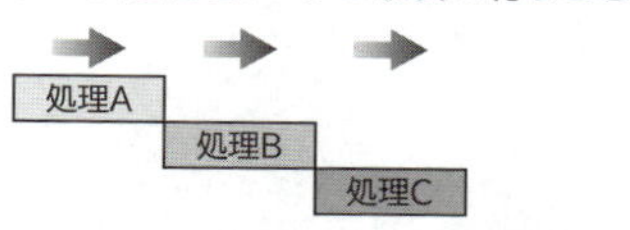

参考

レプリケーション

データベースの複製（レプリカ）を、ネットワーク上の別のコンピュータ上に作成し、同期をとる方式のこと。データベースを更新した際、その更新した結果がレプリカに反映される。

参考

仮想化

1台のコンピュータに、複数の仮想的なコンピュータを動作させるための技術のこと。1台のコンピュータを論理的に分割し、それぞれに異なるOSやアプリケーションソフトウェアを動作させることによって、あたかも複数のコンピュータが同時に稼働しているようにみせることができる。ハードウェア資源を有効に利用できるため、ハードウェアの購入費用削減、保守費用削減、消費電力削減などのメリットがある。
なお、1台のコンピュータに、複数の仮想的なサーバを動作させるための技術のことを「サーバ仮想化」という。

参考

ライブマイグレーション

あるハードウェアで稼働している仮想化されたサーバを停止せずに、別のハードウェアに移動させて、移動前の状態から仮想化されたサーバの処理を継続させる技術のこと。
仮想化されたサーバのOSやアプリケーションソフトウェアを停止することなく、別のハードウェアに移動する場合に利用することができる。ハードウェアの移行時、メンテナンス時などで利用する。

❸ 情報システムの利用形態

情報システムの利用形態には、次のようなものがあります。

形　態	説　明
リアルタイム処理	処理要求が発生した時点で即時に処理する形態。銀行のATMや列車の座席予約などオンラインシステムと組み合わせて利用できる。
バッチ処理	データを一定期間または一定量を蓄積して、一括して処理する形態。バッチ処理は処理を設定するだけで自動的に行われるため、普段コンピュータが使われていない時間などを活用できる。給与計算などの事務処理に利用できる。
対話型処理	ユーザとコンピュータがディスプレイを通して、対話しているように相互に処理を行う形態。ユーザはディスプレイを通して、コンピュータから要求された操作を返し、あたかも対話しているように相互に処理を行う。

❹ クライアントサーバシステム

「クライアントサーバシステム」とは、ネットワークに接続されたコンピュータにサービスを提供する**「サーバ」**と、サーバにサービスを要求する**「クライアント」**に役割分担して構成するシステムのことです。

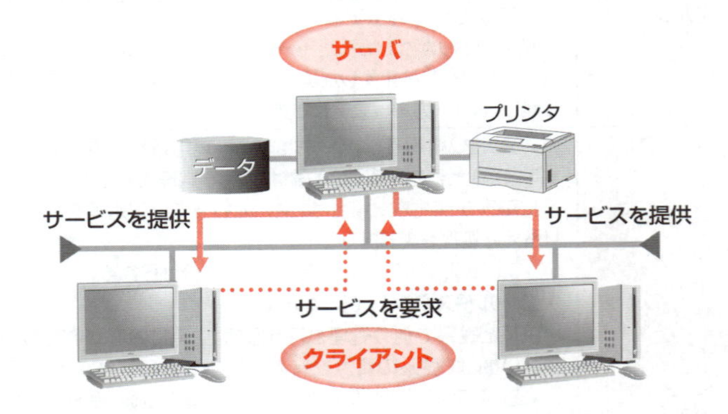

クライアントサーバシステムには、次のような特徴があります。

特　徴	説　明
システムにかかる負荷の軽減	クライアントとサーバがそれぞれ役割分担（処理を分散）することでシステムの負荷が軽減できる。
導入コストの軽減	ハードウェア資源（プリンタやハードディスクなど）を共有して利用することで、導入コストの軽減が図れる。
作業の効率化	ソフトウェア資源（ファイルなど）を共有して利用することで、必要なデータを必要なときに取り出して処理を行えるため、作業の効率化が図れる。
システムの拡張が容易	サーバやクライアントの追加が容易である。
システム管理の複雑化	サーバやクライアントごとにハードウェアやソフトウェア資源を管理する必要があるため、システムの規模が大きくなるほど複雑になる。また、問題が発生した場合の原因や責任の切り分けが難しい。

参考

ピアツーピア

ネットワークを構成するシステムの形態のひとつ。ピアツーピアは、ネットワークに接続されたコンピュータを役割分担せず、お互いに対等の関係で接続されている。そのため、サーバとクライアントの区別がない。

参考

Webシステム

サーバ上で動作し、Webブラウザを使って双方向通信を行うシステムのこと。多くのショッピングサイトで見られる「ショッピングカート」や「メールフォーム」もWebシステムを利用した形態のひとつ。

8-2-2　システムの評価指標

システムの評価指標は、コンピュータの性能、信頼性、経済性を総合的に見る必要があります。

❶ システムの性能

システムの性能は、システムテストや受入れテストの一環として行う**「性能テスト」**で測定します。性能テストとは、レスポンスタイムやターンアラウンドタイム、ベンチマークなどの処理が要求を満たしているかを検証するテストのことです。

システムの性能評価を確認するには、次のようなものがあります。

評価指標	説　明
レスポンスタイム	コンピュータに処理の依頼をしてから、最初の反応が返ってくるまでの時間。「応答時間」ともいい、オンラインシステムの性能を評価するときに使われる。負荷が小さければレスポンスタイムは短くなり、負荷が大きければレスポンスタイムは長くなる。 レスポンスタイム 印刷命令 → 処理 → 印刷結果
ターンアラウンドタイム	一連の仕事をコンピュータに依頼してから、すべての処理結果を受け取るまでの時間。バッチ処理の性能を評価するときに使われる。 印刷命令 → 処理 → 印刷結果 ターンアラウンドタイム

❷ システムの信頼性

システムを導入した際、利用者（システム利用部門）にとって信頼できるシステムであることが重要です。システムの信頼性は、システムを運用中、機能が停止することなく稼働し続けることで高くなります。

(1) システムの信頼性を表す指標

システムの信頼性を測る指標としては、**「稼働率」**が使用されます。システムの稼働率とは、システムがどの程度正常に稼働しているかを割合で表したものです。稼働率の値が大きいほど、信頼できるシステムといえます。

参考

ボトルネック

システムに悪影響を及ぼす原因となっている部分のこと。

参考

スループット

システムが単位時間当たりに、どのくらいデータを処理できるかという仕事量のこと。システムの処理能力を表すときに用いられる。

参考

ベンチマーク

システム性能を測定するための指標のこと。レスポンスタイムやCPUの稼働率などを計測し、複数のコンピュータの性能を比較・評価する。

参考

SPEC

CPUやWebサーバなどに関する性能指標の標準化を進める非営利団体のこと。「Standard Performance Evaluation Corporation」の略。

稼働率は、**「MTBF（平均故障間隔）」**と**「MTTR（平均修復時間）」**で表すことができ、MTBFが長くMTTRが短いほど、システムの稼働率は高くなります。

種　類	内　容
MTBF（平均故障間隔）	故障から故障までの間で、システムが連続して稼働している時間の平均。「平均故障間動作時間」ともいう。「Mean Time Between Failures」の略。
MTTR（平均修復時間）	故障したときに、システムの修復にかかる時間の平均。「Mean Time To Repair」の略。

MTBFとMTTRを使って稼働率を計算する方法は、次のとおりです。

$$稼働率 = \frac{MTBF}{MTBF + MTTR}$$

もしくは

$$稼働率 = \frac{全運用時間 - 故障時間}{全運用時間}$$

例

図のようなシステムの稼働率はどのくらいか。

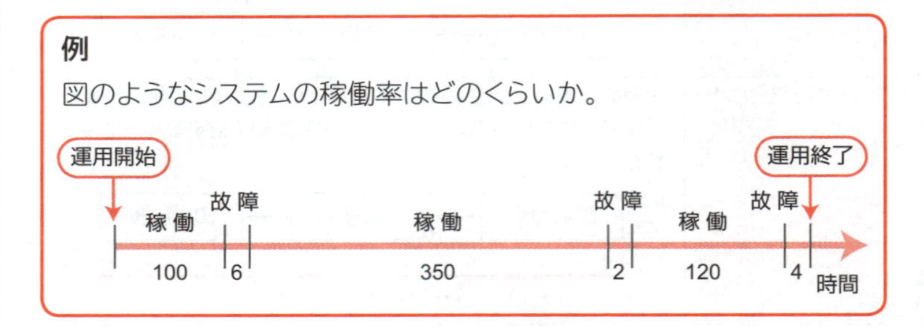

〔MTBF〕

（100+350+120）（時間）÷3（回）=190時間

〔MTTR〕

（6+2+4）（時間）÷3（回）=4時間

〔稼働率〕

$$\frac{MTBF}{MTBF+MTTR} = \frac{190}{190+4}$$

=0.9793814…　→約0.979

もしくは、

$$\frac{全運用時間-故障時間}{全運用時間} = \frac{582-12}{582}$$

=0.9793814…　→約0.979

(2) 複合システムの稼働率

複数のコンピュータや機器で構成されるシステムの場合は、**「直列システム」**と**「並列システム」**によって稼働率の求め方が異なります。

●直列システムの稼働率

「直列システム」とは、システムを構成している装置がすべて稼働しているときだけ、稼働するようなシステムのことです。装置がひとつでも故障した場合は、システムは稼働しなくなります。

直列システムの稼働率を求める計算式

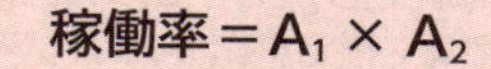

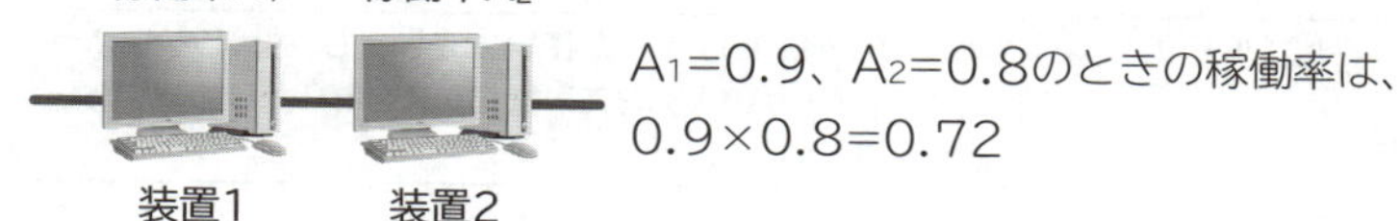

A_1=0.9、A_2=0.8のときの稼働率は、
0.9×0.8=0.72

●並列システムの稼働率

「並列システム」とは、どれかひとつの装置が稼働していれば、稼働するようなシステムのことです。構成しているすべての装置が故障した場合だけ、システムは稼働しなくなります。

並列システムの稼働率を求める計算式

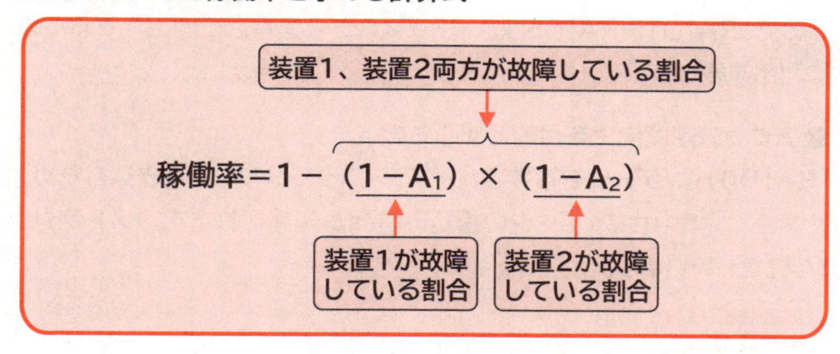

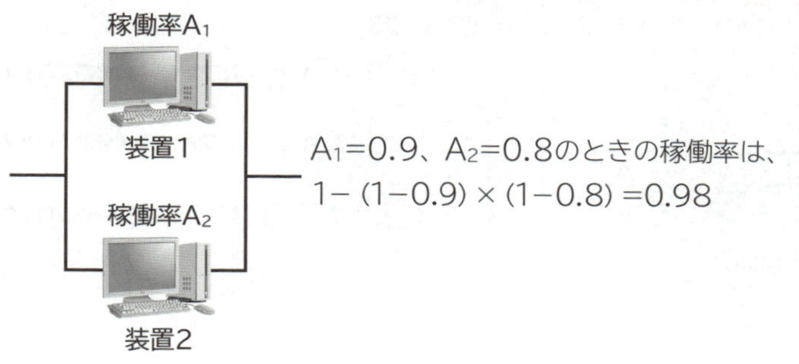

A_1=0.9、A_2=0.8のときの稼働率は、
1－(1－0.9)×(1－0.8)=0.98

参考

故障率

ある期間に起こる故障の回数の割合のこと。計算式は、次のとおり。

$$故障率＝\frac{1}{MTBF}$$

または、稼働していない割合のことを指す場合もある。その場合の計算式は、次のとおり。

故障率=1－稼働率

参考

バスタブ曲線

ハードウェアの故障率の変化を表したグラフのこと。縦軸を故障率、横軸を時間経過として表す。
「故障率曲線」ともいう。

故障率 / 0 / ❶ / ❷ / ❸ / 時間経過

❶初期故障期
製造中の欠陥（初期不良）などのために、故障が発生する期間。

❷偶発故障期
初期故障期と摩耗故障期の間に、利用者による操作ミスなどのためにごくまれに故障が発生する期間。

❸摩耗故障期
ハードウェアの摩耗や劣化などのために故障が発生する期間。

(3) 高信頼性の設計

ユーザがいつでも安心してシステムを利用できるような、信頼性の高いシステムを構築するための考え方には、次のようなものがあります。

考え方	説　明
フォールトトレラント	故障が発生しても、本来の機能すべてを維持し、処理を続行する。一般的にシステムを二重化するなどの方法がとられる。
フェールソフト	故障が発生したときに、システムが全面的に停止しないようにし、必要最小限の機能を維持する。
フォールトアボイダンス	機器自体の信頼性を高めることで、故障しないようにする。
フェールセーフ	故障が発生したときに、システムを安全な状態に固定し、その影響を限定する。例えば、信号機で故障があった場合には、すべての信号を赤にし自動車を止めるなど、故障や誤動作が事故につながるようなシステムに適用される。
フールプルーフ	本来の仕様からはずれた使い方をしても、故障しないようにする。ユーザの入力ミスや操作ミスをあらかじめ想定した設計にする。

(4) RAID

「RAID（レイド）」とは、複数のハードディスクをまとめてひとつの記憶装置として扱い、データを分散化して保存する技術です。RAIDにはいくつかのレベルがあり、RAID0、RAID1、RAID5といった数字を用いて区別します。

RAID0はハードディスクへのアクセス速度を向上させるために利用するもので、RAID1やRAID5はハードディスクの信頼性を向上させるために利用するものです。

参考

RAID

「Redundant Arrays of Inexpensive Disks」の略。

参考

NAS

ハードディスクや通信制御装置、OSなどを一体化し、ネットワークに直接接続して使用するファイルサーバのこと。RAIDの機能を持つものもある。複数のプロトコルに対応しているので、異なるOSのサーバ間でもファイル共有が可能になる。

「Network Attached Storage」の略。

●アクセス速度向上を目的とするもの

「RAID0」は、データを複数のハードディスクに分割して書き込むため、アクセスが集中せず、データの書込み時間が短縮されます。**「ストライピング」**ともいいます。

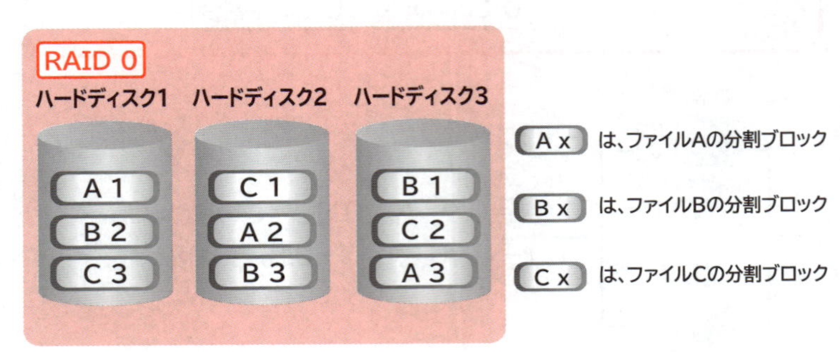

●ディスクの信頼性向上を目的とするもの

「RAID1」は、ハードディスク自体の故障に備え、2台以上のハードディスクに同じデータを書き込みます。**「ミラーリング」**ともいいます。1台のハードディスクが故障した場合でも、別のハードディスクからデータを読み出すことで、信頼性を向上させます。

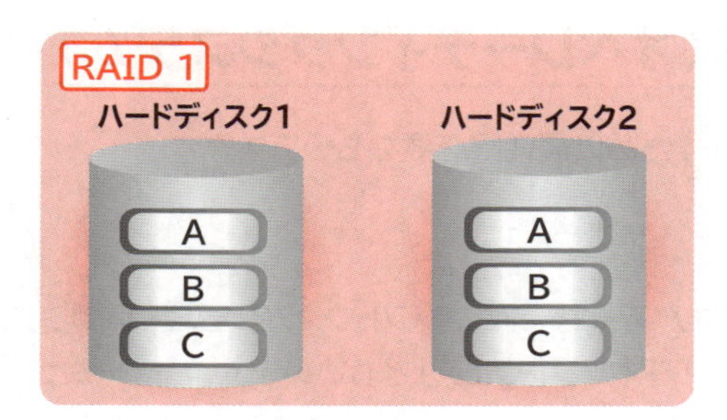

ファイルA、B、Cの複製を2つ以上のハードディスクに書き込む

「RAID5」は、複数のハードディスクに、データと、エラーの検出・訂正を行うためのパリティ情報を分割して記録します。1台のハードディスクに障害が起きても、それ以外のハードディスクからデータを復旧できます。**「パリティ付きストライピング」**ともいいます。

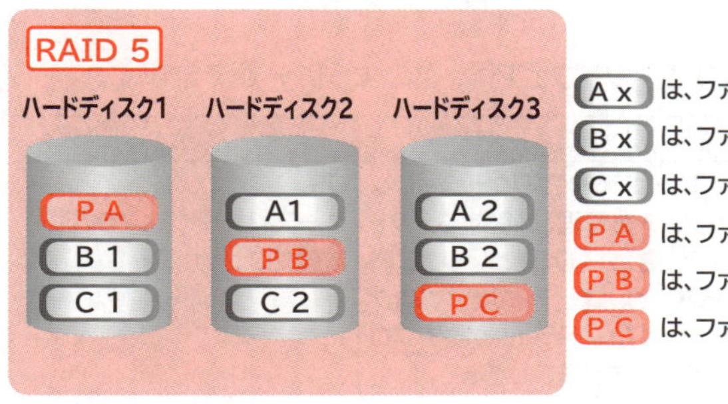

A x は、ファイルAの分割ブロック
B x は、ファイルBの分割ブロック
C x は、ファイルCの分割ブロック
P A は、ファイルAのパリティブロック
P B は、ファイルBのパリティブロック
P C は、ファイルCのパリティブロック

3 システムの経済性

システムを企業に導入する際、その効果や評価などの経済性を考慮する必要があります。システムを導入するには、初期コストや運用コストなど様々な費用がかかりますが、システムの経済性を考えるには、**「TCO」**を重視する必要があります。

「TCO」とは、システムの導入から運用（維持管理）までを含めた費用の総額のことです。TCOには、コンピュータのハードウェアやソフトウェアの購入費用、利用者（システム利用部門）に対する教育費用、運用にかかわる費用、システムの保守費用、さらに、システムのトラブルの影響による損失費用などを含みます。システムを導入する際の意思決定などにも使われます。

参考

TCO

「Total Cost of Ownership」の略。

参考

初期コスト

システムを導入する際に必要となる費用のこと。

ハードウェアやソフトウェアの購入費用、開発人件費用（委託費用）、利用者（システム利用部門）に対する教育費用など。

参考

運用コスト

システムを運用する際に必要となる費用のこと。「ランニングコスト」ともいう。

設備維持費用（リース代、レンタル代、アップグレード費用、システム管理者の人件費、保守費用など）、運用停止による業務上の損失など。

8-3 ソフトウェア

8-3-1 OS（オペレーティングシステム）

OSは、コンピュータを動かすために最低限必要なものです。

❶ OSの必要性

「OS」とは、ハードウェアやアプリケーションソフトウェアを管理、制御するソフトウェアのことです。**「基本ソフトウェア」**ともいいます。ハードウェアとソフトウェアの間を取り持ち、ソフトウェアが動作するように設定したり、ユーザからの情報をディスプレイやプリンタなどの周辺機器に伝えたりします。

それに対して、文書作成ソフトや表計算ソフトなどの特定の目的で利用するソフトウェアを**「アプリケーションソフトウェア」**、または**「応用ソフトウェア」**といいます。

コンピュータを構成するソフトウェアは、次のように分類できます。

種類		説明	例
システムソフトウェア	基本ソフトウェア	ハードウェアやアプリケーションソフトウェアを管理、制御するソフトウェア。通常、「OS」という。広義の意味では、ユーティリティプログラムやデバイスドライバ、言語プロセッサが含まれることがある。	OS ユーティリティプログラム 言語プロセッサ
	ミドルウェア	OSとアプリケーションソフトウェアの中間で動作するソフトウェア。多様な利用分野に共通する基本機能を提供する。	データベース管理システム 通信管理システム 運用管理ツール ソフトウェア開発支援システム
アプリケーションソフトウェア（応用ソフトウェア）	共通アプリケーションソフトウェア	様々な業務や業種に共通して使用されるソフトウェア。	文書作成ソフト 表計算ソフト CAD/CAM 統計処理プログラム グラフィックスソフト グループウェア
	個別アプリケーションソフトウェア	特定の業務や業種を対象として使用されるソフトウェア。	給与計算ソフト 財務会計ソフト 販売管理ソフト 生産管理システム

参考

OS
「Operating System」の略。

参考

ユーティリティプログラム
コンピュータを効率よく利用し、機能や操作性を向上させるためのソフトウェアのこと。「ユーティリティソフトウェア」、「サービスプログラム」ともいう。
ディスク圧縮や最適化、メモリ管理ソフトなどOSの機能を補うものから、スクリーンセーバやマルウェア対策ソフトウェアまで様々なものがある。

参考

SDK
特定のソフトウェアを開発するために必要となる開発キット（開発環境・プログラム・説明資料などをまとめたもの）のことである。
「Software Development Kit」の略。
日本語では「ソフトウェア開発キット」の意味。

参考

パッチファイル
ソフトウェアの不具合を修正するために、ソフトウェアメーカから提供されるファイルのこと。

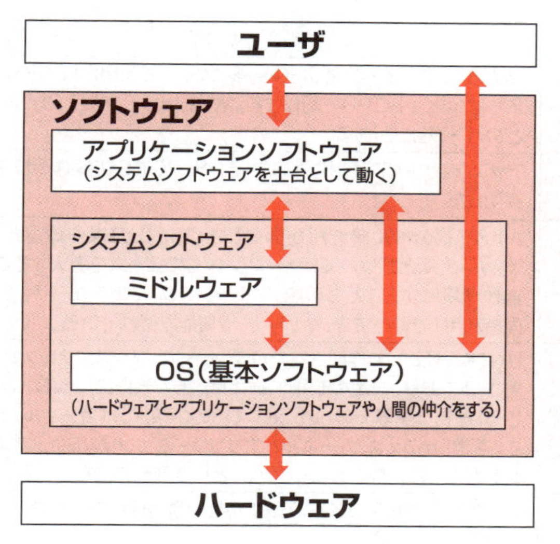

❷ OSの機能

OSには、次のような機能があります。

機　能	説　明
ユーザ管理	コンピュータに複数のユーザアカウントを登録したり削除したりできる。登録したユーザアカウントごとにアクセス権やプロファイルなどの情報を管理する。
ファイル管理	ファイルをハードディスクなどに書き込んだり読み込んだりできる。ユーザごとにコンピュータ内のファイルやフォルダの使用を制限できる。
入出力管理 （デバイス管理）	キーボードやプリンタなど周辺機器の管理や制御を行う。「プラグアンドプレイ」の機能を持つOSもあり、簡単に周辺機器が使用できる。
資源管理	コンピュータの資源（CPU、メモリ、ハードディスク、ソフトウェア）を効率的に利用するために、資源の割当てや管理を行う。
メモリ管理	メモリ領域を有効に利用するために管理する。仮想メモリを利用することで、実際のメモリ容量より多くのメモリを使用できる。
タスク管理	実行しているプログラムを管理する。プログラムの実行単位を「タスク」という。マルチタスクの機能を持つOSは、複数のタスクを並列して実行できる。

参考

ウィザード

アプリケーションソフトウェアの操作が複雑であっても、質問に答えていく対話形式によって簡単に操作が行えるようにする機能のこと。

参考

仮想メモリ

メインメモリの記憶容量より大きなプログラムを実行するために、ハードディスクなどの補助記憶装置の一部を利用する機能のこと。複数のプログラムを同時に実行したり、画像ファイルなどの大きなデータを編集したりする際、メインメモリの記憶容量だけでは足りない場合に、メインメモリのデータの一部を一時的にハードディスクなどに退避することで、メインメモリの見かけ上の容量を大きくする効果がある。「仮想記憶」ともいう。

参考

ハイバネーション

PCの電源を切る際に、主記憶装置（メモリ）の内容をハードディスクに保存することで、次回起動時に電源を切る直前の作業状態に復帰する機能のこと。

参考

プロファイル

ユーザアカウントごとに異なる環境情報の集まりのこと。デスクトップのレイアウト、ネットワークの設定、ヒューマンインタフェースの設定などを管理している。

参考

ユーザアカウント

コンピュータを使うために必要となる利用者ID（ユーザID）やパスワードなどの情報の集まりのこと。単に「アカウント」ともいう。ユーザアカウントには、ひとつのプロファイルが関連付けられており、ログインするとプロファイルの情報が読み込まれる。

参考

マルチタスク

CPUが同時に複数のタスクを実行する機能のこと。これにより、文書作成ソフトや表計算ソフトなどを同時に起動し、交互に利用することができる。これに対して、CPUがひとつのタスクしか実行できないことを「シングルタスク」という。

3 OSの種類

OSには、様々な種類があり、それぞれのOSでファイルやフォルダなどの管理方法が異なるため、異なるOS間ではファイルが正しく表示されないなどのトラブルが生じることもあります。
OSには、次のような種類があります。

種　類	説　明
Windows	マイクロソフト社が開発したOS。多くのPCで利用されており、32ビットまたは64ビットCPUで動作する。Windowsには、「10」「8.1」「7」などのバージョンがある。
Mac OS	アップル社のPCで利用されているOS。PCでGUI操作環境をはじめて実現した。
UNIX	AT＆T社のベル研究所が開発したOS。CUI操作環境が基本だがX-Windowと呼ばれるヒューマンインタフェースを導入することでGUI操作環境にすることも可能。マルチタスク、マルチユーザ（多人数での同時利用）で動作でき、ネットワーク機能に優れている。
Linux	UNIX互換として作成されたOS。オープンソースソフトウェアとして公開されており、一定の規則に従えば、誰でも自由に改良・再頒布ができる。厳密な意味でのLinuxは、OSの中核部分（カーネル）のことを指す。通常Linuxは、カーネルとアプリケーションソフトウェアなどを組み合わせた「ディストリビューション」という形態で配布される。
iOS	アップル社が開発したOS。アップル社の携帯情報端末（iPhoneやiPad）で利用されている。
Android	Google社が開発したOS。アップル社以外の多くの携帯情報端末で利用されており、Linuxベースで作成されている。OSS（オープンソースソフトウェア）である。

参考

マルチスレッド
ひとつのタスク内で複数のスレッド（タスクをさらに細分化した処理の単位）を並行して実行できること。マルチコアプロセッサを使用したコンピュータでは、マルチスレッドによって、コンピュータの処理能力の有効活用を図ることができる。

参考

マルチブート
1台のコンピュータに複数のOSを組み込み、コンピュータの起動時に、どのOSを起動するかを選択する方式のこと。

参考

CUIとGUI
「CUI」とは、「コマンド」と呼ばれる命令をキーボードで入力して、コンピュータを操作する環境のこと。
「Character User Interface」の略。
「GUI」とは、「アイコン」というグラフィックスの部分をマウスなどでクリックして、コンピュータを視覚的に操作する環境のこと。
「Graphical User Interface」の略。

8-3-2 ファイル管理

ファイルを管理する際には、次のようなことに備えて、データを十分に管理および保全する必要があります。

- ファイルの数が増えてくると、どこにデータを保管したかを忘れたり、ディスクの空き領域が不足したりしてしまう。
- 必要なデータを誤って削除してしまう。
- サーバのデータが誤って書き換えられたり、故意に改ざんされたりしてしまう。　など

1 ディレクトリ（フォルダ）管理

「ディレクトリ管理」とは、ファイルの検索をしやすくするために、ファイルを階層的な構造で管理することです。階層のうち、最上位のディレクトリを**「ルートディレクトリ」**、ディレクトリの下にあるディレクトリを**「サブディレクトリ」**、基点となる操作対象のディレクトリを**「カレントディレクトリ」**といいます。

参考

ファイルシステムの役割
「ファイルシステム」とは、ハードディスクなど記録媒体内でファイルを管理する仕組みのこと。ファイルシステムによって、記録媒体にファイルやディレクトリを作成する方法や記録媒体のボリュームの最大容量などが決められている。

ディレクトリは、次のようなツリー型の構造を持っています。

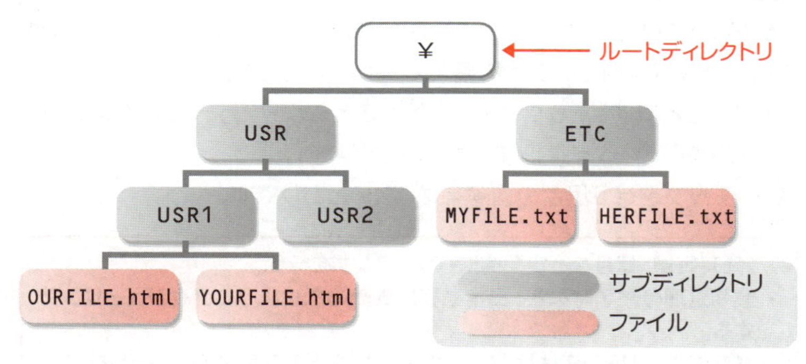

コンピュータ内におけるファイルの場所を表す住所のようなものを**「パス」**といいます。パスの指定方法には、**「絶対パス」**を使う方法と**「相対パス」**を使う方法があります。

●「USR」をカレントディレクトリとした場合

指定方法	説　明	MYFILE.txtを指定する
相対パスの指定	現在のディレクトリ（カレントディレクトリ）を基点として目的のファイルの位置を指定する方法。	..¥ETC¥MYFILE.txt
絶対パスの指定	ルートディレクトリを基点として目的のファイルまですべてのディレクトリ名とファイル名を階層順に指定する方法。	¥ETC¥MYFILE.txt

❷ ファイル共有

ネットワークを構築していると、ネットワーク上でコンピュータのファイルを複数のユーザで共有して利用できます。例えば、企業などでは、商談事例や顧客情報などのファイルを大容量のハードディスクを持っているコンピュータに保存し、そのファイルを共有することで社員の間で情報を共有できます。
ネットワーク上で、ディレクトリやファイルを共有するような場合は、**「アクセス権」**を設定し、ユーザごとに書込みや読取りを制限できます。

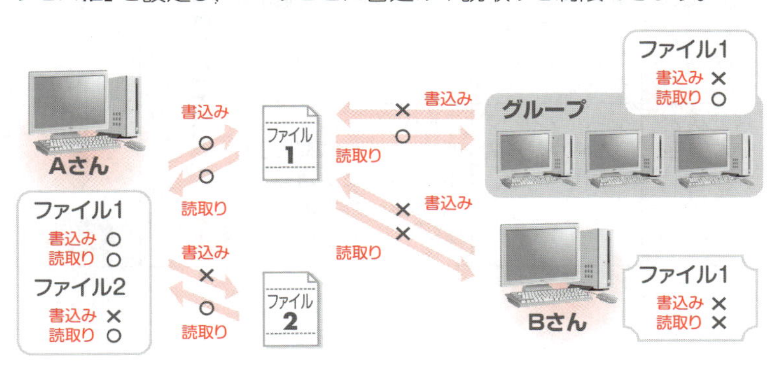

参考
「.」記号
相対パス指定で、カレントディレクトリを表す。

参考
「..」記号
相対パス指定で、基点となるディレクトリのひとつ上のディレクトリを表す。

参考
ディレクトリの表記方法
ディレクトリの表記方法は、OSによって異なる。／や＼（バックスラッシュ）を使用する場合もある。

参考
ファイル名
ファイル名は、ファイルの名称を示す部分と、ファイルの形式を示す「ファイル拡張子」から構成される。ファイル拡張子は、ファイル名の末尾の「.（ピリオド）」以降の英数字を指し、単に「拡張子」ともいう。
例えば、「MYFILE.txt」の場合は「MYFILE」がファイルの名称で、「.txt」が拡張子となり、テキスト形式のファイルであることを示している。

3 バックアップ

「バックアップ」とは、コンピュータや記憶装置の障害によって、データやプログラムが破損した場合に備えて、補助記憶装置にファイルをコピーしておくことです。バックアップを行うことにより、万一の場合に、そのファイルからデータを復旧することができます。
バックアップを行う場合の留意点は、次のとおりです。

- **毎日、毎週、毎月など定期的にバックアップを行う。**
- **業務処理の終了時など、日常業務に支障のないようにスケジューリングする。**
- **バックアップ用の媒体は、バックアップに要する時間や費用を考慮して、バックアップするデータがすべて格納できる媒体を選択する。**
- **バックアップファイルは、ファイルの消失などを回避するために、通常、正副の2つを作成し、別々の場所に保管する。**
- **紛失や盗難に注意し、安全な場所に保管する。**

(1) バックアップ対象ファイル

コンピュータ内にあるすべてのファイルのバックアップを取ろうとすると大容量の記録媒体が必要になり、多くの時間がかかります。
OSやアプリケーションソフトウェアは再度インストールすれば、初期の状態に復元できるので、通常バックアップの対象にはしません。
利用者が作成した大切なファイルや環境設定を格納したファイルなどをバックアップの対象にします。ただし、障害による影響が大きい場合には、ハードディスク全体をバックアップの対象にします。

(2) バックアップの種類

バックアップには、復旧時間やバックアップ作業負荷などの条件により、次のような種類があります。

種　類	バックアップの対象データ	復旧方法	バックアップ時間	復旧時間
フル（全体）バックアップ	ディスク上のすべてのデータ。	フルバックアップをリストア。	長い	短い
差分バックアップ	前回、フルバックアップした時点から変更されたデータ。	フルバックアップと最後に取った差分バックアップからリストア。	↕	↕
増分バックアップ	前回、バックアップした時点から変更されたデータ。	フルバックアップとフルバックアップ以降に取ったすべての増分バックアップを順にリストア。	短い	長い

参考

リストア
バックアップした内容をハードディスクなどに戻すこと。

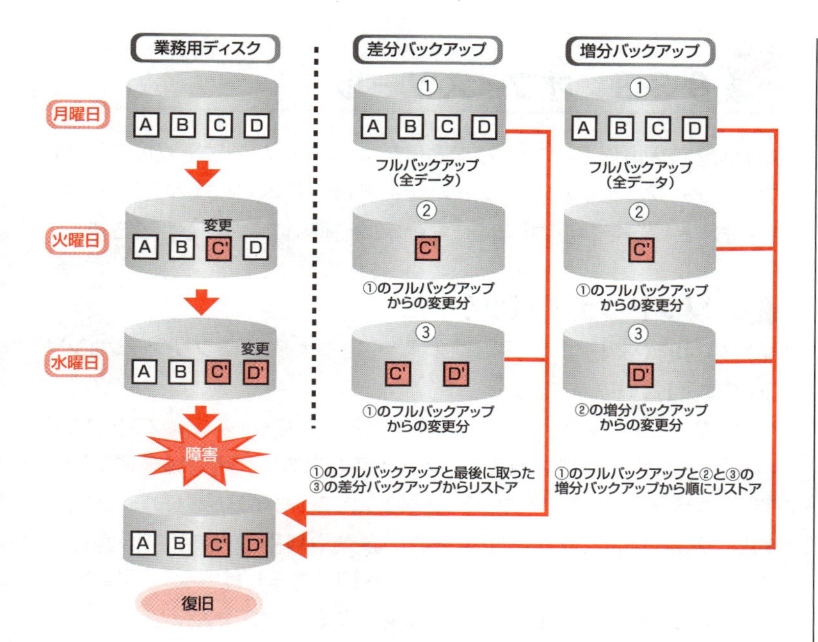

(3) バックアップの方法

大切なファイルは別のドライブやバックアップ用の記録媒体にバックアップしておきます。

方 法	説 明
ファイルやフォルダをコピー	ファイルやフォルダ単位でドラッグアンドドロップ、またはコピー・貼り付けでバックアップを取る。
バックアップツールの利用	専用のアプリケーションソフトウェアを使って、バックアップを取る。

(4) バックアップの記録媒体

バックアップ対象ファイルの容量や用途に応じて、記録媒体を選択します。バックアップには、ハードディスクやCD-R、CD-RW、DVD-Rなどの記録媒体が利用されます。

参考

アーカイブ

複数のファイルを1つにまとめる処理のこと、またはその処理で作成されたファイルのこと。

参考

世代管理

過去のバックアップデータを何世代分か保管しておくこと。バックアップデータはデータを復旧するとき必要となるが、データを誤って書き換えてしまった場合、古いデータが必要になることがあるため、世代管理しておくと役立つことがある。

参考

DATを利用したバックアップ

「DAT」は磁気テープの記録媒体で、ハードディスク全体のバックアップを取るのに向いている。ファイル単位ではなく、ディスク単位でバックアップを取る。

8-3-3　オフィスツール

業務などで利用するソフトウェアとして、オフィスツールなどのソフトウェアパッケージがあります。ソフトウェアの特徴や基本的な操作方法を理解しておくと、業務で利用する際にも効率的に使いこなすことができます。

❶ ソフトウェアパッケージ

特定の目的や業務などで利用されるソフトウェアを**「アプリケーションソフトウェア」**といいます。
アプリケーションソフトウェアには様々なものがあり、多くはソフトウェアパッケージとして販売されています。特定の企業や利用者の要望に沿って、一から開発するソフトウェアと比較し、ソフトウェアパッケージは比較的低コストで開発され、不特定多数の企業や利用者へ向けて販売されます。ソフトウェアパッケージは、PCで利用できるだけでなく、最近では携帯情報端末でも利用できるものがあります。
アプリケーションソフトウェアのソフトウェアパッケージには、次のようなものがあります。

種　類	特　徴
文書作成ソフト	文書の作成、編集、印刷などができる。表を作成したり、図表を埋め込んだりして、見栄えのよい文書を作成する機能が充実している。 文書で文字の開始位置や終了位置をそろえられる「インデント機能」、ベースになる文書の宛名部分に住所データをもとに1件ずつ印刷できる「差し込み印刷機能」、文書の背景にテキストや画像を表示できる「ウォーターマーク（透かし）」がある。
表計算ソフト	表やグラフの作成、データの集計や検索などができる。関数を使うこともでき、計算機能が充実している。
プレゼンテーションソフト	スライド（1枚1枚の発表資料）に図形・グラフ・画像などを挿入して、プレゼンテーション資料を作成できる。文字の書体（フォント）やサイズ、アニメーションなどを設定し、訴求力のあるスライドを簡単に作成できる。さらに、プレゼンテーション（発表）を実施することができる。

❷ Webブラウザ（WWWブラウザ）

「WWW」とは、インターネット上の**「Webページ」**の情報を閲覧・検索するためのサービスのことで、**「Web」**ともいいます。Webページとは、HTMLやXMLなどのマークアップ言語で記述されたファイルのことで、**「ホームページ」**ともいいます。また、Webページの集まりのことを**「Webサイト」**といいます。インターネットで情報を引き出すためには、見たいWebページにアクセスします。

参考
プラグイン
アプリケーションソフトウェアに機能を追加するプログラムのこと。元のアプリケーションソフトウェアの機能を拡張し、プラグインだけをバージョンアップしたり、アンインストールしたりできる。

参考
アンインストール
ソフトウェアをコンピュータシステムから削除すること。

参考
クリップボード
移動やコピーの操作の際、一時的にデータを保管しておく領域のこと。一度移動やコピーをしたデータは、何度でも貼り付けることができる。

参考
CSV形式
表形式のデータを「,（カンマ）」で区切って並べたテキスト形式のこと。異なる種類のソフトウェア間でデータ交換するときに、よく利用される。
CSVは「Comma Separated Values」の略。

参考
WWW
「World Wide Web」の略。

Webページを閲覧するには、**「Webブラウザ（WWWブラウザ）」**というアプリケーションソフトウェアを利用します。
Webブラウザの主な機能には、次のようなものがあります。

（1）Webページの閲覧

Webページを閲覧するには、Webブラウザから**「URL」**を指定します。URLとは、Webページのアドレスを示すための規則のことで、単に**「アドレス」**ともいいます。

（2）Webページの検索

見たいWebページのアドレスがわからないとき、**「検索サイト」**または**「検索エンジン」**というWebページを使うと、キーワードを入力したり選択したりするだけで、情報を検索・収集できます。キーワードに該当するWebページの件数が多い場合は、さらにキーワードを追加して絞り込んで検索できます。

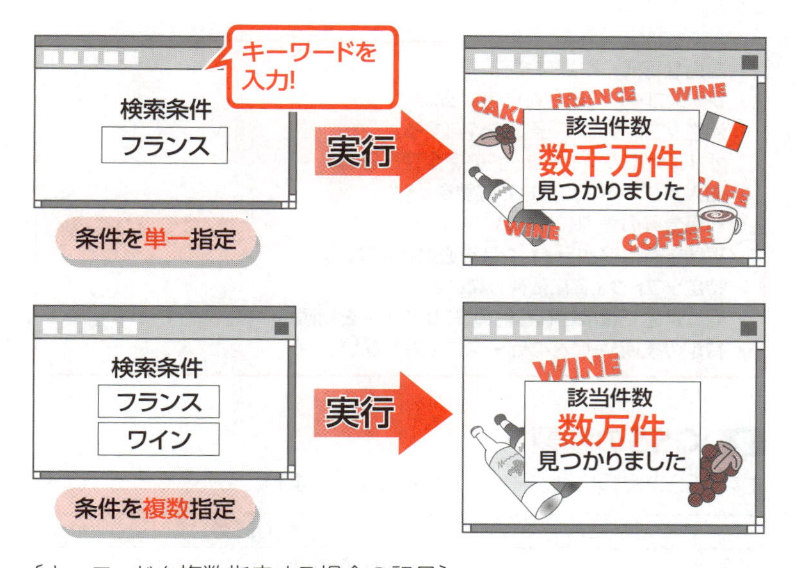

〔キーワードを複数指定する場合の記号〕

記号	意味	例
AND	フランスとワインの両方が含まれる検索	フランス AND ワイン
OR	フランスまたはワインが含まれる検索	フランス OR ワイン
NOT	フランスを含むがワインを含まない検索	フランス NOT ワイン

参考
URL
「Uniform Resource Locator」の略。

参考
クローラ
検索サイトの検索データベースを構築するために、世界中のあらゆるWebページを自動的に周回して、URLやキーワードなどを取得するプログラムのこと。

8-3-4　OSS（オープンソースソフトウェア）

OSSは、多くの人の手で自由に改変や頒布が行われ、世界中で使われています。

❶ OSSの特徴

「OSS」とは、ソフトウェアの作成者がインターネットを通じて無償でソースコードを公開し、著作権を守りながら自由にソフトウェアの改変や再頒布をすることができるようにしたものです。**「オープンソースソフトウェア」**ともいいます。通常、企業の場合は、ソフトウェアで利用されている技術を真似した類似品が作成されないよう頒布を有償で行っていますが、OSSでは、無保証を原則として再頒布を無償で自由に行うことにより、ソフトウェアを発展させようとする狙いがあります。
OSSの特徴には、次のようなものがあります。

- 自由な再頒布を許可する。
- ソースコードの頒布を許可する。
- 派生ソフトウェアの頒布を許可する。
- オリジナルのソースコードの完全性を守る。
- 個人やグループに対して差別をしない。
- 利用分野の差別をしない。
- 再頒布時に追加ライセンスを必要としない。
- 特定ソフトウェアに依存しない。
- 同じ媒体で頒布される他のソフトウェアを制限しない。
- 特定の技術やインタフェースに依存しない。

❷ OSSの種類

主なOSSの種類には、次のようなものがあります。

カテゴリ	OSSの例
OS	Linux、Android
オフィスツール	Apache OpenOffice、LibreOffice
Webブラウザ	Firefox
Webサーバ	Apache HTTP Server
電子メールソフト	Thunderbird
データベース管理システム（DBMS）	MySQL、PostgreSQL

参考
OSS
「Open Source Software」の略。

参考
ソースコード
アルゴリズムやデータ処理をプログラム言語でコードとして作成したもの。ソフトウェアを動かすためには、ソースコードでプログラムを作成する必要がある。

参考
OSI
OSSの促進を目的とする団体のこと。OSIではOSSとして頒布するプログラムの条件を定義としてまとめている。
「the Open Source Initiative」の略。

8-4 ハードウェア

8-4-1 ハードウェア

「ハードウェア」とは、コンピュータの装置そのもののことです。コンピュータを構成するハードウェアには、様々な種類があります。ハードウェアの種類や特徴を理解することで、コンピュータをより業務に活用できます。

1 コンピュータ

コンピュータは、性能や目的、形状、大きさによって様々な種類に分類されます。

(1) コンピュータの種類

コンピュータは、企業や研究機関だけでなく家庭や学校などでも、様々な目的で利用されています。
コンピュータは、性能や目的から次のように分類されます。

種類	説明
スーパコンピュータ	科学技術計算などの高速処理を目的とした、最も高速、高性能なコンピュータ。略して「スパコン」ともいう。気象予測、航空管制、宇宙開発などで利用される。
汎用コンピュータ	事務処理用、科学技術計算用、両方に使用できるように設計されたコンピュータ。「メインフレーム」ともいう。列車の座席予約、銀行の預貯金オンラインシステムなどで利用される。
オフィスコンピュータ	企業での事務処理用に特化したコンピュータ。略して「オフコン」、または「ビジネスサーバ」ともいう。在庫管理、販売管理などで利用される。
ワークステーション	専門的な業務に用いられる高性能なコンピュータ。CAD/CAMや科学技術計算などに利用される「エンジニアリングワークステーション(EWS)」と、事務処理、情報管理などに利用される「オフィスワークステーション」に分類される。ソフトウェア開発、CAD/CAM、サーバなどで利用される。
パーソナルコンピュータ(PC)	個人向けのコンピュータ。企業においても利用される。 「PC」、「パソコン」ともいう。 PCは「Personal Computer」の略。
携帯情報端末	持ち運びを前提とした小型のコンピュータ。主に、個人向けにインターネットや個人情報管理などで利用される。

参考

ラックマウント型サーバ
平たい形状のコンピュータを専用の筐体に複数収納したサーバのこと。電源やケーブルなどは個々のコンピュータ側に持つ。

参考

ブレード型サーバ
ボード型のコンピュータを専用の筐体に複数収納したサーバのこと。電源やケーブルなどは筐体側に持ち、複数のコンピュータで共有する。ラックマウント型サーバよりも、省スペース化や省電力化が図れる。

参考

グリッドコンピューティング
複数のコンピュータをインターネットなどのネットワークで接続し、あたかもひとつの高性能なコンピュータシステムのように利用できる仕組みのこと。

(2) PCの種類

PCは、本体の形状や大きさによっていくつかの種類があり、次のように分類されます。

種　類	説　明
デスクトップ型	机の上などに固定設置して使用するPC。「据え置き型」ともいう。デスクトップ型には、次のようなものがある。 ・**タワー型** PC本体が縦置きで比較的大きなタイプ。 ・**省スペース型** PC本体が薄く、場所をとらないタイプ。 ・**一体型** PC本体とディスプレイが一体になったタイプ。
ノート型 （ノートブック型）	液晶ディスプレイ、キーボード、PC本体が一体化されており、ノートのように折り曲げて持ち運びできることを重視したPC。A4サイズやB5サイズなどがある。

(3) 携帯情報端末の種類

携帯情報端末には、次のようなものがあります。

種　類	説　明
タブレット端末	タッチパネル式の携帯情報端末のことで、指で触れて操作できる。通常、インターネット接続機能が標準で搭載されている。アプリという様々な機能を持ったアプリケーションソフトウェアをインターネット上から入手、使用することで、手軽に多機能を実現している。
スマートフォン	タブレット端末の一種で、PCのような高機能を持つ携帯電話のこと。略して「スマホ」ともいう。
ウェアラブル端末	身に付けて利用することができる携帯情報端末のこと。 腕時計型や眼鏡型などの形がある。 「ウェアラブルデバイス」、「ウェアラブル機器」、「ウェアラブルコンピュータ」ともいう。

参考

モバイル端末

「モバイル」とは、持ち運びできるという意味を持ち、持ち運びできる端末のことを「モバイル端末」という。携帯情報端末やノート型PCなどが該当する。
また、持ち運びできるコンピュータのことを「モバイルコンピュータ」、持ち運びできるPCのことを「モバイルPC」という。

参考

スマートデバイス

スマートフォンやタブレット端末の総称のこと。

参考

アクティブトラッカ

身に付けて利用することによって、歩数や運動時間、睡眠時間などの活動量を、搭載された各種センサで計測できる端末のこと。代表的なアクティブトラッカには、ウェアラブル端末がある。
「アクティビティトラッカ」ともいう。
日本語では「活動量計」の意味。

❷ 入力装置

「入力装置」とは、PCに命令やデータを与える装置のことです。
入力装置には、次のようなものがあります。

種　類	説　明
キーボード	キーボード上に配置されているキーを押すことで、文字や数字、記号などを入力する標準的な装置。
マウス	机上で、滑らすように動かすことで、画面上のポインタを操作する装置。光学式のタイプやコードレスのタイプなどがある。また、マウスの左右のボタンの間にある「スクロールボタン」で画面の表示を移動することもできる。
トラックパッド（タッチパッド）	平面状のプラスチック板を指でなぞることで、マウスポインタを動かす装置。指がパッドをなぞるときの静電容量の変化を検知して、マウスポインタの位置を正確に算出している。マウスと異なり、機械的なパーツがいっさい使われていないので壊れにくい。主にノート型PCで利用されている。
タブレット	平面上のプラスチック板をペンでなぞることで、イラストや図を入力する装置。入力に使うペンを「スタイラスペン」という。
タッチパネル	ディスプレイに表示されているアイコンやボタンなどを指などで触れることで、データを入力する装置。タブレット端末や銀行のATMなどで利用されている。
イメージスキャナ	写真、絵、印刷物、手書き文字をディジタルデータとして取り込む装置。単に「スキャナ」ともいう。 「フラットベッド型」、「シートフィーダ型」、「ハンディ型」がある。
バーコードリーダ	商品などに付けられたバーコードを光学式に読み取る装置。POS端末の入力装置として利用される。「据え置き型」や「ハンディ型」がある。
OCR	手書き文字や印刷された文字を光学式に読み取り、文字コードに変換する装置。「光学式文字読取装置」ともいう。PC用OCRではイメージスキャナで画像を読み取り、OCRソフトで文字として認識する。 「Optical Character Reader」の略。
Webカメラ	PCなどに接続する小型のビデオカメラのこと。撮影した動画をインターネットを通して配信したり、自分の顔や会議場の様子を映してテレビ会議やビデオチャットといった形で利用されている。

参考

ファンクションキー
特定の機能が割り当てられているキーボード上のキーのこと。「F1」「F2」「F3」のように表記されているキーなどが該当する。

参考

テンキー
キーボード上に、数字や演算に関連するキーを電卓のようにまとめて配置した部分のこと。テンキーを使うと、数値や計算式を素早く入力できる。

参考

ポインティングデバイス
画面上での入力位置を指定する入力装置の総称のこと。

参考

マルチタッチ
タッチパネルの複数のポイントに同時に触れて操作する入力方式のこと。同時に2本の指を使って、指と指の間を広げたり（ピンチアウト）、狭めたり（ピンチイン）する操作などで使用されている。

参考

OMR
マークシート上に、鉛筆などで塗りつぶされたマークの有無を光学式に読み取る装置のこと。「光学式マーク読取装置」ともいう。
「Optical Mark Reader」の略。

❸ 出力装置

「出力装置」とは、PC内部の情報を人間にわかりやすい形式で取り出す装置のことです。PCの出力装置には、次のようなものがあります。

(1) ディスプレイ

ディスプレイには、次のようなものがあります。

種類	説明
液晶ディスプレイ	液晶を使用した表示装置。10～60インチくらいのサイズがあり、液晶に電圧をかけると光の透過性が変化する性質を利用し表示する。
有機ELディスプレイ	「有機EL」とは、電圧を加えて自ら発光する低電圧駆動、低消費電力の表示装置。発光体にジアミンやアントラセンなどの有機体を利用することから、有機ELと呼ばれる。低電圧駆動、低消費電力の上に、薄型にできることから、液晶ディスプレイと同じように使用できる。

(2) プリンタ

プリンタは、文字などの情報を用紙に印刷する単位によって**「ページプリンタ」**と**「シリアルプリンタ」**に分類できます。
ページプリンタは、1ページ分の印刷パターンをプリンタのメモリ上に蓄え、一括して印刷するのに対し、シリアルプリンタは、1文字ずつ印刷します。
ページプリンタとシリアルプリンタには、次のようなものがあります。

種類		説明
ページプリンタ	レーザプリンタ	レーザ光と静電気の作用でトナーを用紙に付着させることで印刷する装置。印刷は高速で、品質も高くオフィスで利用されるプリンタの主流である。
シリアルプリンタ	インクジェットプリンタ	ノズルの先から霧状にインクを用紙に吹きつけて印刷する装置。安価で、カラー印刷も美しくできることから個人向けプリンタの主流である。
	ドットインパクトプリンタ	ピンの集まりに凹凸を付け文字を形作り、用紙とピンの間にインクリボンを挟んで叩いて印刷する装置。複写式伝票(カーボン紙)の印刷に使われる。
	感熱紙プリンタ	プリンタのヘッド部分(印刷する部分)が熱を出し、熱を加えると色が付く感熱紙と接触することにより印刷する装置。レシートの印刷などで利用されている。

参考

ピクセル
ディスプレイ上の点のことで、画像の最小単位を表す。「画素」、「ドット」ともいう。

参考

プロジェクタ
コンピュータやテレビなどの画像を、スクリーンに拡大して映写する装置のこと。

参考

スプール
「スプーリング」ともいい、入出力など時間のかかる処理が発生した場合に、すべてのデータをハードディスクに一時的に書き込んで少しずつ処理すること。
プリンタへの出力処理などは、入出力に時間がかかる処理なので、CPUの使用率が集中しないようにスプールを行うことで、システム全体で効率的に動作させることができる。

参考

プリンタの性能指標
プリンタの性能を評価するうえで次のような単位が使われる。

単位	説明
dpi	1インチ(約2.5cm)当たりのドット数を表す。プリンタやイメージスキャナなどの品質を表す単位として使われる。数値が高いほど精細である。「dot per inch」の略。
ppm	1分間に印刷できるページ数。ページプリンタの印刷速度を表す単位として使われる。「page per minute」の略。
cps	1秒間に印刷できる文字数。シリアルプリンタの印刷速度を表す単位として使われる。「characters per second」の略。

参考

3Dプリンタ
3次元CADや3次元スキャナなどで作成した3次元のデータをもとに、立体的な造形物を作成する装置のこと。
製造業を中心に建築・医療・教育など幅広い分野で利用されている。

8-5 予想問題

※解答は巻末にある別冊「予想問題 解答と解説」P.29に記載しています。

問題8-1

CPUと出力装置が1台ずつで構成されているシステムで、ジョブを5件処理する。CPUと出力装置はそれぞれ独立型で、別々の処理をすることができるが、出力処理はCPUでの処理が完了してからでないと実行できない。5件のジョブのうち、数字の小さい方から処理を開始すると、最後のジョブの出力処理が完了するまでの間に、出力装置が処理していない時間の合計は何秒になるか。

	CPU処理にかかる時間	出力処理にかかる時間
ジョブ3	15秒	15秒
ジョブ1	25秒	10秒
ジョブ4	10秒	30秒
ジョブ2	40秒	20秒
ジョブ5	15秒	15秒

ア 25秒
イ 35秒
ウ 45秒
エ 55秒

問題8-2

記憶装置をアクセス速度が速いものから順番に並べたものとして、適切なものはどれか。

ア ハードディスク→キャッシュメモリ→メインメモリ
イ メインメモリ→ハードディスク→キャッシュメモリ
ウ キャッシュメモリ→メインメモリ→ハードディスク
エ メインメモリ→キャッシュメモリ→ハードディスク

問題8-3

DVDに代わる次世代の光ディスクとして、Blu-ray Diskが普及している。このBlu-ray Diskの特徴として、適切なものはどれか。

ア 書込み回数に上限がない。
イ 再生にはカートリッジが必要である。
ウ DVDの数倍以上の記憶容量を持つ。
エ DVDドライブで再生できる。

問題8-4

プラグアンドプレイの説明として、適切なものはどれか。

ア　CPUとメインメモリの間で高速化を図るもの
イ　赤外線や無線伝送技術を利用してデータ伝送するインタフェースのこと
ウ　CPUが同時に複数のタスクを実行すること
エ　コンピュータに周辺機器を増設する際、OSが自動的に最適な設定をしてくれる機能のこと

問題8-5

ジャイロセンサの特徴として、適切なものはどれか。

ア　物体に外から力を加えたときの伸びや縮みを測定できる。
イ　回転が生じたときの大きさを計測できる。
ウ　入力されたエネルギーや信号などを、物理的・機械的な動作へと変換できる。
エ　周囲の環境の明るさを検知できる。

問題8-6

赤外線センサを活用した事例として、最も適切なものはどれか。

ア　スマートフォンにおいて、通話するために耳をディスプレイに近づけた際、自動的にディスプレイをOFFにする。
イ　人体の表面の微細動をとらえて、心拍数を計測する。
ウ　入院患者のベッドのマットレスの下に設置し、その患者の状態を常に測定する。
エ　ネットワークにおいて、許可したTCPポート番号だけを通過させるようにする。

問題8-7

クラスタについての説明として、適切なものはどれか。

ア　同じ構成を持つ2組のシステムが同一の処理を同時に行い、一方に障害が発生した場合は、障害が発生したシステムを切り離し、もう一方のシステムで処理を継続するシステム構成である。
イ　サーバ側でアプリケーションソフトウェアやファイルなどの資源を管理し、クライアント側には最低限の機能しか持たせないシステム構成である。
ウ　複数のコンピュータをネットワークでつないで、あたかもひとつのシステムのように運用し、つながれているコンピュータに異常が発生した場合にでもほかのコンピュータに作業をさせることにより、サービスを提供し続けることができるシステム構成である。
エ　主系と従系の2組のシステムを用意し、主系に障害が発生した場合は従系に切り替えて処理を継続するシステム構成である。

問題8-8

システムの信頼性を表すMTBFとMTTRの説明として、適切なものはどれか。

ア　MTBFはシステムの平均故障間隔を意味し、MTBFの値が大きければ大きいほど安定したシステムといえる。
イ　MTBFはシステムの平均故障間隔を意味し、MTBFの値が小さければ小さいほど安定したシステムといえる。
ウ　MTTRはシステムの平均故障間隔を意味し、MTTRの値が大きければ大きいほど安定したシステムといえる。
エ　MTTRはシステムの平均故障間隔を意味し、MTTRの値が小さければ小さいほど安定したシステムといえる。

問題8-9

A、Bの2台の処理装置からなるシステムがある。どちらの処理装置も正常に稼働していなければ、このシステムは稼働しない。各処理装置の稼働率がそれぞれ0.8、0.9であるとき、このシステムの稼働率はいくつになるか。ただし、処理装置以外の要因は考慮しないものとする。

ア　0.72
イ　0.83
ウ　0.89
エ　0.98

問題8-10

信頼性の高いシステムを構築するための考え方であるフェールソフトに関する説明として、適切なものはどれか。

ア　本来の仕様からはずれた使い方をしても、故障しないようにする。
イ　故障が発生したとき、システムを安全な状態に固定し、その影響を限定する。
ウ　システムを二重化するなど、故障が発生しても、本来の機能すべてを維持し、処理を続行する。
エ　故障が発生したとき、システムが全面的に停止しないようにし、必要最小限の機能を維持する。

問題8-11

RAIDの種類の中で、データとパリティ情報をすべてのハードディスクに分散して書き込む“パリティ付きストライピング”と呼ばれるレベルはどれか。

ア　RAID0
イ　RAID1
ウ　RAID3
エ　RAID5

問題8-12

企画部の人事情報が保存された3つのファイルA、B、Cがある。このファイルはネットワーク上に保存されており、企画部員には、参照、更新、削除の3つのアクセス権を設定している。企画部員のファイルに対するアクセス権が表のようになっているとき、3つのファイルすべてが更新可能な人は誰か。なお、アクセス権についての条件は次のとおりとする。

〔条件〕
(1) アクセス権は、0と1で表し、0が禁止で1が許可を意味する。
(2) 参照、更新、削除の順でアクセス権は表示される。
(3) 個人に対するアクセス権はグループに対するアクセス権より優先される。
(4) グループに所属している部員の構成は次のようになっている。
　グループ1…部員1、2　　グループ2…部員3、4、5

	グループ1	グループ2	部員2	部員4	部員5
ファイルA	111	000	100	110	110
ファイルB	110	110	100	100	111
ファイルC	110	110	000	111	100

ア　グループ1に所属する部員全員
イ　部員1
ウ　部員3
エ　グループ2に所属する部員4以外の部員

問題8-13

OSS（Open Source Software）であるWebサーバはどれか。

ア　PostgreSQL
イ　Apache HTTP Server
ウ　Firefox
エ　Android

問題8-14

ブレード型サーバに関する説明として、適切なものはどれか。

ア　データベース管理システム（DBMS）を持ったサーバで、クライアントの要求に従って大量データの検索、集計、並べ替えなどの処理を行う役割を持つ。
イ　平たい形状のコンピュータを専用の筐体に複数収納したサーバのことで、コンピュータ間で電源やケーブルを共有できない。
ウ　プリンタを管理、制御するサーバのことで、クライアントの印刷データをいったん保存して順番に印刷を実行する役割を持つ。
エ　ボード型のコンピュータを専用の筐体に複数収納したサーバのことで、コンピュータ間で電源やケーブルを共有できる。

第9章

技術要素

ヒューマンインタフェースの特徴やマルチメディア技術の特徴、データベース設計やネットワークの基礎知識、セキュリティ対策などについて解説します。

9-1 ヒューマンインタフェース

9-1-1 ヒューマンインタフェース技術

「ヒューマンインタフェース」とは、人間とコンピュータとの接点に当たる部分のことをいいます。具体的には、システムを使うときの画面や帳票のレイアウト、コンピュータの操作方法のことです。
システム開発のシステム方式設計の工程において、利用者の立場で使いやすさを考えたヒューマンインタフェースを実現することは重要であり、これを設計するための知識や手順を身に付ける必要があります。

❶ GUI

「GUI」とは、グラフィックスを多用して情報を視覚的に表現し、基礎的な操作をマウスなどによって行うことができるヒューマンインタフェースのことです。
GUIを構成するそれぞれの要素は、次のとおりです。

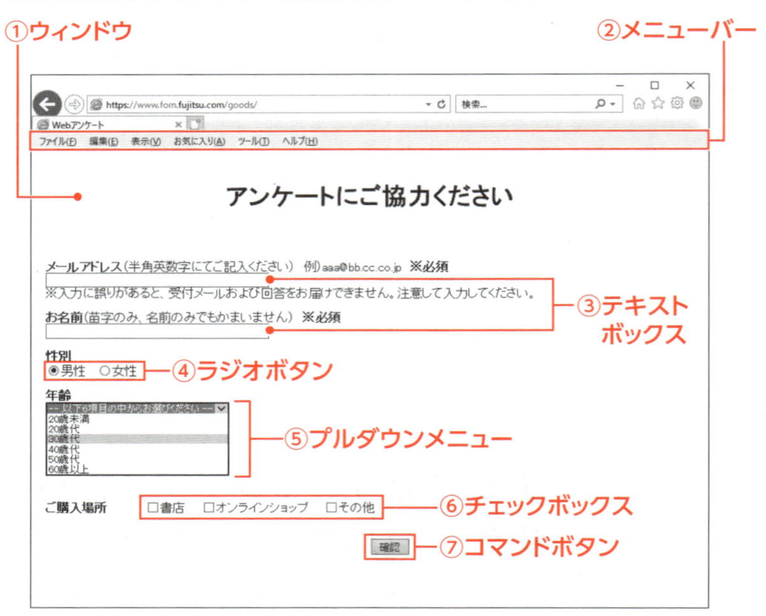

参考

GUI
「Graphical User Interface」の略。

参考

ヘルプ機能
システムの操作方法などを画面上で見ることができる操作ガイド(ヘルプ)のこと。

要　素	説　明
①ウィンドウ	独立した仕事を行う作業領域。操作画面上に仕事ごとに表示される。
②メニューバー	クリックすると、コマンド（命令）の一覧が表示される。一覧からコマンドを選択して、コンピュータに指示を与える。
③テキストボックス	ボックス内に文字や数値を入力する。
④ラジオボタン	複数の選択肢の中から該当する項目を1つだけ選択する。
⑤プルダウンメニュー	▼をクリックすると、一覧が表示される。一覧から該当する項目を1つだけ選択する。
⑥チェックボックス	複数の選択肢の中から該当する項目を選択する。複数選択が可能。
⑦コマンドボタン	クリックすると、ボタンに設定されている処理が実行されている。
リストボックス	一覧から該当する項目を選択する。複数選択が可能。
アイコン	ファイルやディレクトリ（フォルダ）を図柄で表したもの。ファイルを選択したり、読み込んだりするときに使う。
ポップアップメニュー	右クリックすると、作業状況に応じたコマンドの一覧が表示される。「ショートカットメニュー」ともいう。一覧からコマンドを選択して、コンピュータに指示を与える。

9-1-2　インタフェース設計

インタフェースの設計は、**「画面設計」**と**「帳票設計」**の2つに分けることができます。

設　計	説　明
画面設計	データを入力するときの画面の項目やレイアウト、キーボードやマウスの操作方法を設計する。
帳票設計	入力用紙や入力原票のレイアウト、プリンタへ出力する内容などを設計する。

インタフェースを設計するうえでの留意点には、次のようなものがあります。

- **出力するデータの目的と項目を明確にする。次に、その出力に必要な入力データを明確にする。**
- **入力画面の利用者や帳票の提出先が、社内の人間か、顧客かを明確にして形式を整える。**
- **利用者の熟練度に応じて、適切なヒューマンインタフェースを選択する。**
- **入出力の内容に応じた装置を選定する。**
- **レスポンスタイムやターンアラウンドタイムを短くし、処理を待つ時間が長くならないように配慮する。**
- **操作ミスやシステム障害への対処方法を明確にする。**
- **入力されたデータが外部に流出しないような対策をとる。**

参考

サムネイル

複数の画像を一覧表示するときに使われる、縮小した画像のこと。サムネイルを一覧表示すると、たくさんの画像の中から目的の画像を探しやすくなる。
親指（サム：thumb）の爪（ネイル：nail）のように小さい画像であることから、サムネイルといわれる。

参考

オートコンプリート

入力中の文字から過去の入力履歴を参照し、自動的に候補となる文字列の一覧を表示して、入力を補助する機能のこと。一覧から文字列を選択することで、文字入力の手間を軽減することができる。

参考

入力原票

コンピュータに入力するデータをあらかじめ記入するための帳票のこと。記入しやすいように必要な項目名や枠などが印刷されている。

❶ 画面設計

入力画面は、システムの中で利用者が最も利用するインタフェースのひとつです。

利用者の立場で使いやすい入力画面を設計します。

入力画面を設計する手順は、次のとおりです。

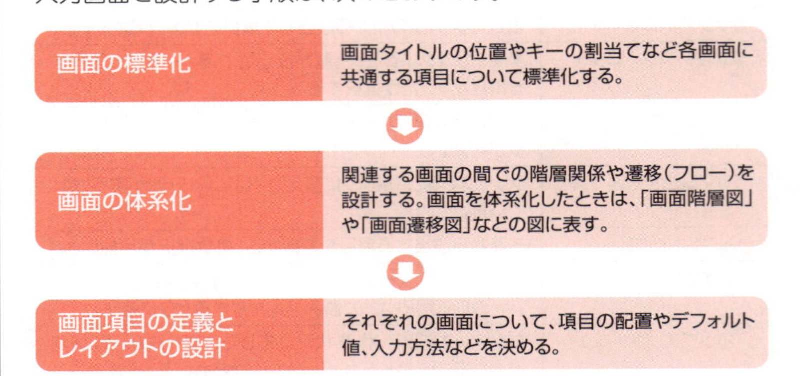

参考

デフォルト値

あらかじめ項目に設定しておく値のこと。データを入力すると、入力した値に置き換えることができる。

例）会議室予約システムの画面設計

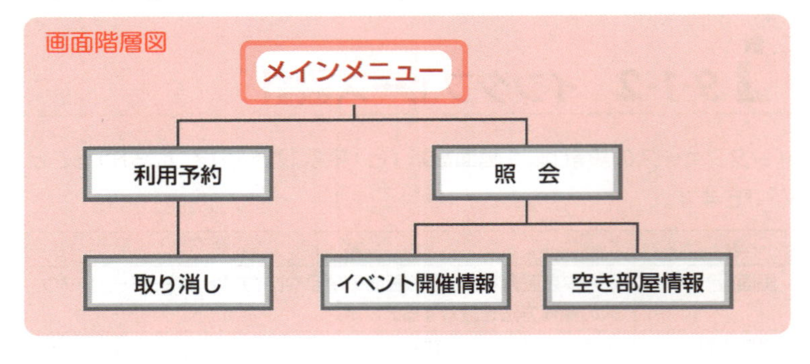

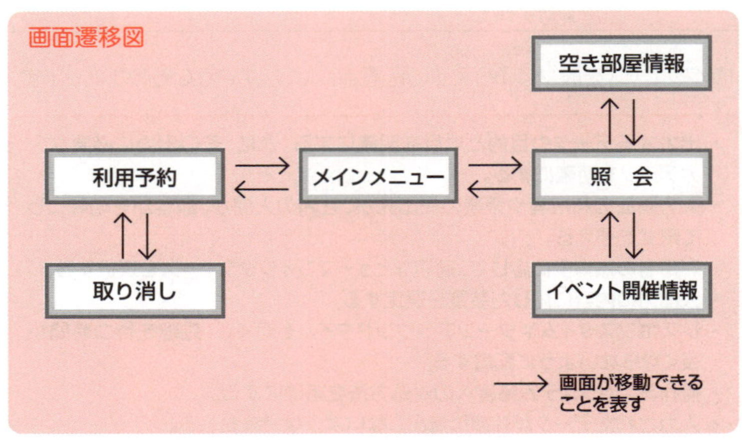

●画面設計時のポイント

画面設計時のポイントには、次のようなものがあります。

- 入力の流れが自然になるよう、左から右、上から下へと移動する並びにする。
- 選択肢の数が多いときは、選択肢をグループ分けするなどして選択しやすくする。
- 色の使い方にルールを設ける。
- 操作に慣れていない人のために操作ガイド（ヘルプ）を表示する。
- 利用目的に応じて、キーボード以外の入力装置（バーコード、タッチパネル、イメージスキャナなど）でも使用できるようにする。

❷ 帳票設計

日常的に業務で使用される帳票は、誰にとっても使いやすい設計にする必要があります。
帳票を設計する手順は、次のとおりです。

帳票の標準化	タイトルの位置や1ページ当たりの行数など、各帳票に共通する項目について標準化する。

レイアウトの設計	各項目のレイアウト（配置）を設計する。

プリンタや帳票用紙の決定	印刷する場合は、利用目的に合わせてプリンタや印刷用紙を決定する。

帳票設計時のポイントには、次のようなものがあります。

- 各帳票に共通している項目は、同じような場所に配置する。
- 関連する項目は、隣接させて配置する。
- 余分な情報は除いて必要最小限の情報を盛り込む。
- 数値データなどは3桁ごとにカンマを付けるなどして読みやすくする。
- 目的に応じて、表やグラフ、図形などを使い分けたレイアウトにする。
- 目的に応じて、バーコードなどの特殊な出力も考慮する。

参考

ユーザビリティ
利用者の感じる使いやすさのこと。操作のわかりやすさやWebページの見やすさなどを整えて、利用者が使いやすいWebページをデザインする指標となる。

❸ Webデザイン

企業では、独自のWebサイトを開設し、インターネットによって情報を発信することが多くなっています。多くの人の目に触れる分、Webデザインの出来栄えが企業のイメージを左右するといっても過言ではありません。また、Webページは、企業の情報を探したり、問合せを受け付けたりする場所でもあります。
Webページをデザインするにあたっては、Webデザインを考慮して、誰にとっても使いやすいものになることを目指すことが重要です。
Webデザインのポイントには、次のようなものがあります。

- **スタイルシートを利用し、色調やデザインを統一する。**
- **画像の使用を最小限にし、ストレスのない操作性を実現する。**
- **特定のWebブラウザでしか表示できない機能は盛り込まず、どのWebブラウザでも表示できる作りにする。**

参考

アクセシビリティ
高齢者や障がい者などを含むできるかぎり多くの人々が情報に触れ、自分が求める情報やサービスを得ることができるように設計するための指標のこと。

参考

情報バリアフリー
情報機器の操作や利用時に障がいとなるバリアを取り除いて、支障なく利用できるようにすること。基本的には、一部の障がいや特性を持った人にとって使いやすい機器や見やすい画面は、すべての人にとって使いやすく、見やすいと考えられている。

❹ ユニバーサルデザイン

「ユニバーサルデザイン」とは、直訳すると**「万人のデザイン」**のことで、生活する国や文化、性別や年齢、障がいの有無にかかわらず、すべての人が使えるように製品や機器、施設や生活空間をデザインする考え方のことです。例えば、商品の取り出し口が中央部分にある自動販売機や、誰もが余裕を持って通り抜けできる幅の広い自動改札などがあります。これらは、車椅子の利用者や大きな荷物を持っている人だけでなく、すべての人に共通した使いやすさを提供するデザインといえます。
Webデザインにおけるユニバーサルデザインを**「Webアクセシビリティ」**といいます。個人の能力差にかかわらず、すべての人がWebサイトから情報を平等に入手できるようにすることを指します。具体的には、高齢者に配慮して大きな文字サイズに調整可能にしたり、目が不自由な人に配慮して音声読み上げソフトの読み上げ順に合わせて適切に情報を並べたりします。

9-2 マルチメディア

9-2-1 マルチメディア技術

「マルチメディア」とは、文字や数字だけでなく、静止画像や動画像、音声など、様々な種類のデータを統合したもののことです。これらの情報は、**「Webコンテンツ」**、**「ハイパーメディア」**、**「ストリーミング」**などに利用されています。

1 マルチメディアのファイル形式

マルチメディアには静止画像、動画像、音声などがあります。

(1) 静止画像

静止画像の種類と特徴は、次のとおりです。

ファイル形式	拡張子	特　徴
JPEG	.jpg .jpeg	静止画像を圧縮して保存するファイル形式。24ビットフルカラー（1677万色）を扱うことができる。写真など色の種類が豊富なものに向いており、ディジタルカメラの画像形式などで利用されている。非可逆圧縮方式なので画質が落ちる。圧縮率が変えられる。 「Joint Photographic Experts Group」の略。
GIF	.gif	静止画像を圧縮して保存するファイル形式。8ビットカラー（256色）を扱うことができる。色の種類が少ないものに向く。可逆圧縮方式なので画質が落ちない。圧縮率を変えられない。 「Graphics Interchange Format」の略。
BMP	.bmp	静止画像をドットの集まりとして保存するファイル形式。圧縮されないため、ファイル容量は、画像のサイズと色数に比例して大きくなる。「Bit MaP」の略。
TIFF	.tif .tiff	静止画像を保存するファイル形式。マイクロソフト社とアルダス社（現アドビシステムズ社）によって開発され、異なる形式の画像データを保存できる特徴がある。画像データの先頭部分に、タグといわれる記録形式の属性情報が付いていて、この情報に基づいて再生されるため、解像度や色数などの形式にかかわらず画像を記録できる。また、圧縮を行うかどうかも指定できる。可逆圧縮方式なので画質が落ちない。 「Tagged Image File Format」の略。
PNG	.png	静止画像を圧縮して保存するファイル形式。48ビットカラーを扱うことができる。可逆圧縮方式なので画質が落ちない。 「Portable Network Graphics」の略。

参考

Webコンテンツ
Webブラウザ上の静止画像・動画像・音声・文字などの情報やデータの総称のこと。

参考

ハイパーメディア
文字を対象としたハイパーテキストを拡張した概念で、文字、画像、音声などのオブジェクトの間に関係付けをして、多様なアクセスを可能にした形態のこと。

参考

ストリーミング
音声や動画像などのWebコンテンツを効率的に配信・再生する技術のこと。データをダウンロードしながら再生するため、ユーザはダウンロードの終了を待つ必要がない。インターネットから映画を見たり、音楽を聴いたりすることがより容易になる。

参考

PDF
コンピュータの機種や環境にかかわらず、元のアプリケーションソフトウェアで作成したとおりに正確に表示できるファイル形式のこと。作成したアプリケーションソフトウェアがなくてもファイルを表示できるので、配布用に利用されている。
「Portable Document Format」の略。

(2) 動画像

動画像の種類と特徴は、次のとおりです。

ファイル形式	拡張子	特　徴
MPEG	.mpg .mpeg	動画像を圧縮して保存するファイル形式。カラー動画像、音声の国際標準のデータ形式。 「Moving Picture Experts Group」の略。 MPEGには、次の3つの形式がある。 ・**MPEG-1** CD（Video-CD）などで利用されている。画質はVHSのビデオ並み。 ・**MPEG-2** DVD（DVD-Video）やディジタル衛星放送などで利用されている。画質はハイビジョン並み。 ・**MPEG-4** 携帯電話やテレビ会議システムなど低速な回線で利用されてきたが、最近では「H.264/MPEG-4 AVC」としてディジタルハイビジョン対応のビデオカメラ、Blu-ray（BD-Video）などでも利用されている。
AVI	.avi	Windowsで用いられる標準的な動画像と音声の複合ファイル形式。AVIファイルを再生するには、画像と音声のそれぞれの圧縮形式に対応した「CODEC」などのソフトウェアが必要である。

(3) 音声

音声の種類と特徴は、次のとおりです。

ファイル形式	拡張子	特　徴
MP3	.mp3	動画像を圧縮するMPEG-1の音声を制御する部分を利用して、オーディオのデータを圧縮して保存するファイル形式。音楽CDの1/10程度にデータを圧縮できるため（圧縮率の指定が可能）、携帯音楽プレーヤやインターネットでの音楽配信に利用されている。 「MPEG Audio Layer-3」の略。
MIDI	.mid	音程や音の強弱、音色など音楽の楽譜データを保存するファイル形式。電子楽器（シンセサイザや音源ユニット）で作成されたデータをPCで演奏させたり、通信カラオケに利用されたりしている。 「Musical Instrument Digital Interface」の略。

参考

VHS

家庭用のビデオの規格のひとつで、現在ではほとんど使われていない。アナログの企画であり、ディジタルの解像度に換算すると640×480（横×縦）、約30万画素を持つ。

「Video Home System」の略。

参考

ハイビジョン

テレビやディスプレイなどの映像の規格のひとつで、解像度が1,366×768（横×縦）、約100万画素を持つ。

参考

CPRM

DVDなどの記録媒体に対する著作権保護技術のこと。ディジタルコンテンツを記録媒体に一度だけコピーすることを許可し、それ以降のコピーを禁止する場合などに利用される。

「Content Protection for Recordable Media」の略。

参考

DRM

ディジタルデータによる著作物（音楽・映像など）の著作権を保護し、利用や複製を制御、制限する技術の総称のこと。

「Digital Rights Management」の略。

日本語では「ディジタル著作権管理」の意味。

❷ 情報の圧縮と伸張

「圧縮」とは、ファイルのデータ量を小さくするための技術のことで、圧縮したファイルを元に戻すことを**「伸張」**といいます。ファイルを圧縮・伸張するときはデータ圧縮ソフトを利用します。

データ圧縮ソフトでは、ファイルサイズを小さくするとともに、**「アーカイブ」**も行えます。アーカイブとは、複数のファイルをひとつにまとめる処理のことで、容量の大きいファイルを圧縮して空き容量を増やしたり、複数のファイルをまとめて配布したりすることができます。

ファイルをアーカイブすると、電子メールに添付したりWebページに公開したりする作業が簡便化され、ネットワークの負荷の軽減にもなります。

データを圧縮するには、次のような形式があります。

(1) 圧縮方式

方　式	説　明
可逆圧縮方式	ファイルを圧縮後、そのファイルを伸張して完全に元どおりに復元できるデータ圧縮方法。
非可逆圧縮方式	ファイルを圧縮後、そのファイルを伸張しても完全に元どおりに復元できないデータ圧縮方法。

圧縮ファイルの形式には、次のようなものがあります。

(2) 圧縮のファイル形式

ファイル形式	拡張子	特　徴
LZH	.lzh	「LHA」などの圧縮ソフトウェアで圧縮したファイル形式。可逆圧縮方式なので、データを完全に復元できる。
ZIP	.zip	「WinZip」などの圧縮ソフトウェアで圧縮したファイル形式。可逆圧縮方式なので、データを完全に復元できる。

参考

圧縮率

データを圧縮できる比率のこと。圧縮率が高いほど、ファイル容量を小さくできる。

9-2-2　マルチメディア応用

マルチメディア技術やグラフィックス処理を応用したものは、様々な分野で活用されています。

1 グラフィックス処理

「グラフィックス処理」とは、読み込んだ画像を表示、加工、保存することです。グラフィックス処理を行うには、色や画像の品質などについて理解しておく必要があります。

(1) 色の表現

ディスプレイでカラー表示したり、プリンタでカラー印刷したりするには、**「RGB」**と**「CMYK」**のカラーモデルが使用されます。

●光の3原色(RGB)

ディスプレイでカラー表示する場合は、ひとつのドットはR(Red：赤)、G(Green：緑)、B(Blue：青)の3つの光る点で構成されています。
すべての色はRGBのそれぞれの光の強弱で表現します。RGBのすべてを光らせると白色、RGBのすべてを光らせないと黒色になります。

光の3原色(RGB)

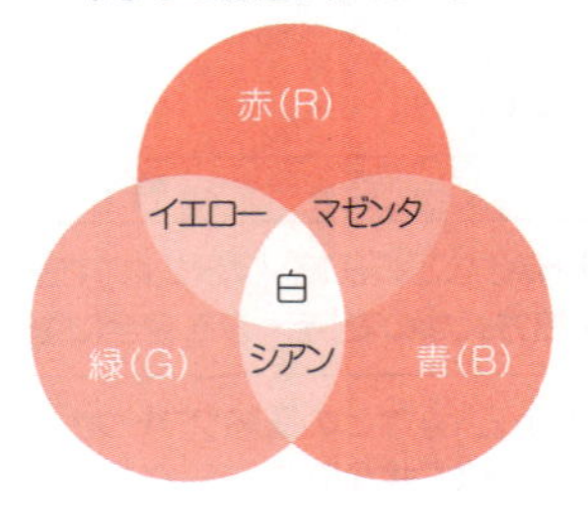

●色の3原色(CMYK)

プリンタでカラー印刷する場合は、C(Cyan：水色)、M(Magenta：赤紫)、Y(Yellow：黄)を混ぜ合わせて色が作り出されます。CMYを混ぜると黒色になりますが、鮮明な黒にするためにK(blacK：黒色)を加えたCMYKインクが利用されます。

色の3原色(CMYK)

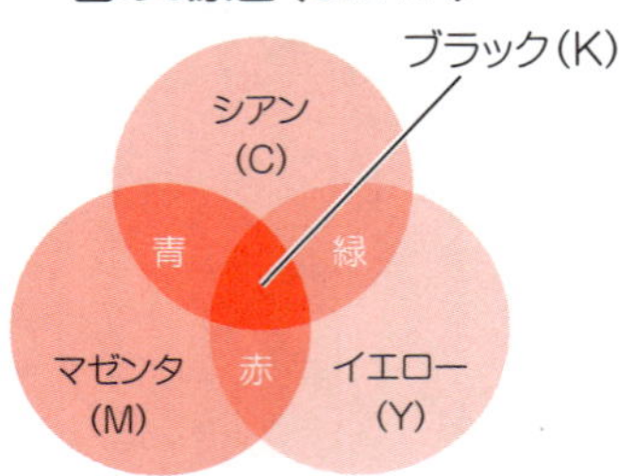

●色の3要素

色には、**「色相」**、**「明度」**、**「彩度」**という3つの要素があります。

これらの3つの要素を調整することで、色の統一感を出したり、アクセントとして目立つ色を用いたりするなど、様々な工夫ができます。

要素	説明
色相	色の持つ色合いのこと。赤・黄・青のような色味のこと。
明度	色の明るさのこと。明度が高いほど白に近くなり、低いほど黒に近くなる。
彩度	色の鮮やかさのこと。彩度が高いほど原色に近い派手な色味になり、低いほど落ち着いた地味な色味になる。

(2) 画像の品質

画像の品質は、次の要素によって決まります。

要素	説明
画素（ピクセル）	画像を構成する点のことで、画像の最小単位を表す。画素数が多いほど情報量は大きくなる。
解像度	画素の密度を表す値のことで、画像のきめ細かさや滑らかさを表す尺度になる。1インチ当たりの画素数を「ppi（pixel per inch）」の単位で表す。解像度が高いほどより自然できれいな画像になり、低いと画像にギザギザが表示されたりする。
階調（コントラスト）	色の濃淡の変化、つまりグラデーションのことで、画像表現の細かさを表す尺度になる。階調が多いほど滑らかな画像になり、階調が少ないほど色がはっきりした画像になる。

(3) グラフィックスソフトウェア

画像を扱うグラフィックスソフトウェアには**「ペイント系」**と**「ドロー系」**があります。

種類	説明
ペイント系	「ラスタ画像」を作成したり加工したりするのに適している。ラスタ画像とは、小さな点が集合して形成される画像のこと。微妙な階調を持つ画像（写真など）を表現するのに適している。ラスタ画像は、拡大・縮小によって画質が劣化するため、拡大すると、ギザギザが目立つことがある。マイクロソフト社の「ペイント」、アドビシステムズ社の「Photoshop」など。
ドロー系	「ベクタ画像」を作成したり加工したりするのに適している。ベクタ画像とは、複数の座標点とそれらを結ぶ線から構成される画像のことで、方程式の計算によって画像を形成する。輪郭がはっきりした線や面を持つ画像（イラストや図面など）を表現するのに適している。ベクタ画像は、拡大・縮小しても輪郭の鮮明さは維持され、画質は劣化しない。アドビシステムズ社の「Illustrator」など。

2 マルチメディア技術の応用

マルチメディアを表現する応用技術として、グラフィックス処理があります。グラフィックス処理は、コンピュータを使って、静止画像や動画像を作成したり、音響効果などを加えて人工的に現実感を作り出したりすることができます。これらは、ゲームなどの娯楽や、様々な職業訓練などで使われています。

代表的な技術には、次のようなものがあります。

技　術	説　明
コンピュータグラフィックス（CG）	コンピュータを使って静止画像や動画像を処理・生成する技術。「CG」ともいう。CGは「Computer Graphics」の略。 コンピュータグラフィックスには、2次元の表現と3次元の表現がある。 2次元の表現は、タブレットを使ったペインティングや写真を取り込んだイメージ処理などに利用されている。 3次元の表現は、ゲームなどの仮想世界の表現や、未来の都市景観のシミュレーション、CADを利用した工業デザインなどに応用されている。
バーチャルリアリティ（VR）	コンピュータグラフィックスや音響効果を組み合わせて、人工的に現実感（仮想現実）を作り出す技術。「VR」ともいう。 VRは「Virtual Reality」の略。 遠く離れた世界や、過去や未来の空間などの仮想的な現実を作って、現在の時間空間にいながら、あたかも実際にそこにいるような感覚を体験できる。
拡張現実（AR）	現実の世界に、コンピュータグラフィックスで作成した情報を追加する技術。「AR」ともいう。ARは「Augmented Reality」の略。 現実の風景にコンピュータが処理した地図を重ね合わせて表示するなど、現実の世界を拡張できる。
コンピュータシミュレーション	コンピュータを使ってある現象をシミュレート（擬似実験）すること。様々な擬似的状況を作り出すことで、実際の理論や実験では得られない成果を生み出せる。 例えば、ビル火災の被害状況や温暖化の影響による気候予測などに応用されている。 コンピュータシミュレーションを行うハードウェアやソフトウェアを「シミュレータ」という。
オーサリング	文字や静止画像、動画像、音声などを統合して、ひとつのコンテンツを作成すること。オーサリングを行うためのソフトウェアのことを「マルチメディアオーサリングツール」という。 オーサリングの技術を使うと、好きな音楽を集めて自分専用の音楽CDを作成したり、静止画像や音声などを組み合わせてオリジナルの動画像を作成したりできる。
CAD	機械や建築物、電子回路などの設計を行う際に用いるシステム。 建築物の間取り図や設計図、自動車やテレビなどの機械製品の設計図のほかに、テレビCMやテレビゲームで使われるCGの基礎データの作成などにもCADが活用されている。

参考

3D

コンピュータの3次元の表現のこと。
「3 Dimension」の略。

参考

映像の規格

テレビやディスプレイなどの映像の規格には、次のようなものがある。

●フルHD（フルハイビジョン）

解像度が1,920×1,080（横×縦）、約207万画素を持つ。一般家庭で普及している。

●4K

解像度が3,840×2,160（横×縦）、約829万画素を持つ。フルHDの縦横2倍、面積では4倍であり、フルHDよりも高画質・高詳細な映像を再現する。一般家庭での普及が始まっている。

●8K

解像度が7,680×4,320（横×縦）、約3,318万画素を持つ。4Kの縦横2倍、面積では4倍であり、4Kよりも高画質・高詳細な映像を再現する。一般家庭での普及が始まっている。

9-3 データベース

9-3-1　データベース方式

データベースとは、様々なデータ（情報）を、ある目的を持った単位でまとめて、ひとつの場所に集中して格納したものです。例えば、商品情報や顧客情報といった単位でまとめて、データベースで集中して格納します。
データベースを利用すると、業務を情報という観点で表現することができ、業務の効率化を図ることができます。

❶ データベースの特徴

「データベース」とは、ある目的を持って集められたデータの集まりのことです。
従来、業務に使われるデータは、プログラム（処理）ごとにファイルで保存していました。この方式では、データの形式に合わせてプログラムを作成するため、データ形式の変更にプログラムが柔軟に対応できない問題点があり、その問題点を解決するためにデータベースが考えられました。
従来使われていたファイルとデータベースを比較すると、次のようになります。

比較する項目	ファイル	データベース
データ形式の変更によるプログラムへの影響	大きい	小さい
データの重複	業務ごとに重複することがある	重複がない
関係のあるデータ間の整合性	保つことが難しい	保たれる
業務間でのデータの共有	共有は難しい	共有しやすい
データのバックアップ	複雑	単純・容易

❷ データベースのモデル

データベースには、データを管理する形式によって様々なモデルがあります。
代表的なモデルには、次のようなものがあります。

(1) 関係データベース

データを表形式で管理します。複数の表同士が項目の値で関連付けられ、構成されます。**「リレーショナルデータベース」**、**「RDB」**ともいいます。
表形式で管理することで、ユーザにとってわかりやすく、希望するデータを取り出しやすいデータベースになります。
関係データベースは、E-R図の基本型として活用されています。

> **参考**
> **RDB**
> 「Relational DataBase」の略。

学籍番号	授業名
2019010	数学Ⅰ
2019021	英語
2019021	数学Ⅰ
2019021	フランス語

授業名	教室
数学Ⅰ	A103
英語	B211
フランス語	B211

(2) 網型データベース

データ同士が網の目のようにつながった状態で管理します。データ間は多対多の親子関係で構成されます。**「ネットワーク型データベース」**、**「NDB」**ともいいます。

> **参考**
> **NDB**
> 「Network DataBase」の略。

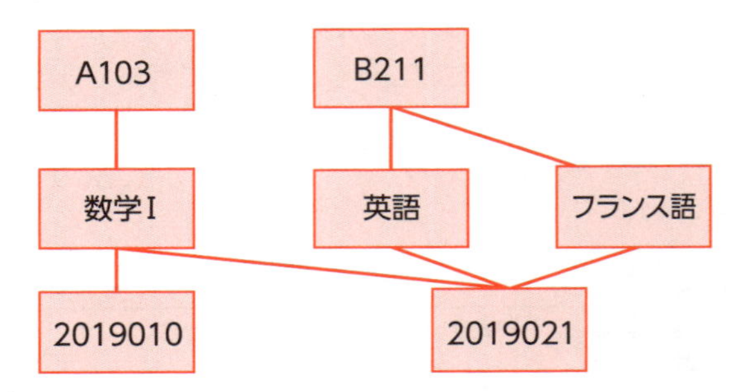

(3) 階層型データベース

データを階層構造で管理します。データ間は1対多の親子関係で構成されます。**「ツリー型データベース」**、**「HDB」**ともいいます。

> **参考**
> **HDB**
> 「Hierarchical DataBase」の略。

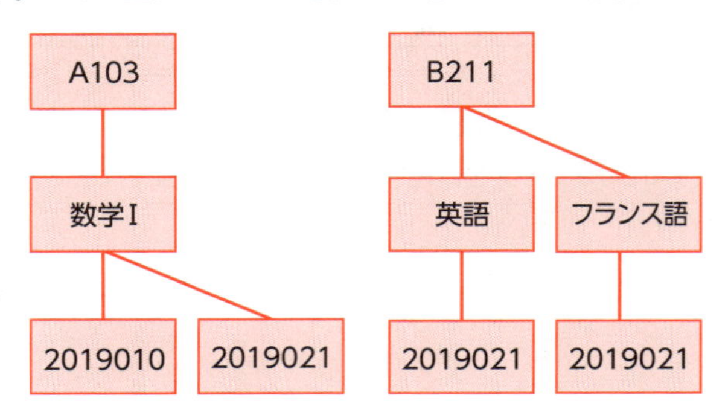

❸ データベース管理システム（DBMS）

データベースを管理したり利用したりするには、**「データベース管理システム」**というデータベース製品（ソフトウェア）を利用します。

データベース管理システムの役割は、データを構造的に蓄積して一貫性を保ち、ユーザがデータベースをいつでも正しく利用できるようにすることです。

データベース管理システムには、主に次のような機能があります。

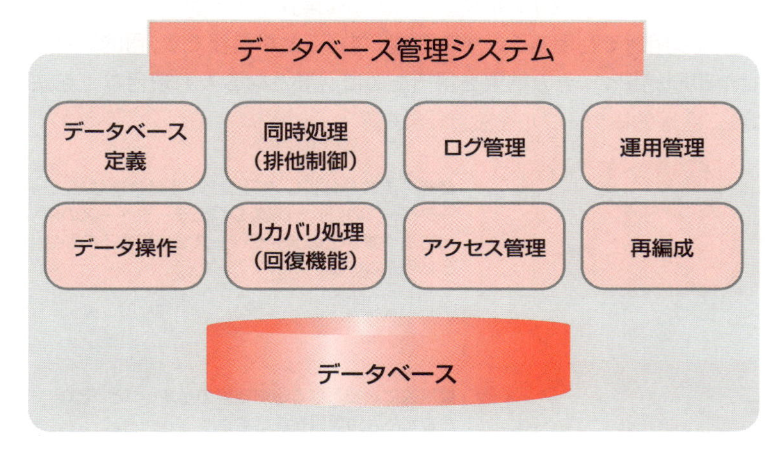

機　能	説　明
データベース定義	テーブル（表）、項目、インデックスなど、データベースの構造を定義する。
データ操作	データベースに対するデータ操作（検索、挿入、更新、削除）を統一する。
同時処理（排他制御）	複数のユーザが同時にデータベースを操作しても、データの矛盾が発生しないようにデータの整合性を維持する。
リカバリ処理（回復機能）	ハードウェアやソフトウェアに障害が発生した場合でも、障害発生直前の状態にデータを復旧する。
ログ管理	リカバリ処理に必要となるログファイルの保存・運用を行う。
アクセス管理	ユーザのデータベース利用権限を設定し、アクセス権のないユーザがデータにアクセスできないようにする。
運用管理	データベースのバックアップとリストア、データベースの格納状況やバッファの利用状況など、運用に関する様々な機能を持つ。
再編成	データの追加や削除を繰り返したために生じる、データベースのフラグメンテーション（ディスク上の使用領域の断片化）を解消する。データベースを再編成（連続する領域に再配置）すると、データを操作する速度が改善する。

参考

DBMS

「DataBase Management System」の略。

参考

RDBMS

関係データベース（RDB）を管理したり利用したりするデータベース製品（ソフトウェア）のこと。

「Relational DataBase Management System」の略。

日本語では「関係データベース管理システム」の意味。

参考

NoSQL

関係データベースではSQLを使用してデータベース内のデータを操作するが、SQLを使用しないデータベース管理システム（DBMS）のことを「NoSQL」という。または、関係データベース管理システム（RDBMS）以外のデータベース管理システムを総称して「NoSQL」という。ビッグデータの基盤技術として利用されている。

「Not only SQL」の略。

例えば、ビッグデータにおいて、大量・多様なデータを高速に処理するために、1つのキーに1つのデータを対応付けて管理する「キーバリュー型データベース管理システム」は、SQLを使用しないデータベース管理システムであり、NoSQLに該当する。

参考

アクセス権の設定

データベースにアクセス権を設定するときは、「どの利用者」が「どのデータ」に「どのような権限」でアクセスできるのかを指定する。例えば、「社員A」は「人事データ」に「読取り専用」でアクセスできるというような指定をする。

参考

バッファ

データを一時的に保存しておくメモリ上の領域のこと。

9-3-2　データベース設計

データベースを設計する際には、**「データの分析」**、**「データの設計」**、**「データの正規化」**などを考慮する必要があります。

❶ データの分析

データベースを作成する前に、どのような業務をデータベース化し、どのような用途で利用するのかを明確にすることが重要です。目的に合わせた印刷結果や、その結果を得るために必要となる入力項目などを決定し、合理的にテーブルを設計します。

目的の明確化	業務の流れを分析し、売上管理、在庫管理など、データベースの目的を明確にする。データベースの使用方法や誰がそのデータベースを使用するのかなどを明確にする。

印刷結果や入力項目の決定	最終的に必要となる印刷結果のイメージと、それに合わせた入力項目を決定する。

テーブルの設計	決定した入力項目をもとに、テーブルを設計する。テーブル同士は共通の項目で関連付け、必要に応じてデータを参照させる。各入力項目を分類してテーブルを分けることで、重複するデータ入力を避け、ディスク容量の無駄や入力ミスなどが起こりにくいデータベースを構築できる。テーブルを設計するには、データの正規化を行う。

テーブル設計のポイントは、次のとおりです。

- 繰返しデータをなくす。
- 情報は1回だけ登録されるようにする。
- 計算で得られる情報はテーブルに保存しない。

❷ データの設計

データベースは、データを**「テーブル（表）」**で管理します。データベースのテーブルの構成は、次のとおりです。

得意先テーブル

項目（列、フィールド）　項目名（フィールド名）

得意先コード	得意先名	電話番号	所在地
A-1	南北電気	03-3592-123X	東京都
B-1	日本工業	06-6967-123X	大阪府
A-20	いろは電子	078-927-123X	兵庫県

行（レコード）

主キー：テーブルの行を特定するための項目
例えば、得意先コードが指定されると、それに応じた得意先名が特定できる

複数のテーブルを管理する場合は**「関連」**を考えます。関連とは、2つのテーブルが**「主キー」**と**「外部キー」**によって関係付けられていることです。外部キーとは、別のテーブルにあるデータを検索するときに使用する項目のことです。

例えば、次の2つのテーブル（受注テーブル、得意先テーブル）の場合、受注テーブルには得意先名がありません。しかし、2つのテーブルを得意先コードで関連付けることにより、受注テーブルの得意先コードの値をもとに、得意先テーブルから該当する得意先名を参照することができます。

このとき、得意先テーブルの得意先コードを主キー、受注テーブルの得意先コードを外部キーといいます。

外部キーを設定するときは、その参照に不整合が生じないように**「参照制約」**が使用されます。例えば、外部キーを設定した項目には、参照先（主キー側のテーブル）の項目に存在する値しか入力できなくなります。

受注テーブル　受注テーブルの「主キー」　得意先テーブルに対する「外部キー」

受注No.	受注年月日	得意先コード	商品名	数量
0001	2019/10/02	A-1	W型ラジオ	30
0002	2019/10/02	B-1	X型モニタ	20
0003	2019/10/02	B-1	Y型CDラジカセ	100
0004	2019/10/03	A-20	Z型CDラジカセ	5

得意先コードをもとに、得意先テーブルの項目を参照できる。

得意先テーブル

得意先コード	得意先名	電話番号	所在地
A-1	南北電気	03-3592-123X	東京都
B-1	日本工業	06-6967-123X	大阪府
A-20	いろは電子	078-927-123X	兵庫県

得意先テーブルの「主キー」

参照制約を設定している場合、受注テーブルにある得意先コード（例えばB-1）について、得意先テーブルの該当する行を削除したり、得意先コードそのものを書き換えたりできない。また、得意先テーブルにない得意先コードを含む行を受注テーブルに追加できない。

参考

主キーと外部キー

●主キー
テーブルの中のある行と別の行を区別するために設定する項目。
1つのテーブルに1つだけ設定できる。NULL（空の文字列）の値を入力することはできない。複数の項目を組み合わせて設定することもできる。

●外部キー
項目が、別のテーブルの主キーに存在する値であるようにする項目。
1つのテーブルに複数の外部キーを設定することができる。

参考

参照制約
外部キーに存在する値が、参照される主キー側にも必ず存在するように、テーブル間の整合性を保つために設定する制約。

参考

インデックス
データの検索を高速化するために作成する索引。テーブルの項目に必要に応じて設定する。一意性の高い項目（学生番号など）に作成すると検索が速くなるが、一意性の低い項目（性別など）に作成すると検索が遅くなるという特性がある。

例

次の得意先テーブルに主キーを設定する場合に問題となる点と解決策は何か。

得意先テーブル

得意先コード	会社名	部署	担当者名	電話番号	所在地
A-1	南北電気	第3営業部	田中	03-3592-123X	東京都
A-1	南北電気	第1営業部	佐々木	03-3592-123X	東京都
B-1	日本工業	法人営業部	東田	06-6967-123X	大阪府
B-2	東西工業	第1営業部	佐々木	06-6967-123X	大阪府
A-20	いろは電気	企画部	森	078-927-123X	兵庫県

主キーは、テーブル内のデータを区別するために用いるもので、同一フィールド内で重複のないものに設定する必要がある。この得意先テーブルでは、各フィールドに重複するデータが存在している。例えば、**「南北電気」**については、部署が第3営業部と第1営業部で別々のデータとなっているが、得意先コードが**「A-1」**1つしか設定されていない。
主キーは、重複するデータが存在するフィールドに単独で設定することはできないため、このテーブルに主キーを設定するには、次の方法で行う。
①2つのフィールドを組み合わせて主キーを設定する。
②得意先コードを重複しないように設定しなおす。

①の場合、次のような組み合わせで主キーを設定するとよい。
「得意先コード」と**「部署」**または、**「会社名」**と**「部署」**
なお、**「部署」**の代わりに**「担当者名」**を組み合わせると、同名の担当者が存在した場合に一意のデータといえなくなるため、適切ではない。

②の場合、**「得意先コード」**を**「会社名」**と**「部署」**の2つのフィールドを考慮して重複しないように設定しなおす。つまり、同じ会社であっても部署が異なれば得意先コードを変える。

3 コードの設計

一般的に、得意先コードのように、複数のテーブルを関連付けるときに使うのが**「コード」**です。コードは、利用者が理解しやすいように、利用目的や適用分野に合わせて設計する必要があります。
コードを設計するときの方法には、次のようなものがあります。

名　称	説　明
順番コード	先頭から連続した番号を付ける方法。
区分コード	グループに分け、グループごとに連番を割り振る方法。
桁別コード	コードの桁に、何らかの意味を持たせる方法。例えば、先頭の桁から、入社年数4桁と社員番号3桁で合計7桁のコードにする。
表意コード	コードに文字列を用いて、何らかの意味を持たせる方法。
合成コード	上記のコード設計を組み合わせる方法。

4 データの正規化

「データの正規化」とは、データの重複がないようにテーブルを適切に分割することです。

正規化されたテーブルを**「正規形」**、正規化されていないテーブルを**「非正規形」**といいます。

非正規形のテーブルでは、データの重複があるため、データの矛盾や不整合が起こりやすく、正しく管理することが難しくなります。それに対し、正規化されたテーブルではデータの矛盾や重複がなくなるため、管理がしやすくなります。その結果、データの不整合が発生するリスクが低くなります。

データの正規化を行う目的には、次のようなものがあります。

- **テーブルに格納されているデータの重複や矛盾をなくす。**
- **重複しているデータがないため、テーブルを多様な目的で利用できる。**

(1) テーブルの正規形と非正規形

次の表は、繰返し項目を持つため、非正規形になります。

履修テーブル

学籍番号	名前	学部コード	学部名	授業名	教室	成績
2019010	井内　正	R	理学部	数学Ⅰ	A103	A
				英語	B211	C
				生物	B305	B
2019021	中原　幸	K	経済学部	英語	B211	B
				ドイツ語	B105	B

繰返し項目

履修テーブルの1件のデータの中に、項目**「授業名」**、**「教室」**、**「成績」**は複数のデータを持っており、これらの項目を**「繰返し項目」**といいます。繰返し項目のあるテーブルは正規化されていない非正規形のテーブルとなります。

(2) 正規化の手順

繰返し項目を含む、正規化されていない非正規形のテーブルに対して、**「第1正規化」**→**「第2正規化」**→**「第3正規化」**の手順で実施します。第3正規化まで行うと、データの重複のないテーブルができます。

正規化を行う手順は、次のとおりです。

第1正規化	繰返し項目の部分を別テーブルに分割する。
↓	
第2正規化	主キーの一部によって決まる項目を別テーブルに分割する。
↓	
第3正規化	主キー以外の項目によって決まる項目を別テーブルに分割する。

例

次のテーブルを手順に従って正規化するとどうなるか。

受注伝票テーブル

受注No.	受注年月日	得意先コード	得意先名	所在地	商品No.	商品名	単価	数量	受注小計	受注合計
0001	2019/1/10	A-1	南北電気	東京都…	1-001	テレビ(4K)	200,000	2	400,000	640,000
					2-004	DVDレコーダ	80,000	3	240,000	
0002	2019/1/10	B-1	日本工業	大阪府…	5-012	ラジオ	3,000	6	18,000	368,000
					1-002	テレビ	35,000	10	350,000	
0003	2019/1/11	A-20	いろは電子	兵庫県…	1-001	テレビ(4K)	200,000	3	600,000	600,000
0004	2019/1/13	B-1	日本工業	大阪府…	5-012	ラジオ	3,000	1	3,000	3,000

●第1正規化

受注伝票テーブルの導出項目**「受注小計」**、**「受注合計」**を削除し、繰返し項目**「商品No.」「商品名」「単価」「数量」**を別のテーブルに分割する。

受注伝票テーブル

受注No.	受注年月日	得意先コード	得意先名	所在地	商品No.	商品名	単価	数量	受注小計	受注合計
0001	2019/1/10	A-1	南北電気	東京都…	1-001	テレビ(4K)	200,000	2	400,000	640,000
					2-004	DVDレコーダ	80,000	3	240,000	
0002	2019/1/10	B-1	日本工業	大阪府…	5-012	ラジオ	3,000	6	18,000	368,000
					1-002	テレビ	35,000	10	350,000	
0003	2019/1/11	A-20	いろは電子	兵庫県…	1-001	テレビ(4K)	200,000	3	600,000	600,000
0004	2019/1/13	B-1	日本工業	大阪府…	5-012	ラジオ	3,000	1	3,000	3,000

繰返し項目　　導出項目を削除

受注テーブル

受注No.	受注年月日	得意先コード	得意先名	所在地
0001	2019/1/10	A-1	南北電気	東京都…
0002	2019/1/10	B-1	日本工業	大阪府…
0003	2019/1/11	A-20	いろは電子	兵庫県…
0004	2019/1/13	B-1	日本工業	大阪府…

受注明細テーブル

受注No.	商品No.	商品名	単価	数量
0001	1-001	テレビ(4K)	200,000	2
0001	2-004	DVDレコーダ	80,000	3
0002	5-012	ラジオ	3,000	6
0002	1-002	テレビ	35,000	10
0003	1-001	テレビ(4K)	200,000	3
0004	5-012	ラジオ	3,000	1

受注No.で関連付け

受注テーブルと受注明細テーブルを**「受注No.」**で関連付け、受注明細テーブルの**「受注No.」**と**「商品No.」**が主キーとなる。

参考

導出項目

ほかの項目から計算によって導き出される項目のこと。

●第2正規化

受注明細テーブルの主キー**「商品No.」**によって**「商品名」**と**「単価」**が決まるため、別のテーブルに分割する。

受注テーブル

受注No.	受注年月日	得意先コード	得意先名	所在地
0001	2019/1/10	A-1	南北電気	東京都…
0002	2019/1/10	B-1	日本工業	大阪府…
0003	2019/1/11	A-20	いろは電子	兵庫県…
0004	2019/1/13	B-1	日本工業	大阪府…

受注明細テーブル

受注No.	商品No.	商品名	単価	数量
0001	1-001	テレビ(4K)	200,000	2
0001	2-004	DVDレコーダ	80,000	3
0002	5-012	ラジオ	3,000	6
0002	1-002	テレビ	35,000	10
0003	1-001	テレビ(4K)	200,000	3
0004	5-012	ラジオ	3,000	1

受注テーブル

受注No.	受注年月日	得意先コード	得意先名	所在地
0001	2019/1/10	A-1	南北電気	東京都…
0002	2019/1/10	B-1	日本工業	大阪府…
0003	2019/1/11	A-20	いろは電子	兵庫県…
0004	2019/1/13	B-1	日本工業	大阪府…

受注明細テーブル

受注No.	商品No.	数量
0001	1-001	2
0001	2-004	3
0002	5-012	6
0002	1-002	10
0003	1-001	3
0004	5-012	1

商品テーブル

商品No.	商品名	単価
1-001	テレビ(4K)	200,000
1-002	テレビ	35,000
2-004	DVDレコーダ	80,000
5-012	ラジオ	3,000

商品No.で関連付け

●第3正規化

受注テーブルの主キー以外の項目**「得意先コード」**によって**「得意先名」「所在地」**が決まるため、別のテーブルに分割する。

受注テーブル

受注No.	受注年月日	得意先コード	得意先名	所在地
0001	2019/1/10	A-1	南北電気	東京都…
0002	2019/1/10	B-1	日本工業	大阪府…
0003	2019/1/11	A-20	いろは電子	兵庫県…
0004	2019/1/13	B-1	日本工業	大阪府…

受注明細テーブル

受注No.	商品No.	数量
0001	1-001	2
0001	2-004	3
0002	5-012	6
0002	1-002	10
0003	1-001	3
0004	5-012	1

商品テーブル

商品No.	商品名	単価
1-001	テレビ(4K)	200,000
1-002	テレビ	35,000
2-004	DVDレコーダ	80,000
5-012	ラジオ	3,000

受注テーブル

受注No.	受注年月日	得意先コード
0001	2019/1/10	A-1
0002	2019/1/10	B-1
0003	2019/1/11	A-20
0004	2019/1/13	B-1

得意先テーブル

得意先コード	得意先名	所在地
A-1	南北電気	東京都…
A-20	いろは電子	兵庫県…
B-1	日本工業	大阪府…

受注明細テーブル

受注No.	商品No.	数量
0001	1-001	2
0001	2-004	3
0002	5-012	6
0002	1-002	10
0003	1-001	3
0004	5-012	1

商品テーブル

商品No.	商品名	単価
1-001	テレビ(4K)	200,000
1-002	テレビ	35,000
2-004	DVDレコーダ	80,000
5-012	ラジオ	3,000

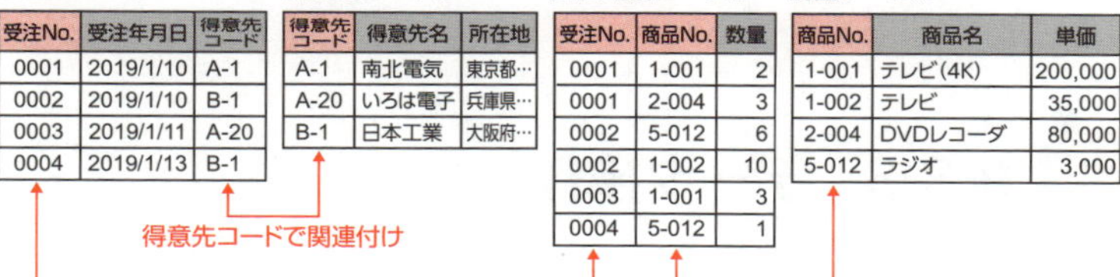

例

図のような売上伝票を作成する。

売上伝票

伝票No.：　　　　　　　　　　　　　顧客No.：
売上入力日：　　　　　　　　　　　　顧客名：

商品No.	商品名	分類	単価	数量	金額
			割引率		
			合計金額		

次の4つのテーブルから売上伝票を作成する場合、この売上伝票の**「商品No.」**はどのテーブルの項目か。

●商品マスタテーブル

商品No.	商品名	分類	単価

●顧客マスタテーブル

顧客No.	顧客名	割引率

●売上テーブル

伝票No.	売上入力日	顧客No.

●売上明細テーブル

伝票No.	商品No.	数量

「商品No.」は、商品マスタテーブルと売上明細テーブルに存在しており、2つのテーブルは、**「商品No.」**によって関連付けられている。関連付けは、**「主キー」**と**「外部キー」**によって行われるが、この場合、商品マスタテーブルの**「商品No.」**が主キー、売上明細テーブルの**「商品No.」**が商品マスタテーブルに対する外部キーとなる。外部キーを使うと関連付けされているテーブルからデータを検索することができるので、この売上伝票の**「商品No.」**は、売上明細テーブルの**「商品No.」**ということがわかる。

9-3-3　データ操作

データベース管理システムでは、テーブルの定義や、データの検索・挿入・更新・削除のデータ操作を行うために、統一した操作方法である**「SQL」**を使用します。SQL文と呼ばれるコマンドによって、対話的にデータの検索などを実行します。SQLはISO（国際標準化機構）やJIS（日本工業規格）により標準化されているため、データベース管理システムの種類を意識せず、データを扱うことができます。

参考

SQL

「Structured Query Language」の略。

データベースから必要なデータを取り出すことを**「演算」**といいます。演算の種類には**「関係演算」**と**「集合演算」**があります。

❶ 関係演算

「関係演算」とは、テーブルから目的とするデータを取り出す演算のことです。

関係演算には、次の3つがあります。

種類	説　明
射影	テーブルから指定した項目（列）を取り出す。
選択	テーブルから指定した行（レコード）を取り出す。
結合	2つ以上のテーブルで、ある項目の値が同じものについてテーブル同士を連結させたデータを取り出す。

関係演算の例

顧客コード	顧客名	担当者コード
2051	大野	A12
4293	田中	B30
5018	原田	A11

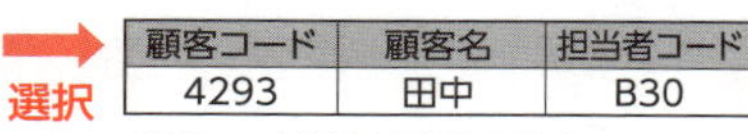

顧客コード	顧客名	担当者コード
4293	田中	B30

顧客コードが"4293"の「行」だけを取り出す

顧客コード
2051
4293
5018

顧客コードの「項目」だけを取り出す

顧客コード	顧客名	担当者コード
2051	大野	A12
4293	田中	B30
5018	原田	A11

担当者コード	担当者名
A12	鈴木
A11	山田
B30	斉藤
B60	吉田

顧客コード	顧客名	担当者コード	担当者名
2051	大野	A12	鈴木
4293	田中	B30	斉藤
5018	原田	A11	山田

「担当者コード」が同じデータを行方向に連結する
このとき「担当者コード」を「結合キー」と呼ぶ

❷ 集合演算

「集合演算」とは、2つのテーブルから集合の考え方を利用してデータを取り出す演算のことです。

主な集合演算には、次のようなものがあります。

種類	説　明
和	2つのテーブルのすべてのデータを取り出す。
積	2つのテーブルで共通するデータを取り出す。
差	2つのテーブルで一方のテーブルだけにあるデータを取り出す。

参考

データ操作

関係演算の3つ以外にも、データ操作の種類には次のようなものがある。

種類	説　明
挿入	テーブルに指定した行（レコード）を挿入する。
削除	テーブルから指定した行（レコード）を削除する。
更新	テーブルの指定した行（レコード）を更新する。

参考

ワイルドカード

ワイルドカードを使って条件を指定すると、部分的に等しい文字列を検索できる。

「＊（アスタリスク）」と「%（パーセント）」が「0文字以上の任意の文字列」を意味し、「？（疑問符）」と「_（アンダーバー）」が「任意の1文字」を意味する。

種類	使用例	説　明
%	東京%	「東京」の後ろに何文字続いても検索される。
＊	東京＊	
_	東京都_区	「東京都港区」は検索されるが、「東京都品川区」は検索されない。
？	東京都？区	

集合演算の例

購入テーブルA

顧客コード	顧客名	担当者コード
1311	井上	C01
2051	大野	A12
4293	田中	B30
1806	森	A11
7745	八木	D04

購入テーブルB

顧客コード	顧客名	担当者コード
2051	大野	A12
4293	田中	B30
5018	原田	A11

和

購入テーブルAまたは購入テーブルBにあるデータ

顧客コード	顧客名	担当者コード
1311	井上	C01
2051	大野	A12
4293	田中	B30
1806	森	A11
7745	八木	D04
5018	原田	A11

2つのテーブルに共通する行は、1行にまとめられる

積

購入テーブルAと購入テーブルBの両方にあるデータ

顧客コード	顧客名	担当者コード
2051	大野	A12
4293	田中	B30

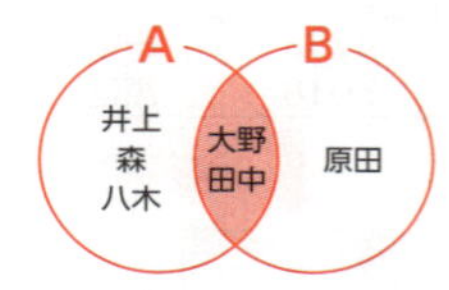

差

購入テーブルAから購入テーブルBにあるものを引いたデータ(購入テーブルAだけにあるデータ)

顧客コード	顧客名	担当者コード
1311	井上	C01
1806	森	A11
7745	八木	D04

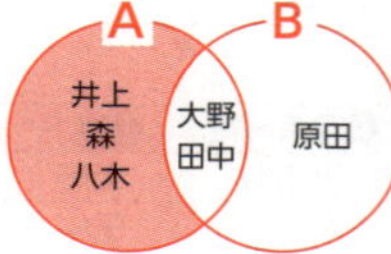

9-3-4 トランザクション処理

データベースの操作では、複数のユーザによるデータの参照や更新に備えて、排他制御やリカバリ機能などによってデータベースの一貫性を保つ必要があります。

1 排他制御

「排他制御」とは、データベースに矛盾が生じることを防ぐために、複数の利用者が同時に同一のデータを更新しようとしたとき、一方の利用者に対し、一時的にデータの書込みを制限する機能です。アクセスを制限するためには、データベースを**「ロック」**します。アクセスを制限することで、データの整合性を維持することができます。

(1) ロック

「ロック」とは、あるユーザが更新したり参照したりしているデータを、ほかのユーザが利用できないようにすることです。ロックには、データの更新と参照の両方をロックする**「専有ロック（排他ロック）」**と、データの更新だけをロックする**「共有ロック（読込ロック）」**があります。

一般的に、更新（追加や削除を含む）の処理を実行する場合は、データベース管理システムが自動的に専有ロックをかけます。また、参照の処理を実行する場合は、プログラムで共有ロックをかけるかどうか指定することができます。

外部からのデータ利用とロックの状態

	専有ロック	共有ロック
更新	×	×
参照	×	○
削除	×	×
ほかのプログラムによる専有ロック	×	×
ほかのプログラムによる共有ロック	×	○

例

ある商店で、商品Aの在庫が50個あるときに、2人が同時に商品Aを発注して、在庫数を減らす例

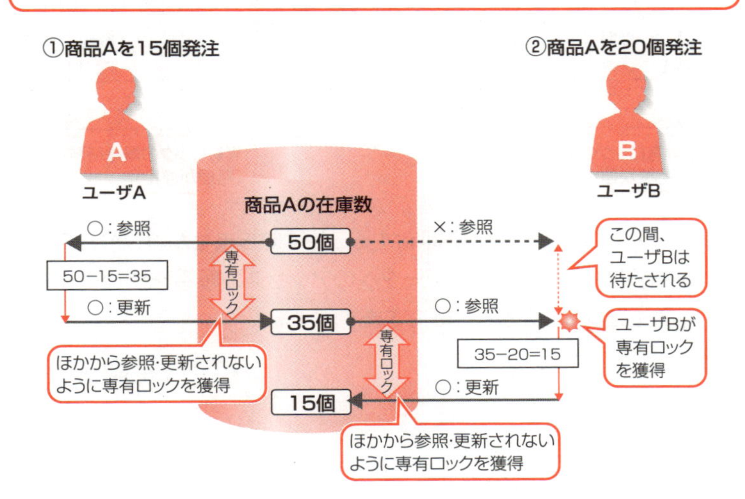

第9章 技術要素

参考

オンライントランザクション処理

ネットワーク接続されたクライアントが、サーバに処理を要求し、サーバが要求に基づいた処理を行い、処理結果をクライアントに戻す処理のこと。通常、データベースの更新（追加や削除を含む）処理が多いが、処理の途中で中断されるとデータの整合性が取れなくなるため、信頼性が要求される。「OLTP処理」ともいう。
OLTPは、「OnLine Transaction Processing」の略。

(2) トランザクション

「トランザクション」とは、ひとつの完結した処理単位のことです。例えば、**「商品Aを15個発注する」**という処理が、トランザクションになります。
トランザクションは、正しく完全に処理されるか（コミット）、異常となって全く処理されないか（ロールバック）のいずれかとなります。トランザクション処理が正常に終了した場合は、データベースに更新内容が反映されますが、途中で異常終了した場合は、更新内容がデータベースに反映されません。この仕組みによって、データベースの整合性が維持されます。

(3) デッドロック

「デッドロック」とは、2つのトランザクションがお互いにデータのロックを獲得して、双方のロックの解放を待った状態のまま、処理が停止してしまうことです。

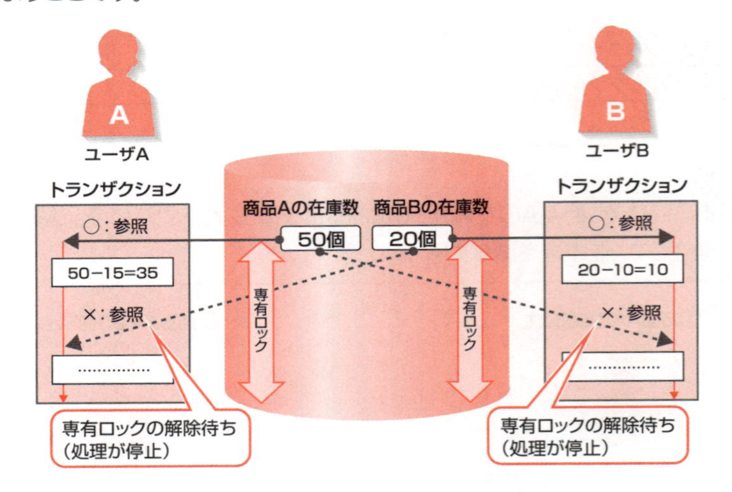

デッドロックの発生を完全に抑制することはできません。しかし、ロックをかける範囲を限定したり、データへのアクセスの順番を決めたりすることで発生を少なくすることはできます。

❷ 障害発生に備えたバックアップ

データベースに対して更新処理を実行すると、データベース管理システムは、**「ログファイル」**に、更新情報を自動的に書き込みます。

データベースとログファイルは、ハードウェア障害に備えて、定期的にバックアップしておきます。バックアップしておくことで、ハードウェア障害が発生した場合でも、ハードウェア媒体を交換し、バックアップしたログファイルの時点までデータベースを復旧させることができます。

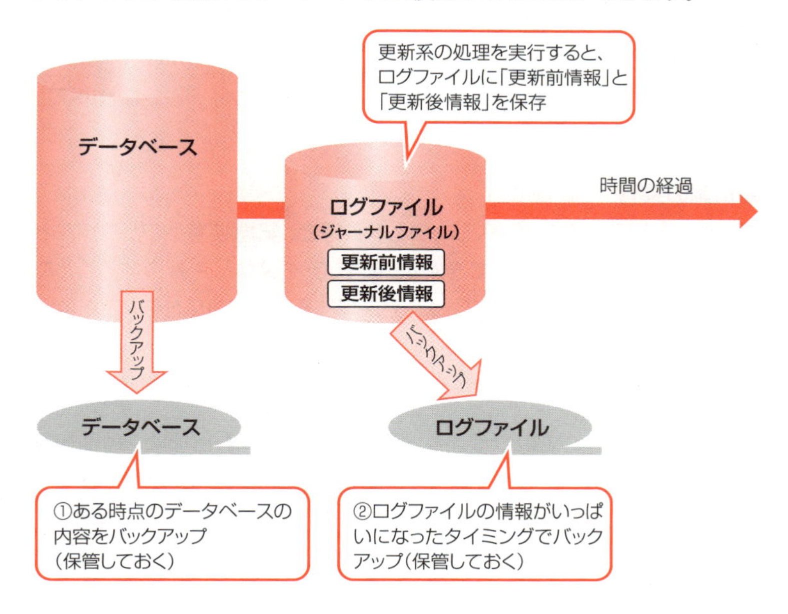

❸ リカバリ処理

「リカバリ処理」とは、ハードウェアやソフトウェアに障害が発生したときに、バックアップした時点または障害発生直前の状態までデータベースを復旧する処理のことです。

リカバリ処理には、次の2種類があります。

処　理	説　明
ロールフォワード	ハードウェア障害などが発生した場合に、バックアップしたデータベースとログファイルを使って、ログファイルに残っている処理を再現し、ログファイルのバックアップ時点の状態までデータベースを復旧すること。
ロールバック	トランザクションが正常に処理されなかった場合に、トランザクション処理前（開始前）の時点までデータベースの状態を戻すこと。

参考

ログファイル

データベースの更新時に書き込まれるデータの更新履歴を持つファイルのこと。ログファイルを読み取ることでデータベース内のデータに対して、いつ、誰が、何をしたのかがわかる。ログファイルには、更新処理される前の情報である更新前情報と、更新処理された後の情報である更新後情報の2つが同時に書き込まれる。「ジャーナルファイル」ともいう。

9-4 ネットワーク

 9-4-1　ネットワーク方式

「ネットワーク」とは、複数のコンピュータを通信回線で接続して利用する形態のことです。
コンピュータやPCを1台だけで使用していたスタンドアロンに比べて、ネットワークでは次のようなことが実現できます。

●資源の共有
プログラムやデータなどのソフトウェア資源と、記憶装置やプリンタなどのハードウェア資源を共有できます。また、データなどを共有することで作業の効率化を図り、ハードウェアを共有することでコストダウンを図るなどのメリットがあります。

●情報の交換
データだけでなく、文字や音声などのメッセージ、静止画像や動画像などマルチメディア情報のやり取りができます。遠隔地であっても、様々な表現を用いたコミュニケーション手段として利用できます。

1　ネットワークの形態

ネットワークの形態には、次のようなものがあります。

(1) LAN

「LAN」とは、同一の建物や敷地内、工場内、学校内など、比較的狭い限られた範囲で情報をやり取りするためのネットワークのことです。**「構内情報通信網」**ともいいます。

参考
LAN
「Local Area Network」の略。

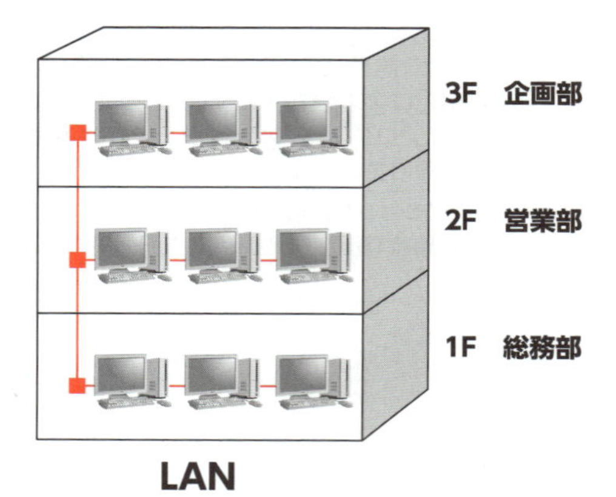

LAN

(2) WAN

「WAN」とは、電気通信事業者が提供する通信サービス（回線サービス）を利用して、本社と支店のような地理的に離れた遠隔地のLAN同士を接続するネットワークのことです。**「広域通信網」**ともいいます。

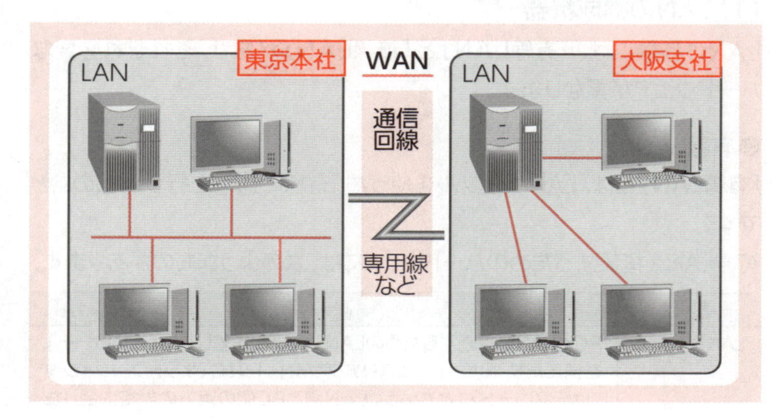

(3) インターネット

「インターネット」とは、企業におけるLANやWAN、各家庭内における単一のコンピュータなどが、全世界規模で相互接続されたネットワークのことです。

インターネットを利用すると、Webページの閲覧や電子メールのやり取りなどが自由に行えます。また、自分のWebページを作成して公開すれば、世界中に情報を発信できます。

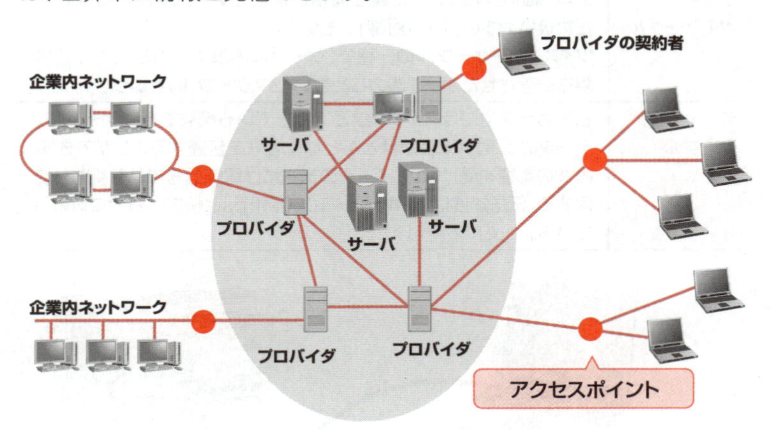

参考

WAN

「Wide Area Network」の略。

参考

イントラネット

インターネット技術を適用した組織内ネットワークのこと。

参考

アクセスポイント

プロバイダなどがインターネット利用者のために用意したインターネットへの接続点のこと。

参考

プロバイダ

インターネット接続サービス事業者のこと。「ISP」ともいう。

ISPは「Internet Service Provider」の略。

2 ネットワークの構成要素

ネットワークを構築するには、ネットワークの構成機器や規格などを理解する必要があります。

(1) LANの構成機器

LANの種類には、**「有線LAN」**と**「無線LAN」**があり、それぞれ必要なハードウェアが異なります。

●有線LAN

「有線LAN」とは、LANケーブルを使った、有線で通信を行うLANのことです。

有線LANを構築するためのハードウェアには、次のようなものがあります。

種　類	説　明
LANボード	PCとLANを接続するためのLANケーブルを差し込む「LANポート」を備えた拡張ボード。「LANアダプタ」、「NIC（ネットワークインタフェースカード）」ともいう。LAN側とPC側の両方の規格に合ったものが必要。PC本体に内蔵されているものが多い。
LANケーブル	コンピュータをネットワークに接続するためのケーブル。
ハブ	個々のコンピュータから伸びているLANケーブルをひとつにまとめる集線装置。ハブには複数のLANポートがあり、LANポートの数だけコンピュータを接続できる。

LANケーブルには、次のようなものがあります。

種　類	説　明
ツイストペアケーブル	2本の細い銅線をよった線を何組か束ねたケーブル。柔らかく細いため扱いやすい。「より対線」ともいう。 ツイストペアケーブルの一種で、ケーブル内部で入力と出力の信号線を交差させたケーブルのことを「クロスケーブル」という。
光ファイバケーブル	石英ガラスやプラスチックなどでできている細くて軽いケーブル。データの劣化や減衰がほとんどなく信号を伝達することができ電磁波の影響を受けない。データの伝送には電気信号ではなく光を使用する。伝送速度は10Mbps～1000Mbpsと幅広い範囲に対応している。

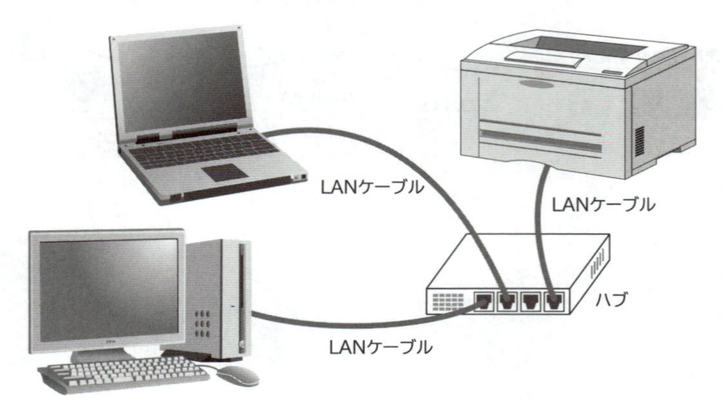

参考

PLC

電源コンセントを利用して、LANを構築できる技術のこと。
「Power Line Communications」の略。
日本語では「電力線通信」の意味。
PLCに対応した装置のことを「PLCアダプタ」といい、電源コンセントに差して利用し、電力と通信用信号の重ね合わせや分離を行う。

参考

NIC

「Network Interface Card」の略。

参考

セグメント

LANを構成する単位のひとつ。通常は、1本のケーブルで構成される範囲をいう。

参考

伝送速度

一定時間内で転送できるデータ量のこと。「通信速度」ともいう。1秒間に送ることができるデータ量を示す「bps(bits per second)」、「ビット／秒」という単位が使われる。
1bps→1kbps→1Mbps→1Gbps
×1000　×1000　×1000

参考

PoE

LANケーブルを経由して電力を送る技術のこと。電源コンセントからの電力の供給が難しい場合でも、LANケーブルから電力を供給することができる。
「Power over Ethernet」の略。
例えば、電源コンセントがない場所に、PoEに対応した無線LANルータを使って、無線LANアクセスポイントを設置する場合などで利用される。

●無線LAN

「無線LAN」とは、電波や赤外線を使った、無線で通信を行うLANのことです。LANケーブルを使わないので、オフィスのレイアウトを頻繁に変更したり、配線が容易でなかったり、または美観を重視したりするような場所で利用されます。

無線LANを構築するためのハードウェアには、次のようなものがあります。

種　類	説　明
無線LANカード	通信機能を備えた拡張カードで、無線LANアクセスポイントを介してネットワークに接続するための装置。PC本体に内蔵されているものが多い。無線LANアクセスポイントを介さず、無線LANカード同士で直接通信を行う製品もある。
無線LAN アクセスポイント	無線LANカード同士のデータのやり取りを仲介する装置。通信エリア内であれば障害物をある程度無視できるため、コンピュータの設置場所を自由に移動して使用できる。

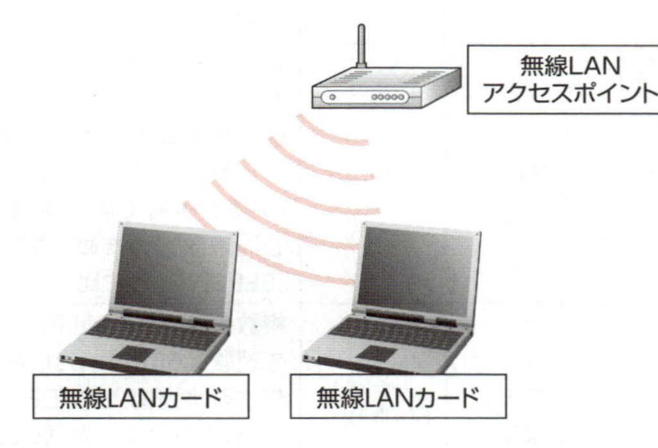

(2) LANの規格

LANには様々な規格があり、使用するケーブルや通信方法などが決められています。LANの代表的な規格として、**「イーサネット」**や**「IEEE802.11」**などがあります。

●イーサネット

「イーサネット」とは、有線LANを構築するための国際標準規格のことです。イーサネットには、次のような種類があります。

種　類	説　明
イーサネット	伝送速度は10Mbpsで、主に企業や家庭内のコンピュータを接続する用途で使われる。ツイストペアケーブルを利用した10BASE-Tなどがある。
ファスト・イーサネット	伝送速度を100Mbpsに高めた、高速なイーサネット規格。ツイストペアケーブルを利用した100BASE-TXや、光ファイバケーブルを利用した100BASE-FXなどがある。
ギガビット・イーサネット	伝送速度を1Gbps（1000Mbps）に高めた、高速なイーサネット規格。ツイストペアケーブルを利用した1000BASE-Tや、光ファイバケーブルを利用した1000BASE-LXなどがある。

参考

Wi-Fi

高品質な接続環境を実現した無線LANのこと、または無線LANで相互接続性が保証されていることを示すブランド名のこと。現在では無線LANと同義で使われている。無線LANが登場して接続が不安定だった頃は、高品質な接続が実現できるものをWi-Fiと呼んで区別した。

「Wireless Fidelity」の略。直訳すると「無線の忠実度」の意味。

近年では、様々な場所にWi-Fiのスポットが設置されており、PCや携帯情報端末などを接続できる。家庭用のWi-Fiも普及している。

参考

アドホックモード

アクセスポイント（接続点）を介さずに、端末同士で相互に直接通信する無線LANの通信方法のこと。

参考

広域イーサネット

大規模なネットワークのこと。WANを利用して、離れた複数のLAN同士を、ルータを利用しないで直接相互接続することができる。

参考

イーサネットの規格

最初の数字は伝送速度、最後のアルファベットはケーブルの種類を意味する。

10BASE-T

10Mbps　ツイストペアケーブル

参考

電波の周波数

電波が1秒間に繰り返す波の数（振動数）のこと。単位は「Hz（ヘルツ）」で表す。無線LANで利用されている2.4GHz帯の電波は1秒間に24億回の波を繰り返し、5GHz帯の電波は1秒間に50億回の波を繰り返す。

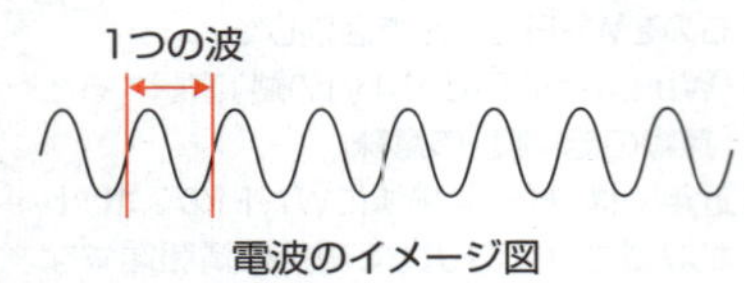

電波のイメージ図

参考

無線チャネル

データの送受信に必要な周波数の幅のこと。無線チャネルという単位で区切ることで周波数の幅をずらし、電波の干渉を防ぐことができる。無線LANでデータを送受信するためには、同じ無線チャネルを使用する必要がある。通常、端末側でアクセスポイント（接続点）と同じ無線チャネルが自動的に設定される。近くに別のアクセスポイントがある場合は、同じ無線チャネルを使用すると、電波の干渉によって伝送速度が低下する可能性がある。この場合、無線チャネル（チャネル番号）を変更すると改善することがある。

参考

ESSID

IEEE802.11の無線LANで利用されるネットワークの識別子で、最大で32文字までの英数字を設定できる。ESSIDは、複数のアクセスポイントを設置したネットワークでも使用でき、ESSIDを用いると、ESSIDが一致するコンピュータとだけ通信するので混信を防ぐことができる。

「Extended Service Set IDentifier」の略。

参考

移動体通信の規格

携帯電話やスマートフォンなどの通信規格として、「3G（第3世代移動通信システム）」や、3Gをさらに高速化した「LTE（第3.9世代移動通信システム）」、LTEをさらに高速化した「4G（第4世代移動通信システム、LTE-Advanced）」、4Gをさらに高速化した「5G（第5世代移動通信システム）」などがある。

●IEEE802.11

「IEEE802.11」とは、無線LANを構築するための国際標準規格のことです。

使用する周波数（使用周波数帯）や伝送速度によっていくつかの規格があり、代表的な規格には、次のようなものがあります。

規　格	使用周波数帯	伝送速度	特　徴
IEEE802.11a	5GHz	54Mbps	使用周波数帯が高いため、障害物などの影響を受けることがある。しかし、ほかの電子機器であまり使用されていない周波数帯のためノイズに強い。
IEEE802.11b	2.4GHz	11Mbps	使用周波数帯が低いため、障害物の影響は受けにくい。しかし、ほかの電子機器でよく使用されている周波数帯のため、通信の品質がIEEE802.11aに比べると劣る。
IEEE802.11g	2.4GHz	54Mbps	IEEE802.11b規格との互換性がある。 使用周波数帯が低いため、障害物の影響は受けにくい。しかし、ほかの電子機器でよく使用されている周波数帯のため、通信の品質がIEEE802.11aに比べると劣る。
IEEE802.11n	2.4GHz/ 5GHz	600Mbps	複数のアンテナを利用することなどで理論上600Mbpsの高速化を実現する。周波数帯はIEEE802.11gやIEEE802.11bと同じ2.4GHz帯と、IEEE802.11aと同じ5GHz帯を使用できる。
IEEE802.11ac	5GHz	6.9Gbps	IEEE802.11nの後継となる次世代の規格であり、複数のアンテナを組み合わせてデータ送受信の帯域を広げるなどして高速化を実現する。周波数帯は5GHz帯を使用する。 現在の主流となっている。

IEEE802.11の使用周波数帯には、2.4GHz帯と5GHz帯があります。2.4GHz帯は、電波が回り込みやすく、障害物に強いという特徴があります。電子レンジなどの家電製品やBluetooth機器では2.4GHz帯が利用されていることが多く、電波の干渉が起こりやすくなります。また、2.4GHz帯は、5GHz帯よりも電波が遠くまで届きやすくなっています。5GHz帯は、電波の直進性が高く、回り込みにくいため、障害物に弱いという特徴があります。一方で、電波の干渉が少ないため、通信が安定しているといえます。

(3) 中継装置

LAN内やLAN同士、LANとWANを接続してネットワークを拡張するには、様々な中継装置が利用されます。

●LAN内の中継装置

LAN内を接続するときの代表的な中継装置には、次のようなものがあります。

種　類	説　明
リピータ	伝送距離を延長するためにケーブル上を流れる電気信号を増幅する装置。最もシンプルなハブのことを、「リピータハブ」という。
スイッチングハブ	MACアドレスが存在するLANポートだけにパケット転送する機能を持っているハブ。リピータハブと違い、介在するハブの台数には制限がない。

●LAN同士・LANとWANの中継装置

LAN同士、LANとWANを接続するときの代表的な中継装置には、次のようなものがあります。

種　類	説　明
ブリッジ	複数のLAN同士を接続する装置。各コンピュータ内のLANカードのMACアドレスを記憶し、通信に関係しないLANに不要なデータは流さないので、トラフィック（ネットワーク上のデータ）を減らすことができる。
ルータ	複数のLANやWANを接続する装置。コンピュータ間において、パケットを最適な通信経路で転送する（ルーティング）。また、特定のコンピュータにしかデータを転送しない機能を持つ（フィルタリング）。
ゲートウェイ	プロトコルの異なるLANやWANをプロトコル変換して接続する装置。

参考

伝送路

データ通信を行う際の経路のこと。

参考

MACアドレス

LANボードなどに製造段階で付けられる48ビットの一意の番号のこと。ネットワーク内の各コンピュータを識別するために付けられている。
MACは「Media Access Control」の略。

参考

パケット

データを一定の長さ以下に分割したデータ転送の単位のこと。インターネットでデータを送るときは、データをパケットに分割し、宛先や分割した順序などを記したヘッダを付けて送信する。

参考

マルチキャスト

ネットワーク内の複数の相手を指定してデータを送信すること。マルチキャストでは、複数の宛先を指定してデータを送信すると、ルータなどのネットワーク機器が自動的にパケットを複製する。

参考

デフォルトゲートウェイ

ネットワーク外のコンピュータにアクセスする際に使用するコンピュータやルータなどの機器ののこと。他のネットワークのコンピュータとの通信を可能とするための、出入り口の役割を果たす。

参考

SDN

仮想的なネットワークを構築し、ネットワークの構成や機能をソフトウェアによって一括して制御することができる技術の総称のこと。ネットワークの構築や変更の際にかかっていた膨大な手間を削減し、運用の効率化を図ることができる。
「Software Defined Networking」の略。
SDNを実現するためには、「OpenFlow」という技術仕様を使う。OpenFlowでは、ネットワーク機器の制御機能とデータ転送機能を分離し、制御機能をソフトウェアによって一括して集中制御して、どのネットワーク機器にどのような動作をさせるかを柔軟に設定できる。

●回線接続装置

通信サービスを利用してデータ通信をする機器には、次のようなものがあります。

回線の種類	必要な機器	説　明
FTTH	メディアコンバータ	光信号と電気信号とを変換する。
ADSL	ADSLモデム	ADSLのアナログ信号とディジタル信号とを変換する。コンピュータ側の接続ポートにはイーサネットやUSB対応のインタフェースがある。
	スプリッタ	音声信号とデータ信号とを帯域で分離する。
CATV	ケーブルモデム	ケーブルテレビ回線で使用されていない帯域をデータ通信で利用できるように変換する。
ISDN	DSU (回線終端装置)	コンピュータのディジタル信号形式とネットワーク上のディジタル信号形式とを変換する。ディジタル回線の終端に接続する。「Digital Service Unit」の略。
	TA (ターミナルアダプタ)	ISDNのディジタル信号とアナログ信号とを変換する。DSUを内蔵するものが多い。「Terminal Adapter」の略。
	ダイヤルアップルータ	TAやDSU、ハブの機能を備えたルータ。一般的にLANから同時に複数のコンピュータをISDN回線でインターネット接続させる役割を持つ。
アナログ回線	モデム	ディジタル信号とアナログ信号とを変換する。

3 IoTネットワーク

「IoTネットワーク」とは、IoTデバイス(IoT機器)を接続するネットワークのことです。

IoTシステムでは、様々な目的や用途でシステムが構築されます。そのため、IoTシステムを構築するネットワークには、速度・接続範囲・消費電力・コスト・遅延の程度など、重視されるポイントがシステムごとに異なります。

それぞれのネットワークの構成や通信方式などの特徴を考慮し、構築するIoTシステムに合わせた、最適なネットワーク構成を選択することになります。

(1) IoTネットワークの構成要素

IoTデバイスを接続するIoTネットワークの構成要素には、次のようなものがあります。

●LPWA

「LPWA」とは、消費電力が小さく、広域の通信が可能な無線通信技術の総称のことです。

IoTにおいては、広いエリア内に多くのセンサを設置し、計測した情報を定期的に収集したいなどのニーズがあります。その場合、通信速度は低速でも問題がない一方で、低消費電力・低価格で広い範囲をカバーできる通信技術が求められます。

LPWAは、そうしたニーズに応える技術であり、各社から対応するサービスが開始されています。それぞれのサービスは、通信規格面からみると、携帯電話の帯域を利用した免許が必要なサービスと、免許が不要な汎用帯域を利用したサービスの2つに大別されます。

参考
LPWA
「Low Power Wide Area」の略。

●エッジコンピューティング

「エッジコンピューティング」とは、人やIoTデバイスの近くにサーバを分散配置するネットワークの技術のことです。**「ネットワークの周辺部（エッジ）で処理する」**という意味から、このように名付けられました。

通常、IoTデバイスなどは収集した情報をクラウドサーバに送信します。しかし、IoTシステムが広がるにつれ、クラウドサーバへの処理が集中するという問題が発生するようになりました。

IoTデバイスからクラウドサーバまでは長い通信経路をたどるため、IoTデバイスからクラウドサーバに処理を依頼し、結果がIoTデバイスに戻るまでに遅延が発生することもあります。このような遅延は、コネクテッドカーなどリアルタイム性が重視される処理においては、重大な事故にもつながりかねません。そこで、これまですべてクラウドサーバに任せていた処理の一部を、IoTデバイスに近い場所に配置した**「エッジ」**と呼ばれるサーバに任せる仕組みが注目されるようになりました。

また、最終的にクラウドサーバに情報を送信する必要がある場合でも、IoTデバイスで収集した膨大な情報のうち、必要な情報だけをエッジから取り出してクラウドサーバに送ることにより、ネットワーク全体の負荷を削減することができます。さらに、不要な個人情報などを、エッジで削除してからクラウドサーバに送信するなど、セキュリティリスクに配慮した運用も可能です。

●BLE

「BLE」とは、近距離無線通信技術であるBluetoothのVer4.0以降で採用された、省電力で通信可能な技術のことです。

BLEに対応したICチップ（半導体集積回路）は、従来の電力の1/3程度で動作するため、1つのボタン電池で数年稼働することが可能です。また、Bluetoothは低コストで実装可能ということもあり、これらの理由から、構内で利用する各種センサや、ウェアラブル端末の利用などにBLEが有望であると考えられています。

参考
BLE
「Bluetooth Low Energy」の略。

参考
Bluetooth
2.4GHz帯の電波を使用し、転送距離が100m以内の無線通信のインタフェースのこと。

●IoTエリアネットワーク

「IoTエリアネットワーク」とは、工場・学校・家庭など、狭いエリアでIoTデバイスを接続するための通信技術のことです。IoTエリアネットワークでは、無線LANや、有線の場合はPLCなどが多く利用されます。
IoTシステムを実現するためには、IoTデバイス（IoT機器）をクラウドサーバなどとネットワークで接続する必要があります。その際、IoTデバイスは、IoTネットワークを利用して、次のように経由してクラウドサーバに接続します。

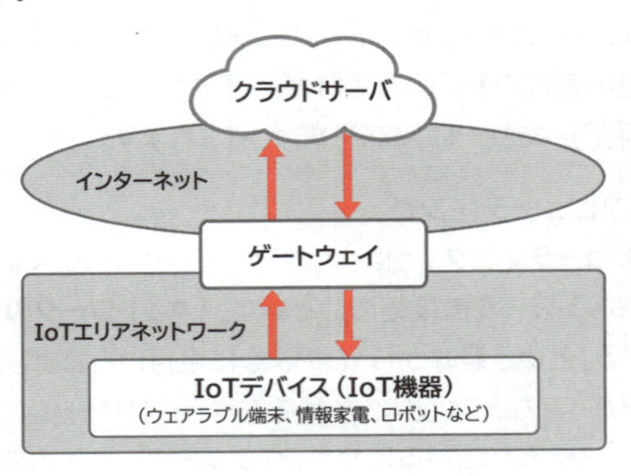

参考

ゲートウェイ
プロトコル（通信するためのルール）の異なるLANやWANをプロトコル変換して接続する装置のこと。

●5G

「5G」とは、**「第5世代移動通信システム」**ともいい、総務省と民間事業者が2020年の実用開始に向けた取組みを進めている、携帯電話やスマートフォンなどの次世代移動通信の通信規格のことです。
現在普及している4G（第4世代移動通信システム、LTE-Advanced）の後継技術となります。これらの技術と比較した場合、5Gの特徴としては**「超高速」「超低遅延」「多数同時接続」**の3点が挙げられます。

特　徴	内　容
超高速	現在使われている周波数帯に加え、広帯域を使用できる新たな周波数帯を組み合わせて使うことにより、現行の100倍程度の高速化を実現する。例えば、2時間の映画なら3秒でダウンロードが完了する（4Gでは30秒かかる）。
超低遅延	ネットワークの遅延が1ミリ秒（1000分の1秒）以下となり、遠隔地との通信においてもタイムラグの発生が非常に小さくなる（4Gでは10ミリ秒）。例えば、リアルタイムに遠隔地のロボットを操作・制御すること（遠隔制御や遠隔医療）ができる。
多数同時接続	多くの端末での同時接続が可能となる。例えば、自宅程度のエリアにおいて、PCやスマートフォンなど100台程度の同時接続が可能となる（4Gでは10台程度）。

4Gまでは、人と人とのコミュニケーションを行うことを目的として発展してきましたが、5Gは、あらゆるモノがインターネットにつながるIoT社会を実現するうえで、不可欠なインフラとして期待されています。

参考

テレマティクス
自動車などの移動体に無線通信や情報システムを組み込み、リアルタイムに様々なサービスを提供する仕組み、または概念のこと。
「Telecommunication（遠距離通信）」と「Informatics（情報科学）」を組み合わせた造語である。
自動車内のカーナビゲーションシステムやGPS、センサ、情報機器などを、インターネットに接続できる無線データ通信サービスと連携させて、渋滞情報や交通情報、天気予報、映像・音声データなどの提供、または情報の送受信を可能とする。

(2)用途に応じた高速ネットワークと低速ネットワークの使い分け

5Gは**「超高速」「超低遅延」「多数同時接続」**の特徴がありますが、その分利用コストも相対的に大きくなります。そのため、5Gが利用されるのは、遅延のない、リアルタイムでの通信を、コストをかけても必要とする場合です。

一方、LPWAは、5Gと比較すると低速で遅延も大きいですが、利用コストが低く、かつ消費電力も小さいという特徴があります。そのため、通信性能よりも、コストを優先したいケースや、電池交換などのメンテナンスを削減したいケースに利用されます。

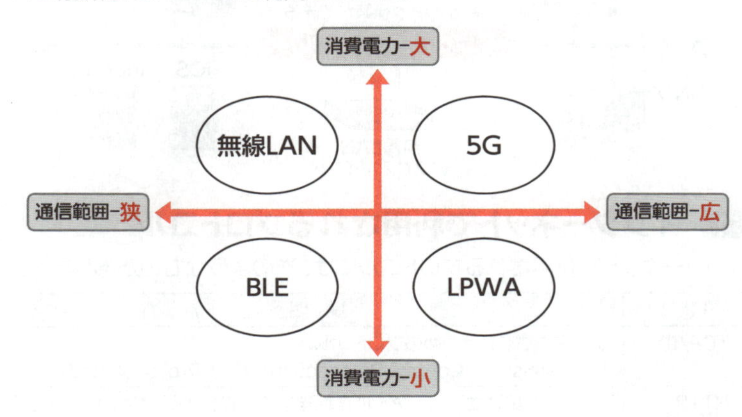

具体的な利用シーンの例は、次のとおりです。

●5Gなど高速ネットワーク・広範囲通信の利用シーン

- コネクテッドカーが、他の自動車や車外インフラと通信して、危険を察知してドライバーに警告したり、自動ブレーキを操作したりする。
- 離れた場所にいる医師が、患者を実際に処置するロボットアームを操作して遠隔手術を行う。

●LPWAなど低速ネットワーク・広範囲通信の利用シーン

- 電子メータ化された離島の水道メータから、その検針情報を発信し、水道局本部で受信する。
- 広大な水田の各地に設置されたセンサを使って毎日の水位を計測し、農家がすべての箇所の水位を一括で管理する。

9-4-2 通信プロトコル

「プロトコル」とは、ネットワーク上で、コンピュータ同士がデータ通信するための決まりごと（ルール）です。**「通信プロトコル」**ともいいます。情報システムやIoTシステムなど、コンピュータ間でデータをやり取りする場合は、あらかじめお互いにプロトコルを決めておく必要があります。

❶ インターネットで利用されるプロトコル

インターネットで利用されるプロトコルには、次のようなものがあります。

プロトコル	説　明
TCP/IP	データ通信を行うためのプロトコル。 「Transmission Control Protocol/Internet Protocol」の略。
HTTP	HTMLで記述されたファイルを転送するプロトコル。WebサーバとWebブラウザの間のデータ通信に使用される。 「HyperText Transfer Protocol」の略。
HTTPS	HTTPにSSL/TLSによるデータ暗号化機能を付加したプロトコル。 「HTTP over SSL/TLS」の略。
SSL/TLS	WebサーバとWebブラウザの間で流れるデータを暗号化するプロトコル。 「Secure Sockets Layer/Transport Layer Security」の略。
FTP	ファイルを転送するプロトコル。 「File Transfer Protocol」の略。
NTP	ネットワーク上で時刻を同期するプロトコル。 「Network Time Protocol」の略。
DHCP	ネットワークに接続されているコンピュータに対して、IPアドレスを自動的に割り当てるプロトコル。 「Dynamic Host Configuration Protocol」の略。
WPA2	無線LANで電波そのものを暗号化し、認証機能と組み合わせて保護するプロトコル。「Wi-Fi Protected Access 2」の略。

（1）TCP

「TCP」は、エンドツーエンド間の信頼性のある通信を実現します。この役割を果たすために次の機能があります。

- データをパケットに分割したり、組み立てたりする。
- パケットには、分割された順番を表す番号（シーケンス番号）を付ける。
- どのアプリケーションソフトウェアのデータであるかを識別するための番号（ポート番号）を持っている。

参考

NTPを使った時刻同期
コンピュータの内部時計は、自由に設定することもできるが、NTPを使って基準になる時刻情報を持つサーバ（NTPサーバ）とネットワークを介して同期することで、正確な時刻情報を維持することができる。

参考

TCP
「Transmission Control Protocol」の略。

参考

エンドツーエンド
最終的に通信を行うコンピュータ同士のこと。

代表的なポート番号には、次のようなものがあります。

ポート番号	プロトコル
20, 21	FTP
25	SMTP
80	HTTP

(2) IP

「IP」の代表的な機能は**「アドレッシング」**と**「ルーティング」**です。

●アドレッシング

ネットワークに接続されているコンピュータを見分けるために、**「IPアドレス」**という番号を使います。IPアドレスは2進数32ビットで表現され、複数のネットワークを区別する**「ネットワークアドレス」**とネットワーク内の各コンピュータを区別する**「ホストアドレス」**から構成されています。ただし、2進数は見づらいため、8ビットごとに**「.（ドット）」**で区切り、各オクテットを10進数で表します。

	第1オクテット	第2オクテット	第3オクテット	第4オクテット
2進数表記	11000000 .	10101000 .	00000001 .	00011001
10進数表記	192 .	168 .	1 .	25

●IPアドレスのクラス

IPアドレスには、ネットワークの規模に応じて、クラスA、クラスB、クラスCがあります。クラスA～Cは、次のような構成になっています。

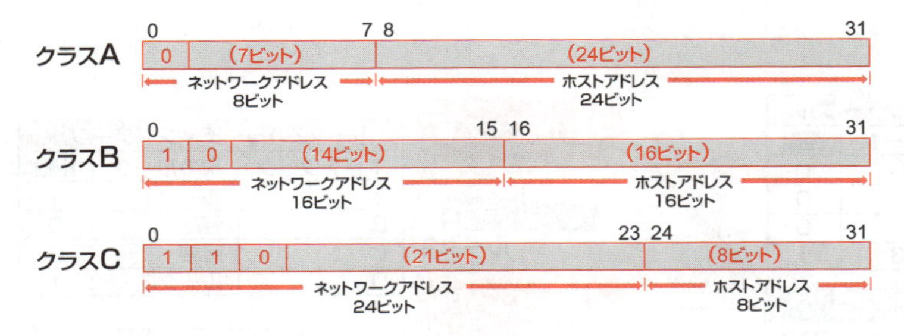

ネットワークアドレス・ホストアドレスで表現できるアドレス数は、次のとおりです。

クラス	ネットワーク規模	ネットワークアドレス数	ホストアドレス数
A	大規模	$2^7-2=126$	$2^{24}-2=$ 約1677万
B	中規模	$2^{14}-2=$ 約1.6万	$2^{16}-2=$ 約6.5万
C	小規模	$2^{21}-2=$ 約209万	$2^8-2=254$

※ホストアドレスのすべて"0"とすべて"1"は特別な目的で使われるため、2^n-2（nはビット数）のアドレス数となります。
ネットワークアドレスについて、RFC950に準拠したネットワークでは、すべて"0"とすべて"1"は特別な目的で使われるため、2^n-2（nはビット数）のアドレス数となります。RFC1812に準拠したネットワークでは、すべて"0"とすべて"1"は有効なサブネットとして使用できるため、2を引く必要はありません。

参考

IP

「Internet Protocol」の略。

参考

サブネットマスク

IPアドレスのネットワークアドレスとホストアドレスを区別するための、2進数32ビットの情報のこと。IPアドレスとサブネットマスクの論理積によって、ネットワークアドレスを識別することができる。IPアドレスとサブネットマスクを並べたときに、サブネットマスクの32ビットの情報の先端から1が連続している部分に重なるIPアドレスをネットワークアドレス、それ以降の0が連続している部分に重なるIPアドレスをホストアドレスとして識別する。

IPアドレス

11000000 10101000 00000001 00011001

サブネットマスク

11111111 11111111 11111111 11110000

ネットワークアドレス　ホストアドレス

参考

オクテット

2進数で8ビットを表す単位のこと。

参考

IPv4

現在利用されている32ビットのインターネットプロトコルのこと。
「Internet Protocol version4」の略。

参考

IPv6

IPv4の機能を拡張したインターネットプロトコルのこと。
IPv6では、管理できるアドレス空間を32ビットから128ビットに拡大し、インターネットの急速な普及によって起きるIPアドレス不足が解消できる。
その他、ルーティングの高速化、プラグアンドプレイ機能、セキュリティ機能、マルチメディア対応、機能の拡張性・柔軟性などの特徴がある。
「Internet Protocol version6」の略。

参考

NAT

プライベートIPアドレスとグローバルIPアドレスを相互に変換する技術のこと。組織内のLANをインターネットに接続するときによく利用される。
「Network Address Translation」の略。

参考

JPNIC

「JaPan Network Information Center」の略。

参考

ルーティングテーブル

ルータが管理しているパケットの送信先を一覧にした経路情報のこと。具体的には、受信したパケットの宛先と、その宛先にパケットを送信するために経由するネットワークやルータのIPアドレスなどを対応させた経路表を持っている。
経路表の生成や管理方式には、ルータの管理者が1個1個の対応表を手動で設定する「静的ルーティング」や、ルータ同士がやり取りをして自動的に設定を行う「動的ルーティング」がある。

●グローバルIPアドレスとプライベートIPアドレス

「グローバルIPアドレス」とは、インターネットで使用できるIPアドレスのことです。インターネットで使用するIPアドレスは、インターネット上で一意なものでなければならないため、自由に設定できません。日本では、IPアドレスの管理を**「JPNIC」**が行い、インターネット利用者へのIPアドレスの割当ては、JPNICが指定する事業者（プロバイダなど）によって行われます。

「プライベートIPアドレス」とは、グローバルIPアドレスを取得していなくても、ある範囲のIPアドレスに限り自由に設定できるIPアドレスのことです。組織内などに閉じたネットワークで利用されます。

●ルーティング

「ルータ」とは、複数のLANやWANを接続する装置のことで、コンピュータ間において最適な伝送経路で転送します。
ルータが行う代表的な機能に**「ルーティング」**があります。ルーティングとは、データを宛先のコンピュータに届けることを目的とし、最適な伝送経路で転送することです。通信を行うコンピュータ間において途中に位置付けられる各ルータが、次に送るべきルータを決定し中継していきます。次のルータの決定は、IPパケット内の宛先IPアドレスをルータ内のルーティングテーブルから検索して行います。
ルーティングは**「経路制御」**、**「経路選択」**ともいいます。

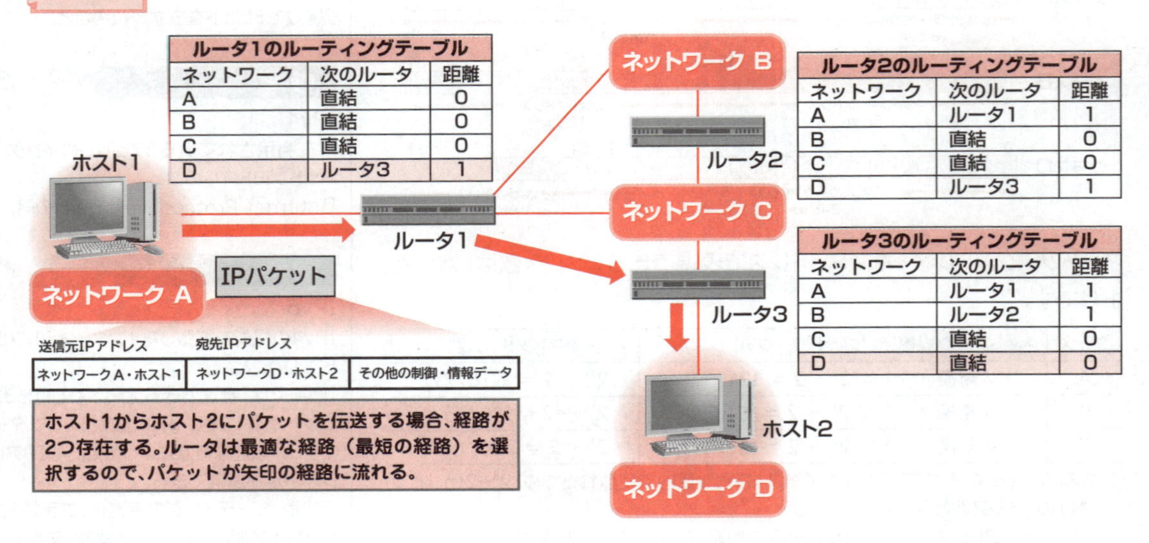

❷ 電子メールで利用されるプロトコル

電子メールで利用されるプロトコルには、次のようなものがあります。

プロトコル	説　明
SMTP	電子メールを送信または転送するためのプロトコル。メールクライアントからメールサーバに電子メールを送信する際や、メールサーバ同士で電子メールを転送する際に使用される。 「Simple Mail Transfer Protocol」の略。
POP	電子メールを受信するためのプロトコル。メールサーバに保存されている利用者宛ての新着の電子メールを一括して受信する。 「Post Office Protocol」の略。
IMAP	電子メールを受信するためのプロトコル。電子メールをメールサーバ上で保管し、未読／既読などの状態もメールサーバ上で管理できる。 「Internet Message Access Protocol」の略。

例

AからDへの電子メール送信時のプロトコル

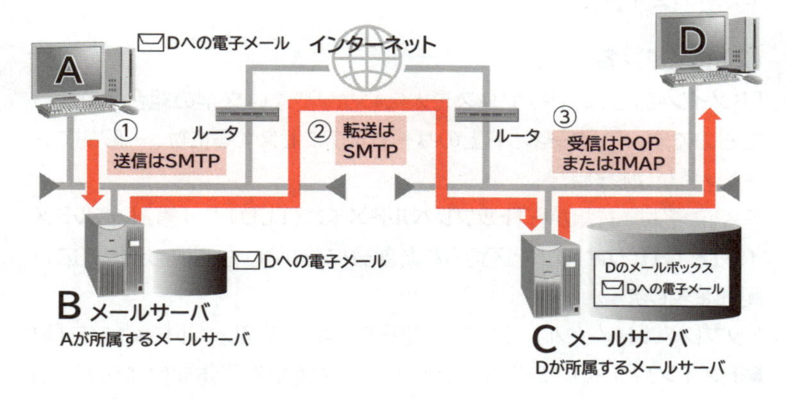

●電子メールで利用されるその他のプロトコル

その他、データ形式を拡張したりセキュリティ機能を追加したりするプロトコルには、次のようなものがあります。

プロトコル	説　明
MIME	電子メールで送受信できるデータ形式を拡張するプロトコル。もともとテキスト形式しか扱えなかったが、静止画像や動画像、音声などのマルチメディアも添付ファイルとして送受信できる。 「Multipurpose Internet Mail Extensions」の略。
S/MIME	MIMEにセキュリティ機能（暗号化機能）を追加したプロトコル。電子メールの盗聴やなりすまし、改ざんなどを防ぐことができる。 「Secure/MIME」の略。
APOP	パスワードを暗号化するプロトコル。電子メールを受信するときに、プロバイダへ送るパスワードを暗号化できる。 「Authenticated Post Office Protocol」の略。

参考

メールクライアント

電子メールを送受信するために利用する電子メールソフトのこと。

参考

電子メールのメッセージ形式

電子メールのメッセージ形式には、「HTML形式」や「テキスト形式」などがある。
HTML形式の電子メールは、受信側でメール本文中に表示される文字サイズや色などの書式を、送信側で指定することができる。また、メール本文中に図や画像などを貼り付けることができる。
一方、テキスト形式の電子メールは、単に文字列だけのデータであり、書式の指定や、メール本文中に図や画像などの貼り付けはできない。なお、図や画像などは、メールにファイル添付することはできる。

9-4-3　ネットワーク応用

インターネットで利用されるサービスには、様々なものがあります。サービスを利用するには、インターネットの仕組みを理解する必要があります。

1 インターネットの仕組み

インターネット上では、プロトコルに従って、世界中のコンピュータを相互に接続し、情報のやり取りを行うことができます。

(1) DNS

「DNS」とは、IPアドレスとドメイン名を1：1の関係で対応付けて管理するサービスの仕組みのことです。コンピュータ同士が通信する際、相手のコンピュータを探すためにIPアドレスを使用します。しかし、IPアドレスは数字の羅列で人間にとって扱いにくいので、別名としてドメイン名が使用されます。

> **参考**
> **DNS**
> 「Domain Name System」の略。

(2) ドメイン名

「ドメイン名」とは、IPアドレスを人にわかりやすい文字の組合せで表したものです。インターネット上のサーバにアクセスするには、一般的にドメイン名が使われます。

ドメイン名は、右側から**「トップレベルドメイン（TLD）」**、**「第2レベルドメイン」**と**「.（ピリオド）」**で区切られた部分に分かれ、右側にあるほど広い範囲を表します。

> **参考**
> **TLD**
> 「Top Level Domain」の略。

トップレベルドメインは、2文字で国を表します。第2レベルドメインを**「組織ドメイン」**といい、その組織がどのような種類の団体なのかを表します。日本では組織ドメインを使用することが慣例ですが、第3レベルドメイン以下の使用方法は国によって異なります。それより左側を**「サブドメイン」**といい、URLに使われるWWWや組織が大きい場合は、グループなどを区別する文字列を付けます。

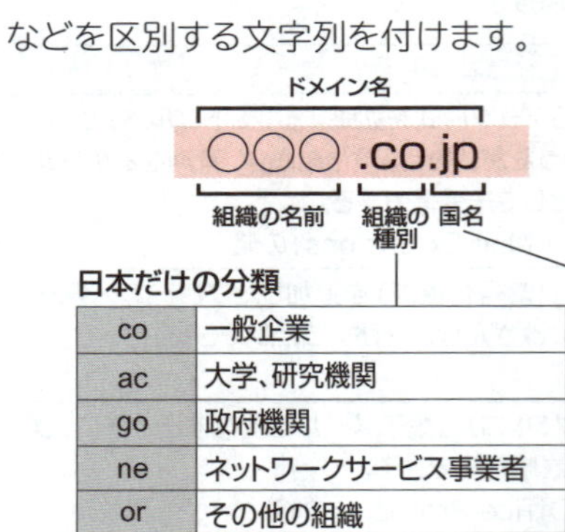

co	一般企業
ac	大学、研究機関
go	政府機関
ne	ネットワークサービス事業者
or	その他の組織

例

jp	日本
kr	韓国
uk	イギリス
	アメリカには不要 ※com（営利団体）、org（非営利団体）などの組織の種別があてられる。 例）○○○.com

例

電子メールアドレス

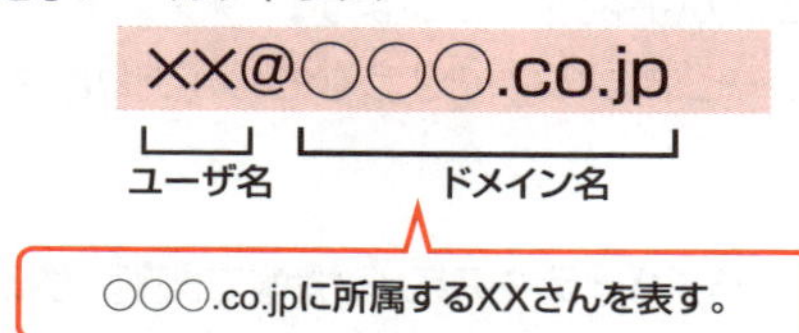

また、ドメイン名の末尾が**「jp」**で終わるJPドメインの新しい運用ルールを**「汎用JPドメイン」**といいます。従来のJPドメインのルールでは、組織の種別を表す第2レベルドメイン（**「co」**や**「ne」**など）は、JPNICが定めた組織種別でしたが、汎用JPドメインでは第2レベルドメインを一般ユーザに開放し、団体名などを登録することができるようになりました。そのほか、1組織が登録できるドメイン名はひとつに限られていましたが、いくつでも自由に取得できるようになったり、日本語名が使用できたり、ドメイン名を譲渡できたりするなどの特徴があります。

なお、近年、グローバルで活動する日本の一般企業では、**「OOO.co.jp」**ではなく、**「OOO.com」**のようなドメイン名を使用していることがあります。

(3) DNSサーバ

「DNSサーバ」とは、DNS機能を持つサーバのことです。DNSサーバは、クライアントからのドメイン名での問合せをIPアドレスに変換するサービスを提供します。

DNSサーバを利用することで、利用者はIPアドレスを使わずにドメイン名でWebページの閲覧や電子メールの送信ができます。

例

OOO.co.jpにアクセスする場合

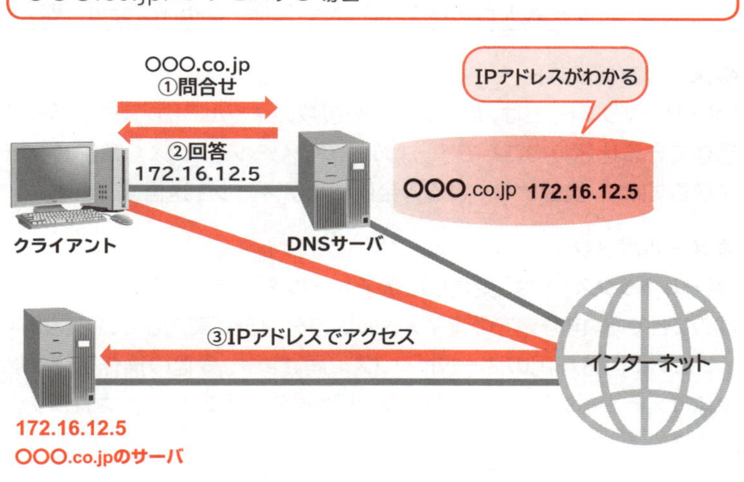

参考

URLの書式

Webブラウザから指定するURLの書式は、次のように指定する。

プロトコル名://FQDN/ディレクトリ名/ファイル名

例 http://www.fom.fujitsu.com/seminar/index.html
プロトコル名 FQDN ディレクトリ名 ファイル名

参考

FQDN

ホスト名（コンピュータ名）を合わせた形の完全なドメイン名のこと。「完全修飾ドメイン名」ともいう。IPアドレスを人にわかりやすい文字の組合せで表したものであり、インターネット上のサーバにアクセスするには、厳密的に完全なドメイン名であるFQDNが使われる。FQDNの一番左は、ドメイン名に属するコンピュータなどのホスト名を表している。

「Fully Qualified Domain Name」の略。

❷ インターネットサービス

インターネットでは、様々なサービスが提供されています。
インターネットで提供される主なサービスには、次のようなものがあります。

(1) WWW

「WWW」とは、インターネット上の**「ハイパーテキスト」**の情報を閲覧・検索するためのサービスのことで、**「Web」**ともいいます。ハイパーテキストとは、HTMLやXMLなどのマークアップ言語で記述されたファイルのことです。テキスト情報（文字）だけでなく、静止画像や動画像、音声なども公開し、閲覧することができます。WWWでの通信に使われるプロトコルは**「HTTP」**になります。

(2) 電子メール

「電子メール」とは、メッセージのやり取りを行うサービスのことです。24時間いつでも、相手との距離に関係なく瞬時に電子メールを送信したり受信したりできます。
また、電子メールのサービスには、次のようなサービスもあります。

●同報メール

「同報メール」とは、同じ内容の電子メールを複数のメールアドレスに送信することです。同報メールを送信する場合は、宛先の種類を次のように使い分けます。

宛　先	説　明
TO	正規の相手のメールアドレスを指定する。複数のメールアドレスも指定できる。
CC	正規の相手以外に、参考として読んで欲しい相手のメールアドレスを指定する。「Carbon Copy」の略。
BCC	BCCに指定するメールアドレスは、当人以外に公開されない。電子メールを別の人に送信したことを知られたくない場合や、電子メールを送信する複数の相手がお互いに面識がない場合に使う。「Blind Carbon Copy」の略。

●メーリングリスト

「メーリングリスト」とは、電子メールを複数のメールアドレスに一括して送信できる仕組みのことです。決められたメールアドレスへ電子メールを送るだけで、登録されている人全員に電子メールを送信できます。

●メールボックス

「メールボックス」とは、受信した電子メールを一時的に保管しておく領域のことです。自分宛ての電子メールは自分自身が契約しているプロバイダにある自分専用のメールボックスに届きます。受信の操作を行った時点でメールボックスから自分のコンピュータにダウンロードされます。

参考

WWW
「World Wide Web」の略。

参考

クッキー（cookie）
Webサイトを管理しているWebサーバが、Webブラウザと情報を交換するために用意する小さなファイルのこと。閲覧したWebページの内容や、ユーザアカウントのような入力したデータなどが記録されている。クッキーに保存されている情報に基づき、ユーザごとにカスタマイズした画面を表示したり、入力の手間を省いたりできる。

参考

Webメール
電子メールソフトを利用しなくても、Webブラウザを利用して電子メールの送受信ができる仕組みのこと。

（3）ファイル転送

ファイルのダウンロードやアップロードなど、ファイルを転送するためのサービスです。ファイルの転送に使われるプロトコルは**「FTP」**です。

3 通信サービス

インターネットへの通信サービスは**「インターネット接続サービス事業者（ISP）」**によって提供されます。**「プロバイダ」**ともいいます。利用者から接続料金を徴収し、その対価として様々なインターネットサービスを提供します。

（1）データ通信サービスの種類

主なデータ通信サービスには、次のようなものがあります。

●FTTH

「FTTH」とは、電話局から利用者宅までを光ファイバを使用して、超高速データ通信を提供するサービスのことです。電気信号ではなく、光を使ってデータを送受信します。**「光通信」**ともいいます。

●ADSL

「ADSL」とは、電話回線（アナログ回線）上の使われていない帯域を利用し、高速データ通信ができる非対称型サービスのことです。**「非対称ディジタル加入者回線」**ともいいます。

非対称とは、上り（コンピュータからネットワーク）と下り（ネットワークからコンピュータ）で通信速度が違うことで、上りで640kbps～1Mbps、下りで1.5Mbps～数10Mbps以上の通信ができます。特にインターネットのWebページの閲覧やファイルのダウンロードなど、下りの通信量が多い場合に適した回線サービスです。

●CATV

「CATV」とは、映像を送るためのケーブルテレビ回線の使われていない帯域を利用して、高速データ通信を提供するサービスのことです。

●IP電話

「IP電話」とは、ディジタル化した音声を、インターネットを利用して通信するサービスのことです。電話回線よりも設備コストを抑えることができるため、比較的使用料が低く設定されています。また、通話距離による料金格差もないため、遠隔地への通話コストを低く抑えることもできます。

参考

anonymous FTP

不特定多数にファイルを転送するためのサービスのこと。通常、FTPを利用する場合に必要なアカウントの登録などが不要で、誰もが自由にファイルのアップロードやダウンロードができる。

参考

ISP

「Internet Service Provider」の略。

参考

回線事業者

インターネットに接続するための回線を提供する業者のこと。

参考

FTTH

「Fiber To The Home」の略。

参考

ADSL

「Asymmetric Digital Subscriber Line」の略。

参考

ブロードバンド

ADSLやFTTHなどの高速・大容量通信が可能な通信サービスのこと。その逆で、アナログ回線（電話回線）による低速な通信サービスのことを「ナローバンド」という。

参考

キャリアアグリゲーション

複数の異なる周波数帯の電波を束ねて通信することによって、通信の高速化や安定化を図る方法のことである。

参考

回線交換方式

必要に応じて送信先との接続を確立し、通信が終了するまで回線を占有する方式のこと。通信が終了するまで回線を占有するため、通信速度や回線品質の保証を行いやすい。

(2) モバイル通信

「モバイル通信」とは、持ち運びできる携帯情報端末（スマートフォンやタブレット端末など）を利用して、無線でデータ通信するサービスのことです。

モバイル通信を利用するためには、携帯情報端末に**「SIMカード」**を装着します。SIMカードとは、携帯端末端末に装着するICカードのことです。通信事業者が発行するものであり、契約者に関する契約情報が記録されています。SIMカードを装着することによって、電話番号や契約者IDなどを特定することができ、データ通信や音声通話が可能になります。

モバイル通信を提供する通信事業者には、次のようなものがあります。

名　称	説　明
移動体通信事業者	携帯電話やスマートフォンやなどの無線通信回路網のサービスを提供する通信事業者のこと。
仮想移動体通信事業者（MVNO）	すでに設置されている携帯電話などの無線通信回線網を借りて、自社ブランドとして低価格でサービスを提供する通信事業者のこと。 MVNOは「Mobile Virtual Network Operator」の略。

(3) 課金方式

「課金」とは、サービスの利用に対して料金をかけることです。課金の方式によって定額制、従量制、半従量制などがあります。

課金方式	料金体系
定額制	「月額1,000円」などのように、利用時間の長さにかかわらず常に一定の利用料金が課金される。
従量制	「3分10円」などのように、利用時間に応じて課金される。
半従量制	基本料金に一定時間分の利用料金を含み、超過した部分について従量制で追加料金が課金される。
キャップ制	「1時間まで3分10円、それ以上はいくら利用しても月額1,000円」などのように、料金の上限が決まっている。

●伝送時間・通信料金の計算

「伝送時間」とは、データを伝送する際に必要な時間のことです。伝送時間と伝送時間通信料金を求めるには、次のような計算式を使います。

伝送時間を求める計算式

伝送するデータ量÷（回線の伝送速度×伝送効率）

参考

テザリング

スマートフォンなどの携帯情報端末をアクセスポイントのように用いて、PCやゲーム機などをインターネットに接続する機能のこと。

参考

パケット通信

送受信するデータをある一定の大きさに小さく分割して通信する方式。データを小さく分割することによって、複数の人がひとつの回線を共有することができるため、通信回線を有効に利用でき、回線切断などのトラブルにも強いことから、広く利用されている。通信量は、「パケットのサイズ×実際に送受信したパケット数」をもとにして算出される。

参考

伝送効率

全伝送データのうちの実際のデータが占める割合のこと。制御の符号などが入るため、通常は60%～80%になる。

例

次の条件でデータを送信するのに必要な時間は何秒か。

送信データ	：3GBの動画像
回線速度	：100Mbpsの光回線
伝送効率	：60%

〔伝送時間の計算〕

3GB=3,000MBであり、100Mbps=12.5MB／秒であるため、伝送時間は次のとおりとなる。

3,000MB÷（12.5MB／秒×0.6）=400秒

例

スマートフォンを使って、次の条件でインターネットからファイルをダウンロードするときにかかる料金はいくらか。ただし、ファイルの指定や回線の接続、切断に要する時間は無視する。また、携帯電話会社が提供するインターネット接続サービスは、データ通信料金だけで利用できるものとする。

データ通信料金	：30秒ごとに30円
通信速度	：64kビット／秒
実効通信速度	：通信速度の80%
ダウンロードするファイルの大きさ	：4Mバイト　※1バイト=8ビット

〔伝送時間の計算〕

4Mバイト=32,000,000ビットであるため、伝送時間は次のとおりとなる。

32,000,000ビット÷（64,000ビット／秒×0.8）=625秒

〔電話料金の計算〕

30秒ごとに30円かかるため、電話料金は次のとおりとなる。

625秒÷30秒=20.8333…　→30秒が21回
21×30円=630円

9-5 セキュリティ

9-5-1　情報セキュリティ

「情報セキュリティ」とは、企業や組織の大切な資産である情報を、安全な状態となるように守ることです。

❶ 情報セキュリティの目的

コンピュータの導入やインターネットの普及はもちろん、ビッグデータの活用やIoTの普及に伴い、ICTを利用した情報の活用が急増しています。
顧客情報など、その企業でのみ使用されるべき情報が外部に漏れ、ほかの組織でも利用されると、その企業の競争力が落ちてしまい、最終的には企業の存続が危ぶまれてしまうこともあります。
また、顧客情報などの個人情報はプライバシーの観点からも保護が必要であり、この情報が漏えいしてしまうと、組織の信頼の低下は避けられません。
そのため、様々な脅威に対して適切な情報セキュリティ対策を講じることで、情報資産を安全に保つ必要があります。

❷ 情報資産

「情報資産」とは、データやソフトウェア、コンピュータやネットワーク機器などの守るべき価値のある資産のことです。
代表的な情報資産には、次のようなものがあります。

種　類	説　明
顧客情報	取引先の顧客（企業や個人など）の情報。 住所・氏名・電話番号などの情報は、他人に利用される可能性がある。個人情報保護法の保護の対象にもなるので、適切に管理する必要がある。
営業情報	マーケティング・売上分析・製品開発技術・販売手法などの営業活動に有利な情報。
知的財産関連情報	著作権や産業財産権で保護されている情報。
人事情報	従業員の個人情報。年齢・家族・給与・役職・成績などの情報は、他人に利用される可能性がある。

参考

有形資産
コンピュータや周辺機器、出力した帳票類などの情報資産。

参考

無形資産
システムや取り扱うデータなどの情報資産。

❸ 脅威と脆弱性

「脅威」とは、情報資産を脅かし、損害を与える直接の要因となるものです。例えば、**「紙の書類」**にとっての脅威のひとつが**「火」**であり、**「PC」**にとっての脅威のひとつが**「マルウェア」**になります。

「脆弱性（ぜいじゃくせい）」とは、脅威を受け入れてしまう情報セキュリティ上の欠陥や弱点のことです。例えば、**「火」**を受け入れてしまう脆弱性のひとつが**「紙が燃えやすいこと」**であり、**「マルウェア」**を受け入れてしまう脆弱性のひとつが**「情報セキュリティに対する無知」**になります。

現在、多くの企業などにおいて情報システムやインターネットが活用されています。誰でも素早く簡単に情報を利用できるメリットがある反面、マルウェアに感染したり情報システムに不正にアクセスされたりする事例が後を絶ちません。これらの情報セキュリティに関する事件や事故のことを**「情報セキュリティインシデント」**といいます。

脅威と脆弱性から情報資産を守って安全に活用するためには、取り巻く様々なリスクを把握して、適切な対策を講じていくことが重要です。

（1）人的脅威の種類と特徴

「人的脅威」とは、人間によって発生する脅威のことです。

人的脅威には、情報の紛失や誤送信などのほか、人的手口によって重要な情報を入手し、その情報を悪用する**「ソーシャルエンジニアリング」**があります。技術的な知識がなくても、人間の心理的な隙や不注意に付け込んで、誰でも簡単に情報を悪用できるため、警戒が必要です。

人的脅威の代表的な例には、次のようなものがあります。

種　類	説　明
漏えい	情報資産を外部に漏らすこと。記録媒体にコピーして持ち出す、システムから持ち出す、口頭で伝達するなど。
紛失	情報資産をなくすこと。電車に置き忘れる、システムから完全に削除するなど。
破損	情報資産が壊れて元どおりに復元できないこと。資料をシュレッダーにかける、ファイルが壊れるなど。
盗み見	情報資産を盗み見ること。パスワードを入力しているときにキーボードを見たり、肩ごしにPCのディスプレイを見たり、資料を盗み見たりするなど。
なりすまし	正当な利用者になりすまして侵入すること。他人の利用者IDやパスワードでシステムに不正アクセスする、他人のICカードで建物に侵入するなど。
クラッキング	不正にシステムに侵入し、情報を破壊したり改ざんしたりして違法行為を行うこと。また、そのような行為を行う者を「クラッカー」という。
誤操作	本来の操作方法ではない誤った操作方法で情報資産が危険にさらされること。操作ミス、入力ミス、施錠ミス、監視ミスなど。

参考

サイバー攻撃

コンピュータシステムやネットワークに不正に侵入し、データの搾取や破壊、改ざんなどを行ったり、システムを破壊して使用不能に陥らせたりする攻撃の総称のこと。

サイバー攻撃に対する防御のことを「サイバーセキュリティ」という。

参考

サイバー空間

コンピュータシステムやネットワークの作り出す仮想空間のこと。

参考

シャドーIT

従業員が、企業側の許可を得ずに業務のために使用している情報機器（従業員が私的に保有するPCや携帯情報端末など）や外部のサービスのこと。シャドーITによって、マルウェアに感染するリスクや、情報漏えいのリスクなどが増大する。

参考

内部不正

近年、組織の内部者の不正行為による情報窃取等の被害が増加している。顧客情報や営業秘密などの漏えいによって賠償したり信用を失ったりするなど、企業の根幹を揺るがしかねないようなケースも目立ってきている。

重要な情報を保持する企業・組織は、内部者による不正を防止するための対策の検討や点検を行うことが急務となっている。

参考

ショルダーハック

気付かれないように肩越しにスクリーンをのぞき込み、パスワードの入力情報や資料などを盗み見ること。

(2) 技術的脅威の種類と特徴

「技術的脅威」とは、IT技術によって発生する脅威のことです。

技術的脅威として、マルウェアに感染させたり、Webサーバやメールサーバなどの外部からアクセスできるサーバに過負荷をかけてサービスを停止させたりするような攻撃があります。

「マルウェア」とは、コンピュータウイルスに代表される、悪意を持ったソフトウェアの総称のことです。**「malicious software」**（悪意のあるソフトウェア）を略した造語です。コンピュータウイルスより概念としては広く、利用者に不利益を与えるソフトウェアや不正プログラムの総称として使われます。

「コンピュータウイルス」とは、ユーザの知らない間にコンピュータに侵入し、コンピュータ内のデータを破壊したり、ほかのコンピュータに増殖したりすることなどを目的に作られた、悪意のあるプログラムのことです。単に**「ウイルス」**ともいいます。

技術的脅威の代表的な例には、大きく分けてマルウェアとサイバー攻撃手法があります。

●マルウェア

マルウェアには、次のようなものがあります。

種　類	説　明
ボット（BOT）	コンピュータを悪用することを目的に作られたコンピュータウイルスのこと。感染すると、コンピュータが操られ、DoS攻撃やメール爆弾などの迷惑行為が行われる。第三者が感染先のコンピュータを「ロボット（robot）」のように操れることから、この名が付いた。
スパイウェア	コンピュータ内部からインターネットに個人情報などを送り出すソフトウェアの総称のこと。ユーザはコンピュータにスパイウェアがインストールされていることに気付かないことが多いため、深刻な被害をもたらす。
ランサムウェア	コンピュータの一部の機能を使えないようにして、元に戻す代わりに金銭を要求するプログラムのこと。ランサムとは「身代金」のことであり、具体的にはコンピュータの操作をロックしたり、ファイルを暗号化したりして、利用者がアクセスできない状態にする。その後、画面メッセージなどで「元に戻してほしければ金銭を支払うこと」などの内容を利用者に伝え、金銭の支払い方法は銀行口座振込や電子マネーの送信などが指示される。
ワーム	ネットワークに接続されたコンピュータに対して、次々と自己増殖していくプログラムのこと。
トロイの木馬	自らを有用なプログラムだとユーザに信じ込ませ、実行するように仕向けられたプログラムのこと。
マクロウイルス	文書作成ソフトや表計算ソフトなどのマクロ機能を悪用して作られたコンピュータウイルスであり、それらのソフトのデータファイルに感染する。マクロウイルスは、感染しているファイルを開くことで感染する。マクロ機能を無効にすることで、ファイルを開いても感染を防ぐことができる。

参考

コンピュータウイルスの定義

経済産業省のコンピュータウイルス対策基準では、次の3つの機能のうち、少なくとも1つ以上の機能を持つものをコンピュータウイルスと定義している。

機能	説明
自己伝染機能	ウイルス自身の機能でほかのプログラムに自身をコピーしたり、または感染先のコンピュータの機能を利用してほかのコンピュータに自身をコピーしたりして、ほかのシステムへと伝染する機能のこと。
潜伏機能	一定期間、一定処理回数などの何らかの条件が満たされるまで発病することなく、ウイルスとしての機能を潜伏させておく機能のこと。
発病機能	データやプログラムなどのファイルを破壊したり、コンピュータやソフトウェアの設計者が意図していない行動をしたりする機能のこと。

参考

ステルス型ウイルス

コンピュータウイルスが自分自身を隠して、感染を見つけにくくするウイルスのこと。

参考

アドウェア

コンピュータの画面上に広告を表示するソフトウェアの総称のこと。アプリケーションソフトウェアを無料で利用できる代わりに、広告が表示される。

種　類	説　明
RAT	コンピュータのすべての操作が許可された管理者権限を奪って、遠隔操作することでコンピュータを操るプログラムのこと。 「Remote Access Tool」の略。
キーロガー	利用者IDやパスワードを奪取するなどの目的で、キーボードから入力される内容を記録するプログラムのこと。
バックドア	コンピュータへの侵入者が、通常のアクセス経路以外から侵入するために組み込む裏口のようなアクセス経路のこと。侵入者は、バックドアを確保することによって、コンピュータの管理者に気付かれないようにして、コンピュータに何度でも侵入する。
ルートキット(rootkit)	コンピュータへの侵入者が不正侵入したあとに使うソフトウェアをまとめたパッケージのこと。ルート権限を奪うツール、侵入の痕跡を削除するツール、再びサーバに侵入できるようにバックドアを設置するツールなどがある。
ファイル交換ソフトウェア	ネットワーク上のコンピュータ同士でファイル交換を行えるようにしたソフトウェアのこと。ファイル交換ソフトウェアをインストールしたコンピュータでファイルを公開すると、ほかのコンピュータでもファイルをダウンロードできるため、不用意に使用してしまうと深刻な情報漏えいにつながってしまう。
SPAM	主に宣伝・広告・詐欺などの目的で不特定多数のユーザに大量に送信される電子メールのこと。「迷惑メール」、「スパムメール」ともいう。

●サイバー攻撃手法

サイバー攻撃手法には、次のようなものがあります。

種　類	説　明
辞書攻撃	利用者IDやパスワードの候補が大量に記述されているファイル（辞書ファイル）を用いて、その組合せでログインを試す攻撃のこと。辞書ファイルには、一般的な単語や、利用されやすい単語が掲載されているのが特徴である。
総当たり（ブルートフォース）攻撃	パスワードを解読するために、考えられるすべての文字の組合せをパスワードとして、順番にログインを試す攻撃のことである。ブルートフォースには「力ずく」という意味があり、いつかは確実に正解にたどり着いてしまう強力な方法を意味する。 また、パスワードを固定し、利用者IDを総当たりにして、ログインを試す攻撃のことを「逆総当たり（リバースブルートフォース）攻撃」という。
パスワードリスト攻撃	不正アクセスする目的で、情報漏えいなどによって、あるWebサイトから割り出した利用者IDとパスワードの組合せを使い、別のWebサイトへのログインを試す攻撃のこと。
クロスサイトスクリプティング	ソフトウェアのセキュリティホールを利用して、Webサイトに悪意のあるコードを埋め込む攻撃のこと。悪意のあるコードを埋め込まれたWebサイトを閲覧し、掲示板やWebフォームに入力したときなどに、悪意のあるコードをユーザのWebブラウザ上で実行させることで、個人情報が盗み出されたりコンピュータ上のファイルが破壊されたりする。
SQLインジェクション	データベースを利用するWebサイトにおいて、想定されていない構文を入力しSQLを実行させることで、プログラムを誤動作させ不正にデータベースのデータを入手したり、改ざんしたりする攻撃のこと。

参考

チェーンメール

同じ文面の電子メールを不特定多数に送信するように指示し、次々と連鎖的に転送されるようにしくまれた電子メールのこと。チェーンメールはネットワークやサーバに無駄な負荷をかけることになる。

参考

セキュリティホール

セキュリティ上の不具合や欠陥のこと。

参考

サニタイジング

利用者がWebサイトに入力した文字列の中に特別の意味を持つ文字列が含まれていた場合、それらを別の文字列に置き換えて無害化し、不正なSQLが実行されないようにすること。SQLインジェクションの対策などで用いられる。

種　類	説　明
ドライブバイダウンロード	Webサイトを表示しただけで、利用者が気付かないうちに不正なプログラムを自動的にダウンロードさせる攻撃のこと。
ガンブラー	組織のWebページを改ざんし、改ざんされたWebページを閲覧するだけでコンピュータウイルスに感染させる攻撃。
キャッシュポイズニング	DNSサーバの「名前解決情報」が格納されているキャッシュ（記憶領域）に対して、偽の情報を送り込む攻撃のこと。「DNSキャッシュポイズニング」ともいう。クライアントからドメインの名前解決の依頼を受けると、キャッシュに設定された偽のIPアドレスを返すため、クライアントは本来アクセスしたいWebサイトではなく、攻撃者が用意した偽のWebサイトに誘導される。
DoS攻撃	サーバに過負荷をかけ、その機能を停止させること。一般的には、サーバが処理することができないくらいの大量のパケットを送る方法が使われる。DoSは「Denial of Service」の略であり、日本語では「サービス妨害」の意味。
DDoS攻撃	複数の端末からDoS攻撃を行う攻撃のこと。DoS攻撃の規模を格段に上げたもので、「分散型DoS攻撃」ともいう。DDoS攻撃では、脆弱性のある端末をボット（BOT）で乗っ取った「ゾンビコンピュータ」がよく使われる。技術力のあるクラッカーは大量のゾンビコンピュータで構成される「ボットネット」を組織しており、これらのボットネットから攻撃対象のサーバを一斉に攻撃する。DoS攻撃と比較にならないほど規模が巨大になるだけでなく、攻撃元が操られたゾンビコンピュータなので、真犯人の足がつきにくいという特徴がある。「Distributed Denial of Service」の略。
メール爆弾	メールサーバに対して大量の電子メールを送り過負荷をかけ、その機能を停止させること。
バッファオーバフロー攻撃	コンピュータ上で動作しているプログラムで確保しているメモリ容量（バッファ）を超えるデータを送り、バッファを溢れさせクラッカーが意図する不正な処理を実行させること。
ポートスキャン	コンピュータのポートに順番にアクセスして、開いているポートを探し出すこと。攻撃者は、ポートスキャンをすることで開いているポートを特定し、侵入できそうなポートを探し出す。
IPスプーフィング	攻撃元を隠ぺいするために、偽りの送信元IPアドレスを持ったパケットを送信する攻撃のこと。例えば、送信側（攻撃者）が受信側のネットワークのIPアドレスになりすまして送信するので、受信側ではネットワークへの侵入を許してしまう。
ゼロデイ攻撃	ソフトウェアのセキュリティホールが発見されると、OSメーカやソフトウェアメーカからセキュリティホールを修復するプログラムが配布される。「ゼロデイ攻撃」とは、このセキュリティホールの発見から修復プログラムの配布までの期間にセキュリティホールを悪用して行われる攻撃のこと。
水飲み場型攻撃	標的型攻撃のひとつで、攻撃対象とするユーザが普段から頻繁にアクセスするWebサイトに不正プログラムを埋め込み、そのWebサイトを閲覧したときだけ、マルウェアに感染するような罠を仕掛ける攻撃のこと。
やり取り型攻撃	標的型攻撃のひとつで、標的とする相手に合わせて、電子メールなどを使って段階的にやり取りを行い、相手を油断させることによって不正プログラムを実行させる攻撃のこと。

参考

DNSサーバ

「DNS」とは、IPアドレスとドメイン名を1：1の関係で対応付けて管理するサービスの仕組みのこと。コンピュータ同士が通信する際、相手のコンピュータを探すためにIPアドレスを使用する。
「DNSサーバ」とは、DNS機能を持つサーバのこと。DNSサーバは、クライアントからのドメイン名での問合せをIPアドレスに変換するサービスを提供する。

参考

名前解決情報

ドメイン名とIPアドレスを紐づけしたリストのこと。

参考

標的型攻撃

企業・組織の特定のユーザを対象とした攻撃のこと。関係者を装うことで特定のユーザを信用させ、機密情報を搾取したり、ウイルスメールを送信したりする。代表的な例として、水飲み場型攻撃や、やり取り型攻撃などがある。

種　類	説　明
フィッシング	実在する企業や団体を装った電子メールを送信するなどして、受信者個人の金融情報（クレジットカード番号、利用者ID、パスワード）などを不正に入手する行為のこと。
ワンクリック詐欺	画面上の画像や文字をクリックしただけで入会金や使用料などの料金を請求するような詐欺のこと。多くは、利用規約や料金などの説明が、小さい文字で書かれていたり、別のページで説明されていたりと、ユーザが読まないことを想定したページの作りになっている。
MITB攻撃	マルウェアなどに感染させてWebブラウザを乗っ取り、不正に操作を行う攻撃のこと。MITBは「Man In The Browser」の略

(3) 物理的脅威の種類と特徴

「物理的脅威」とは、物理的な要素によって発生する脅威のことです。自然災害や、破壊、妨害行為などによって、情報にアクセスできなかったり情報が壊れてしまったりすることで、業務の遂行やサービスの提供に支障をきたしてしまうことがあります。

種　類	説　明
災害	地震、火災、水害などの自然災害によってコンピュータや情報が壊れてしまう脅威。災害による脅威は、発生を抑制することは難しく、脅威の発生後の対応を含めた対策が必要となる。
破壊行為	コンピュータ内のデータを消去したり記録媒体自体を破壊したりすること。
妨害行為	通信回線を切断したり、業務を妨害したりすること。

4 不正行為が発生するメカニズム

不正行為を発生させないためには、不正行為がどのようなメカニズム（仕組み）で発生するのか、どのような攻撃者が起こすのかを把握することが重要です。

(1) 不正のトライアングル

米国の犯罪学者クレッシーが、実際の犯罪者を調べるなどして**「人が不正行為を働くまでには、どのような仕組みが働くのか」**を理論として取りまとめたものが**「不正のトライアングル」**です。この理論では、不正行為は**「機会」「動機」「正当化」**の3要素がそろったときに発生するとしています。

要　素	説　明
機会	不正行為を実行しやすい環境が存在すること。例えば、「機密資料の入っている棚に鍵がかけてあっても、鍵の保管場所は社員全員が知っている」などは機会に該当する。
動機	不正を起こす要因となる事情のこと。例えば、「経済的に困窮していたり、会社に恨みを持っていたりする」などは動機に該当する。
正当化	都合のよい解釈や他人への責任転嫁など、自分勝手な理由付けのこと。例えば、「この会社は経営者が暴利をむさぼっているのだから、少しぐらい金銭を盗んだって問題ない」などと勝手に考えることは正当化に該当する。

9-5-2　情報セキュリティ管理

企業などでは、個人情報や機密情報などの様々な情報が扱われたり、コンピュータを利用した情報の共有化が行われていたりします。
このような情報資産は、企業や団体、教育機関などの立場にかかわらず、大切な資産です。これらの情報資産は厳重に管理する必要があります。

❶ リスクマネジメント

「リスクマネジメント」とは、リスクを把握・分析し、それらのリスクを発生頻度と影響度の観点から評価したあと、リスクの種類に応じて対策を講じることです。また、リスクが実際に発生した場合であっても、リスクによる被害を最小限に抑える対策も重要です。リスクマネジメントの一環として、情報セキュリティマネジメントや個人情報保護などがあります。
リスクマネジメントの手順は次のとおりです。

リスク特定	リスクがどこに、どのように存在しているかを特定する。	リスクアセスメント
↓		
リスク分析	どの程度の損失をもたらすか、影響の大きさを分析する。	
↓		
リスク評価	予測される発生確率と損失額の大きいものから優先順位を付ける。情報資産に対するリスクは、資産価値や脅威と脆弱性を基に評価する。	
↓		
リスク対応	具体的な対策を決定し、対応マニュアルの整備や、教育・訓練などを実施する。	

リスクマネジメントは、**「リスクアセスメント」**と**「リスク対応」**から成り立っています。
「リスクアセスメント」とは、リスクを特定し、分析し、評価することです。リスクを特定・分析・評価することで、組織のどこにどのようなリスクがあるか、また、それはどの程度の大きさかということを明らかにします。

リスク対応では、リスク評価の結果に基づいて、情報セキュリティを維持するための具体的な対策を決定します。リスク対応には、次のようなものがあります。

対　策	内　容
リスク回避	リスクが発生しそうな状況を避けること。例えば、情報資産をインターネットから切り離したり、情報資産を破棄したりする。
リスク軽減	損失をまねく原因や情報資産を複数に分割し、影響を小規模に抑えること。例えば、情報資産を管理するコンピュータや人材を複数に分けて管理したり、セキュリティ対策を行ったりする。 「リスク低減」、「リスク分散」ともいう。
リスク転嫁	契約などにより、他者に責任を移転すること。例えば、情報資産の管理を外部に委託したり、保険に加入したりする。「リスク移転」ともいう。
リスク受容	自ら責任を負い、損失を負担すること。リスクがあまり大きくない場合に採用されるもので、特段の対応は行わずに、損失発生時の補償金などの負担を想定する。「リスク保有」ともいう。

❷ 情報セキュリティの要素

情報セキュリティの目的を達成するためには、情報の**「機密性」**、**「完全性」**、**「可用性」**の3つの要素を確保・維持することが重要です。これらの3つの要素をバランスよく確保・維持することによって、様々な脅威から情報システムや情報を保護し、情報システムの信頼性を高めることができます。
情報セキュリティマネジメントシステム（ISMS）の国際規格であるISO/IEC 27000ファミリーでは、機密性、完全性、可用性の維持に加えて、**「真正性」**、**「責任追跡性」**、**「否認防止」**、**「信頼性」**の維持を含めることもあると定義しています。

要　素	説　明
機密性 （Confidentiality）	アクセスを許可された者だけが、情報にアクセスできること。
完全性 （Integrity）	情報および処理方法が正確であり、完全である状態に保たれていること。
可用性 （Availability）	認可された利用者が必要なときに、情報および関連する資産にアクセスできること。
真正性 （Authenticity）	利用者、システム、情報などが、間違いなく本物であると保証（認証）すること。
責任追跡性 （Accountability）	利用者やプロセス（サービス）などの動作・行動を一意に追跡でき、その責任を明確にできること。
否認防止 （Non-Repudiation）	ある事象や行動が発生した事実を、あとになって否認されないように保証できること。
信頼性 （Reliability）	情報システムやプロセス（サービス）が矛盾なく、一貫して期待した結果を導くこと。

❸ 情報セキュリティマネジメントシステム（ISMS）

「情報セキュリティマネジメントシステム」とは、**「ISMS」**ともいい、リスクを分析・評価することによって必要な情報セキュリティ対策を講じ、組織が一丸となって情報セキュリティを向上させるための仕組みのことです。
情報セキュリティマネジメントシステムを導入することによって、利害関係者にリスクを適切に管理しているという信頼を与えることになります。

参考

リスク共有
リスクを共有することであり、リスク軽減やリスク転嫁などが該当する。

参考

情報セキュリティの三大要素
情報セキュリティの要素のうち、機密性、完全性、可用性のことを指す。

参考

ISMS
「Information Security Management System」の略。

情報セキュリティマネジメントシステム（ISMS）を効率的に実施していくためには、PDCAサイクルを確立し、継続的に実施します。情報セキュリティマネジメントシステム（ISMS）では、PDCAサイクルを、P（Plan：計画）→D（Do：運用）→C（Check：評価）→A（Act：改善）で実施します。

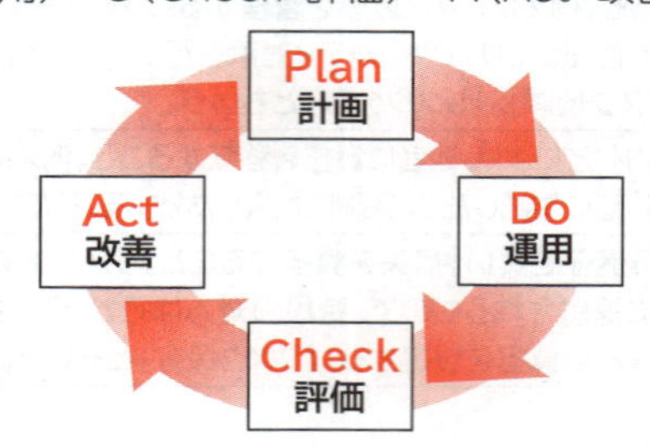

❹ 情報セキュリティポリシ

「情報セキュリティポリシ」とは、**「情報セキュリティ方針」**ともいい、組織全体で統一性のとれた情報セキュリティ対策を実施するために、技術的な対策だけでなく、システムの利用面や運用面、組織の体制面など、組織における基本的なセキュリティ方針を明確にしたものです。組織内の重要な情報資産を明確にした上で、どのように守るかという対策を立てます。

情報セキュリティポリシは**「基本方針」**、**「対策基準」**、**「実施手順」**で構成されます。通常は**「基本方針」**、**「対策基準」**の2つを指して情報セキュリティポリシと称します。

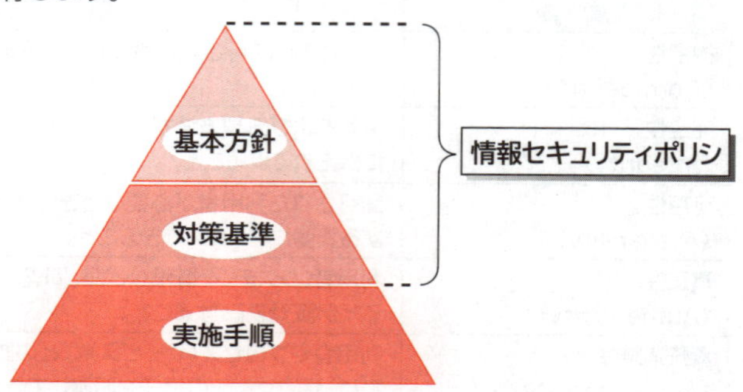

種　類	説　明
基本方針 （情報セキュリティ基本方針）	その組織の情報セキュリティに関しての取組み方を経営トップの指針として示す。組織としての基本的な情報セキュリティへの考え方や基本原理を示すものであり、公的な文書として対外的なアピールにも使われる。
対策基準 （情報セキュリティ対策基準）	基本方針に基づき、「どの情報資産を、どのような脅威から、どの程度守るのか」といった具体的な守るべき行為や判断基準を設ける。
実施手順 （情報セキュリティ実施手順）	通常、情報セキュリティポリシには含まれない。「対策基準」に定められた内容を個々の具体的な業務や情報システムにおいて、どのような手順で実行していくのかを示す。例えば、情報管理規程やプライバシポリシ（個人情報保護方針）などを示す。

参考

ISMS適合性評価制度

ISMSが国際的に整合性のとれた基準に適合しているかどうかを、第三者である審査登録機関が評価し、認定する制度のこと。組織が情報資産を適切に管理し、それを守るための取組みを行っていることを証明する。

参考

サイバー保険

サイバー攻撃による被害を受けた企業・組織に対して、復旧にかかる費用（損害賠償や事故対応費用など）を補償する保険のこと。サイバー攻撃によるリスク転嫁（移転）を目的に提供されている。

❺ 個人情報保護

個人情報の漏えいが多発する現在、企業の大切な資産のひとつである個人情報を保護し、厳重に管理することが求められています。個人情報の漏えいにより、迷惑な勧誘電話や大量のダイレクトメール、不当な請求通知などの脅威を個人に与えるだけでなく、企業の信頼を傷つけることにもなります。

(1) プライバシーマーク制度

コンピュータに膨大な量の個人情報が蓄積されている現在、その個人情報が不用意に漏えいする危険性が増大したことから、先進諸外国では個人情報保護に関する立法措置などを講じてきました。日本においても、1995年のEU指令（個人データ処理に係る個人の保護及び当該データの自由な移動に関する欧州議会及び理事会の指令）を契機に、1998年4月に**「財団法人日本情報処理開発協会（JIPDEC）」**（現在は、一般財団法人日本情報経済社会推進協会）を付与機関として**「プライバシーマーク制度」**が発足しました。
この制度の目的は、次の3点です。

- **個人情報の保護に関する個人の意識の向上を図ること。**
- **事業者の個人情報の取扱いに関する適切性の判断の指標を個人に与えること。**
- **事業者に対して個人情報保護措置へのインセンティブを与えること。**

この制度は、個人情報の保護に対する取組みが適切であると認められた事業者に、それを認定するマークとしてプライバシーマークの使用を許諾するというものです。プライバシーマークの使用許諾を受けた事業者は、このマークを広告や名刺、封筒、Webサイトなどに明示することで、外部に対し個人情報の適切な取扱いをアピールできます。

プライバシーマーク

見本

※プライバシーマークの表示番号については、サンプル番号であり、個々に登録番号があります。

❻ 情報セキュリティ組織・機関

情報セキュリティに関する組織や機関では、コンピュータウイルスや不正アクセスなどの被害状況の把握、役立つ情報発信、再発防止のための提言などを行います。
情報セキュリティに関する組織や機関には、次のようなものがあります。

名　称	説　明
情報セキュリティ委員会	組織における情報セキュリティマネジメントの最高意思決定機関のこと。CISO（最高情報セキュリティ責任者）が主催し、経営陣や各部門の長が出席する。この場で、情報セキュリティポリシなどの組織全体における基本的な方針が決定される。
CSIRT（シーサート）	サイバー攻撃による情報漏えいや障害など、セキュリティ事故が発生した場合に対処するための組織の総称のこと。セキュリティに関するインシデント管理を統括的に行い、被害の拡大防止に努める。組織内に設置されたものから国レベル（政府機関）のものまで、様々な規模のものがある。 「Computer Security Incident Response Team」の略。 日本の国レベルの代表的なCSIRTとしては「JPCERT/CC（一般社団法人JPCERTコーディネーションセンター）」がある。JPCERT/CCは、「JaPan Computer Emergency Response Team Coordination Center」の略。
SOC	組織のセキュリティ監視を行う拠点のこと。通常24時間365日不休でネットワークや機器の監視を行い、サイバー攻撃や侵入の検出・分析や、各部門への対応やアドバイスなどを行う。自社で運営・組織化を行う場合と、専門ベンダに委託（アウトソーシング）する場合がある。 「Security Operation Center」の略。
コンピュータ不正アクセス届出制度	経済産業省の「コンピュータ不正アクセス対策基準」によりスタートした届出制度であり、届出機関として情報処理推進機構（IPA）が指定されている。
ソフトウェア等の脆弱性関連情報に関する届出制度	経済産業省の「ソフトウェア等脆弱性関連情報取扱基準」（現在は、ソフトウェア製品等の脆弱性関連情報に関する取扱規程）によりスタートした届出制度であり、届出機関として情報処理推進機構（IPA）が指定されている。
J-CSIP（サイバー情報共有イニシアティブ）	サイバー攻撃による被害拡大防止のため、重工、重電等、重要インフラで利用される機器の製造業者を中心に、サイバー攻撃の情報共有を行い、高度なサイバー攻撃対策につなげていく取組みのこと。経済産業省の協力により、情報処理推進機構（IPA）が運営している。 「Initiative for Cyber Security Information sharing Partnership of Japan」の略。
サイバーレスキュー隊（J-CRAT）	標的型攻撃の被害拡大防止のために、相談を受けた組織の被害の低減と、攻撃の連鎖の遮断を支援する活動を行う組織のこと。情報処理推進機構（IPA）内に設置されている。 「Cyber Rescue and Advice Team against targeted attack of Japan」の略。

参考

CISO
情報セキュリティ関係の責任を負う立場にある人のこと。「最高情報セキュリティ責任者」ともいう。
「Chief Information Security Officer」の略。

9-5-3 情報セキュリティ対策・情報セキュリティ実装技術

情報セキュリティへの様々な脅威に対し、必要な対処を適切に行うために、あらゆる側面から対策を講じ、実施する必要があります。
情報セキュリティ対策として、人的・技術的・物理的脅威に対し、それぞれセキュリティ対策を講じることが重要です。

1 人的セキュリティ対策の種類

人的セキュリティ対策には、次のようなものがあります。

(1) 情報セキュリティポリシの実現

情報セキュリティポリシの目的は、組織として統一された情報セキュリティを実現することです。ひとつの脅威には複数の情報セキュリティ対策があります。その中から**「その対策を組織の標準化とする」**ということを示すことで、組織において統一された情報セキュリティを実現することができます。

(2) 情報セキュリティ啓発

定期的にセキュリティ教育を実施し、セキュリティに対する利用者の意識を高めていくことが重要です。例えば、情報漏えい対策として、利用者の意識を高めるために、ノートPCやUSBの紛失、電子メール誤送信事故発生の背景や影響範囲、その対策などについて、利用者に事例をベースにして伝えることが効果的です。

(3) 社内規程、マニュアルの遵守

社内規程やマニュアルを作成し、利用者が遵守することを徹底します。例えば、サーバにログインする際には、**「ICカード」**、**「パスワード」**、**「生体認証」**などの方法があるため、社内規程やマニュアルで管理方法を定め、利用者が統一して遵守するようにします。

(4) アクセス管理

社内のネットワークに不正に侵入されてしまうと、共有フォルダにあるデータが盗まれたり、改ざんされたりする可能性があります。ネットワーク上でディレクトリやファイルを共有するような場合は、誰に、どの程度の利用を許可するかを決め、**「アクセス権」**を設定します。アクセス権の設定により、利用者や利用内容を制限し、データの盗難や改ざんを防ぐことができます。

参考

セキュリティバイデザイン
システムの企画・設計の段階からセキュリティを確保する方策のこと。システム開発の早い段階からセキュリティを確保する方策を盛り込むので、システム運用後のセキュリティ対策のコストをおさえることが期待できる。

参考

組織における内部不正防止ガイドライン
企業やその他の組織が効果的な内部不正対策を実施できることを目的として、情報処理推進機構（IPA）が公開しているもの。このガイドラインでは、次の5つを基本原則としている。

基本原則	説　明
犯行を難しくする（やりにくくする）	対策を強化することで犯罪行為を難しくする。
捕まるリスクを高める（やると見つかる）	管理や監視を強化することで捕まるリスクを高める。
犯行の見返りを減らす（割に合わない）	標的を隠したり、排除したり、利益を得にくくすることで犯行を防ぐ。
犯行の誘因を減らす（その気にさせない）	犯罪を行う気持ちにさせないことで犯行を抑止する。
犯罪の弁明をさせない（言い訳させない）	犯行者による自らの行為の正当化理由を排除する。

参考

ハードディスクのデータ消去
コンピュータやハードディスクを譲渡したり返却したりする場合は、機密情報の漏えいを防ぐために、データを完全に消去する。ただし、通常のフォーマット（論理フォーマット）やごみ箱の削除などの方法では、物理的にはデータが残っているため、データ復元用のソフトウェアを使って復元されてしまう可能性がある。データを復元できないようにするには、ハードディスク全体を意味のないデータで上書きするか、データ消去用のソフトウェアを使って、ハードディスク全体を意味のないデータに書き換える必要がある。

また、利用者の職場異動などがあった場合、新しいアクセス権を与えたり、従来のアクセス権をはく奪したりします。利用者が退職した場合は、利用者IDを使用できないようにします。
意図したとおりにアクセス権が運用されていることを確認するために、利用者のログ（アクセスした記録）を収集し、定期的な監査を行う必要があります。

❷ 技術的セキュリティ対策の種類

技術的セキュリティ対策には、次のようなものがあります。

（1）マルウェアへの対策

マルウェアの感染経路は、ネットワークや、USBメモリなどのリムーバブルディスクです。
マルウェアの脅威からシステムを守る対応策として、次のようなことが挙げられます。

●マルウェア対策ソフトウェアによる検査の習慣化

「マルウェア対策ソフトウェア」とは、マルウェアに感染していないかを検査したり、感染した場合にマルウェアを駆除したりする機能を持つソフトウェアのことです。マルウェア対策ソフトウェアを導入し、普段からマルウェアのチェックをするようにします。
インターネットからファイルや電子メールをダウンロードした際に、マルウェアに感染する可能性があるので、ダウンロードしたファイルや電子メールを、マルウェア対策ソフトウェアでマルウェアのチェックをする必要があります。また、外部から持ち込まれるUSBメモリなどにより感染することもあるので、使用する前にマルウェアのチェックをする習慣を付けるようにします。

●ネットワークからのマルウェア侵入防止策

ネットワークからのマルウェアの侵入を防ぐには、マルウェア対策ソフトウェアをネットワーク上の感染経路に適切に配置しておく必要があります。具体的には、インターネットと内部ネットワークを結ぶ唯一の経路上のファイアウォールや、公開用サーバ、社内用サーバ、クライアントにマルウェア対策ソフトウェアを導入し、マルウェアの感染範囲を最小限にします。また、これらの資源に自動的にマルウェア対策ソフトウェアを配布する仕組みを構築し、最新バージョンや**「マルウェア定義ファイル」**（マルウェアの検出情報）を漏れなく更新できるようにしておきます。

参考

ディジタルフォレンジックス
情報漏えいや不正アクセスなどのコンピュータ犯罪や事件が発生した場合に、ログ（アクセスした記録）やハードディスクの内容を解析するなど、法的な証拠を明らかにするための手段や技術のこと。
証拠として認められるためには、ログの改ざんなどがないことを証明する必要があり、そのような証拠保全（証拠を保護して安全に守ること）の活動もディジタルフォレンジックスに含まれる。

参考

リムーバブルディスク
USBメモリや光ディスクに代表される、持ち運び可能な記録媒体のこと。

参考

検疫ネットワーク
社内のネットワークに接続しようとするコンピュータを検査し、問題がないことを確認したコンピュータだけ社内のネットワークに接続することを許可する仕組みのこと。OSのアップデートやマルウェア対策ソフトのマルウェア定義ファイルなどを確認し、最新化されていないコンピュータを一時的に隔離することで、マルウェアへの感染の広がりを予防する。

●マルウェア感染後の被害の拡大防止対策

マルウェアに感染したと考えられる状況を発見したら、次のようなことに気を付け、速やかに感染拡大の防止に努めることが重要です。

- **感染した疑いのあるリムーバブルディスクは、初期化しても完全にマルウェアを駆除できる保証がないので、基本的に破棄する。**
- **感染した疑いのある固定ディスクは、その後の処置についてセキュリティ管理者の指示に従う。**
- **バックアップシステムなどでシステムやデータを復旧する場合も、感染範囲の拡大を考慮し、セキュリティ管理者の指示に従う。**
- **感染した疑いのあるコンピュータをネットワークから切り離し、セキュリティ管理者の指示に従う。**
- **感染した疑いのあるネットワークシステムについては、感染ルート、感染する可能性のある範囲、マルウェアの種類の調査を行い、関係部署およびネットワーク利用者に連絡する。**
- **セキュリティ管理者およびネットワーク管理者は、正常に復旧するまで、ネットワークの利用制限措置などを講じる。**

(2) 脆弱性管理

OSやソフトウェアの脆弱性管理は、不正アクセス対策だけでなくマルウェア対策にも有効です。特に、脆弱性情報は、開発メーカから公開情報としてアナウンスされるので、対策をせずに放置しておくことは、攻撃者へ不正アクセスの機会を与えることになってしまいます。
脆弱性情報を入手した場合は、速やかにOSのアップデートや、セキュリティパッチの適用をする必要があります。

対　策	説　明
OSのアップデート	「アップデート」とは、ソフトウェアの一部をより新しいものに更新することで、小規模な機能の追加や、不具合の修正などを目的とする。OSにセキュリティホールが発見されると、OSメーカはセキュリティホールを修復するための更新プログラムをWebサイトで配布する。OSをアップデートすると更新プログラムが適用され、セキュリティホールが修復されて安全な状態になる。OSのアップデートは常に最新にしておくことが重要である。
セキュリティパッチの適用	OS以外のソフトウェアにおいても、セキュリティホールなどの脆弱性が見つかった場合、不具合の修正を目的としたプログラムを適用することが必要である。配布・取得方法は開発メーカによって異なるため、各ソフトウェア導入時に、配布・取得方法について確認しておき、組織のセキュリティパッチの適用手順に従い、常に最新のプログラムを適用するようにする。

参考

電子透かし

データの不正コピーや改ざんなどを防ぐために、品質に影響を及ぼさない程度に作成日や著作権などの情報をデータに埋め込む技術のこと。
埋め込んだ情報は、一見して判別できないが、専用の電子透かし検出ソフトウェアで確認できるので、不正コピーや改ざんなどを見破ることができる。

参考

SSL/TLS

WebサーバとWebブラウザの間で流れるデータを暗号化するプロトコルのこと。WebサーバとWebブラウザの間のデータ通信において、通信内容の機密性を確保するのに利用できる。
「Secure Sockets Layer/Transport Layer Security」の略。

(3) ファイアウォールの設置

「ファイアウォール」とは、インターネットからの不正侵入を防御する仕組みのことです。社内のネットワークとインターネットの出入り口となって、通信を監視し、不正な通信を遮断します。

ファイアウォールの中で最も基本となる機能が**「パケットフィルタリング」**です。パケットフィルタリングとは、パケットのIPアドレスやTCPポート番号などを調べ、あらかじめ登録されている許可されたIPアドレスやTCPポート番号などを持つパケットだけを通過させる機能のことです。これにより、許可されていないパケットの侵入を防ぎます。

なお、この機能はルータでも代用することができます。ただし、ルータはすべてのパケットを通過させることを原則とし、通過させないパケットを登録しておきます。それに対して、ファイアウォールでは通過させないことを原則とし、通過させるパケットを登録しておくという違いがあります。

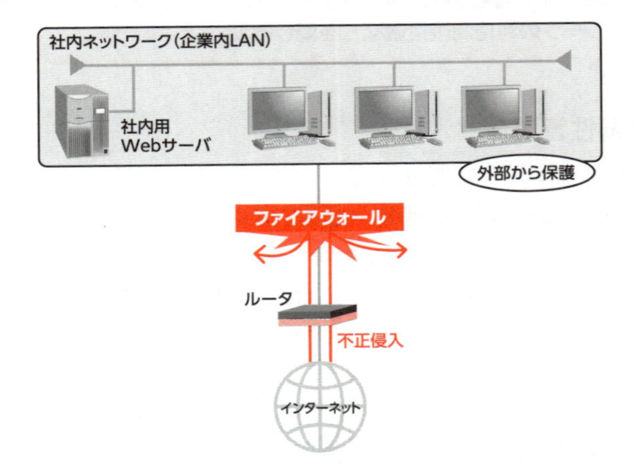

(4) プロキシサーバの設置

「プロキシサーバ」とは、社内のコンピュータがインターネットにアクセスするときに通信を中継するサーバのことです。**「プロキシ」**または**「アプリケーションゲートウェイ」**ともいいます。

社内のコンピュータに代わって、プロキシサーバを経由してインターネットに接続することによって、各コンピュータのIPアドレスを隠匿し、攻撃の対象となる危険性を減少させることができます。また、閲覧させたくない有害なWebページへのアクセスを規制することができます。

参考
パーソナルファイアウォール

PC上で動作する個人用のPCを対象としたファイアウォールのこと。PCをインターネットに直接接続する際、不正侵入を防ぐために使用する。

参考
ペネトレーションテスト

外部からの攻撃や侵入を実際に行ってみて、システムのセキュリティホールやファイアウォールの弱点を検出する。「侵入テスト」ともいう。

参考
VPN

公衆回線をあたかも自社内で構築したネットワークのような使い勝手で利用できる仮想的なネットワークのこと。VPNにはプロバイダが所有する閉じたネットワークを利用する「クローズドVPN」と、インターネットを利用して安価なコストで運用できる「インターネットVPN」がある。
「Virtual Private Network」の略。

参考
DLP

情報システムにおいて機密情報を判別し、機密情報の送信や出力など社外への漏えいにつながる操作に対して警告を発令したり、その操作を自動的に無効化させたりすること。
「Data Loss Prevention」の略。

(5) コンテンツフィルタリングの使用

「コンテンツフィルタリング」とは、情報漏えいを防ぐために不適切な内容をブロックする機能のことです。例えば、教育機関でアダルトサイトや暴力サイトなど、閲覧させたくない有害なWebページへのアクセスを規制します。有害なWebページのURLリストを作成して通さない方法や、特定の語句を含むWebページへのアクセスをブロックする方法などがあります。企業でも、業務に無関係なWebページの閲覧を禁止したり、掲示板やブログなどでの情報漏えいを防止したりする目的で使用されています。

(6) DMZ(非武装地帯)

「DMZ」とは、社内のネットワークとインターネットなどの外部のネットワークの間に設置するネットワーク領域のことです。**「非武装地帯」**ともいいます。

企業がインターネットに公開するWebサーバやメールサーバ、プロキシサーバなどは、DMZの領域に設置します。

DMZに公開されたサーバは、社内のネットワークからのアクセスはもちろんのこと、インターネットからのアクセスも許可します。社内のネットワークからDMZを経由して、インターネットにアクセスすることも許可します。しかし、インターネットからDMZを経由して、社内のネットワークにアクセスすることは許可しません。DMZを設置することにより、万一、インターネットに公開するサーバが不正アクセスされても、社内のネットワークに被害が拡散するのを防止するのに役立ちます。

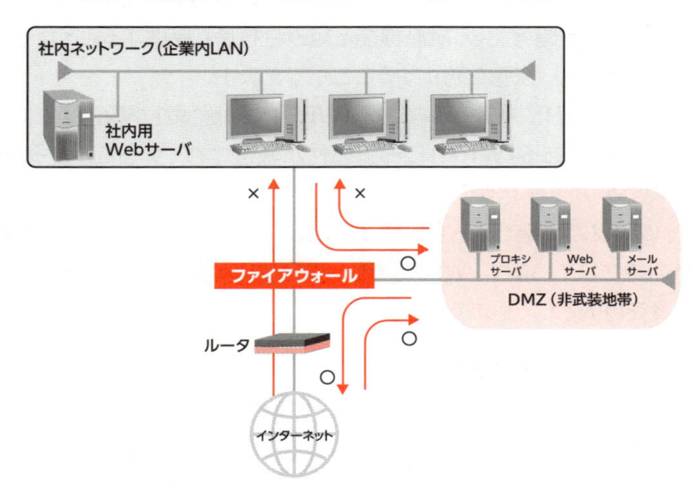

参考

電子メール・Webブラウザのセキュリティ設定

電子メールソフトやWebブラウザにはセキュリティレベルを設定する機能がある。このセキュリティレベルを高く設定しておくことでマルウェアなどの侵入を防ぐこともできる。

参考

DMZ

「DeMilitarized Zone」の略。

(7) 無線LANの対策

無線LANでは、電波の届く範囲内であれば通信ができてしまうということから、ケーブルを利用したLAN以上にセキュリティを考慮しなければいけません。
無線LANのセキュリティ対策には次のようなものがあります。

●MACアドレスフィルタリング

「MACアドレスフィルタリング」とは、LANのアクセスポイント（接続点）にあらかじめ登録されているMACアドレスの端末だけをLANに接続するようにする機能のことです。これにより、MACアドレスが登録されていない端末を無線LANに接続できないようにします。

●ESSIDステルス

「ESSIDステルス」とは、無線LANのネットワークを識別するための文字列であるESSIDを知らせる発信を停止（ビーコンの発信を停止）することです。これにより、LANのアクセスポイントを周囲に知られにくくすることができます。

●ANY接続拒否

「ANY接続」とは、電波が届く範囲にあるアクセスポイントをすべて検出し、一覧の中から接続するアクセスポイントを選択する方法のことです。この接続を拒否することにより、他の端末からの接続を防ぐことができます。

●WPA2による暗号化

無線LANの暗号化プロトコルである**「WPA2」**を使用することにより、電波そのものを暗号化し、認証機能と組み合わせて保護することができます。これにより、盗聴を防止することができます。
無線LANの暗号化プロトコルである**「WEP」**には脆弱性が報告されており、その後継である**「WPA」**にも脆弱性が報告されていることから、現在ではWPAの後継であるWPA2が利用されています。
また、WPA2の後継である**「WPA3」**が2018年に規格化されており、普及が期待されています。WPA3では、認証機能の強化や、IoTデバイスの保護を目的としています。

参考
WPA2
「Wi-Fi Protected Access 2」の略。

参考
WEP
「Wired Equivalent Privacy」の略。

参考
WPA
「Wi-Fi Protected Access」の略。

参考
WPA3
「Wi-Fi Protected Access 3」の略。

(8) 携帯情報端末の対策

スマートフォンやタブレット端末などの携帯情報端末は、近年利用する機会が増大しています。携帯情報端末は、外で利用することも多く、紛失や盗難のリスクが高くなります。技術的セキュリティ対策として、マルウェア対策ソフトウェアの利用、OSやソフトウェアのアップデートだけでなく、紛失や盗難に備えて暗証番号の設定などが有効な手段です。

また、**「MDM」**を利用することにより、企業が従業員に貸与するモバイル端末に対して、情報セキュリティポリシに従った一元的な設定をしたり、同じバージョンのアプリケーションソフトウェアしか導入できないようにしたりすることもできます。

(9) ブロックチェーン

「ブロックチェーン」とは、ネットワーク上にある端末同士を直接接続し、暗号化技術を用いて取引データを分散して管理する技術のことです。仮想通貨（暗号資産）に用いられている基盤技術です。
ブロックチェーンでは取引データを分散管理するため、従来型の取引データを一元管理する方法に比べて、ネットワークの一部に不具合が生じてもシステムを維持しやすく、なりすましやデータの改ざんが難しいという特徴があります。一方で、トランザクションが多くなり、処理時間が増加するという課題もあります。

従来型の一元管理

中央管理体

ブロックチェーンによる分散管理

直前の取引履歴などのデータからハッシュ値を生成し、順次つなげて記録した分散型の台帳（ブロック）を、ネットワーク上の多数のコンピュータで同期して保有・管理します。これによって、一部の台帳で取引データが改ざんされても、取引データの完全性と可用性などが確保されることを特徴としています。

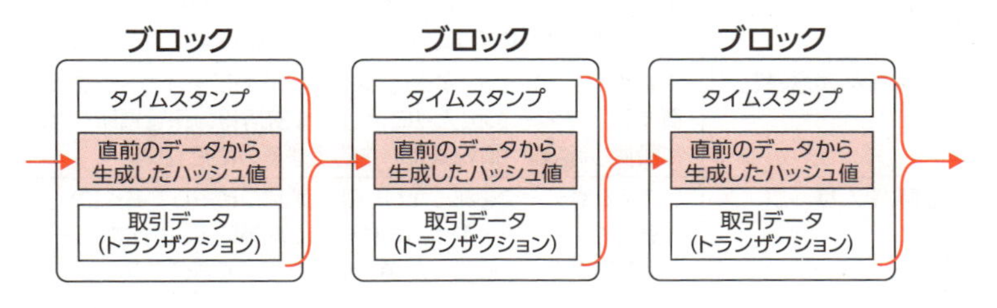

参考

MDM

モバイル端末を一元的に管理する仕組みのこと。この仕組みを実現するためには、専用のソフトウェアを利用する。例えば、モバイル端末の状況の監視や、リモートロックなどを実施し、適切な端末管理を実現する。
「Mobile Device Management」の略。
日本語では「モバイル端末管理」の意味。

参考

ハッシュ値

ハッシュ関数によって生成される値のこと。元のデータを要約した短いデータである。比較するデータが同じかどうかを判断する目的で利用することができる。
「ハッシュ関数」とは、元のデータから一定長のハッシュ値を生成する関数のこと。
ハッシュ値には、次のような特性がある。
- データ（ファイル）が同じであれば、常に同じハッシュ値が生成される。
- データが1文字でも異なっていれば、生成されるハッシュ値は大きく異なったものになる。
- ハッシュ値から元のデータを復元することができない。
- 異なるデータから同じハッシュ値が生成される可能性が非常に低い。

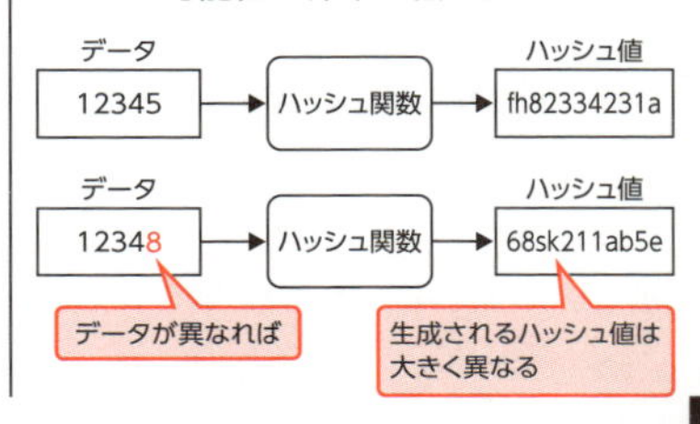

ブロックチェーンによる分散管理では、従来型の取引データの一元管理と比較して、次のような効果があります。

効　果	説　明
高い完全性	ブロックチェーンは取引ごとに暗号化した署名を用いるため、なりすましの行為が困難である。また、取引データは過去のものと連鎖して保存されているため、一部分を改ざんしても、過去のデータもすべて改ざんする必要があり、改ざんがほとんど不可能となる。また、台帳により過去のデータを参照することができるため、データの改ざんをリアルタイムで監視できる。
高い可用性	従来型の取引データの一元管理では、中央管理体に不具合があった場合にすべてのシステムが停止してしまう可能性がある。分散管理を行うことで、ネットワークの一部に不具合が生じてもシステムを維持することができる。
取引の低コスト化	従来型の取引データの一元管理では、一元管理を行う第三者に仲介手数料を支払う必要がある。ブロックチェーンのシステムを用いれば、仲介役がいなくても、安全な取引が行えるため、取引の低コスト化が望める。

(10) コールバック

「コールバック」とは、社外から社内のネットワークの認証サーバに接続してきた際に、回線をいったん切断して、認証サーバから改めてかけなおす仕組みのことです。相手先があらかじめ登録してある番号以外はネットワークへのアクセスを拒否できるので、正当な相手かどうかを確認することができます。また、ユーザ側の通信コストを抑えることもできます。

3 物理的セキュリティ対策の種類

物理的セキュリティ対策には、次のようなものがあります。

対　策	説　明
入退室管理	人の出入り（いつ・誰が・どこに）を管理すること。不審者対策にも利用できる。重要な情報や機密情報を扱っている建物や部屋には、許可された者だけ入室を許可するとともに、入室の記録を保存する必要がある。ICカードを用いることが多い。
施錠管理	情報資産を管理する建物や部屋、ロッカーなどを施錠し、外部からの侵入と権限のない者の利用を防止することができる。
監視カメラの設置	不審者の行動を監視するために、カメラやビデオカメラを設置する。ドアなどの出入り口付近や機密情報の保管場所などに設置し、盗難や情報漏えいを防止するのに役立つ。
遠隔バックアップ	システムやデータをあらかじめ遠隔地にコピーしておくこと。災害時のコンピュータやハードディスクの障害によって、データやプログラムが破損した場合に備えておくものである。
セキュリティケーブル	ノート型PCなどに取り付けられる、盗難を防止するための金属製の固定器具のこと。ノート型PCなどの機器にセキュリティケーブルを装着し、机などに固定すると、容易に持ち出しができなくなるため、盗難の防止に適している。「セキュリティワイヤ」ともいう。

参考

アンチパスバック

入室側と退室側に利用者IDを用いて個人認証を行い、入退室を管理する場合において、「入室の記録がないと退室を許可しない」、「退室の記録がないと再入室を許可しない」というコントロールを行う仕組みのこと。

対　策	説　明
クリアデスク	書類やノート型PCなど、情報が記録されたものを机の上に放置しないこと。長時間離席するときや帰宅時に、書類やノート型PCを机の上に出したままにせず、施錠ができる机の引出しなどに保管することで、外部や権限のない者への情報漏えいを防止することができる。
クリアスクリーン	離席するときにPCのスクリーンをロックするなど、ディスプレイを見られないようにすること。

4 利用者認証の技術

「利用者認証」は、情報セキュリティにおけるアクセス制御を行う技術として、最も基本的なものです。セキュリティにおける**「アクセス制御」**とは、利用の許可や拒否を制御することです。情報システムの利用において、利用者本人であることを認証することは、大変重要になります。

利用者認証の技術には、利用者IDとパスワードなどの**「知識による認証」**や、ICカードなどの**「所有品による認証」**、さらに本人が持つ**「生体情報による認証」**などがあります。

技　術	説　明
知識による認証	本人しか知り得ない情報によって識別する照合技術のこと。利用者IDとパスワードによる認証などがある。
所有品による認証	本人だけが所有するものに記録されている情報によって識別する照合技術のこと。ICカードによる認証などがある。
生体情報による認証	本人の生体情報の特徴によって識別する照合技術のこと。指紋認証や静脈認証などがある。

これら3つの利用者認証の技術のうち、異なる複数の利用者認証の技術を使用して認証を行うことを**「多要素認証」**といいます。複数の利用者認証の技術を使用することで、セキュリティを強化することができます。
なお、異なる2つの利用者認証の技術を使用して認証を行うことを**「2要素認証」**といいます。

(1) 利用者IDとパスワード

「利用者ID」とは、システムの利用者を識別するために与えられた利用者名のことです。**「パスワード」**とは、正当な利用者であることを認証するためのものです。この2つの組合せが一致した場合のみ、本人であると確認される仕組みになっています。
利用者が入力した利用者IDとパスワードを、システム管理者があらかじめ登録しておいた情報と照合し、正規の利用者として認証することを**「ログイン」**といいます。

参考

シングルサインオン
一度の認証で、許可されている複数のシステムを利用できる認証方法のこと。シングルサインオンを利用すると、一度システムにログインすれば再び利用者IDとパスワードを入力することなく、許可されている複数のシステムを利用できる。利用者の使用する利用者IDとパスワードが少なくなるというメリットがある。

参考

ワンタイムパスワード
一度限りの使い捨てパスワードのこと、またはそのパスワードを使って認証する方式のこと。「トークン」と呼ばれるパスワード生成機などを使用してパスワードを生成する。
ワンタイムパスワードは、毎回ログインするたびに別の値となるため、ワンタイムパスワードが漏えいした場合でも安全性が保てるというメリットがある。

参考

マトリクス認証
画面に表示された表(マトリクス表)の中で、自分が覚えている位置に並んでいる数字や文字などをパスワードとして入力する認証方式のこと。

●パスワードの設定と管理

利用者IDとパスワードによる管理では、組合せが正しく入力されると、システムの利用を許可することになっています。そのため、他人に推測されにくいパスワードを設定し、紙に記述しないなど、厳重に管理する必要があります。

1つのパスワードを複数のシステムで使用すると、あるシステムからパスワードが漏えいした場合に、他のシステムに不正にログインされる可能性があるため、パスワードを使い回すべきではありません。また、利用者が初めてシステムにログインするためにシステム管理者が設定した**「初期パスワード」**は、不正にログインされないようにするため、ログイン後に速やかに変更する必要があります。

●セキュリティ管理者の対応

セキュリティ管理者であっても、漏えいの危険性がある以上、利用者のパスワードを知っていることは許されません。利用者がパスワードを忘れてしまった場合などは、新しいパスワードをセキュリティ管理者が設定するのではなく、古いパスワードを初期化して使用不能にした上で、利用者本人に再設定させる必要があります。

また、パスワードを登録しておくためのパスワードファイルが盗まれて悪用されないように、パスワードファイルの内容を見られてもすぐにはわからないようにパスワードを暗号化することもできます。

●パスワードポリシの設定

セキュリティ上、安全にパスワードを運用するためには、**「パスワードポリシ」**というルールを設定して、このルールに従うように運用します。**「パスワードポリシ」**とは、パスワードに設定できる文字の種類や長さ、パスワードの有効期間などを定めたルール（規則）のことです。パスワードポリシで適切なルールを設定して、このルールに従うことで、パスワードを安全に管理することができます。

(2) 生体認証

「生体認証」とは、本人の固有の身体的特徴や行動的特徴を使って、正当な利用者であることを識別する照合技術のことです。**「バイオメトリクス認証」**ともいいます。

身体的特徴や行動的特徴を使って本人を識別するため、安全性が高く、なおかつパスワードのように忘れないというメリットがあります。あらかじめ指紋や静脈などの身体的特徴や、署名の字体などの行動的特徴を登録しておき、その登録情報と照合させることによって認証を行います。

代表的な身体的特徴を使った生体認証には、次のようなものがあります。

参考

CAPTCHA（キャプチャ）

Webサイトにアクセスしようとしているのがコンピュータ（プログラム）なのか、人間なのかを識別するための技術のこと。人間は読み取ることができても、機械による判別が難しい課題を解かせることによって、人間が操作していることを確認する。

「Completely Automated Public Turing test to tell Computers and Humans Apart」の略。

例えば、複数の写真の中から特定の写真を選択させたり、次のような文字の画像を表示して同じ文字列を入力させたりすることによって識別する。

参考

ニーモニック認証

あらかじめ登録しておいた本人しか知り得ない画像を選択することによって識別する照合技術のこと。

参考

パターン認証

画面に表示された複数の点のうちの幾つかを、垂直、水平、対角線のいずれかの方向に一筆書きで結ぶことによって識別する照合技術のこと。

参考

バイオメトリクス

「Biology」（生物学）と「Metrics」（計測）を組み合わせた言葉。

生体認証	説　明
指紋	認証に使う装置が小型化され比較的安価であることから、ノート型PCやスマートフォンの認証にも応用されている。
静脈	静脈を流れる血が近赤外線光を吸収するという性質を利用して、静脈のパターンを照合する方法。手指や手のひらの静脈を使って照合する。
顔	顔のパーツ（目や鼻など）を特徴点として抽出し、照合する方法。利用者がカメラの前に立って認証する方法や、通路を歩行中に自動的に認証する方法があり、空港のチェックインや入退室管理、顧客管理に活用されている。
網膜・虹彩	「網膜」とは、眼球の奥にある薄い膜のことで、網膜の中の、毛細血管の模様を照合する。「虹彩」とは、瞳孔の縮小・拡大を調整する環状の膜のことで、虹彩の模様を照合する。 これらは、たとえ同一人物であっても左右の違いがあること、経年による変化がないことから、自治体や企業などの機密部門への入退室管理に活用されている。
声紋	声の周波数の特徴などを使って照合する。

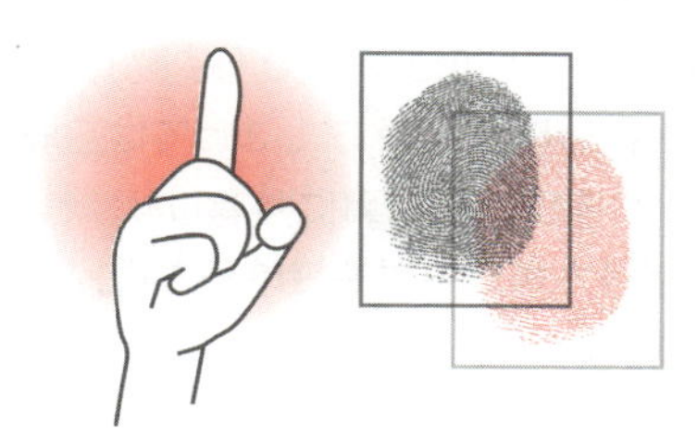

(3) ICカード

「ICカード」とは、ICチップ（半導体集積回路）が埋め込まれたプラスチック製のカードのことです。カード内部にCPUが組み込まれており、本人認証をはじめ暗号化やその他各種演算などが行え、セキュリティも高くなっています。

ICカードは携帯することが多いため、盗難や紛失による不正利用や情報漏えいといった脅威にさらされることになります。このような脅威に対抗するため、ICカードには**「PIN」**と呼ばれる認証機能が併用されています。また、ICカードには、悪意のある者に奪われたあと、カード内部の情報を盗み見られないよう、**「耐タンパ性」**を高める仕組みも設けられています。

ICカードには接触型と非接触型の2種類があり、前者は自動車のETCカードなどで使われており、後者は鉄道系ICカード（SuicaやPASMO）などで使われています。また、企業において本人を認識する従業員カードなどでも、非接触型が多く使われています。

参考

行動的特徴を使った生体認証

生体認証には、身体的特徴だけでなく、行動的特徴を使った認証方式もある。
行動的特徴を使った認証方式には、次のようなものがある。

- 署名の字体（筆跡）
- 署名時の書き順や筆圧、速度
- キーストローク（キーの押し方）

参考

経年変化

ある年数を経過して、変化すること。

参考

本人拒否率と他人受入率

生体認証では、本人を判定する基準として、本人を誤って拒否する確率である「本人拒否率」と、他人を誤って許可する確率である「他人受入率」を利用する。
本人拒否率を高くした場合は本人であるのに認証されないケースが増え、他人受入率を高くした場合は他人であるのに認証されるケースが増える。生体認証を行う装置では、双方の確率を考慮して調整する必要がある。

参考

PIN

ICカードの利用者が正しい所有者であることを証明するための任意の文字列（暗証番号）のこと。ICカードは、盗まれた場合を想定してPINが併用される。
「Personal Identification Number」の略。
日本語では「個人識別番号」の意味。

参考

耐タンパ性

外部からデータを読み取られることや解析されることに対する耐性（抵抗力）のこと。

⑤ 暗号化技術

「暗号化」とは、平文（原文）を決まった規則に従って変換し、第三者が解読できないようにすることです。暗号化された情報を再び平文に戻すことを**「復号」**といいます。このとき、暗号化するための鍵と、復号するための鍵が必要となります。

例

「てすと」を五十音順に"一文字ずらす"という暗号化を行った例

(1) 共通鍵暗号方式

「共通鍵暗号方式」とは、暗号化と復号で同じ鍵（共通鍵）を使用する方式のことです。鍵を第三者に知られてしまっては盗聴や改ざんを防ぐことはできないため、共通鍵は秘密裏に共有しなければなりません。このことから、**「秘密鍵暗号方式」**や**「共有鍵暗号方式」**ともいいます。代表的な方式に**「DES方式」**があります。

共通鍵暗号方式を利用した通信の仕組みと特徴は、次のとおりです。

- **暗号化と復号の速度が速い。**
- **共通鍵の送信時に共通鍵が漏えいする危険性を伴う。**
- **通信相手ごとに別々の共通鍵を用意する必要がある。**

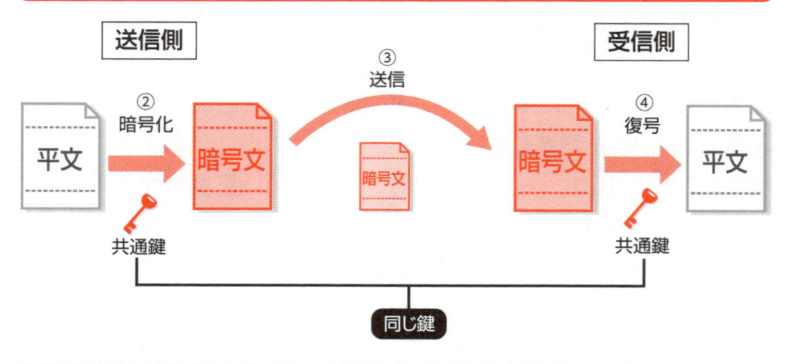

①送信側は共通鍵を生成し、受信側に共通鍵を送信しておく。

②送信側の共通鍵を使って平文（原文）を暗号化する。

③暗号文を送信側から受信側に送信する。

④受信側は共通鍵を使って暗号文を復号する。

(2) 公開鍵暗号方式

「公開鍵暗号方式」とは、暗号化と復号で異なる鍵（秘密鍵と公開鍵）を使用する方式のことです。秘密鍵は自分だけが持つもので第三者に公

参考

暗号強度

暗号文がどの程度暗号化されているかを測る強度のこと。
暗号方式の種類や鍵の内容によって暗号強度が異なる。暗号強度が高いほど暗号文の解読が難しく、暗号強度が低いほど暗号文の解読が簡単になる。

開してはいけません。公開鍵は第三者に広く公開するため、認証局に登録して公開します。代表的な方式に**「RSA方式」**があります。
公開鍵暗号方式を利用した通信の仕組みと特徴は、次のとおりです。

- **公開鍵を使うため、多数の送信相手と通信するのに適している。**
- **鍵の管理が容易である。**
- **暗号化と復号の速度が遅い。**

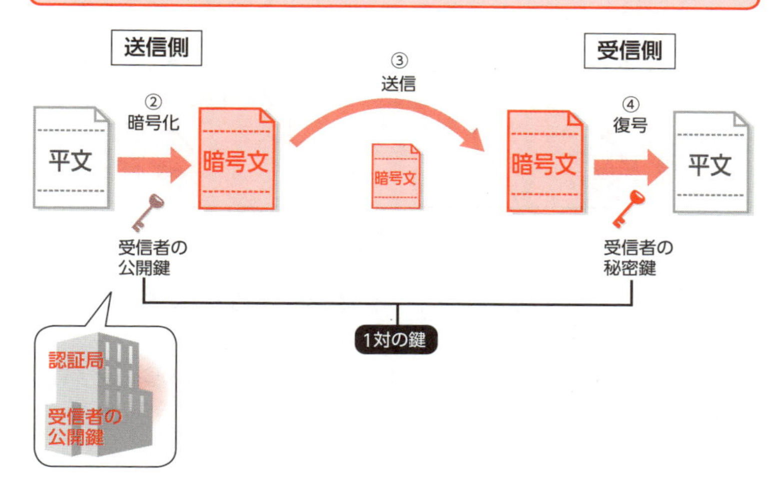

①受信側は、秘密鍵と公開鍵を生成し、認証局に公開鍵を登録する。
②送信側は、受信相手が認証局に登録している公開鍵を使って平文を暗号化する。
③暗号文だけを送信側から受信側に送信する。
④受信側は公開鍵と対になっている自分の秘密鍵を使って暗号文を復号する。

(3) ハイブリッド暗号方式

「ハイブリッド暗号方式」とは、共通鍵暗号方式と公開鍵暗号方式を組み合わせて使用する暗号方式のことです。共通鍵暗号方式の暗号化と復号の速度が速いというメリットと、公開鍵暗号方式の鍵の管理が容易であるというメリットを組み合わせて、より実務的な方法で暗号化と復号ができます。
ハイブリッド暗号方式では、公開鍵暗号方式を利用して共通鍵を暗号化し、暗号化した共通鍵を受信者に送信します。互いに同じ共通鍵を持つことができたら、共通鍵暗号方式を利用して平文を暗号化したり、暗号文を復号したりできます。
ハイブリッド暗号方式を利用した通信の仕組みと特徴は、次のとおりです。

- **共通鍵暗号方式を使うことで、暗号化と復号の速度が速い。**
- **公開鍵暗号方式を使うことで、共通鍵を安全に送信できる。**

参考

RSA
公開鍵暗号方式のひとつで、大きな数を素因数分解することの難しさに着目して開発された。
米国マサチューセッツ工科大学の3名の技術者によって開発され、その3名の頭文字から暗号の名称が付けられている。
「Rivest, Shamir, Adleman」の略。

参考

PKI
公開鍵暗号方式を使用したセキュリティを確保するための仕組みのこと。「公開鍵基盤」ともいう。RSA方式などの公開鍵暗号技術、SSL/TLSを組み込んだブラウザ、S/MIMEなどを使った暗号化電子メール、ディジタル証明書を発行する認証局のサーバなどが含まれる。電子商取引などを安全に実行できるようにするために考案された。
「Public Key Infrastructure」の略。

参考

認証局
公開鍵暗号方式やディジタル署名などに使用される公開鍵の正当性を保証するための証明書を発行する機関のこと。この証明書のことを「ディジタル証明書（電子証明書）」という。ディジタル証明書には、登録のあった公開鍵とともに、登録者（被認証者）の情報や、その認証局自体のディジタル署名も含まれる。
認証局は、「CA」または「CA局」ともいう。
CAは「Certificate Authority」の略。

参考

サーバ証明書
サーバが自己の正当性を証明するために認証局（CA）が発行するディジタル証明書（電子証明書）のこと。
ユーザがWebサイトで個人情報などの重要な情報を入力する場合、SSL/TLSによって、サーバ証明書が正当なものであることを確認することで、偽のWebサイトでないことを認識できる。

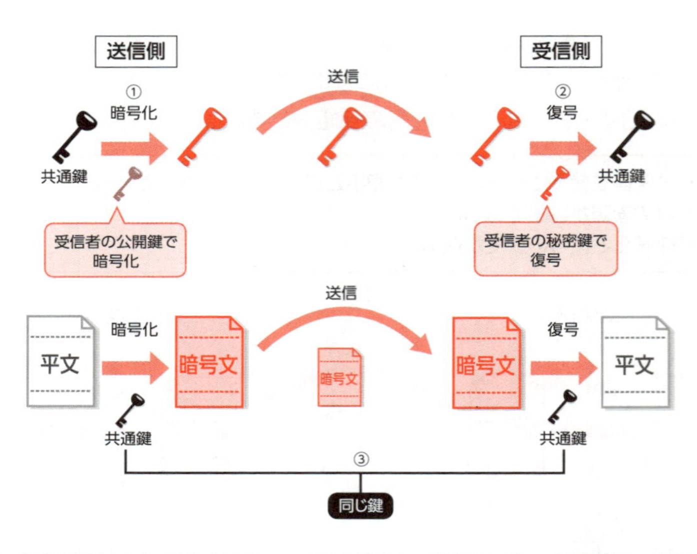

①公開鍵暗号方式を利用して、送信側は、受信相手の公開鍵で共通鍵を暗号化し、受信側に送信する。

②受信側は、暗号化された共通鍵を受信し、自分の秘密鍵を使って共通鍵を復号する。

③送信側と受信側で、互いが同じ共通鍵を持つことができる。

④共通鍵暗号方式を利用した通信ができるようになる。

(4) ディスク暗号化とファイル暗号化

情報セキュリティを維持するための方法として、ハードディスクを暗号化したり、ファイルを暗号化したりする技術があります。

技　術	説　明
ディスク暗号化	ハードディスクのすべてを丸ごと暗号化する技術のこと。ノート型PCの盗難や紛失、データ未消去のままの廃棄による情報漏えいは大きな社会問題となっており、リスク低減に有効な手段のひとつとして、利用者の裁量に任せることなく、強制的にハードディスクを丸ごと暗号化するソフトウェアを利用する。
ファイル暗号化	ファイル単位で暗号化する技術のこと。暗号化ツールを使って任意のファイルを暗号化したり、オフィスソフトのデータファイルに備わっている暗号化機能を利用したりする。ディスク暗号化と異なり、利用者がひとつひとつのファイルを意識して暗号化する。

6 認証技術

「認証技術」とは、データの正当性を証明する技術のことです。本人が送信したことやデータが改ざんされていないことを証明することで、ネットワークを介した情報のやり取りの完全性を高めます。代表的な認証技術として**「ディジタル署名」**があります。

参考

TPM

IoT機器やPCに保管されているデータを暗号化するためのセキュリティチップのこと。鍵ペア（公開鍵と秘密鍵）の生成、暗号処理、鍵の保管などを行う。
データの暗号化に利用する鍵などの情報をTPM内部に保管することで、不正アクセスを防止できる。耐タンパ性を備えており、外部からTPM内部の情報を取り出すことが困難な構造を持つ。ハードウェアの基盤部分などに取り付けられている。
「Trusted Platform Module」の略。

(1) ディジタル署名

「ディジタル署名」とは、電磁的記録（ディジタル文書）の正当性を証明するために付けられる情報のことで、日常生活において押印や署名によって文書の正当性を保証するのと同じ効力を持ちます。

ディジタル署名は、公開鍵暗号方式とメッセージダイジェストを組み合わせることによって実現され、次のような特徴を持ちます。

- **送信者の秘密鍵を使って暗号化することで、送信者本人であることを証明する。**
- **送信後のメッセージダイジェストと送信前のメッセージダイジェストを比較することで、データが改ざんされていないことを保証する。**

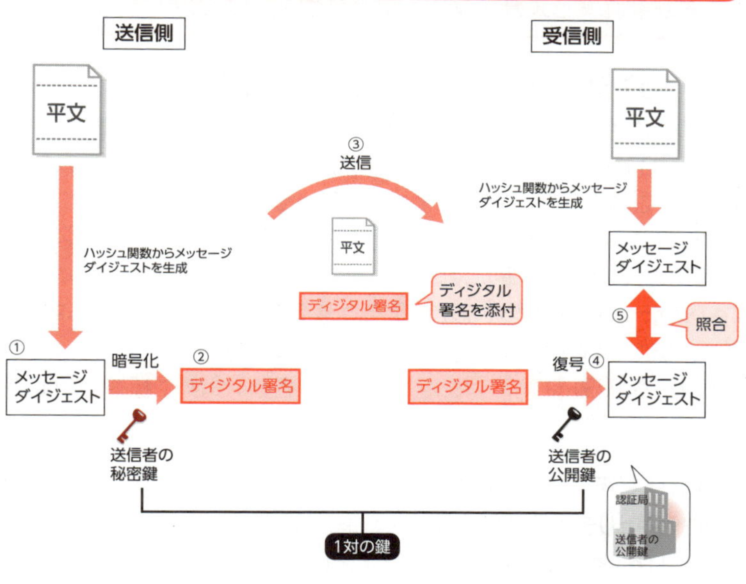

①送信側は、平文からメッセージダイジェストを生成する。

②送信側は、メッセージダイジェストを自分の秘密鍵を使って暗号化し、ディジタル署名を生成する。

③送信側は、平文とディジタル署名を受信側に送信する。

④受信側は、送信相手が認証局に登録している公開鍵を使って、受信したディジタル署名を復号する（送信側の送信前のメッセージダイジェストを取り出す）。

⑤受信側は、受信した平文からメッセージダイジェストを生成し、④で取り出した送信側の送信前のメッセージダイジェストと照合して、一致しているかどうかを確認する。

参考

メッセージダイジェスト

元の平文を要約した短いデータ（ハッシュ値）のこと。元の平文の要約にはハッシュ関数が使われる。メッセージダイジェストから元の平文を逆生成できない、元の平文が1文字でも変わればメッセージダイジェストも全く異なる値に変わるという特徴があり、送信前のメッセージダイジェストと、送信後のメッセージダイジェストを比較することで、データが改ざんされていないことを保証する。

参考

署名鍵と検証鍵

送信者は自分の秘密鍵を使ってメッセージダイジェストを暗号化して、ディジタル署名を生成する。ディジタル署名の生成を目的とした場合、送信者の秘密鍵のことを「署名鍵」という。

受信者はディジタル署名（暗号化されたメッセージダイジェスト）を、送信者の公開鍵を使って復号する。送付されたディジタル署名の検証を目的とした場合、送信者の公開鍵のことを「検証鍵」という。

参考

コード署名

プログラムの正当性を証明するために付けられる情報のこと。プログラムに対するディジタル署名に相当し、プログラムの作成者がプログラムにコード署名を付け、利用者側でプログラムが改ざんされていないことを検証する。アプリケーションプログラムやデバイスドライバなどを安全に配布したり、それらが改ざんされていないことを確認したりするために利用する。

参考

セキュアブート

PCの起動時に、OSやデバイスドライバのディジタル署名を検証し、許可されていないものを実行しないようにすることによって、OS起動前のマルウェアの実行を防ぐ技術のこと。

(2) タイムスタンプ

「タイムスタンプ」とは、“いつ”という時間を記録したタイムスタンプによって、電磁的記録の作成時間を証明する方法のことです。**「時刻認証」**ともいいます。

ディジタル署名では、他人が改ざんしたことは検出できますが、最初に作成したものを、本人が改ざんした場合は検出できません。この方式では、**「TSA」**から取得した時刻情報を付加してタイムスタンプ（メッセージダイジェスト）を作成します。

タイムスタンプでは、次の2点を証明します。

- **電磁的記録がその時間には確かに存在していたこと。**
- **その時間以降はメッセージが改ざんされていないこと。**

> **参考**
>
> **TSA**
>
> タイムスタンプを発行する信頼できる第三者機関のこと。「タイムスタンプ局」、「時刻認証局」ともいう。
>
> 「Time Stamping Authority」の略。

7 IoTシステム・IoT機器のセキュリティ

IoTの進展は、企業活動や製品・サービスのイノベーションを加速する一方で、IoT特有の性質と想定されるリスクを持つことから、これらの性質とリスクを踏まえたセキュリティ対策を行うことが必要です。IoTシステムやIoT機器は、一般消費者向けから各種産業に至るまで、様々な業種で活用され、さらに広範に浸透することが見込まれています。そのため、IoTシステムやIoT機器の設計・開発から構築・運用・保守に至るまで、安全・安心に取り扱われることが求められています。

このような状況において、様々な組織から、各種の指針や標準、ガイドラインが発行されています。

(1) IoTセキュリティガイドライン

「IoTセキュリティガイドライン」とは、経済産業省と総務省が主導して設立した**「IoT推進コンソーシアム」**が策定したIoTのセキュリティに関するガイドラインであり、IoTシステムやIoT機器、IoTのサービスに関わるすべての人を対象としたものです。

本ガイドラインでは、IoTシステムやIoT機器、IoTのサービスの提供に関わるライフサイクル（方針、分析、設計、構築・接続、運用・保守）におけるセキュリティ対策を、5つの指針と21の要点として定めています。

> **参考**
>
> **IoT特有の性質**
>
> IoTセキュリティガイドラインでは、IoT特有の性質には、次のようなものがあるとしている。これらの性質から、セキュリティへの対策が求められる。
>
> ・脅威の影響範囲や影響度合いが大きいこと
> ・IoT機器を使用する期間（ライフサイクル）が長いこと
> ・IoT機器に対する監視が行き届きにくいこと
> ・IoT機器側とネットワーク側の環境や特性の相互理解が不十分であること
> ・IoT機器の機能や性能が限られていること
> ・開発者が想定していなかった接続が行われる可能性があること

IoTセキュリティ対策の5つの指針と21の要点は、次のとおりです。

大項目	指 針	要 点
方針	指針1 IoTの性質を考慮した基本方針を定める	要点1　経営者が IoT セキュリティにコミットする 要点2　内部不正やミスに備える
分析	指針2 IoTのリスクを認識する	要点3　守るべきものを特定する 要点4　つながることによるリスクを想定する 要点5　つながりで波及するリスクを想定する 要点6　物理的なリスクを認識する 要点7　過去の事例に学ぶ

大項目	指　針	要　点
設計	指針3 守るべきものを守る設計を考える	要点8　個々でも全体でも守れる設計をする 要点9　つながる相手に迷惑をかけない設計をする 要点10　安全安心を実現する設計の整合性をとる 要点11　不特定の相手とつなげられても安全安心を確保できる設計をする 要点12　安全安心を実現する設計の検証・評価を行う
構築・接続	指針4 ネットワーク上での対策を考える	要点13　機器等がどのような状態かを把握し、記録する機能を設ける 要点14　機能及び用途に応じて適切にネットワーク接続する 要点15　初期設定に留意する 要点16　認証機能を導入する
運用・保守	指針5 安全安心な状態を維持し、情報発信・共有を行う	要点17　出荷・リリース後も安全安心な状態を維持する 要点18　出荷・リリース後もIoTリスクを把握し、関係者に守ってもらいたいことを伝える 要点19　つながることによるリスクを一般利用者に知ってもらう 要点20　IoTシステム・サービスにおける関係者の役割を認識する 要点21　脆弱な機器を把握し、適切に注意喚起を行う

また、一般の利用者向けにも、対策すべき4つのルールを定めています。
一般の利用者のための4つのルールは、次のとおりです。

ルール1　問合せ窓口やサポートがない機器やサービスの購入・利用を控える
ルール2　初期設定に気をつける
ルール3　使用しなくなった機器については電源を切る
ルール4　機器を手放す時はデータを消す

(2) コンシューマ向けIoTセキュリティガイド

「コンシューマ向けIoTセキュリティガイド」とは、最もセキュリティの課題が大きいと考えらえるIoTを利用するコンシューマ（一般消費者）を守るために、IoTシステムやIoTのサービスを提供する側が考慮すべき事項をまとめたレポート（提言）です。**「日本ネットワークセキュリティ協会（JNSA）」**によって作成されました。
コンシューマ向けIoTセキュリティガイドの内容は、次のとおりです。

1　IoTの概要
2　IoTのセキュリティの現状
3　ベンダとしてIoTデバイス（IoT機器）を提供する際に検討すべきこと
4　ベンダが、ユーザのIoT利用に際して考慮すべきこと

9-6 予想問題

※解答は巻末にある別冊「予想問題 解答と解説」P.33に記載しています。

問題9-1

ある部署では、商品の発注に関する業務を行っており、取引先からFAXで届く発注伝票を取引先ごとに発注管理システムに入力している。このシステムは、キーボード操作を中心としているが、入力担当者のキーボード操作の習熟度にばらつきがあるため、キーボード操作に慣れているユーザにも慣れていないユーザにも操作効率がよくなるようなGUI画面を設計することになった。設計時に留意することとして、最も適切なものはどれか。

ア　キーボード操作をなくして、すべてマウスで操作できるようにする。
イ　使用頻度の高い操作に対しては、マウスとキーボードの両方で操作できるようにする。
ウ　入力ページが切り替わったときに、すべてをリセットして一から操作するようにする。
エ　取引先の会社名は必ず入力させるようにする。

問題9-2

Webサイトを設計する際のWebアクセシビリティの説明として、適切なものはどれか。

ア　低性能なコンピュータにおいても迅速に情報を得られるようにするため、通信回線を高速化し、Webページへのアクセス速度を高めること
イ　コンピュータウイルス対策の一種で、擬似的なキーボードを画面に表示し、マウスを使ってキーボードと同様の数値や文字の入力ができるようにWebサイトの設計を行うこと
ウ　ひとつのWebページから、複数のWebページへ移動できるようにWebサイトの設計を行うこと
エ　高齢者や障がい者が、Webサイトから求める情報やサービスを得られるようにWebサイトの設計を行うこと

問題9-3

ストリーミングの説明として、適切なものはどれか

ア　受信データの部分的な欠落がなく、いつでも高画質な状態で再生できる。
イ　データをダウンロードしながら再生するため、ユーザはダウンロードの終了を待つ必要がない。
ウ　サーバにすべての配信データが格納されたあとに配信されるため、生中継の配信はできない。
エ　個人の閲覧利用に限られているため、企業では利用できない。

問題9-4

プリンタでカラー印刷するとき、C（Cyan：水色）、M（Magenta：赤紫）、Y（Yellow：黄）を混ぜ合わせると、何色になるか。

ア　B（Blue：青）
イ　G（Green：緑）
ウ　R（Red：赤）
エ　K（blacK：黒色）

問題9-5

コンピュータを使って静止画像や動画像を処理・再生する技術はどれか。

ア　コンピュータグラフィックス
イ　CAD
ウ　コンピュータシミュレーション
エ　バーチャルリアリティ

問題9-6

ARの例として、適切なものはどれか。

ア　商品の売上実績と、首都圏の人口変化の予測パターンから、売上予測をコンピュータ上で擬似的に作り出す。
イ　設計した建築物の3次元のデータを利用して、その建築物の立体的な造形物を作成する。
ウ　実際には存在しない衣料品を仮想的に試着して、現実の世界を拡張する。
エ　遠く離れた観光地を動き回って、あたかも実際にそこにいるような感覚を体験する。

問題9-7

次のような参照制約を設定している顧客テーブルと受注テーブルに対して、データ操作が実行できるものはどれか。ここで、下線の実線は主キー、点線は外部キーを表す。

顧客テーブル（顧客番号、顧客名、住所、電話番号）
受注テーブル（受注番号、受注年月日、顧客番号、受注金額）

ア　受注テーブルにある顧客番号と一致する顧客テーブルの行を削除する。
イ　受注テーブルにある顧客番号と一致する顧客テーブルの行の顧客番号を更新する。
ウ　顧客テーブルにない顧客番号を含む行を、受注テーブルに追加する。
エ　新しい顧客番号を含む行を、顧客テーブルに追加する。

問題9-8

ファイルで管理されていた受注伝票データを、正規化を行ったうえで、関係データベースで管理したい。正規化を行った結果の表の組合せとして、最も適切なものはどれか。なお、得意先は得意先コードで一意に識別でき、商品は商品No.で一意に識別できるものとする。

受注伝票データ

受注No.	受注年月日	得意先コード	得意先名	商品No.	商品名	単価	数量
J0001	2019/11/15	A-011	キタムラ工業	5-012	ラジオ	3,000	2
J0002	2019/11/22	B-030	ヒガシ家電	2-004	DVDレコーダ	80,000	1
J0002	2019/11/22	B-030	ヒガシ家電	1-002	テレビ	50,000	1
J0003	2019/12/6	A-125	ニシカワ商事	1-001	テレビ(4K)	200,000	5
J0004	2019/12/6	A-011	キタムラ工業	1-001	テレビ(4K)	200,000	1

ア

受注No.	受注年月日	得意先コード

得意先コード	得意先名

受注No.	商品No.

商品No.	商品名	単価	数量

イ

受注No.	受注年月日	得意先コード	得意先名

受注No.	商品No.	数量

商品No.	商品名	単価

ウ

受注No.	受注年月日	得意先コード

得意先コード	得意先名

受注No.	商品No.	数量

商品No.	商品名	単価

エ

受注No.	受注年月日	得意先コード	商品No.

得意先コード	得意先名

受注No.	数量

商品No.	商品名	単価

問題9-9

データベースのテーブル「顧客管理表」を射影した結果の表として、適切なものはどれか。

顧客管理表

顧客ID	顧客名	担当者コード
1150	田中	A18600
2640	松本	B19700
3680	鈴木	C20100

担当者コード表

担当者コード	担当者名
A18600	山本
B19700	森田
C20100	山田

ア

顧客名
田中
松本
鈴木

イ

顧客ID	顧客名	担当者コード	担当者名
1150	田中	A18600	山本
2640	松本	B19700	森田
3680	鈴木	C20100	山田

ウ

顧客ID	顧客名	担当者コード
1150	田中	A18600

エ　射影はできないテーブルである。

問題9-10

データベースの排他制御の説明として、適切なものはどれか。

ア　共有ロックをかけると、同時に同一のデータを更新できる。
イ　専有ロックをかけると、後からデータにアクセスしたユーザがデータを更新できる。
ウ　共有ロックをかけると、ほかのユーザが更新中のデータでも参照できる。
エ　専有ロックをかけると、ほかのユーザが更新中のデータでも更新できる。

問題9-11

データベース管理システムで行われる処理のうち、オンラインでサーバと接続されているクライアントからの要求に応じて、データベース内のデータの検索や更新をするシステムは何か。

ア　ワークフローシステム
イ　オンライントランザクション処理システム
ウ　クライアントサーバシステム
エ　オンラインシステム

問題9-12　データベース処理におけるロールバックの説明として、適切なものはどれか。

ア　トランザクションが正常に処理されたときに、データベースへの処理を確定させる。
イ　トランザクションが正常に処理されなかったときに、データベースの状態をトランザクション処理前に戻す。
ウ　2つのトランザクションがお互いにデータのロックを獲得して、双方のロックの解放を待った状態のまま、処理が停止する。
エ　複数のトランザクションが同時に同一のデータを更新しようとしたとき、そのデータに対する更新を1つのトランザクションからだけに制限する。

問題9-13　LPWAを説明した文章として、適切なものはどれか。

ア「超高速」「超低遅延」「多数同時接続」の3点を特徴とする次世代移動通信システム
イ　BluetoothのVer4.0以降で採用された、省電力で通信可能な技術
ウ　消費電力が小さく、広域通信が可能な無線通信技術の総称
エ　自動車などの移動体に無線通信や情報システムを組み込み、リアルタイムに様々なサービスを提供する仕組み

問題9-14　5Gなどの高速ネットワークの活用事例として、最も適切なものはどれか。

ア　自動販売機の中に設置された通信機が、売上データを1日に1回の頻度でクラウドサービスへ送信し、そのデータを販売者が閲覧する。
イ　電子メータ化された離島の水道メータから、その検針情報を発信し、水道局本部で受信する。
ウ　広大な水田の各地に設置されたセンサを使って毎日の水位を計測し、農家がすべての箇所の水位を一括で管理する。
エ　離れた場所にいる医師が、患者を実際に処置するロボットアームを操作して遠隔手術を行う。

問題9-15　IPアドレスに関する記述のうち、適切なものはどれか。

ア　IPアドレスは2進数16ビットで表現され、グローバルIPアドレスとプライベートIPアドレスで構成されている。
イ　IPv6を利用することでIPアドレスの不足を解消する。
ウ　グローバルIPアドレスは自由に設定できる。
エ　アドレスクラスで分類されるクラスAでは、ひとつのネットワークに対して日本の人口（約1.27億人）より多いIPアドレスを割り当てることができる。

問題9-16

電子メールで利用されるプロトコルに関する説明a～cと、プロトコルの適切な組合せはどれか。

a：電子メールを送信するためのプロトコル。メールサーバ間での転送や、メールクライアントからメールサーバに送信する際に使用される。
b：電子メールを受信するためのプロトコル。メールサーバ上に保存されている新着の電子メールを一括して受信する。
c：電子メールを受信するためのプロトコル。電子メールをメールサーバ上で保管し、未読や既読の状態をメールサーバ上で管理できる。

	a	b	c
ア	POP	SMTP	IMAP
イ	POP	IMAP	SMTP
ウ	SMTP	IMAP	POP
エ	SMTP	POP	IMAP

問題9-17

社内のファイルサーバから、業務に必要な800Mバイトのデータをコピーし始めて1分が経過した。社内には100Mビット/秒の伝送速度のLANが敷設されており、伝送効率は50％である。コピーが終了するまでの残りの待ち時間は、およそ何秒か。ここで、1Mバイト＝10^6バイトとする。

ア 68　イ 128　ウ 340　エ 400

問題9-18

人的手口によって重要な情報を入手し、その情報を悪用する行為として、適切なものはどれか。

ア バッファオーバフロー攻撃
イ キーロガー
ウ ソーシャルエンジニアリング
エ バックドア

問題9-19

シャドーITに該当するものはどれか。

ア 従業員が、情報セキュリティ部門の正式な許可を得ないで業務に利用しているＰＣやクラウドサービス
イ 従業員を装った電話を社外からかけて、社内の機密情報を聞き出すこと
ウ コンピュータへの侵入者が、通常のアクセス経路以外から不正に侵入するために組み込むアクセス経路
エ 清掃員を装って社員のディスプレイを盗み見て、情報を盗み出すこと

問題9-20 マルウェアに関するa～cの特徴と、マルウェアの種類の適切な組合せはどれか。

a：有用なプログラムであるとユーザに信じ込ませ、インストールするように仕向ける。
b：感染すると、コンピュータが操られ、外部からの指令によって迷惑行為が行われる。
c：データを暗号化するなどコンピュータを正常に使用できないようにして、それを元に戻すために金銭を要求する。

	a	b	c
ア	ランサムウェア	トロイの木馬	ボット
イ	トロイの木馬	ボット	ランサムウェア
ウ	ボット	トロイの木馬	ランサムウェア
エ	ランサムウェア	ボット	トロイの木馬

問題9-21 情報セキュリティの脅威であるスパイウェアの説明として、適切なものはどれか。

ア　インターネットなどで収集したメールアドレスをもとに、無差別に大量の広告メールを送りつける。
イ　コンピュータ内部にある個人情報などをインターネットに送り出す。
ウ　コンピュータに侵入するために、開いているポート番号を調べる。
エ　プログラムがランダムに生成する文字の組合せで利用者IDとパスワードの解析を行う。

問題9-22 クロスサイトスクリプティングの説明として、適切なものはどれか。

ア　別のWebサイトから入手した利用者IDとパスワードを悪用し、ユーザ本人になりすまして、複数のWebサイトに不正にログインすることを試す。
イ　ソフトウェアのセキュリティホールを利用して、Webサイトに悪意のあるコードを埋め込む。
ウ　Webサイト上で想定されていない構文を入力しSQLを実行させることで、プログラムを誤動作させ不正に情報を入手する。
エ　メールサーバに対して大量の電子メールを送り過負荷をかけ、その機能を停止させる。

問題9-23 ドライブバイダウンロードの説明として、適切なものはどれか。

ア　PCが参照するDNSサーバのドメイン情報を書き換えて、利用者を偽のサーバに誘導する。
イ　利用者がWebサイトを閲覧したときに、利用者の意図にかかわらず、PCに不正なプログラムをダウンロードさせる。
ウ　Webページ中の入力フィールドに悪意のあるスクリプトを入力し、Webサーバがアクセスするデータベース内のデータを不正にダウンロードする。
エ　PC内のマルウェアを遠隔操作して、PCのハードディスクドライブを丸ごと暗号化して使用できない状態にし、元に戻す代わりに金銭を要求する。

問題9-24

攻撃対象とするユーザが普段から頻繁にアクセスするWebサイトに不正プログラムを埋め込み、そのWebサイトを閲覧したときだけ、マルウェアに感染するような罠を仕掛ける攻撃として、適切なものはどれか。

ア　水飲み場型攻撃
イ　ポートスキャン
ウ　バッファオーバフロー攻撃
エ　フィッシング詐欺

問題9-25

MITB攻撃の説明として、適切なものはどれか。

ア　セキュリティホールの発見から修復プログラムの配布までの期間に、セキュリティホールを悪用する攻撃
イ　攻撃元を隠すために、偽りの送信元IPアドレスを持ったパケットを送信する攻撃
ウ　標的とする相手に合わせて、電子メールなどを使って段階的にやり取りを行い、相手を油断させることによって不正プログラムを実行させる攻撃
エ　マルウェアに感染させてWebブラウザを乗っ取り、不正操作を行う攻撃

問題9-26

不正のトライアングルの理論において、不正行為が発生する場合には、3つの要素（3要素）がそろうとされている。次の3要素の組合せのうち、適切なものはどれか。

ア　認証、認可、アカウンティング
イ　自社、競合他社、顧客
ウ　機密性、完全性、可用性
エ　機会、動機、正当化

問題9-27

ISMSにおけるセキュリティリスクへの対応には、リスク回避、リスク軽減、リスク転嫁、リスク受容がある。リスク転嫁に該当する事例として適切なものはどれか。

ア　分析の結果、リスクが発生する頻度が限りなく低いことがわかったので、問題発生時は補償金を用意して損害を負担することにした。
イ　不正侵入の可能性を下げるため、サーバルームの入退室管理に生体認証を導入してセキュリティを強化した。
ウ　サーバ故障など問題発生時の財政的なリスクに備えて、保険に加入した。
エ　機密情報が漏れないようにするため、商品の機密情報を管理するサーバをインターネットから切り離して運用した。

問題9-28

組織全体で統一性のとれた情報セキュリティ対策を実施するために、組織における基本的なセキュリティ方針を明確にしたものはどれか。

ア　ISMS適合性評価制度
イ　情報セキュリティポリシ
ウ　プライバシーマーク制度
エ　バイオメトリクス認証

問題9-29

サイバーレスキュー隊（J-CRAT）の活動に関する記述として、最も適切なものはどれか。

ア　ネットワークや機器の監視を24時間体制で行い、サイバー攻撃や侵入の検出・分析、各部門への対応やアドバイスを行う。
イ　自社や顧客に関係した情報セキュリティインシデントに対応し、被害の拡大を防止する。
ウ　標的型攻撃を受けた組織から提供された情報を分析し、社会や産業に重大な被害を及ぼさないようするために、組織の被害低減および攻撃連鎖を防止する。
エ　サイバー攻撃の情報を、重要インフラに関わる業界などを中心とした参加する組織間で共有して、高度なサイバー攻撃を防止する。

問題9-30

ファイアウォールの説明として、最も適切なものはどれか。

ア　すべてのパケットを通過させることを原則とし、登録したパケットだけを遮断する。
イ　外部からアクセスしてきたパケットを記録しながら、内部ネットワークに接続させる。
ウ　パケットを調べ、許可されたパケットだけを通過させる。
エ　特定の語句を含むWebページへのアクセスをブロックする。

問題9-31

次のa～dの組合せのうち、2要素認証に該当するものだけを全て挙げたものはどれか。

a　利用者IDとパスワードによる認証、秘密の質問と解答による認証
b　利用者IDとパスワードによる認証、ICカードによる認証
c　利用者IDとパスワードによる認証、指紋による認証
d　静脈による認証、虹彩による認証

ア　a、b
イ　a、c
ウ　b、c
エ　c、d

問題9-32

3列×3行の表に、左上から右下まで横方向に1文字ずつ原文を割り振り、右上から左下まで縦方向に読んで暗号化するシステムがある。
このシステムで“I/am/Sato”を暗号化したときの暗号文はどれか。

ア　Ima//taSo
イ　oSat//amI
ウ　aSo//tIma
エ　I/as/mato

問題9-33

ひらがなの文字を暗号化する。変換表を使って数値に置き換え、さらにその数値を8ビット（2進数で8桁）で符号化する。
「さくら」の文字を暗号化した組合せのうち、適切なものはどれか。

例）わいん→101,12,111→01100101,00001100,01101111

ア　00010100,00011000,00111111
イ　00011000,00010100,00111111
ウ　00011111,00010111,01011011
エ　01011011,00010111,00011111

〔変換表〕

	1	2	3	4	5
1	あ	い	う	え	お
2	か	き	く	け	こ
3	さ	し	す	せ	そ
4	た	ち	つ	て	と
5	な	に	ぬ	ね	の
6	は	ひ	ふ	へ	ほ
7	ま	み	む	め	も
8	や		ゆ		よ
9	ら	り	る	れ	ろ
10	わ				を
11	ん				

問題9-34 ハイブリッド暗号方式の特徴として、適切なものはどれか。

ア　公開鍵暗号方式と比較すると、平文の暗号化と暗号文の復号の速度が遅い。
イ　複数の異なる共通鍵暗号方式を組み合わせることで、処理性能を高めることができる。
ウ　複数の異なる公開鍵暗号方式を組み合わせることで、安全性を高めることができる。
エ　共通鍵暗号方式と公開鍵暗号方式を組み合わせることで、処理性能を高め、鍵管理コストを抑えることができる。

問題9-35 送信者本人を証明するためにディジタル署名を利用する。送信側でディジタル署名を生成する際、必要となる鍵はどれか。

ア　受信者の公開鍵
イ　受信者の秘密鍵
ウ　送信者の秘密鍵
エ　送信者の共通鍵

問題9-36 IoTセキュリティガイドラインには5つの指針が定められている。それぞれの指針に関する記述のうち、適切なものはどれか。

ア「指針2　IoTのリスクを認識する」では、内部不正やミスに備えることについて定めている。
イ「指針3　守るべきものを守る設計を考える」では、不特定の相手とつなげられても安全安心を確保できる設計をすることについて定めている。
ウ「指針4　ネットワーク上での対策を考える」では、安全安心を実現する設計の整合性をとることについて定めている。
エ「指針5　安全安心な状態を維持し、情報発信・共有を行う」では、認証機能を導入することについて定めている。

第 10 章

表計算

表計算ソフトの基礎的な知識や関数を使った計算方法などについて解説します。

10-1 表計算ソフト

10-1-1　表計算ソフトの機能

参考

表計算ソフト
表計算ソフトには、マイクロソフト社の「Excel」などがある。

「表計算ソフト」とは、表計算からグラフ作成、データ管理まで様々な機能を兼ね備えた統合型のソフトウェアのことです。表計算ソフトを使ってワークシートに文字や数値、関数などの式を入力して表やグラフを作成できます。見積書や請求書などの伝票や帳簿作成、予算や価格決定モデルといった販売分析などに利用されており、複雑なデータ分析をするのに適しています。
一般的な表計算ソフトが持っている機能は、次のとおりです。

名　称	説　明
編集機能	・表に入力したデータの表示形式や表示位置などを変更できる。 ・表の行や列の追加と削除、複写と移動ができる。
計算機能	・表に入力したデータを計算に利用できる。 ・入力したデータを変更すると、自動的に再計算する。
ソート機能	・指定されたキー項目を基準にして、セルの範囲内のデータを昇順または降順に並べ替える。
マクロ機能	・頻繁に行う操作を登録できる。
グラフ機能	・表からグラフ（棒グラフ・円グラフ・折れ線グラフなど）を簡単に作成できる。
データベース機能	・多くの値が入力されている表の中から、必要な値を素早く検索・抽出できる。
アドイン機能	・オプション機能を追加できる。

支店別売上推移表　（単位　万円）

	2016年度	2017年度	2018年度	2019年度
東京支店	6,500	12,000	13,000	11,000
名古屋支店	4,000	3,200	8,600	9,600
神戸支店	6,700	4,500	7,200	8,900
全国合計	17,200	19,700	28,800	29,500

合計用の式を入力しておけば、明細部の金額を入力したときに合計が自動的に計算される。

表をもとに、簡単な操作で用途に応じたグラフを作成できる。
項目名など、表のデータをそのまま利用できる。

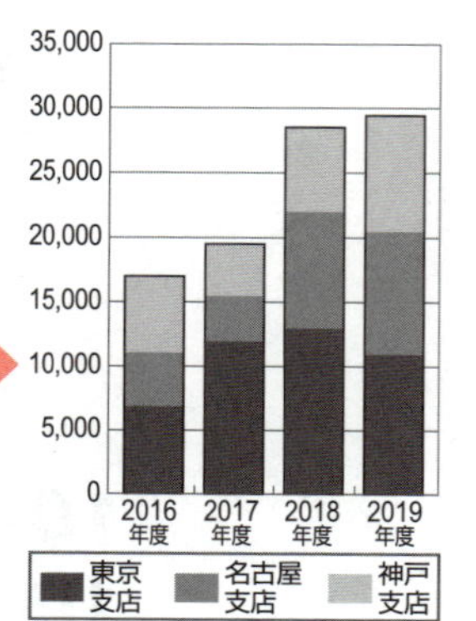

10-1-2　ワークシートの基本構成

一般的な表計算ソフトの基本構成は、次のとおりです。

❶ワークシート

❷列　❸行　❹セル

	A	B	C	D	E		Z	AA	AB
1									
2									
3									
4									
5									
6									
7									
8									
9									
10									
11									
12									
13									
14									

※表計算ソフトの機能や用語などは、使用するソフトウェアによって異なります。

❶ワークシート

表やグラフを作成するための作業場所のこと。

❷列

縦方向のセルの集まりのこと。各列の番号はアルファベットで表す。
256列の場合、列A、列B～列Z、列AA…IVとなる。

❸行

横方向のセルの集まりのこと。各行の番号は数字で表す。
1000行の場合、行1、行2…行1000となる。

❹セル

ワークシートを列と行に分割したときのひとつのマス目のこと。セルにはデータを入力できる。操作対象のセルを**「アクティブセル」**という。

参考

セル番地

セルのひとつひとつを特定する位置情報のこと。列の番号と行の番号の組合せで指定する。例えば、AA列の13行目のセルは「AA13」と表す。

参考

セル範囲

連続した複数のセルの集まりのこと。例えば、セルA1からセルA3までのセル範囲を「A1：A3」のように表す。

10-2 式

10-2-1 算術演算子

式に利用できる算術演算子は、次のとおりです。

算術演算子		読　み	入力例	式の意味
足し算	+	プラス	2+3	2+3
引き算	−	マイナス	2−3	2−3
掛け算	*	アスタリスク	2*3	2×3
割り算	／	スラッシュ	2／3	2÷3
べき算	^	キャレットまたはハットマーク	2^3	2^3

算術演算子には、数学の演算子と同じ優先順位があります。

優先順位	算術演算子
1	^
2	*　／
3	+　−

↑優先順位が高い
↓優先順位が低い

例）$1+2\times3^4$の場合

1+2*3^4

$=1+2\times3^4$

$=1+2\times81$

$=1+162$　　$=163$

優先順位を変更したい場合は（　）を使います。

((1+2)*3)^4

$=(3\times3)^4$　　$=6561$

参考

式

定数、セル番地、演算子、カッコ、関数から構成され、入力することによって、計算の実行、情報の取得、セルのデータ参照などができるもの。
式には、結果が数値となる「算術式」、結果が文字列となる「文字式」、結果が論理値（trueまたはfalse）となる「論理式」がある。

10-2-2　セルの参照

式は**「A1*A2」**のように、セルを参照して入力するのが一般的です。セルの参照には、**「相対参照」**と**「絶対参照」**があります。

❶ 相対参照

「相対参照」は、セルの位置を相対的に参照する形式です。式を複写すると、セルの参照は自動的に調整されます。
図のセルD2に入力されている**「B2*C2」**の**「B2」**や**「C2」**は相対参照です。式を複写すると、複写する方向に応じて**「B3*C3」「B4*C4」**のように自動的に調整されます。

	A	B	C	D	
1	商品名	定価	掛け率	販売価格	
2	スーツ	¥56,000	80%	¥44,800	B2*C2
3	コート	¥75,000	60%	¥45,000	B3*C3
4	シャツ	¥15,000	70%	¥10,500	B4*C4

❷ 絶対参照

「絶対参照」は、特定の位置にあるセルを必ず参照する形式です。式を複写しても、セルの参照は固定されたままで調整されません。セルを絶対参照にするには、**「$」**を付けます。
図のセルC4に入力されている**「B4*B$1」**の**「B$1」**は絶対参照です。数式をコピーしても、**「B5*B$1」「B6*B$1」**のように**「B$1」**は常に固定で調整されません。

	A	B	C	
1	掛け率	75%		
2				
3	商品名	定価	販売価格	
4	スーツ	¥56,000	¥42,000	B4*B$1
5	コート	¥75,000	¥56,250	B5*B$1
6	シャツ	¥15,000	¥11,250	B6*B$1

参考

相対参照と絶対参照の組合せ
相対参照と絶対参照を組み合わせることができる。

例：列は絶対参照、行は相対参照

```
$B1
```

複写すると、「$B2」「$B3」「$4」・・・のように、列は固定で行は自動調整される。

例：列は相対参照、行は絶対参照

```
B$1
```

複写すると、「C$1」「D$1」「E$1」・・・のように、列は自動調整され、行は固定される。

例：列行ともに絶対参照

```
$B$1
```

複写しても、「$B$1」のまま、列も行は固定される。

10-3 関数の利用

10-3-1 関数

「関数」とは、あらかじめ定義された決まりに従って計算する式のことです。関数を使うと、複雑な式も簡単な形式で入力できます。
関数を使って計算するために必要な情報を**「引数」**、計算した結果を**「戻り値」**といいます。
関数のイメージを図で表すと、次のようになります。

処理するために
必要な情報を入力すると

引　数

あらかじめ
定義された計算を行って

関　数

結果を返す

戻　り　値

例）割り算した余りを求める場合

割られる数…5
割る数…3
を引数として入力すると

引数：5,3

余りを求める計算が
定義されているので

関数：剰余

余りがわかる

戻り値：2

❶ 関数の使い方

関数は、基本的に次の形式で入力します。

関数名（引数1，引数2，…）

関数を入力するときの留意点は、次のとおりです。

- 引数はカッコで囲む。引数がない場合は、関数名（ ）とする。
- 引数が2つ以上あるときは、「，（カンマ）」で区切る。
- 引数が文字列のときは、'ＡＢＣ'のように「'（シングルクォーテーション）」で囲む。
- 引数には、式やセル範囲、範囲名、論理式を指定する。

＋や／などの算術演算子を使って合計や平均などを計算すると、データの数が増えた場合は、式がB3+B4+B5+B6+B7+B8+B9+B10…と非常に長くなります。
合計や平均などの計算は関数を利用すると、計算の対象をセル範囲で指定できるため、式を簡単に入力できます。

関数を利用して成績表の合計や平均を求めると、次のようになります。

	A	B	C	D	E
1	成績表				
2		Aさん	Bさん	Cさん	平均
3	国語	90	70	65	平均(B3:D3)
4	算数	60	85	92	平均(B4:D4)
5	社会	80	60	70	平均(B5:D5)
6	合計	合計(B3:B5)	合計(C3:C5)	合計(D3:D5)	

複写

式を複写すると、
引数のセル参照も自動的に調整される

❷ 関数の種類

代表的な関数は、次のとおりです。

名 称	使用例	説 明
合計	合計(A1:A5)	セルA1からセルA5までの数値の合計を返す。
平均	平均(A1:A5)	セルA1からセルA5までの数値の平均を返す。
最大	最大(A1:A5)	セルA1からセルA5までの数値の中から、最大値を返す。
最小	最小(A1:A5)	セルA1からセルA5までの数値の中から、最小値を返す。
IF	IF(論理式,式1,式2)	論理式がtrueであれば式1の値を、falseであれば式2の値を返す。
整数部	整数部(A1)	セルA1の数値以下で最大の整数を返す。 例えば、整数部(3.9)=3、 整数部(-3.9)=-4
剰余	剰余(A1,B1)	セルA1÷セルB1の余りを返す。 例えば、剰余(10,3)=1
平方根	平方根(A1)	セルA1の値の0以上の平方根を返す。引数に指定する値は、0以上の数値でなければならない。
標準偏差	標準偏差(A1:A19)	セルA1からセルA19までの数値の標準偏差を返す。
個数	個数(A1:A5)	セルA1からセルA5のセル範囲の中から、空白セル以外のセルの個数を返す。
条件付個数	条件付個数(A1:A5,>20)	セルA1からセルA5までの中から、20より大きい値をもつセルの個数を返す。
論理積	論理積(論理式1,論理式2,…)	引数に指定された論理式がすべて真であれば、trueを返す。1つ以上の引数が偽であれば、falseを返す。
論理和	論理和(論理式1,論理式2,…)	引数に指定された論理式がすべて偽であれば、falseを返す。1つ以上の引数が真であれば、trueを返す。

参考

標本標準偏差と母標準偏差

「標本標準偏差」は、ある大きな集団の中の一部のデータから大きな集団の標準偏差を予測する場合に使われ、「母標準偏差」は、ある集団のすべてのデータ(母集団)を対象に標準偏差を求める場合に使われる。
例えば、全国の数十万人の児童を対象に運動能力を測定する場合、全数調査を行うことが難しいため、一部の標本データで分析を行う標本標準偏差が使われる。
一方、クラス10人の身長、体重などの標準偏差を求める場合、全員が対象となるため母標準偏差が使われる。

名　称	使用例	説　明
否定	否定(論理式)	引数に指定された論理式が真であればfalseを、偽であればtrueを返す。
四捨五入	四捨五入(A1, 桁位置)	セルA1の値を指定された桁位置で四捨五入した値を返す。桁位置は小数第1位の桁を0とし、右方向を正として数えたときの位置とする。例えば、 四捨五入(-314.059,2)=-314.06、 四捨五入(314.059,-2)=300、 四捨五入(314.059,0)=314
切上げ	切上げ(A1, 桁位置)	セルA1の値を指定された桁位置で切上げた値を返す。桁位置は小数第1位の桁を0とし、右方向を正として数えたときの位置とする。例えば、 切上げ(-314.059,2)=-314.06、 切上げ(314.059,-2)=400、 切上げ(314.059,0)=315
切捨て	切捨て(A1, 桁位置)	セルA1の値を指定された桁位置で切捨てた値を返す。桁位置は小数第1位の桁を0とし、右方向を正として数えたときの位置とする。例えば、 切捨て(-314.059,2)=-314.05、 切捨て(314.059,-2)=300、 切捨て(314.059,0)=314
結合	結合(式1, 式2, …)	式1、式2、…の値を文字列として結合した値を返す。例えば、 結合('北海道','九州',123,456) =北海道九州123456
順位	順位(A1, A1:A5, 0)	セルA1からセルA5のセル範囲の中でのセルA1の順位を返す。同じ値がある場合、それらを同順とし、次の順位は同順の個数だけ加算した順位とする。 引数3の「順序の指定」には、昇順(0)または降順(1)を指定する。
乱数	乱数(　)	0以上1未満の値の範囲で、同じ確率になるように乱数(実数値)を返す。
表引き	表引き(A3:H11, 2, 5)	セルA3からセルH11のセル範囲の中で、左上端から行2と列5の位置のセルの値を返す。(セルE4の値を返す) 行と列の位置は、左上端からそれぞれ1,2,…と数える。

※合計、平均、最大、最小、標準偏差、順位の関数は、引数で指定されたセル範囲のうち、文字列や空白セルは計算の対象になりません。

10-4 予想問題

※解答は巻末にある別冊「予想問題 解答と解説」P.46に記載しています。

問題 10-1

各店舗の4月から6月の売上数の合計をもとに、全体の構成比を求めたい。セルF2に入力するべき計算式はどれか。
ここで、セルF2に入力する計算式は、セルF3～F7に複写して使うものとする。

	A	B	C	D	E	F
1		4月売上	5月売上	6月売上	合計	構成比
2	店舗A	550	430	500	1,480	
3	店舗B	450	400	450	1,300	
4	店舗C	300	210	510	1,020	
5	店舗D	450	200	340	990	
6	店舗E	230	340	230	800	
7	合計	1,980	1,580	2,030	5,590	

ア　E2/E$7
イ　$E$2/$E7
ウ　$E$2/E7
エ　E2/B2

問題 10-2

Y社では、今期の報奨金を各課の売上高に応じて比例配当することにした。次のような表があるとき、セルC3に入力するべき計算式はどれか。
なお、セルC3の計算式は、B課～D課に複写するものとする。

	A	B	C
1	報奨金	5,000	
2		売上高	配当金
3	A課	1,200	
4	B課	800	
5	C課	1,500	
6	D課	1,000	

ア　B3/合計(B$3:B$6)*B$1
イ　B3/平均(B$3:B$6)*$B$1
ウ　B3/合計($B3:$B6)*$B1
エ　B$3/合計(B$3:B$6)*B$1

問題 10-3

セルB2～F50にアンケートの回答結果が入力されている。セルB52～F53に問ごとの回答数を求めたい。セルB52～F53に複写して使う場合、セルB52に入力するべき計算式はどれか。

	A	B	C	D	E	F
1	氏名	問1	問2	問3	問4	問5
2	飯塚　希実	はい	はい	いいえ	いいえ	いいえ
3	井出　智也	いいえ	はい	はい	はい	いいえ
4	大内　祐樹	いいえ	いいえ	はい	はい	はい
5	加藤　壮亮	はい	はい	いいえ	はい	はい
⋮	⋮	⋮	⋮	⋮	⋮	⋮
50	渡辺　健太	はい	いいえ	はい	いいえ	はい
51	回答	問1	問2	問3	問4	問5
52	はい					
53	いいえ					

ア　条件付個数（$B2：$B50, ＝A$52）
イ　条件付個数（B$2：B$50, ＝$A52）
ウ　条件付個数（$B2：$B50, ＝$A52）
エ　条件付合計（B$2：B$50, ＝A$52）

問題 10-4

各商品の粗利益比率を求めるために、次のようなワークシートのセルG2に計算式を入力して、セルG3～G7に複写したい。
セルG2に入力するべき計算式はどれか。
なお、粗利益比率は小数第1位までのパーセント表示形式を設定している。

	A	B	C	D	E	F	G
1		原価	単価	数量	売上高	粗利益	粗利益比率
2	商品あ	1,000	2,000	2,310	4,620,000	2,310,000	31.5%
3	商品い	2,500	4,500	300	1,350,000	600,000	8.2%
4	商品う	1,700	3,000	2,500	7,500,000	3,250,000	44.4%
5	商品え	350	500	3,100	1,550,000	465,000	6.3%
6	商品お	1,000	3,000	350	1,050,000	700,000	9.6%
7	合計			8,560	16,070,000	7,325,000	100.0%

ア　F2/E2
イ　$F7/F2
ウ　F2/合計（E$2：E$7）
エ　F2/F$7

IT Passport

CBT試験対策

CBT試験とは

CBT試験がどのような試験なのか、申込から受験までどのような流れで行われるのかを記載しています。また、CBT試験に関してよく寄せられる質問をQ&A形式で説明しています。

CBT試験とは

1　CBT試験とは

ITパスポート試験は、情報処理推進機構（IPA）が実施する情報処理の基礎知識を問う国家試験として、広く浸透しています。これから職業人になろうとする学生や入社して間もない若年層の社員を中心に、幅広い年齢層の人たちが、自らのITリテラシーを証明するためにこの試験を目指しています。
2009年（平成21年）4月からスタートしたITパスポート試験はペーパー方式の試験でしたが、2011年（平成23年）11月にCBT方式の試験に変更されました。CBTは**「Computer Based Testing」**の略で、パソコンを用いて行う試験のことです。パソコンのディスプレイに表示される問題を読み解き、マウスやキーボードなどの入力装置を使って解答する試験です。
また、2016年（平成28年）3月からは、解答に時間を要する中問が廃止され、同数の小問に置き換えた上で、試験時間が120分に短縮されました。これによって、受験者の負担が軽減されています。

CBT試験には、どのような特徴があるか確認しましょう。

●受験チャンスが多い
CBT試験は、随時実施されています。会場によって試験の実施頻度は異なりますが、試験の実施回数そのものが多いため、受験者にとって受験チャンスの多い試験です。

●受験者主体で学習プランを設計できる
CBT試験は、試験日時や試験会場を自分自身で決められるので、自分のスキルに合わせて受験目標を立てることができます。
学習にあてられる時間などを考慮し、自分のペースで計画的に学習を進められます。

●申込から受験、結果発表までの期間が短縮される
CBT試験では、試験前日の午前中までに申し込んでおけば、翌日に受験することも可能です。（クレジットカード支払で最短の場合）
また、CBT試験では、試験が終わったその場でパソコンの画面で結果を確認できるようになります。

このようにCBT試験は、受験者の利便性に優れた試験です。

2　CBT試験の流れ

CBT試験の申込から受験、合格証書の受領までの流れを確認しましょう。

※2019年12月現在の情報に基づき、記載しています。

1　試験情報確認

専用のホームページ（https://www3.jitec.ipa.go.jp/JitesCbt/index.html）で試験に関する最新の情報を確認します。会場別空席状況やCBT操作手順なども確認できます。

2　利用者情報登録

専用のホームページで利用者情報を登録します。

利用者情報の登録には、自分自身のメールアドレスが必要となります。メールアドレスを所持していない場合には、利用者情報を登録することができません。

※利用者情報の登録が完了しなければ、受験申込はできません。

3　受験申込

専用のホームページで受験を申し込みます。

ホームページ上での申込手続きは、「試験会場の選択」→「受験日の選択」→「試験開始時間の選択」→「アンケートの入力」→「支払方法の選択」→「支払処理」の順番に行われます。

4　受験料支払

受験料は、次のいずれかの方法で支払います。

支払方法	説　明
クレジットカード	クレジットカードで受験料を支払うことができます。 受験料の決済が即座に行われます。 申込日から最短で翌日以降の受験が可能です。
コンビニ	コンビニで受験料を支払うことができます。 受験料の決済に4日間が必要となります。 申込日から最短で5日後以降の受験が可能です。
バウチャー	バウチャーの発行番号によって支払うことができます。 バウチャーは、企業や学校などの団体が、一括で支払う場合に用意された前売りの電子チケットです。 受験料の決済が即座に行われます。 申込日から最短で翌日以降の受験が可能です。

5 確認票のダウンロード

支払処理が完了すると、登録したメールアドレスに申込完了メールが送信されます。申込完了メールには、「確認票」のダウンロードについて記載されているので、メッセージに従って、自分のパソコンにダウンロードします。

6 受験

申し込んだ日時、会場で受験します。
受験には、「本人を確認できる写真付き書類」と「確認票」が必要です。
確認票に記載されている「受験番号」「利用者ID」「確認コード」がなければ、試験を開始できないので、忘れずに持参しましょう。

7 結果確認

試験終了後、すぐに採点が行われ、その場で得点を確認できます。
また、1年間は専用のホームページから試験結果をいつでもダウンロードできます。

8 合格発表／合格証書交付

受験日の翌月に経済産業省が合格を正式に認定し、翌々月に合格証書が交付されます。

3 CBT疑似体験ソフトウェア

専用のホームページ（https://www3.jitec.ipa.go.jp/JitesCbt/index.html）からITパスポート試験の**「CBT疑似体験ソフトウェア」**をダウンロードできます。
CBT疑似体験ソフトウェアを使うと、本試験同様の画面や操作方法を確認できます。
※2019年12月現在の情報に基づき、記載しています。

CBT疑似体験ソフトウェアの問題表示と解答画面を確認しましょう。

●操作説明目次

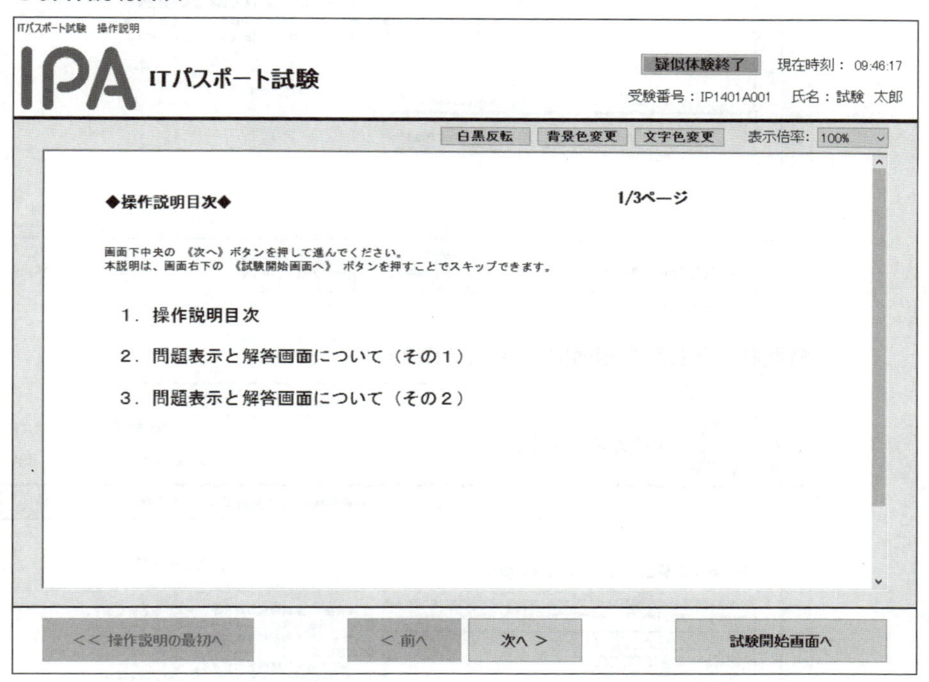

●問題表示と解答画面について（その1）

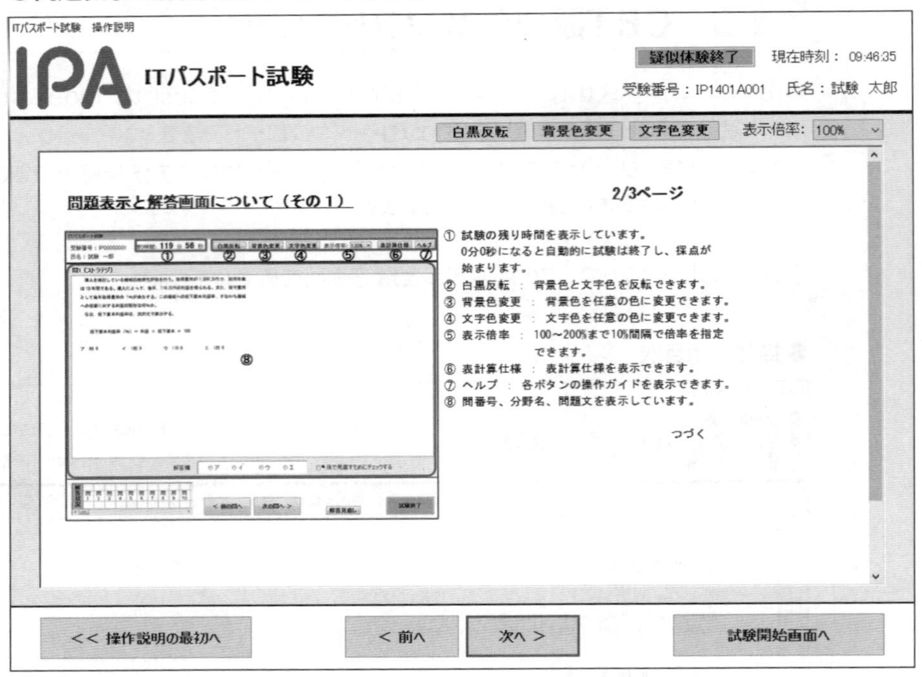

●問題表示と解答画面について（その2）

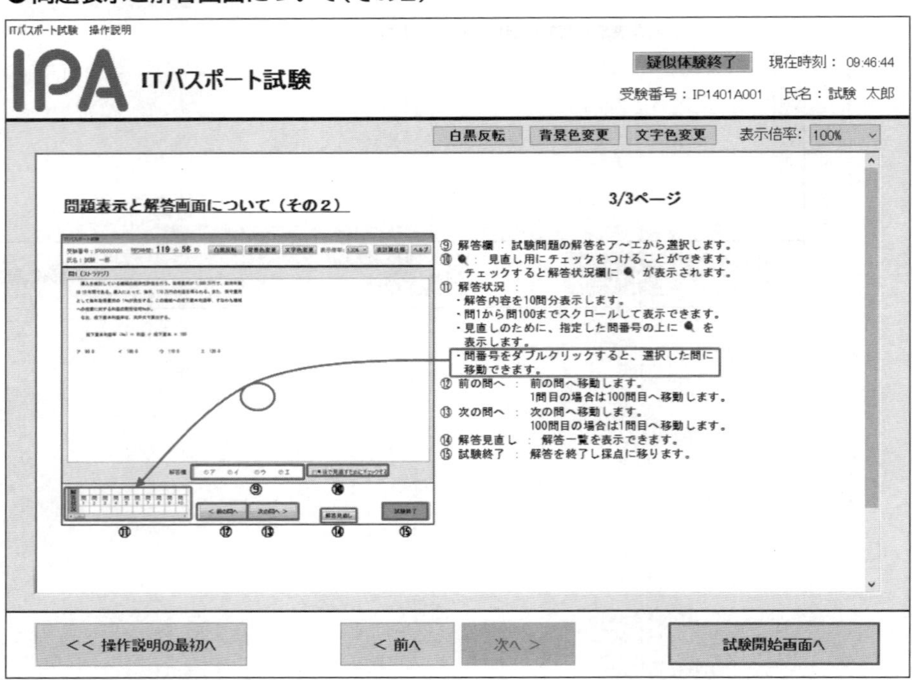

4 CBT試験 よく寄せられる質問

CBT試験に関して、よく寄せられる質問とその回答を確認しましょう。
※2019年12月現在の情報に基づき、記載しています。

CBT試験の出題範囲は、何に基づいていますか？

CBT試験（ITパスポート試験）は、専用のホームページ（https://www.jitec.ipa.go.jp/）で公開されている試験要綱の出題範囲、およびその出題範囲を詳細化し求められる知識の幅と深さを体系的に整理・明確化した**「シラバス（知識・技能の細目）」**に基づいて出題されます。

なお、2019年（令和元年）12月現在、シラバスの最新バージョンは**「Ver.4.0」**（2018年（平成30年）8月改訂）です。

※出題範囲については、本書P.9「2 出題範囲」を参照してください。
※シラバスについては、本書P.13「3 シラバス（知識・技能の細目）」を参照してください。

Q2

CBT試験の試験時間は何分ですか？

A2

120分です。
CBT試験では、パソコンの画面に残り時間が表示されるようになっています。

Q3

CBT試験の出題数は何問ですか？

A3

2016年（平成28年）2月までは小問84問＋中問4問（1中問につき4つの問）の合計100問でしたが、2016年（平成28年）3月からは小問100問になりました。

Q4

CBT試験の出題形式はどのようなものですか？

A4

4つの選択肢から1つを選択する**「四肢択一」**の選択式です。

Q5

CBT試験で出題される問題は、すべての受験者で同じですか？

A5

同じ会場、同じ時間に受験しても、同じ問題は出題されません。
100問の問題は、受験者ごとにランダムに出題されます。

Q6 CBT試験の配点や採点方式はどのようになっていますか？

A6 CBT試験は**「IRT」**と呼ばれる方式に基づいて1,000点満点で評価されます。
IRTは、**「Item Response Theory」**の略で、日本語では**「項目応答理論」**や**「項目反応理論」**と訳されます。IRTは、複数の受験者がそれぞれ異なる問題で受験した場合でも、受験者の能力を同一の尺度で算出できる採点方式です。
具体的な採点方式については公開されていませんが、問題の難易度に応じて問題ごとに配点が異なると考えられます。

Q7 筆記用具が持ち込み禁止ですが、計算式や図解などをメモしながら考えたい場合には、どうしたらよいですか？

A7 試験会場には、受験者ごとに鉛筆やメモ用紙などの筆記用具が用意されています。
これらの筆記用具を使ってメモを取ることが可能です。なお、これらの筆記用具は持ち帰ることはできません。

Q8 身体に不自由があり、パソコンでの試験が困難です。ほかの方法で受験できますか？

A8 身体の不自由によりCBT方式で受験できない場合には、ペーパー方式で受験することが可能です。身体障害者手帳のコピーや医師の診断書などを添えて、情報処理推進機構（IPA）に申請する必要があります。

Q9 CBT試験の受験料はいくらですか？

A9 5,700円（税込み）です。

過去問題プログラムの使い方

本書に添付している過去問題プログラムの使い方を記載しています。
Windowsの設定やインストールなどの事前の準備から、使用上の注意事項まで説明しています。また、過去問題プログラムに関してよく寄せられる質問をQ&A形式で説明しています。

過去問題プログラムの使い方

1　過去問題プログラム

試験画面はどうなっているのか、操作方法はどうなっているのかなど、CBT試験が実際にどのように実施されるのか、受験者には気になるところです。本書には、そのような不安を取り除くことができる**「過去問題プログラム」**を収録しています。この過去問題プログラムを使うと、本番のCBT試験とほぼ同じように動作する試験を模擬的に体験できます。繰り返し学習することで、画面構成や操作方法に自然に慣れ親しむことができます。
過去問題プログラムには、過去問題を合計800問とそれに対応する詳細な解説を収録しています。試験結果をビジュアル表示して実力を把握し、間違えた問題だけを解いたり、キーワード検索した問題を解いたりなど、弱点強化機能も充実しています。
※収録の過去問題プログラムは、FOM出版が独自に開発したもので、本試験のプログラムと全く同一ではありません。

2　Windowsの設定

過去問題プログラムを利用する前に、Windowsを次のように設定しましょう。

画面解像度	**：1024×768ピクセル　または　1280×1024ピクセル　または　1366×768ピクセル**
ディスプレイの文字や項目のサイズ	**：100%　または　125%　または　150%**

※画面解像度やディスプレイの文字や項目のサイズを変更すると、デスクトップのアイコンの配置が変更される場合があります。あらかじめご了承ください。

■Windows 10の設定方法

Windows 10で設定する方法は、次のとおりです。

①**《スタート》**をクリックします。
②**《設定》**をクリックします。
③**《設定》**の一覧から**《システム》**を選択します。
④**《システム》**の一覧から**《ディスプレイ》**を選択します。
⑤**《ディスプレイの解像度》**を**《1024×768》**または**《1280×1024》**または**《1366×768》**に設定します。
※確認メッセージが表示される場合は、《変更の維持》をクリックします。

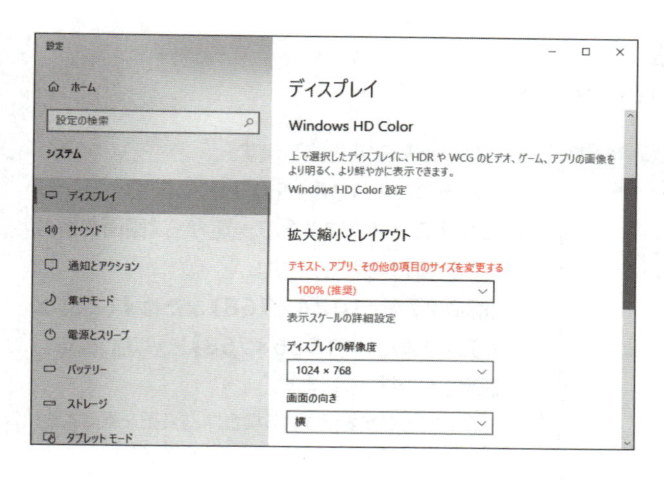

⑥**《テキスト、アプリ、その他の項目のサイズを変更する》**を**《100%》**または**《125%》**または**《150%》**に設定します。

■Windows 8.1の設定方法

Windows 8.1で設定する方法は、次のとおりです。

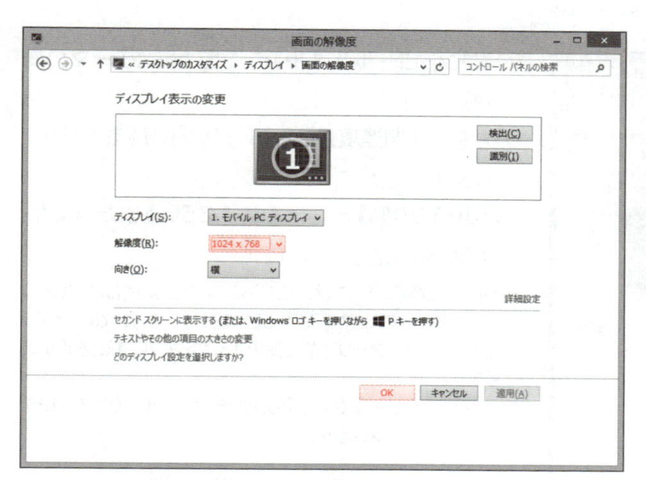

①スタート画面の をクリックします。

②**《Windowsシステムツール》**の**《コントロールパネル》**をクリックします。

③**《コントロールパネル》**の一覧から**《画面の解像度の調整》**を選択します。

④**《解像度》**を**《1024×768》**または**《1280×1024》**または**《1366×768》**に設定します。

⑤**《OK》**をクリックします。

※確認メッセージが表示される場合は、《変更を維持する》をクリックします。

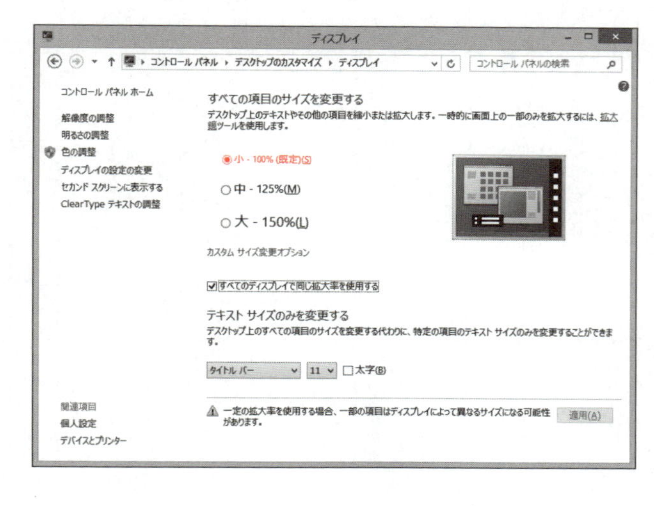

⑥**《コントロールパネル》**の一覧から**《テーマの変更》**を選択します。

⑦左側の**《関連項目》**の**《ディスプレイ》**をクリックします。

⑧**《小-100%》**または**《中-125%》**または**《大-150%》**に設定します。

※《中-125%》または《大-150%》に設定した場合は、《すべてのディスプレイで同じ拡大率を使用する》をオフにする必要があります。

※設定を変更した場合は、《適用》をクリックし、《今すぐサインアウト》をクリックします。

■Windows 7の設定方法

Windows 7で設定する方法は、次のとおりです。

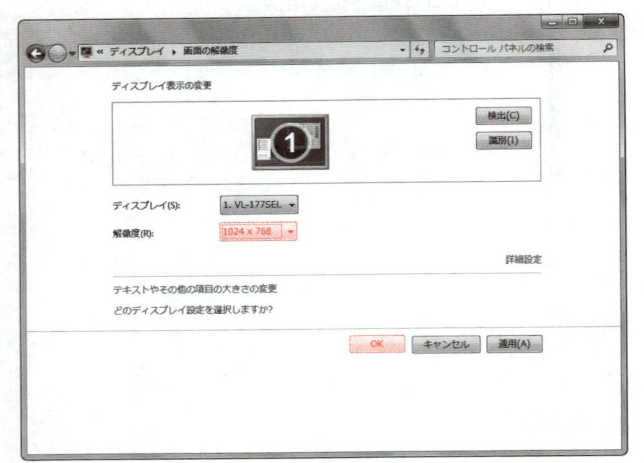

①**《スタート》**をクリックします。

②**《コントロールパネル》**をクリックします。

③**《コントロールパネル》**の一覧から**《画面の解像度の調整》**を選択します。

④**《解像度》**を**《1024×768》**または**《1280×1024》**または**《1366×768》**に設定します。

⑤**《OK》**をクリックします。

※確認メッセージが表示される場合は、《変更を維持する》をクリックします。

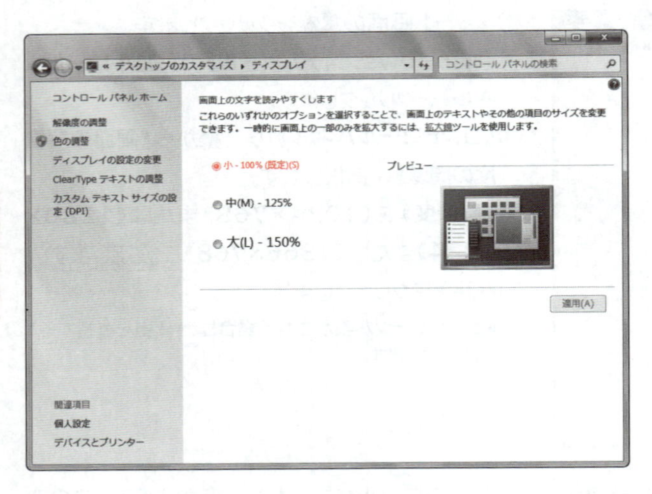

⑥**《コントロールパネル》**の一覧から**《テーマの変更》**を選択します。

⑦左側の**《関連項目》**の**《ディスプレイ》**をクリックします。

⑧**《小-100%》**または**《中-125%》**または**《大-150%》**に設定します。

※《中-125%》または《大-150%》に設定した場合は、左側の《カスタムテキストサイズの設定(DPI)》→《WindowsXP形式のDPIスケーリングを使用する》をオフにする必要があります。

※設定を変更した場合は、《適用》をクリックし、《今すぐログオフ》をクリックします。

3　過去問題プログラムのインストール

過去問題プログラムをパソコンにインストールしましょう。

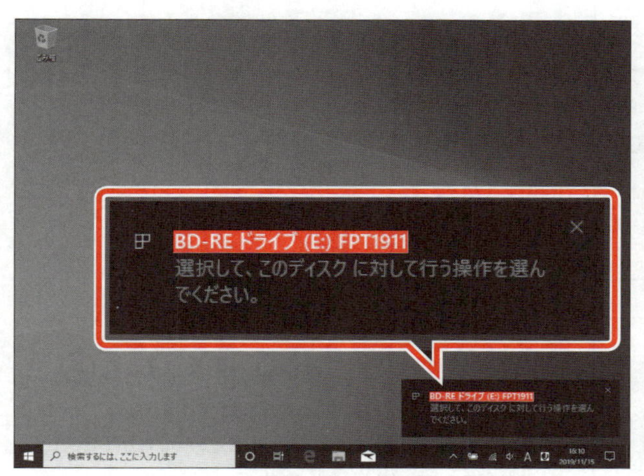

①CD-ROMをドライブにセットします。

②画面の右上または右下に表示される**《BD-RE ドライブ（E:）FPT1911》**をクリックします。

※お使いのパソコンによって、ドライブ名は異なります。

※Windows 7の場合は、《自動再生》ダイアログボックスが表示されます。

③**《itstart.exeの実行》**をクリックします。

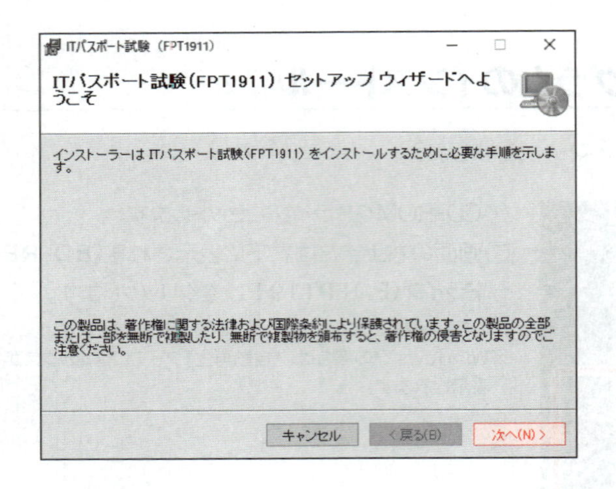

インストールの準備が完了すると、**《ITパスポート試験（FPT1911）セットアップウィザードへようこそ》**が表示されます。

④**《次へ》**をクリックします。

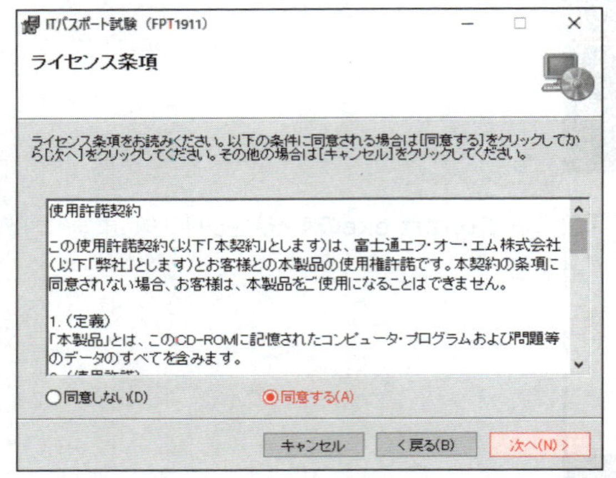

《ライセンス条項》が表示されます。

⑤使用許諾契約を確認し、**《同意する》**を◉にします。

※同意しない場合は、インストールを進めることができません。

⑥**《次へ》**をクリックします。

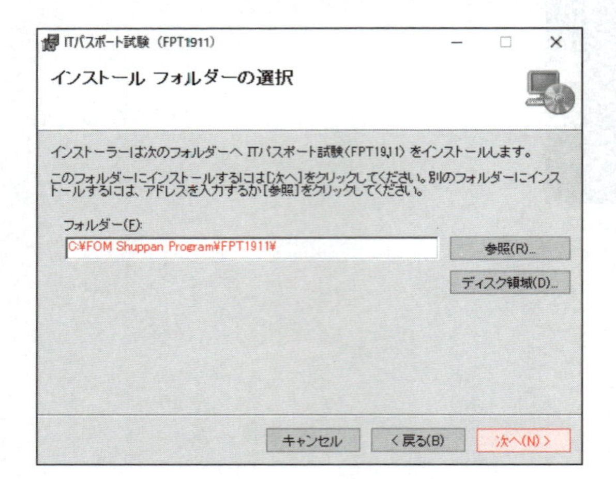

《インストールフォルダーの選択》が表示されます。

⑦**《フォルダー》**を確認します。

※ほかの場所にインストールする場合は、《参照》をクリックします。

⑧**《次へ》**をクリックします。

※《ユーザーアカウント制御》ダイアログボックスが表示される場合は、《続行》または《はい》をクリックします。

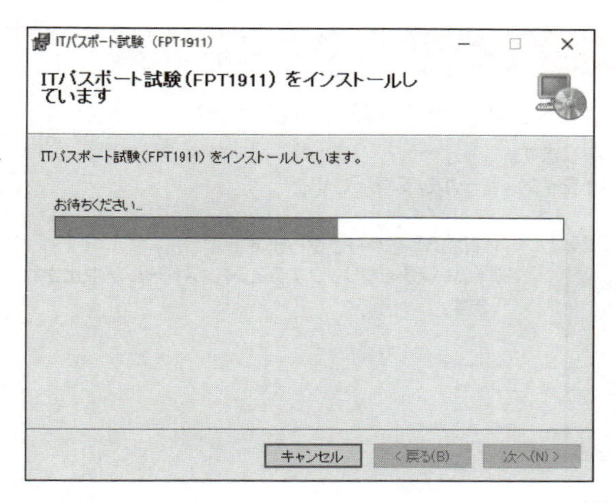

インストールが実行されます。

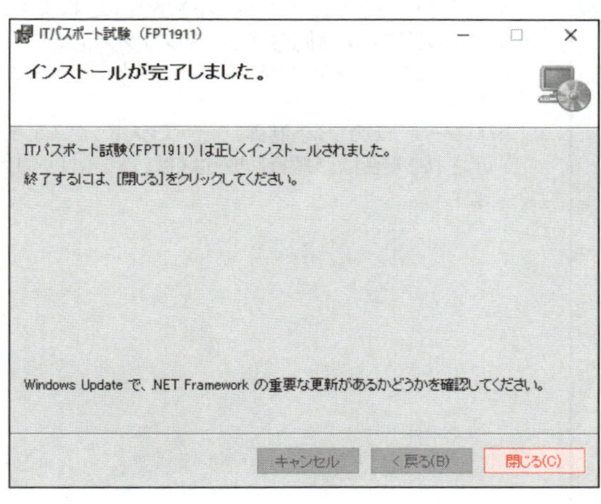

インストールが完了すると、図のようなメッセージが表示されます。

⑨《閉じる》をクリックします。

※お使いのパソコンの環境によっては、再起動が必要な場合があります。メッセージに従って操作してください。

インストール画面が表示されない場合

CD-ROMをセットしているにもかかわらず、インストール画面が表示されない場合は、次の手順でインストールを行います。

Windows 10の場合

◆《スタート》→《Windowsシステムツール》→《PC》→「FPT1911」ドライブを右クリック→《開く》→《itstart》を右クリック→《開く》→メッセージに従って操作

Windows 8.1の場合

◆スタート画面の⬇→《Windowsシステムツール》の《PC》→「FPT1911」ドライブを右クリック→《開く》→「itstart」を右クリック→《開く》→メッセージに従って操作

Windows 7の場合

◆《スタート》→《コンピューター》→「FPT1911」ドライブを右クリック→《開く》→「itstart」を右クリック→《開く》→メッセージに従って操作

「Microsoft .NET Framework 4」のインストール画面が表示された場合

Windows 7では、次のような画面が表示される場合があります。
メッセージに従って「Microsoft .NET Framework 4」をインストールしてください。

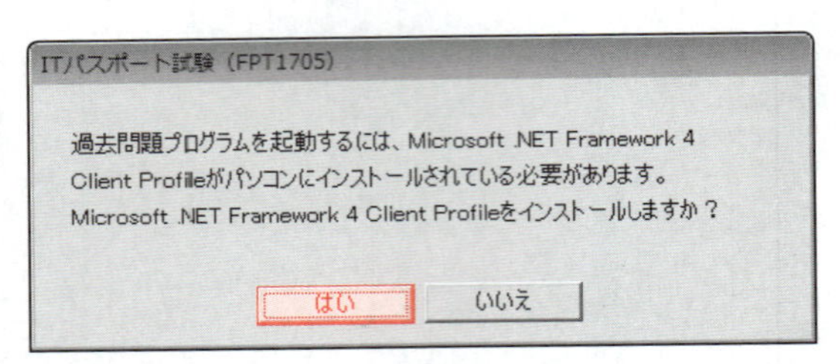

①《はい》をクリックします。
※《いいえ》をクリックすると、インストールが中止されます。

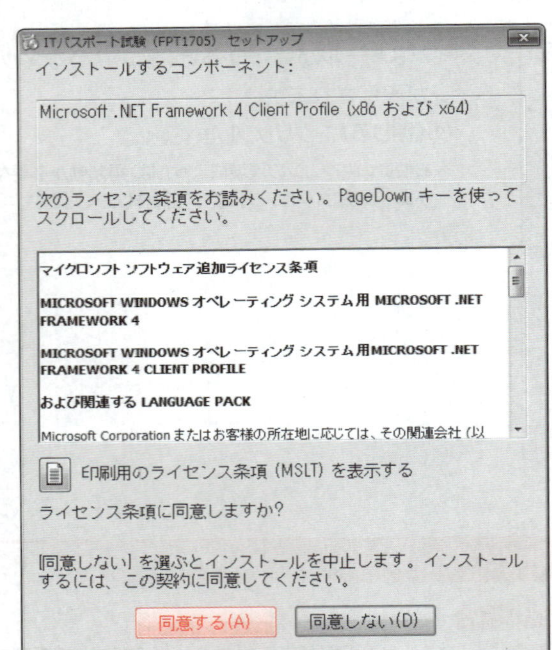

《インストールするコンポーネント》が表示されます。
②内容を確認し、《同意する》をクリックします。
※《同意しない》をクリックすると、インストールが中止されます。
※《ユーザーアカウント制御》ダイアログボックスが表示される場合は、《続行》または《はい》をクリックします。

4　過去問題プログラムの起動

過去問題プログラムを起動しましょう。
過去問題プログラムの利用にあたっては、P.436**「使用許諾契約」**を必ずご確認ください。

①すべてのアプリケーションを終了します。

※アプリケーションを起動していると、過去問題プログラムが正しく動作しない場合があります。

②**《スタート》**をクリックします。

※Windows 8.1の場合は、《スタート》をクリックしてスタート画面に戻し、スタート画面の⬇をクリックします。

③**《ITパスポート試験（FPT1911）》**をクリックします。

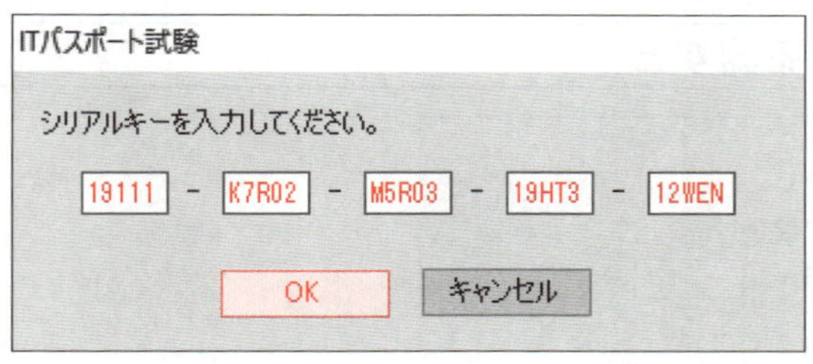

《シリアルキーを入力してください。》が表示されます。

④次のシリアルキーを半角で入力します。

19111-K7R02-M5R03-19HT3-12WEN

※シリアルキーは、過去問題プログラムを初めて起動するときに、1回だけ入力します。

⑤**《OK》**をクリックします。

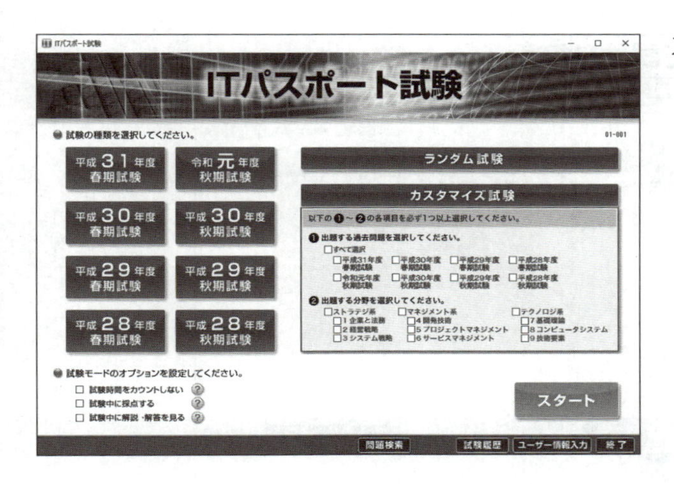

スタートメニューが表示されます。

5　過去問題プログラムの使い方

過去問題プログラムを使って、試験を実施する流れを確認しましょう。

1　スタートメニューで試験の種類とオプションを選択する

2　出題数と試験時間を確認する

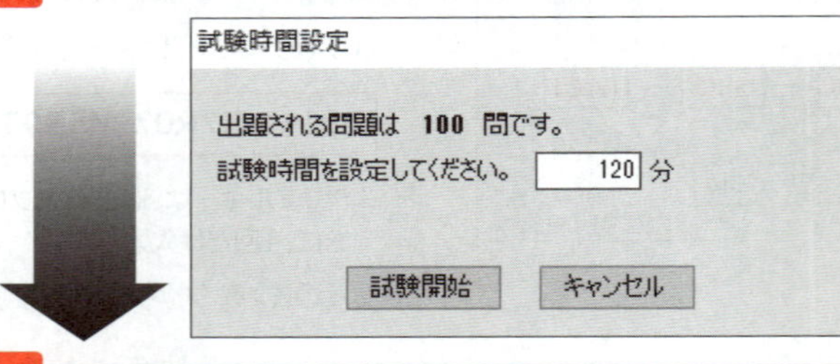

3　試験実施画面で試験を行う

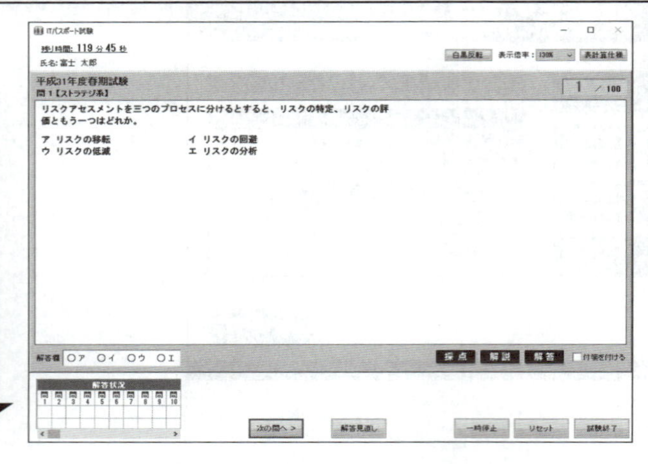

4 試験結果画面で正答率や採点結果を確認する

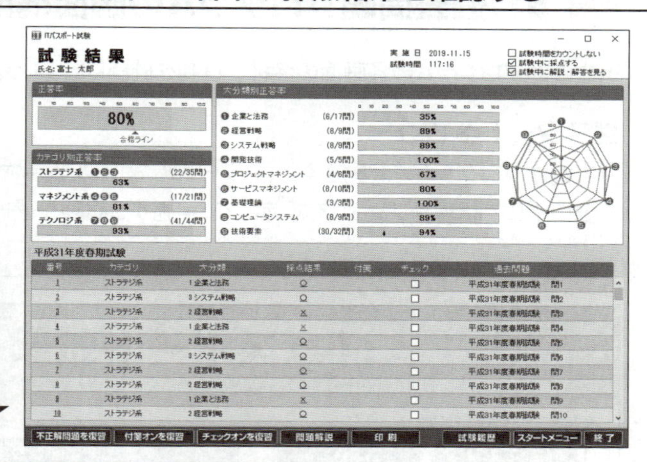

5 問題解説画面で問題の読み解き方を確認する

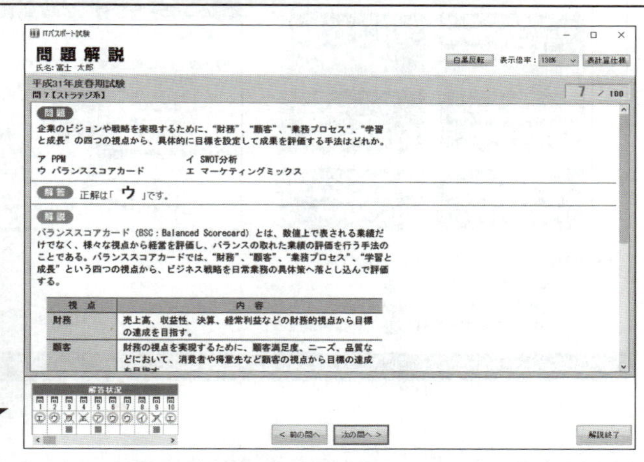

6 試験履歴画面でこれまで実施したすべての試験の成績を確認する

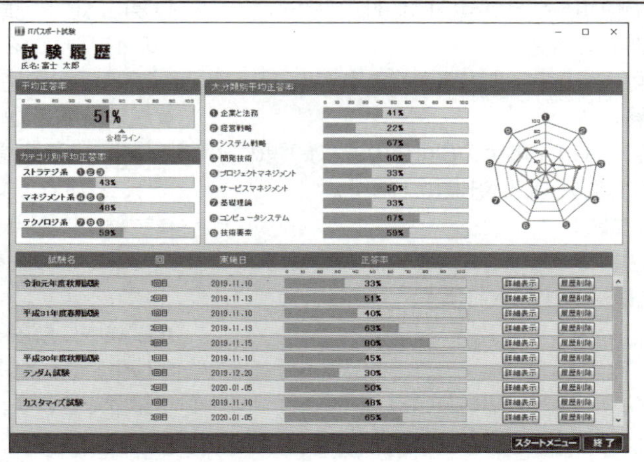

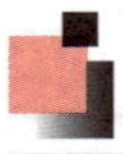

6 過去問題プログラムの画面構成

過去問題プログラムの各画面の名称と役割を確認しましょう。

■スタートメニュー

過去問題プログラムを起動すると、スタートメニューが表示されます。
必要に応じて試験オプションを設定して、実施する試験を選択します。

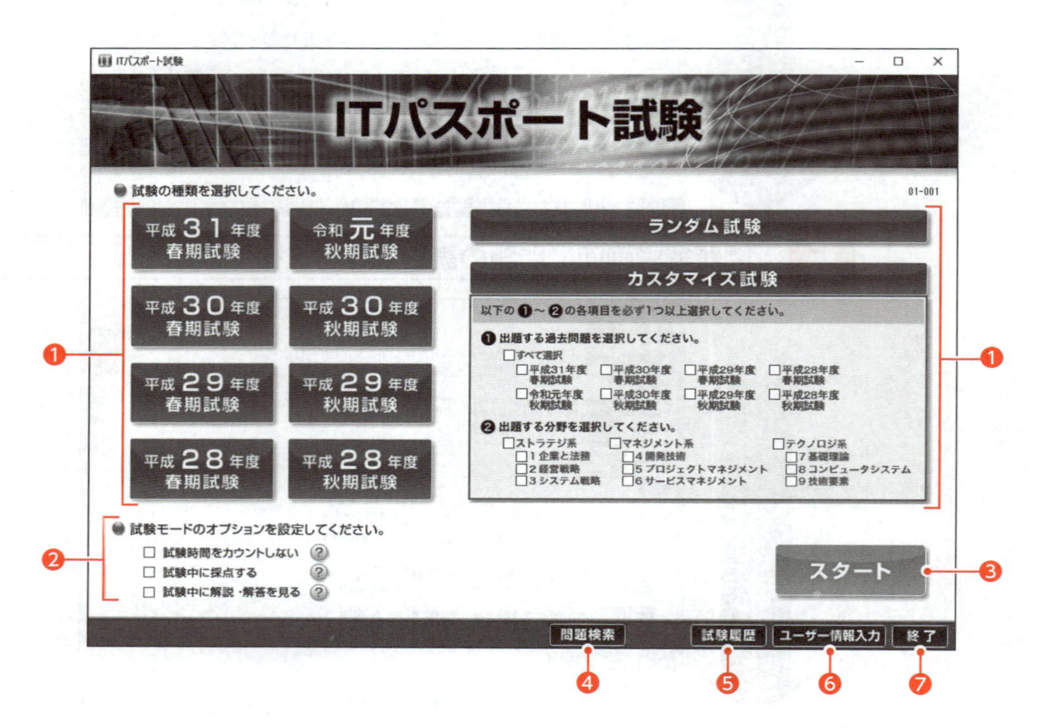

❶試験の種類

実施する試験の種類をひとつ選択します。

- 平成○○年度○期試験：
  過去問題1回分がそのまま出題されます。
- ランダム試験：
  平成28年度～令和元年度の8回分の過去問題の中からランダムに100問が出題されます。
- カスタマイズ試験：
  出題する過去問題、分野をユーザーが指定できます。指定した問題が出題されます。

❷試験モードのオプション

必要に応じて、試験の種類を選択する前に、試験モードのオプションを設定します。《?》をポイントすると、オプションの説明が表示されます。

- 試験時間をカウントしない：
  ☑にすると、試験時間をカウントせずに試験を行うことができます。
- 試験中に採点する：
  ☑にすると、試験中に問題ごとの採点結果を確認できます。
- 試験中に解説・解答を見る：
  ☑にすると、試験中に問題ごとの解説と解答を確認できます。

❸スタート

クリックすると、**《試験時間設定》**ダイアログボックスが表示されます。このダイアログボックスで試験時間を設定して、**《OK》**をクリックすると、試験が開始されます。

❹問題検索

クリックすると、問題検索画面が表示されます。

❺試験履歴

クリックすると、試験履歴画面が表示されます。

❻ユーザー情報入力

クリックすると、**《ユーザー情報入力》**ダイアログボックスが表示されます。このダイアログボックスでユーザーの名前を入力しておくと、試験実施画面にその名前が表示されます。設定していない場合は、パソコンにログインしているユーザーの名前が表示されます。

❼終了

クリックすると、過去問題プログラムが終了します。

POINT ▶▶▶

カスタマイズ試験

カスタマイズ試験では、出題する過去問題、分野を指定できます。

以下の❶～❷の各項目を必ず1つ以上選択してください。

① ❶ 出題する過去問題を選択してください。

□すべて選択

□平成31年度 春期試験　□平成30年度 春期試験　□平成29年度 春期試験　□平成28年度 春期試験

□令和元年度 秋期試験　□平成30年度 秋期試験　□平成29年度 秋期試験　□平成28年度 秋期試験

② ❷ 出題する分野を選択してください。

□ストラテジ系　□1 企業と法務　□2 経営戦略　□3 システム戦略

□マネジメント系　□4 開発技術　□5 プロジェクトマネジメント　□6 サービスマネジメント

□テクノロジ系　□7 基礎理論　□8 コンピュータシステム　□9 技術要素

❶出題する過去問題

8回分の過去問題から、出題する過去問題を指定します。

❷出題する分野

出題する分野を指定します。

POINT ▶▶▶

《試験時間設定》ダイアログボックス

《試験時間設定》ダイアログボックスで出題数を確認したり、試験時間を変更したりできます。

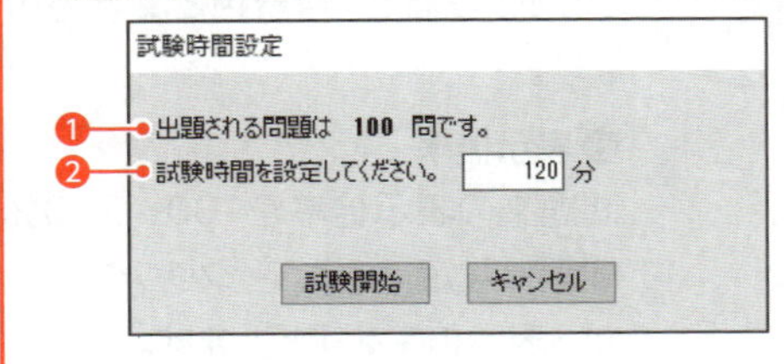

❶出題数

試験に出題される問題の総数が表示されます。

《平成○○年度○期試験》と《ランダム試験》を選択した場合、出題数は必ず100問になります。

《カスタマイズ試験》を選択した場合、該当する問題の数が自動的に表示されます。

❷試験時間

試験時間は、1～999分の範囲で自由に設定できます。

■試験実施画面

試験を開始すると、試験実施画面に問題文が表示されます。

※試験実施画面や採点方法は、FOM出版が独自に開発したもので、本試験のプログラムとは異なります。

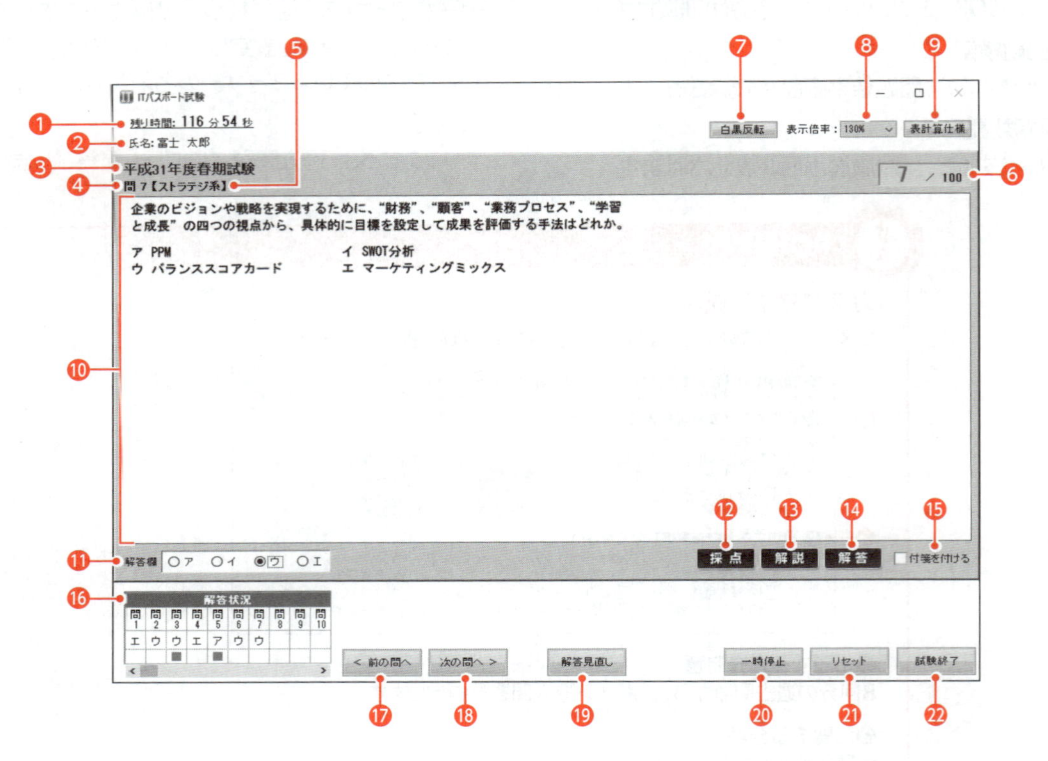

❶残り時間

残りの試験時間が表示されます。

※スタートメニューのオプションで《☑試験時間をカウントしない》にすると、残り時間は表示されません。

❷氏名

スタートメニューの**《ユーザー情報入力》**でユーザーの名前を設定している場合、その名前が表示されます。設定していない場合は、パソコンにログインしているユーザーの名前が表示されます。

❸試験の種類

現在実施されている試験の種類が表示されます。

❹問題番号

現在表示されている問題の番号が表示されます。

❺カテゴリ

現在表示されている問題のカテゴリが表示されます。

❻カウント

《平成〇〇年度〇期試験》や**《ランダム試験》**では、**「問題番号／100」**が表示されます。**《カスタマイズ試験》**では、**「連続番号／全問題数」**が表示されます。

❼白黒反転

クリックすると、背景色と文字色の白黒を反転できます。

❽表示倍率

問題文の表示倍率を100～200%の範囲で、10%間隔で設定できます。クリックして、表示される一覧から表示倍率を選択します。

❾表計算仕様

クリックすると、**《表計算仕様》**ダイアログボックスが表示されます。このダイアログボックスで表計算ソフトの機能や用語などを確認できます。

⑩問題文

問題文が表示されます。問題文が一画面にすべて表示されない場合、スクロールバーが表示されます。

⑪解答欄

正解と考える選択肢を◉にします。

⑫採点

クリックすると、解答した選択肢の正否を判定します。正解の場合は**「正解です」**、不正解の場合は**「不正解です」**と表示されます。

※スタートメニューのオプションで《☑試験中に採点する》にすると、《採点》ボタンが表示されます。

⑬解説

クリックすると、**《解説》**ダイアログボックスが表示されます。

※スタートメニューのオプションで《☑試験中に解説・解答を見る》にすると、《解説》ボタンが表示されます。

⑭解答

クリックすると、**《解答》**ダイアログボックスが表示されます。

※スタートメニューのオプションで《☑試験中に解説・解答を見る》にすると、《解答》ボタンが表示されます。

⑮付箋を付ける

クリックすると、現在表示されている問題に付箋が付きます。あとから見直したい問題に付箋を付けておくと、試験結果画面から復習できます。

⑯解答状況

現在実施されている試験の解答状況を10問ずつ確認できます。問題番号をダブルクリックすると、その問題を表示できます。

⑰前の問へ

クリックすると、前の問題が表示されます。

⑱次の問へ

クリックすると、次の問題が表示されます。

⑲解答見直し

クリックすると、解答見直し画面が表示されます。

⑳一時停止

クリックすると、残り時間のカウントが一時的に停止します。

※一時停止すると、《一時停止》ダイアログボックスが表示されます。《再開》をクリックすると、一時停止が解除されます。

㉑リセット

クリックすると、現在表示されている問題が初期の状態に戻ります。

㉒試験終了

クリックすると、試験が終了し、試験結果画面が表示されます。試験時間前に試験を強制的に終了させる場合に使います。

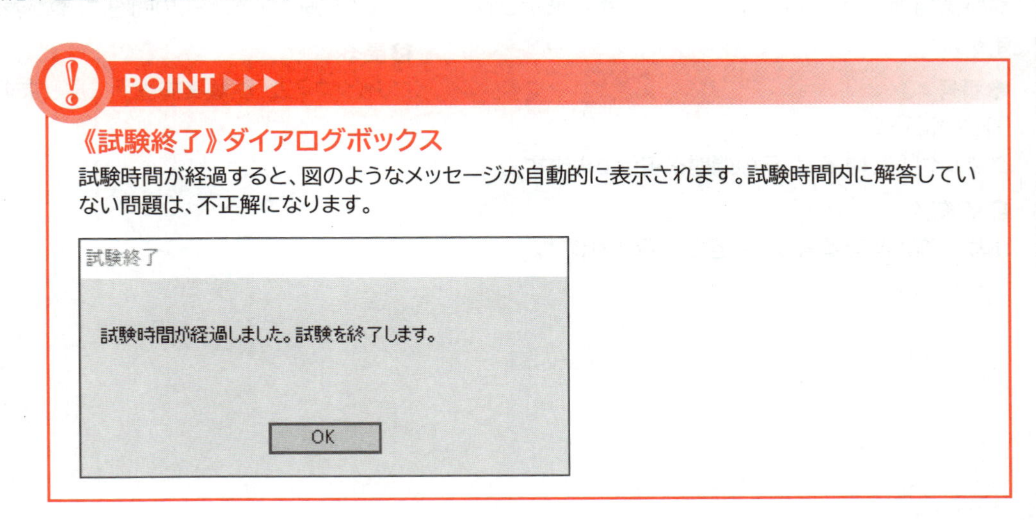

POINT ▶▶▶

《試験終了》ダイアログボックス

試験時間が経過すると、図のようなメッセージが自動的に表示されます。試験時間内に解答していない問題は、不正解になります。

■解答見直し画面

現在実施されている試験の解答状況を確認することができます。

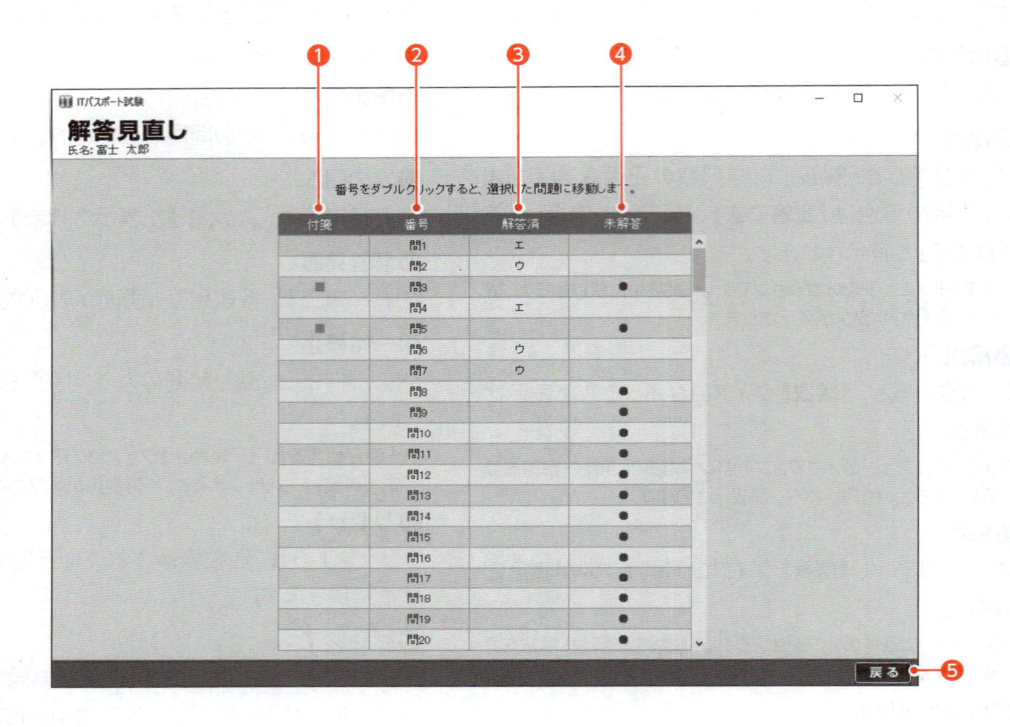

❶付箋

試験実施画面で付箋を付けた問題は、■が表示されます。

❷番号

問題の番号です。

ダブルクリックすると、その問題を表示できます。

❸解答済

試験実施画面で解答した内容が表示されます。

❹未解答

試験実施画面で未解答の問題は、●が表示されます。

❺戻る

クリックすると、試験実施画面に戻ります。

■試験結果画面

試験が終了すると、自動的に採点が行われ、試験結果画面が表示されます。

※試験結果画面や採点方法は、FOM出版が独自に開発したもので、本試験のプログラムとは異なります。

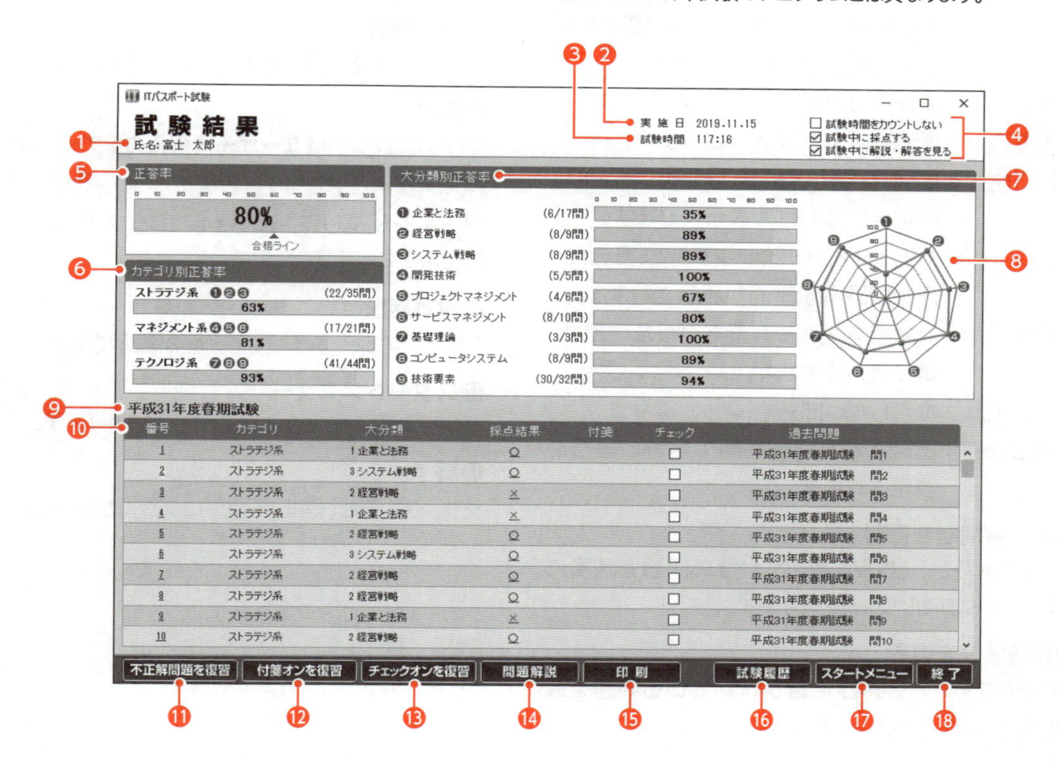

❶氏名
スタートメニューの《**ユーザー情報入力**》でユーザーの名前を設定している場合、その名前が表示されます。設定していない場合は、パソコンにログインしているユーザーの名前が表示されます。

❷実施日
試験を実施した年月日が表示されます。

❸試験時間
試験の開始から終了までの所要時間が表示されます。

❹オプション
スタートメニューで設定したオプションの状態が表示されます。

❺正答率
全問題の正答率が%で表示されます。

❻カテゴリ別正答率
カテゴリ別の正答率が%で表示されます。

❼大分類別正答率
大分類別の正答率が%で表示されます。

❽レーダチャート
大分類別正答率がレーダチャートで表示されます。苦手な分野を把握するのに便利です。

❾試験の種類
実施した試験の種類が表示されます。

❿問題明細

各問題の明細が表示されます。

- ●番号　　：問題の番号が表示されます。
番号をクリックすると、その問題を復習できる画面に切り替わります。
- ●カテゴリ：問題のカテゴリが表示されます。
- ●大分類　：問題の大分類が表示されます。
- ●採点結果：問題が正解の場合には「○」、不正解の場合には「×」が表示されます。
「○」や「×」をクリックすると、その問題の問題解説画面が表示されます。
- ●付箋　　：試験実施画面で付箋を付けた問題は、■が表示されます。
- ●チェック：復習したい問題を☑にします。
- ●過去問題：出題された過去問題の名称と番号が表示されます。

⓫不正解問題を復習

クリックすると、**《採点結果》**が「×」の問題を順番に復習できる画面に切り替わります。

⓬付箋オンを復習

クリックすると、**《付箋》**に■が付いている問題を順番に復習できる画面に切り替わります。

⓭チェックオンを復習

クリックすると、チェックが☑になっている問題を順番に復習できる画面に切り替わります。

⓮問題解説

クリックすると、問題解説画面が表示されます。

⓯印刷

クリックすると、**《ユーザー情報入力》**ダイアログボックスが表示されます。このダイアログボックスでユーザー名を確認して、**《OK》**をクリックすると、試験結果レポートを出力できます。

⓰試験履歴

クリックすると、試験履歴画面が表示されます。

⓱スタートメニュー

クリックすると、スタートメニューに戻ります。

⓲終了

クリックすると、過去問題プログラムが終了します。

試験結果レポート

プリンタが接続されているパソコンでは、《印刷》をクリックすると、次のような試験結果レポートを出力できます。

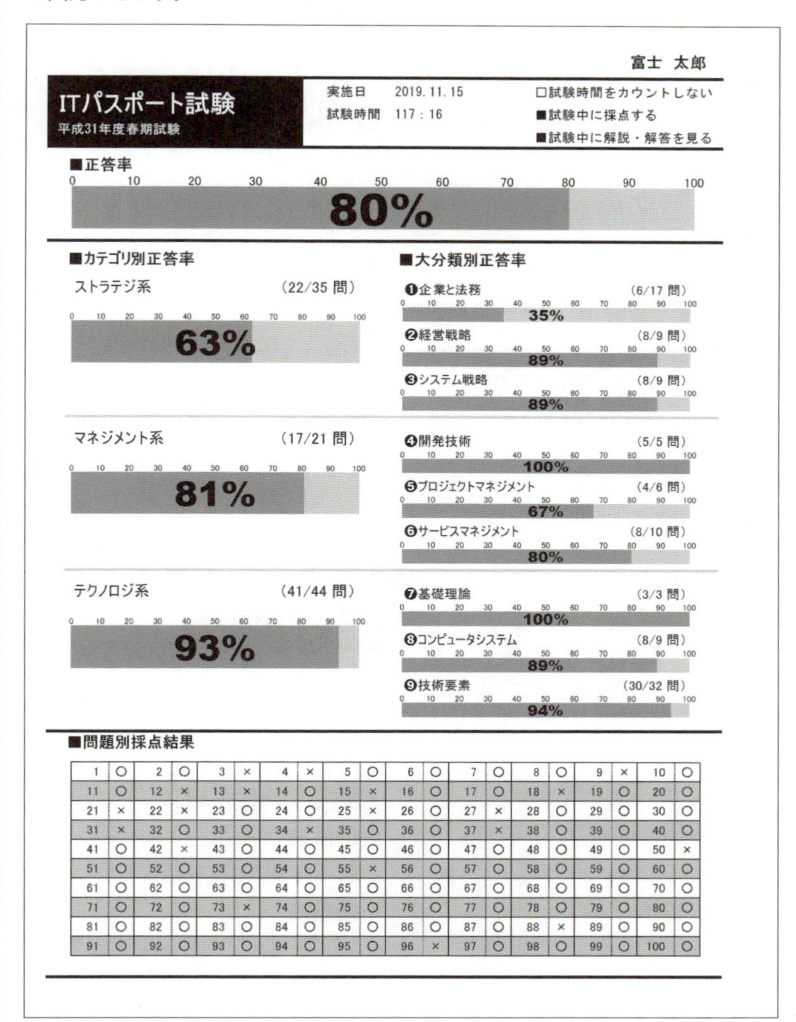

富士　太郎

ITパスポート試験
平成31年度春期試験

実施日　2019. 11. 15
試験時間　117 : 16

□試験時間をカウントしない
■試験中に採点する
■試験中に解説・解答を見る

■正答率

0 10 20 30 40 50 60 70 80 90 100

80%

■カテゴリ別正答率

ストラテジ系　（22/35 問）
63%

マネジメント系　（17/21 問）
81%

テクノロジ系　（41/44 問）
93%

■大分類別正答率

❶企業と法務　（6/17 問）　35%
❷経営戦略　（8/9 問）　89%
❸システム戦略　（8/9 問）　89%
❹開発技術　（5/5 問）　100%
❺プロジェクトマネジメント　（4/6 問）　67%
❻サービスマネジメント　（8/10 問）　80%
❼基礎理論　（3/3 問）　100%
❽コンピュータシステム　（8/9 問）　89%
❾技術要素　（30/32 問）　94%

■問題別採点結果

1	○	2	○	3	×	4	×	5	○	6	○	7	○	8	○	9	×	10	○
11	○	12	×	13	×	14	○	15	×	16	○	17	○	18	×	19	○	20	○
21	×	22	×	23	○	24	○	25	×	26	○	27	×	28	○	29	○	30	○
31	×	32	○	33	○	34	×	35	○	36	○	37	×	38	○	39	○	40	○
41	○	42	×	43	○	44	○	45	○	46	○	47	○	48	○	49	○	50	×
51	○	52	○	53	○	54	○	55	×	56	○	57	○	58	○	59	○	60	○
61	○	62	○	63	○	64	○	65	○	66	○	67	○	68	○	69	○	70	○
71	○	72	○	73	×	74	○	75	○	76	○	77	○	78	○	79	○	80	○
81	○	82	○	83	○	84	○	85	○	86	○	87	○	88	×	89	○	90	○
91	○	92	○	93	○	94	○	95	○	96	×	97	○	98	○	99	○	100	○

■問題解説画面

問題解説画面では、各問題に対する解答と解説を確認できます。

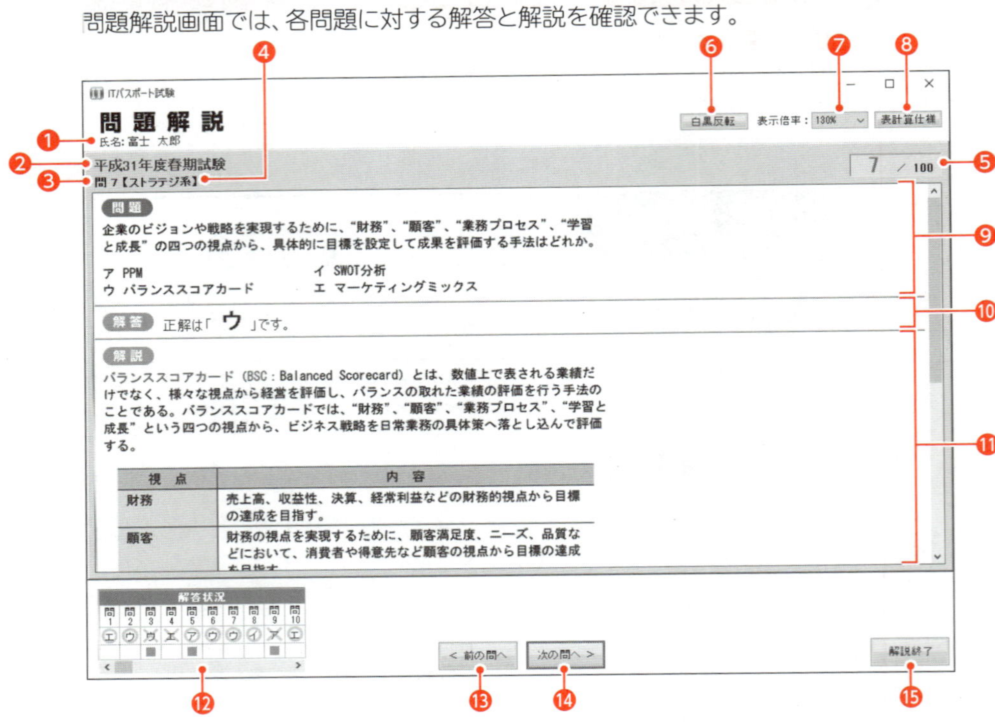

❶氏名
スタートメニューの**《ユーザー情報入力》**でユーザーの名前を設定している場合、その名前が表示されます。設定していない場合は、パソコンにログインしているユーザーの名前が表示されます。

❷試験の種類
現在実施されている試験の種類が表示されます。

❸問題番号
現在表示されている問題の番号が表示されます。

❹カテゴリ
現在表示されている問題のカテゴリが表示されます。

❺カウント
《平成〇〇年度〇期試験》や**《ランダム試験》**では、**「問題番号／100」**が表示されます。**《カスタマイズ試験》**では、**「連続番号／全問題数」**が表示されます。

❻白黒反転
クリックすると、背景色と文字色の白黒を反転できます。

❼表示倍率
問題文の表示倍率を100～200%の範囲で、10%間隔で設定できます。クリックして、表示される一覧から表示倍率を選択します。

❽表計算仕様
クリックすると、**《表計算仕様》**ダイアログボックスが表示されます。このダイアログボックスで表計算ソフトの機能や用語などを確認できます。

❾問題文
問題文が表示されます。

❿解答
解答が表示されます。

⓫解説
問題を解くための説明文が表示されます。

⓬解答状況
現在実施されている試験の解答状況を10問ずつ確認できます。問題番号をダブルクリックすると、その問題を表示できます。

⓭前の問へ
クリックすると、前の問題が表示されます。

⓮次の問へ
クリックすると、次の問題が表示されます。

⓯解説終了
クリックすると、試験結果画面に戻ります。

■試験履歴画面

試験履歴画面では、これまでに実施した全試験の正答率の平均を確認できます。

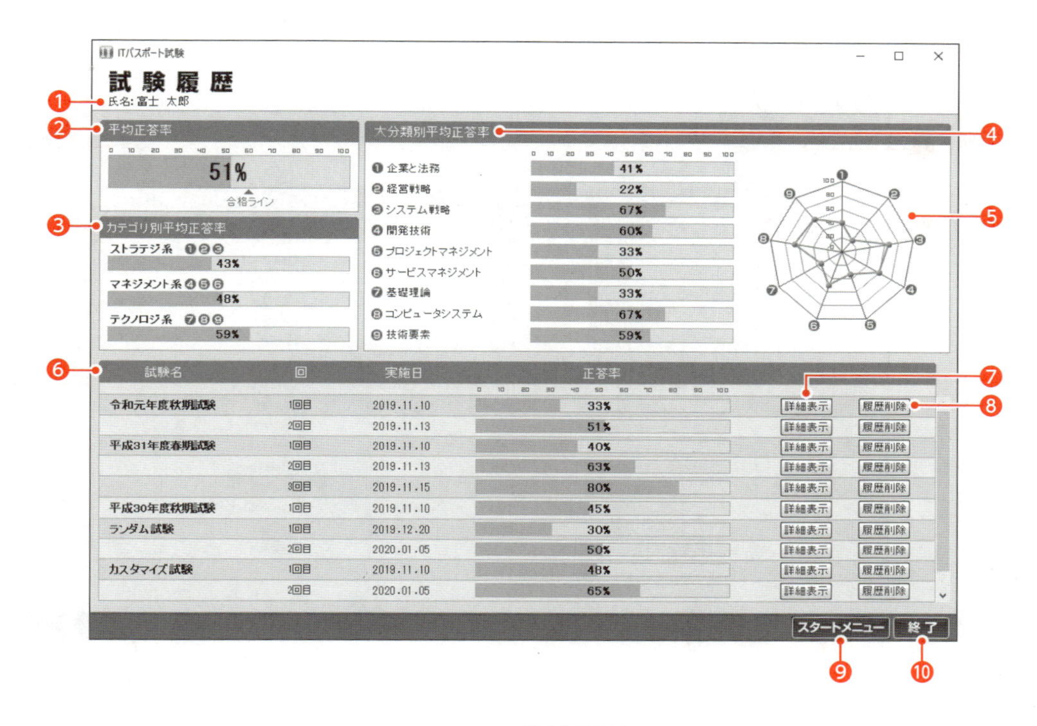

❶氏名

スタートメニューの**《ユーザー情報入力》**でユーザーの名前を設定している場合、その名前が表示されます。設定していない場合は、パソコンにログインしているユーザーの名前が表示されます。

❷平均正答率

実施した全試験の正答率の平均が%で表示されます。

❸カテゴリ別平均正答率

実施した全試験のカテゴリ別正答率の平均が%で表示されます。

❹大分類別平均正答率

実施した全試験の大分類別正答率の平均が%で表示されます。

❺レーダチャート

大分類別平均正答率がレーダチャートで表示されます。苦手な分野を把握するのに便利です。

❻試験明細

これまで実施した試験の明細が表示されます。

- 試験名：実施した試験の種類が表示されます。
- 回　　：実施した試験の回数が表示されます。試験履歴として記録されるのは、試験ごとに最も新しい試験10回分です。11回以上試験を実施した場合は、古い試験から削除されます。
- 実施日：試験を実施した年月日が表示されます。
- 正答率：実施した試験の正答率が表示されます。

❼詳細表示

クリックすると、選択した回の試験結果画面が表示されます。

❽履歴削除

クリックすると、選択した試験履歴が削除されます。

❾スタートメニュー

クリックすると、スタートメニューに戻ります。

❿終了

クリックすると、過去問題プログラムが終了します。

■問題検索画面

問題、解説の中からキーワードで指定した語句を検索し、該当する問題を表示します。

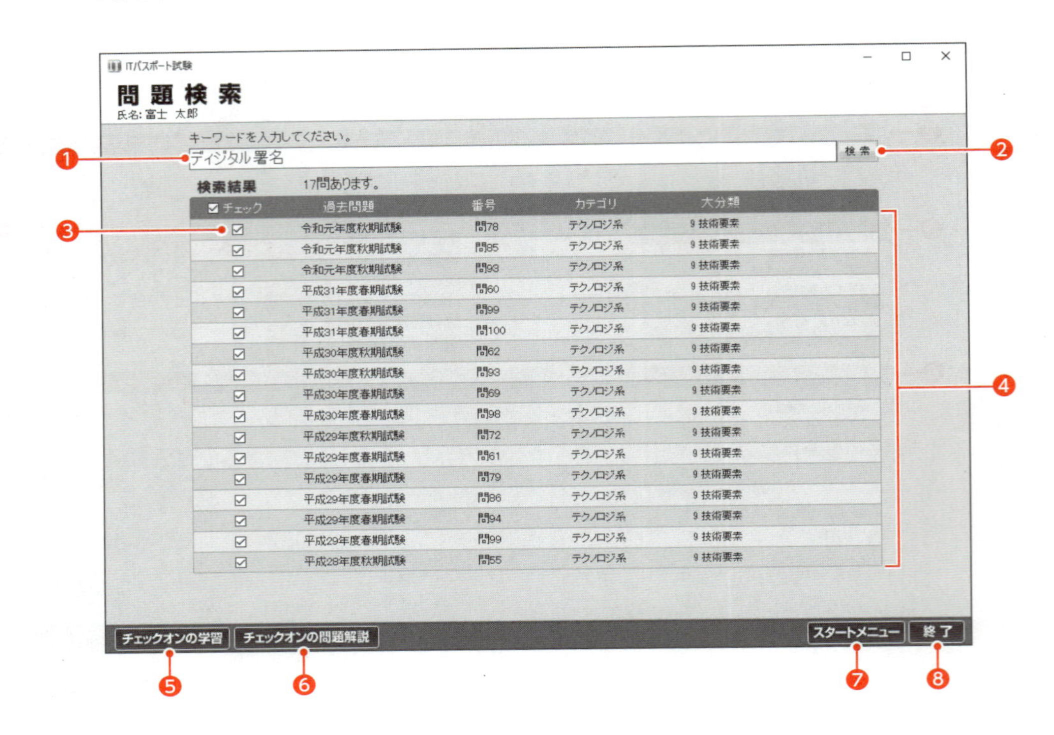

❶キーワード

検索したいキーワードを入力します。

❷検索

クリックすると、キーワードに入力した語句を検索します。

❸チェック

学習または問題解説を表示したい問題を☑にします。見出しのチェックのオン／オフを切り替えることで、一括選択／解除ができます。

❹検索結果

検索結果が表示されます。

❺チェックオンの学習

クリックすると、チェックが☑になっている問題を順番に復習できる画面に切り替わります。

❻チェックオンの問題解説

クリックすると、チェックが☑になっている問題解説画面が表示されます。

❼スタートメニュー

クリックすると、スタートメニューに戻ります。

❽終了

クリックすると、過去問題プログラムが終了します。

7　過去問題プログラムの注意事項

過去問題プログラムを使って学習する場合、次のような点に注意してください。
重要な内容なので、学習の前に必ず読んでください。

●解答するタイミングに注意する

問題文が完全に表示されてから、解答の操作を行ってください。
完全に表示されていない状態で操作を行うと、動作が不安定になる場合があります。

●Windowsの設定を変更しない

過去問題プログラム起動中に、Windowsの設定を変更しないでください。
設定を変更すると、正しく動作しない場合があります。

●別のアプリケーションを操作しない

過去問題プログラム起動中に、別のアプリケーションを操作しないでください。
過去問題プログラムと別のアプリケーションを同時に操作すると、動作が不安定になる場合があります。

●パソコンが動かなくなったら強制終了する

過去問題プログラム起動中にパソコンが全く反応しなくなった場合、次の手順で過去問題プログラムを強制終了してください。

Windows 10の場合　Windows 8.1の場合

◆[Ctrl]+[Alt]+[Delete]→《タスクマネージャー》→「ITパスポート試験」→《タスクの終了》

Windows 7の場合

◆[Ctrl]+[Alt]+[Delete]→《タスクマネージャーの起動》→《アプリケーション》タブ→「ITパスポート試験」→《タスクの終了》

●強制終了や異常終了のあと、過去問題プログラムを再起動する

強制終了した場合や、停電などで電源が切断されて異常終了した場合、過去問題プログラムを再起動してください。
試験実施画面で強制終了や異常終了した場合、復元処理を行うために、次のようなメッセージが表示されます。**《復元》**をクリックすると、中断した問題から再開できます。

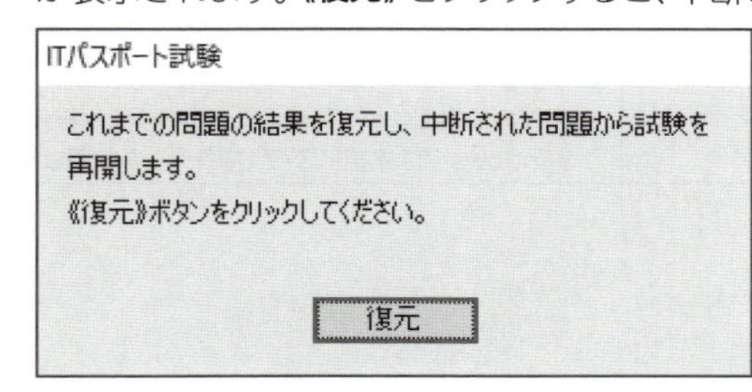

8　過去問題プログラム　よく寄せられる質問

過去問題プログラムに関して、よく寄せられる質問とその回答を確認しましょう。
最新のQ&A情報については、FOM出版のホームページ**「https://www.fom.fujitsu.com/goods/」**の**「QAサポート」**に掲載しています。

過去問題プログラムを起動しようとすると、メッセージが表示されて起動しません。どうしたらいいですか？

各メッセージとその対処方法は、次のとおりです。

メッセージ	対処方法
シリアルキーを入力してください。	過去問題プログラムを初めて起動する場合に、このメッセージが表示されます。2回目以降に起動する際には表示されません。 ※過去問題プログラムの起動については、本書P.382を参照してください。
起動中のアプリケーションをすべて終了してください。ほかのアプリケーションを起動していると、正常に処理が行われない可能性があります。 このまま処理を続けますか？	任意のアプリケーションが起動している状態で過去問題プログラムを起動しようとすると、このメッセージが表示されます。また、セキュリティソフトなどの監視プログラムが常に動作している状態でも、このメッセージが表示されることがあります。 《はい》をクリックすると、アプリケーション起動中でも過去問題プログラムを起動できます。ただし、その場合には、過去問題プログラムが正しく動作しない可能性があります。 《いいえ》をクリックして、アプリケーションをすべて終了してから、過去問題プログラムを起動されることを推奨します。
このプログラムは、すでに起動しています。	すでに過去問題プログラムを起動している場合に、このメッセージが表示されます。ひとつのパソコンで同時に複数の過去問題プログラムを起動することはできません。
プログラムを一旦終了して、画面解像度を変更、または、ディスプレイの文字や項目のサイズを小さい値に変更してください。	画面解像度が「1024×768ピクセル」未満の場合、過去問題プログラムを起動できません。 画面の解像度が「1024×768ピクセル」以上であれば、過去問題プログラムを起動できます。ただし、画面解像度が「1024×768ピクセル」以上でもディスプレイの文字や項目のサイズを大きい値に設定していると、過去問題プログラムを起動できない場合があります。その場合は、ディスプレイの文字や項目のサイズを小さい値に変更してください。 ※画面解像度と、ディスプレイの文字や項目のサイズの設定については、本書P.375を参照してください。
プログラムを一旦終了して、ディスプレイの文字や項目のサイズを変更してください。	Windows 8.1とWindows 7でディスプレイの文字や項目のサイズを「100%」以外に設定した場合は、条件を設定する必要があります。 ※条件の設定について、Windows 8.1は本書P.376（操作⑧）を、Windows 7は本書P.377（操作⑧）を参照してください。

Q 2 自分のパソコンはインターネットに接続できませんが、過去問題プログラムを使って学習できますか？

A 2 問題なく学習できます。インターネットに接続できる環境は必要ありません。

Q 3 自分のパソコンにはプリンタが接続されていませんが、過去問題プログラムを使って学習できますか？

A 3 試験結果レポートを出力することができません。それ以外は問題なく学習できます。

Q 4 **《スタート》**をクリックしても、**《ITパスポート試験（FPT1911）》**が表示されません。そのため、過去問題プログラムが起動できないのですが、どうしたらいいですか？

A 4 過去問題プログラムを起動するには、過去問題プログラムをあらかじめパソコンにインストールしておく必要があります。

※過去問題プログラムのインストールについては、本書P.378を参照してください。

Q 5 過去問題プログラム起動中にパソコンが全く反応しなくなりました。どうしたらいいですか？

A 5 過去問題プログラムを強制終了してください。

※強制終了については、本書P.396を参照してください。

Q 6 試験中にパソコンが異常終了してしまいました。中断した問題から試験を再開することはできますか？

A 6 過去問題プログラムを再起動すると、復元処理が自動的に行われ、中断した問題から再開できます。

※試験の復元については、本書P.396を参照してください。

Q 7 パソコンにインストールした過去問題プログラムのファイル一式を削除したいのですが、どうしたらいいですか？

A 7 パソコンから関連するすべてのファイルを削除するには、次のデータを削除します。

- **過去問題のプログラムファイル**
- **ユーザーごとの履歴ファイル**

過去問題のプログラムファイルは、次の手順で削除します。

Windows 10の場合

◆《スタート》→《設定》→《アプリ》→左側の一覧から《アプリと機能》を選択→《ITパスポート試験(FPT1911)》→《アンインストール》→メッセージに従って操作

Windows 8.1の場合

◆スタート画面の⬇→《Windowsシステムツール》の《コントロールパネル》→《プログラムのアンインストール》→《ITパスポート試験(FPT1911)》→《アンインストール》→メッセージに従って操作

Windows 7の場合

◆《スタート》→《コントロールパネル》→《プログラムのアンインストール》→「ITパスポート試験(FPT1911)」→《アンインストール》→メッセージに従って操作

ユーザーごとの履歴ファイルは、次の手順で削除します。
Windowsの初期の設定では、ユーザーごとの履歴ファイルは表示されません。まず、すべてのファイルとフォルダが表示されるようにWindowsを設定し、次に履歴ファイルを削除します。

Windows 10の場合

◆《スタート》→《Windowsシステムツール》→《コントロールパネル》→《デスクトップのカスタマイズ》→《エクスプローラーのオプション》→《表示》タブ→《隠しファイル、隠しフォルダー、および隠しドライブを表示する》→《OK》

◆《スタート》→《Windowsシステムツール》→《PC》→《ローカルディスク(C:)》→《ユーザー》→ユーザー名のフォルダ→《AppDate》→《Roaming》→《FOM Shuppan History》→「FPT1911」を右クリック→《削除》

Windows 8.1の場合

◆スタート画面の⬇→《Windowsシステムツール》の《コントロールパネル》→《デスクトップのカスタマイズ》→《フォルダーオプション》→《表示》タブ→《◉隠しファイル、隠しフォルダー、および隠しドライブを表示する》→《OK》

◆スタート画面の⬇→《Windowsシステムツール》の《PC》→《ローカルディスク(C:)》→《ユーザー》→ユーザー名のフォルダ→《AppDate》→《Roaming》→《FOM Shuppan History》→「FPT1911」を右クリック→《削除》

Windows 7の場合

◆《スタート》→《コントロールパネル》→《デスクトップのカスタマイズ》→《フォルダーオプション》→《表示》タブ→《◉隠しファイル、隠しフォルダー、および隠しドライブを表示する》→《OK》

◆《スタート》→《コンピューター》→《ローカルディスク(C:)》→《ユーザー》→ユーザー名のフォルダ→《AppData》→《Roaming》→《FOM Shuppan History》→「FPT1911」を右クリック→《削除》

受験のためのアドバイス

受験日までどのように学習を進めればよいか、受験当日にはどのようなことに注意しなければならないかなど、受験にあたってのアドバイスを記載しています。

受験のためのアドバイス

1　効果的な学習方法

限られた時間で最大限の成果を出すには、効果的に学習を進める必要があります。
ここでは、効果的な学習方法のひとつをご紹介します。これを参考に、前提知識や個人の好みに合わせて、自分なりの学習方法を検討し、実行しましょう。

1　シラバスにそった学習でIT知識の全体像を知る！

試験で求められるIT知識にはどのようなものがあるのか、その考え方や業務への活用術などを幅広く学びましょう。
本書は、出題範囲であるシラバスの内容をすべて網羅しています。本書を学習すれば、出題範囲をすべて学習したことになります。
まずは、用語の暗記に注力せず、内容を理解することを目的にじっくり読みましょう。1回だけでなく、何度も繰り返し読むことで、理解を深めることができます。

2　過去問題プログラムで実戦力養成と弱点補強！

過去に実施された試験問題にチャレンジして、合格に必要な知識が習得できているかを把握しながら、実戦力を養いましょう。
本書に添付の過去問題プログラムを使って、本試験同様に、試験時間を計測しながら全問を解いてみましょう。過去問題プログラムを使うと、本番さながらのCBT試験を体験することができ、CBT試験に自然に慣れることができます。
また、過去問題プログラムには、間違えた問題を簡単に振り返ることができる復習機能、苦手分野をひと目で確認できる履歴機能が備わっており、効果的な弱点補強が可能です。

3　用語や計算式を確実に覚えてラストスパート！

用語の意味を問う問題や計算式に当てはめて計算する問題が多く出題される傾向にあります。用語や計算式を暗記していれば、確実に得点を稼ぐことができるので、取りこぼしがないように正確に覚えましょう。一度にたくさんの用語を覚えることはできないので、毎日少しずつ覚えるようにしましょう。

4　実力を100%発揮して、いざ本番！

これまでの学習の成果を信じて、落ち着いて本試験に臨みましょう。

2　学習時間の目安

受験日はいつにすべきか？　それは、合格に必要な知識が習得できてからです。
それでは、合格に必要とされる知識はどれくらいで習得できるでしょうか？　必要な学習時間は個人の前提知識や経験によって大きく左右されるため、一概に**「〇時間」**と言い切ることはできません。
ここでは、大まかな学習時間の目安を示します。これを参考に、自分なりに最適な学習時間を割り出しましょう。

前提知識	基本的な情報リテラシを習得している 高等学校の情報科目を修了している
学習形態	本書による自己学習
平均的な学習時間	約140時間
学習内容（学習時間の内訳）	（1）シラバス対策（約80時間） （2）過去問題対策（約36時間） （3）暗記対策（約24時間）

3　最新の技術への対応

AIやIoTなどに代表される最新の技術は、近年の技術進展が激しい状況です。2019年4月の本試験からは出題傾向が大きく変わり、最新の技術に関する問題が、幅広く数多く出題されるようになりました。シラバスに載っていない最新の技術に関する問題も出題されており、特に最新の技術についてはウオッチすることが求められます。

4 学習スケジュール

自分にあった学習方法を考え、適切な学習時間を割り出したら、それをもとに具体的な学習スケジュールを立てましょう。
勉強していく中でわからないことが出てきたり、覚えなければならないことがたくさん出てきたりすると、投げ出してしまいたくなることもあるでしょう。計画どおりに学習が進まないことも想定して、実現可能な無理のない学習スケジュールを立てることが大切です。

学習スケジュール

■シラバス対策

日　付	学習範囲	学習内容
○月○日(○)～○月○日(○)	「第1章」～「第10章」の1回目読破	ざっと読んで全体像をつかむ
○月○日(○)～○月○日(○)	「第1章」～「第10章」の2回目読破	内容を理解しながら丁寧に読む
○月○日(○)～○月○日(○)	「第1章」～「第10章」の3回目読破	キーワードに線を引きながら読む
○月○日(○)～○月○日(○)	「第1章」～「第10章」の4回目読破	キーワードを振り返りながら読む

⬇

■過去問題対策

日　付	学習範囲	学習内容
○月○日(○)	令和元年度秋期試験	試験を行って自己診断
○月○日(○)	〃	解説を読んで弱点補強と応用力養成
○月○日(○)	平成31年度春期試験	試験を行って自己診断
○月○日(○)	〃	解説を読んで弱点補強と応用力養成
○月○日(○)	平成30年度秋期試験	試験を行って自己診断
○月○日(○)	〃	解説を読んで弱点補強と応用力養成
○月○日(○)	平成30年度春期試験	試験を行って自己診断
○月○日(○)	〃	解説を読んで弱点補強と応用力養成
○月○日(○)	ランダム試験	試験を行って自己診断 不正解問題の復習
○月○日(○)	カスタマイズ試験	苦手分野の克服

■本試験

日　付
○月○日(○)

5　試験までの自己管理

CBT試験には、受験者自らが受験日を決めて、自分のペースで計画的に学習を進めることができるというメリットがあります。しかし、逆に言うと、計画どおりに学習を進められない場合、ズルズルと受験が引き伸ばされてしまうということでもあるのです。
受験チャンスが増えて、自由度が高くなったCBT試験。その制度をうまく利用するためには、自己管理を徹底する必要があります。

●受験日を決める

厳しい自己管理には自信がないという人は、あらかじめ受験日を決めて、申込まで完了させておくことをおすすめします。受験日を決めて、受験料の支払を済ませることにより、試験に対する気合いが生まれ、よい緊張感を持って学習を継続することができるはずです。

●体調管理を怠らない

体調が悪くて受験できなかったり、体調不良のまま受験しなければならなかったりすると、それまでの努力が水の泡になってしまいます。試験当日まで体調管理にはくれぐれも注意しましょう。疲れているときは無理をせずに休むことも必要です。日頃より十分な睡眠を取り、バランスの取れた食事を心がけましょう。

6　試験当日の心構えと注意事項

本試験で緊張したり焦ったりして、本来の実力が発揮できなかった、という話がときどき聞かれます。本試験では、静まり返った会場にパソコンを操作する音だけが響き渡り、思った以上に緊張したり焦ったりするものです。
ここでは、できるだけ冷静に落ち着いて試験に臨むための心構えを紹介します。

●自分のペースで解く

受験会場にはほかの受験者もいますが、他人は気にせず自分のペースで解答しましょう。受験者の中には早々に試験を終えて退出する人もいますが、他人のスピードに焦ることはありません。早々に試験を終了しても、制限時間いっぱいまで使って試験を終了しても採点結果に差はありません。自分のペースを大切にして、試験時間を上手に使いましょう。

●時間のかからない問題から解く

自分のペースで解いていても、試験時間がなくなってくると焦ってしまうものです。終盤の問題で焦らないためには、用語の意味を問う問題や得意分野の問題など、すぐに解答を導き出せる問題から解いていくようにしましょう。複雑な計算問題やじっくり考えなければわからない問題など、時間がかかる問題はあとに回すようにしましょう。

●適切な時間配分を考える

前半の問題に時間を使いすぎて、後半の問題は全く手付かず、という事態にならないように、適切な時間配分で100問すべてに目を通すようにしましょう。
また、無理のない範囲で、見直し時間を設けることをおすすめします。記入漏れや記入ミスなどがないかを振り返ることで、単純なケアレスミスを防止できます。

2016年3月以降は、中問が廃止され、100問すべてが小問となりました。中問がなくなり、受験者の負担は軽くなったといえますが、試験時間は45分間短縮され、120分となりました。短い時間に多くの問題を解いていかなければいけないので、速読力が必要となります。
1問当たり1分以上時間をかけないようにトレーニングしておきましょう。

時間配分の例　小問100問：100分、見直し：20分

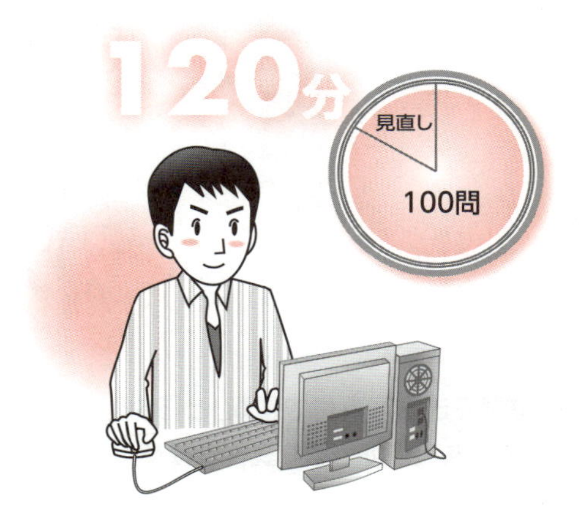

●問題文をよく読む

得意分野の問題が出題されると、問題文をよく読まずに先走ったり、問われていること以上のことまで考えてしまったり、という過ちをおかしがちです。問題文をよく読んで適切な選択肢を選びましょう。

●早めの行動を心がける

事前に試験会場までの行き方や所要時間を調べておき、試験当日に焦ることのないようにしましょう。試験時間を過ぎても受験することはできますが、遅刻した分、試験時間が短くなります。遅刻して、開始が遅れたとしても、試験時間が延長されることはありません。
時間ぎりぎりで行動すると、ちょっとしたトラブルでも焦りを感じてしまい、平常心で試験に臨めなくなってしまいます。早めに試験会場に行って、受付の待合室でテキストを復習するくらいの時間的な余裕を持って行動しましょう。

●「本人を確認できる写真付き書類」と「確認票」を忘れず持参する

受験には、**「本人を確認できる写真付き書類」**と**「確認票」**が必要です。忘れずに持参しましょう。
確認票が印刷できない場合には、確認票の**「受験番号」「利用者ID」「確認コード」**を正確に転記したメモを持参しましょう。この3つの情報があれば、試験を開始できます。

索引

索引

記号

数字

A

B

C

D

索引

J

K

L

M

N

O

P

Q

R

S

T

U

V

W

X

Z

あ

い

う

え

索引

お

か

き

く

け

こ

さ

し

す

せ

そ

た

ち

つ

て

と

な

に

ぬ

ね

の

は

ひ

ふ

へ

ほ

ま

み

む

め

も

や

ゆ

よ

ら

り

る

れ

ろ

わ

■CD-ROM使用許諾契約について

本書に添付されているCD-ROMをパソコンにセットアップする際、契約内容に関する次の画面が表示されます。お客様が同意される場合のみ本CD-ROMを使用することができます。よくお読みいただき、ご了承のうえ、お使いください。

使用許諾契約

この使用許諾契約(以下「本契約」とします)は、富士通エフ・オー・エム株式会社(以下「弊社」とします)とお客様との本製品の使用権許諾です。本契約の条項に同意されない場合、お客様は、本製品をご使用になることはできません。

1.(定義)
「本製品」とは、このCD-ROMに記憶されたコンピュータ・プログラムおよび問題等のデータのすべてを含みます。

2.(使用許諾)
お客様は、本製品を同時に一台のコンピュータ上でご使用になれます。

3.(著作権)
本製品の著作権は弊社及びその他著作権者に帰属し、著作権法その他の法律により保護されています。お客様は、本契約に定める以外の方法で本製品を使用することはできません。

4.(禁止事項)
本製品について、次の事項を禁止します。
①本製品の全部または一部を、第三者に譲渡、貸与および再使用許諾すること。
②本製品に表示されている著作権その他権利者の表示を削除したり、変更を加えたりすること。
③プログラムを改造またはリバースエンジニアリングすること。
④本製品を日本の輸出規制の対象である国に輸出すること。

5.(契約の解除および損害賠償)
お客様が本契約のいずれかの条項に違反したときは、弊社は本製品の使用の終了と、相当額の損害賠償額を請求させていただきます。

6.(限定補償および免責)
弊社のお客様に対する補償と責任は、次に記載する内容に限らせていただきます。
①本製品の格納されたCD-ROMの使用開始時に不具合があった場合は、使用開始後30日以内に弊社までご連絡ください。新しいCD-ROMと交換いたします。
②本製品に関する責任は上記①に限られるものとします。弊社及びその販売店や代理店並びに本製品に係わった者は、お客様が期待する成果を得るための本製品の導入、使用、及び使用結果より生じた直接的、間接的な損害から免れるものとします。

ご購入者特典
「Web試験」と「解説動画」のご利用について

本書をご購入いただいた方は、以下のWebページから「Web試験」と「つまずきやすい10のポイント」解説動画をスマートフォン・タブレット・パソコンなどでご利用いただけます。

「Web試験」（過去問題800問、詳細解説付き）
「つまずきやすい10のポイント」解説動画

利用方法

①Webページにアクセス
ご使用のブラウザに以下のURLを入力するか、QRコードを読み込んでWebページにアクセスしてください。

【URL】
https://www.fom.fujitsu.com/goods/eb/

【QRコード】

②「令和2-3年度版 ITパスポート試験 対策テキスト&過去問題集」（FPT1911）の《特典を入手する》を選択
③書籍の内容に関する質問に回答し、《入力完了》を選択

以降、手順に従って特典をご利用ください。

※本特典は、予告なく終了することがございます。あらかじめご了承ください。

よくわかるマスター
令和2-3年度版
ITパスポート試験　対策テキスト&過去問題集
（FPT1911）

2020年１月27日　初版発行

著作／制作：富士通エフ・オー・エム株式会社

発行者：大森　康文

発行所：FOM出版（富士通エフ・オー・エム株式会社）
〒105-6891 東京都港区海岸1-16-1 ニューピア竹芝サウスタワー
https://www.fujitsu.com/jp/fom/

印刷／製本：株式会社廣済堂

表紙デザインシステム：株式会社アイロン・ママ

プログラム協力：株式会社ヒューマンサイエンス

緑色の用紙の内側に、別冊「予想問題 解答と解説」が添付されています。

別冊は必要に応じて取りはずせます。取りはずす場合は、この用紙を1枚めくっていただき、別冊の根元を持って、ゆっくりと引き抜いてください。

よくわかるマスター

令和2-3年度版
ITパスポート試験
対策テキスト＆過去問題集

予想問題　解答と解説

CONTENTS

予想問題 解答と解説

第1章　企業と法務

問題1-1　解答　イ　（分類）1-1　企業活動

解説　OJT(On the Job Training：職場内訓練)とは、職場内で実際の仕事を通じて、上司や先輩の指導のもとに、知識や技能・技術を習得する研修制度のことである。
Off-JT(Off the Job Training：職場外訓練)とは、職場外の研修所や教育機関で、一定期間、集中的に知識や技能・技術を習得する研修制度のことである。研修の方法として、e-ラーニングやケーススタディなどがあり、仕事を離れて実施される。
新規メンバとしてシステム開発プロジェクトに参加させることは、職場内で実際の仕事を通じて実施した知識や技能・技術の習得であるため、OJTに該当する。

ア、ウ、エ：仕事を離れて実施した知識や技能・技術の習得であるため、Off-JTに該当する。

問題1-2　解答　ウ　（分類）1-1　企業活動

解説　定期発注方式における発注量を求める計算式は、次のとおりである。

発注量＝(発注サイクル＋納入リードタイム)×平均使用予定量＋安全在庫－現在の在庫量－現在の発注残

したがって、今回の発注量は、次のとおりである。

(1週間＋3週間)×70個(1週間当たり)＋35個－210個－0個＝105個

問題1-3　解答　エ　（分類）1-1　企業活動

解説　期首在庫が4個、10月から2月までに仕入れた総数が2+4+3+5=14個、期末在庫が10個なので、4+14－10=8個出荷されたことになる。
先入先出法とは、古い商品から販売されたとみなして、期末棚卸商品の在庫評価額を計算する方法のことである。
古い方から8個出荷すると、11月仕入の在庫が2個、1月仕入の在庫が3個、2月仕入の在庫が5個になる。在庫がある月の11月仕入、1月仕入、2月仕入の在庫を単価で掛けて、合計すると在庫評価額が算出される。

	個数	単価	出荷	在庫	在庫評価額
期首在庫	4個	100円	4個	0個	
10月仕入	2個	110円	2個	0個	
11月仕入	4個	120円	2個	2個	2個×120円=240円
1月仕入	3個	130円		3個	3個×130円=390円
2月仕入	5個	140円		5個	5個×140円=700円
期末在庫	10個				240円+390円+700円=1,330円

したがって、エが正解となる。

問題1-4　解答　ア

(分類) 1-1　企業活動

解説　ABC分析とは、要素・項目(商品など)の重要度や優先度を明らかにするための分析手法のことである。一般的に上位70%を占めるグループをA群、70～90%のグループをB群、残りのグループをC群として分類し、A群に分類されたものを重点的・優先的に管理する。
表に、各商品の売上高と構成比を追加し、売上高を基準に降順に並べ替えると次のようになる。

商品コード	販売数	単価	売上高	構成比	
3	860	900	774,000	29.9%	A群
5	2,200	250	550,000	21.2%	A群
8	1,570	320	502,400	19.4%	A群
7	905	320	289,600	11.2%	B群
10	345	350	120,750	4.7%	B群
9	640	150	96,000	3.7%	B群
4	465	180	83,700	3.2%	C群
1	480	150	72,000	2.8%	C群
6	680	90	61,200	2.4%	C群
2	600	65	39,000	1.5%	C群
合計			2,588,650	100.0%	

この中からA群、B群、C群を分類していくと、次のようになる。

A群：商品コード3、5、8
B群：商品コード7、10、9
C群：商品コード4、1、6、2

問題1-5　解答　ア

(分類) 1-1　企業活動

解説　売掛金とは、売った商品の代金をあとで受け取る未収金のことであり、通常、売掛金には回収期限が明示されている。問題文の表では、回収期限を過ぎても入金が確認できないものを入金遅延として、遅延日数によって4つに分類している。
「回収期限を過ぎた売掛金」とは、入金確認できていないすべての未収金を意味するため、その金額は120千円となる。そのうち、「入金遅延が91日以上のものを長期債権とする」と問題文にあるので、D社の長期債権額は18千円となる。
回収期限を過ぎた売掛金に対する長期債権額の比率は、次のとおりである。

18千円÷120千円=0.15(15%)

単位：千円

	入金確認済	入金遅延(1～30日)	入金遅延(31～60日)	入金遅延(61～90日)	入金遅延(91日以上)
第1営業部	880	12	5	5	3
第2営業部	97	15	8	4	10
第3営業部	550	10	7	3	3
第4営業部	390	21	10	2	2

合計：120千円
合計：18千円

問題1-6　**解答**　**ウ**　　（分類）1-2　法務

解説　著作権とは、創作者により創作的に表現されたものを保護する権利のことである。通常、プログラムを創作した場合は、その著作権は創作者に帰属する。そのため、本来は創作者である社員Dに帰属するが、職務で開発した場合は、特に取り決めがない限り、プログラムの著作権は所属する会社（C社）に帰属する。

ア、イ：実際にプログラムの開発をしているわけではないため、プログラムの著作権は帰属しない。

エ　　：プログラムの開発を行った当事者ではあるが、職務で開発したこと、著作権に関する取り決めを行っていなかったことから、社員Dにはプログラムの著作権は帰属しない。

問題1-7　**解答**　**イ**　　（分類）1-2　法務

解説　企業が公にしていない営業秘密やアイディアの盗用、商品の模倣、競争相手にとって不利な風評を流すことなど、不正な競争行為を規制するために制定された法律は不正競争防止法である。これらの不正な競争行為を許し放置すると、市場の適正な競争原理が破壊され、市場が混乱するとともに消費者に大きな被害を及ぼすことになりかねない。

ア：著作権法とは、創作的に表現されたもの（絵画や小説、プログラム、Webページなど）を保護する法律のことである。

ウ：特定商取引法とは、訪問販売、通信販売、電話勧誘販売などを行う者に対して一定の規制をかけるもので、消費者を保護するために、事業者が守るべきルールを定めた法律のことである。特商法ともいい、正式には特定商取引に関する法律という。

エ：不正アクセス禁止法とは、不正アクセス行為による犯罪を取り締まるための法律のことであり、正式には不正アクセス行為の禁止等に関する法律という。

問題1-8　**解答**　**ア**　　（分類）1-2　法務

解説　不正アクセス禁止法とは、不正アクセス行為による犯罪を取り締まるための法律のことであり、正しくは不正アクセス行為の禁止等に関する法律という。不正アクセス禁止法では、不正アクセスを助長する行為として、他人の利用者ID・パスワードを、その正規の利用者や管理者以外の者に提供することを禁止している。したがって、アが正解となる。

イ、ウ、エ：不正アクセスを助長する行為に該当しない。

問題1-9　**解答**　**ウ**　　（分類）1-2　法務

解説　個人情報保護法とは、個人情報取扱事業者の守るべき義務などを定めることにより、個人情報の有用性に配慮しつつ、個人の権利利益を保護することを目的とした法律のことである。個人情報保護法では、個人情報の取得時に利用目的を通知・公表しなかったり、個人情報の利用目的を超えて個人情報を利用したりすることを禁止している。

ａ：冷蔵庫の故障とは関係ない洗濯機に関する新商品の案内を送付することは、個人情報の利用目的を超えて個人情報を利用しているため、個人情報保護法で禁止されている行為である。

b：Webサイトの問合せページで自社商品のキャンペーン案内送付可否欄に可と記入している。自社商品のキャンペーン案内を送付することは、その利用目的の範囲内であるため、個人情報保護法で禁止されていない行為である。

c：転職者が以前の職場の社員住所録を使って転職先でキャンペーン案内を送付することは、個人情報の取得時に利用目的を通知・公表していないので、個人情報保護法で禁止されている行為である。

したがって、個人情報保護法で禁止されている行為に該当するものは、a、cとなる。

問題1-10　**解答**　**ウ**　　（分類）1-2　法務

解説　個人情報保護法とは、個人情報取扱事業者の守るべき義務などを定めることにより、個人情報の有用性に配慮しつつ、個人の権利利益を保護することを目的とした法律のことである。
個人情報保護法における個人情報とは、生存する個人に関する情報であり、氏名や生年月日、住所などにより、特定の個人を識別できる情報のことである。個人情報には、ほかの情報と容易に照合することができ、それにより特定の個人を識別できるものを含む。
個人情報保護法における要配慮個人情報とは、不当な差別や偏見など、本人の不利益につながりかねない個人情報を適切に取り扱うために、配慮すべき個人情報のことである。具体的には、人種、信条、社会的身分、病歴、犯罪歴、犯罪により被害を被った事実などが要配慮個人情報にあたる。

a：国籍は要配慮個人情報には該当しない。なお、人種は要配慮個人情報に該当する。

b：宗教に関する書籍の貸出し情報は要配慮個人情報には該当しない。なお、信条は要配慮個人情報に該当する。

c：医療関係者が医療業務上知り得た診療記録などの情報は、要配慮個人情報に該当する。

d：本人を被疑者とする犯罪捜査のために取調べを受けた事実は、要配慮個人情報に該当する。

したがって、要配慮個人情報に該当するものは、c、dとなる。

問題1-11　**解答**　**イ**　　（分類）1-2　法務

解説　個人情報保護法とは、個人情報取扱事業者の守るべき義務などを定めることにより、個人情報の有用性に配慮しつつ、個人の権利利益を保護することを目的とした法律のことである。
個人情報保護法における個人情報とは、生存する個人に関する情報であり、氏名や生年月日、住所などにより、特定の個人を識別できる情報のことである。個人情報には、ほかの情報と容易に照合することができ、それにより特定の個人を識別できるものを含む。
個人情報保護法における匿名加工情報とは、特定の個人を識別できないように個人情報を加工して、個人情報を復元できないようにした情報のことである。匿名加工情報は、一定のルールのもとで本人の同意を得ることなく、事業者間におけるデータ取引やデータ連携を含むデータの利活用を促進することを目的にしている。

「個人情報の保護に関する法律についてのガイドライン（匿名加工情報編）」において、一般的にみて珍しい事実に関する記述や他の個人と著しい差異が認められる記述は、特定の個人の識別や元の個人情報の復元につながる恐れがあるため、匿名加工情報を作成する際に、特異な記述等の削除や、他の記述等への置き換えを行わなければならないとある。例えば、症例数の極めて少ない病歴の削除や、年齢が「116歳」という情報を「90歳以上」に置き換えることなどがこれに該当する。
したがって、イが正解となる。

ア：旅券番号は、特定の個人を識別できる、公的機関が割り振った個人情報に該当するので、削除または加工する必要がある。
ウ：匿名加工情報を利用するときは、元の本人を識別するために、加工方法に関する情報を取得してはならない。
エ：匿名加工情報を第三者へ提供するときは、提供先に当該情報が匿名加工情報である旨を明示しなければならない。

問題1-12　**解答**　**エ**　（分類）1-2　法務

解説　ある企業のコンピュータにマルウェアを侵入させ、そのコンピュータの記憶内容を消去する行為は、刑法の不正指令電磁的記録に関する罪（ウイルス作成罪）で処罰される。ウイルス作成罪では、悪用することを目的に、コンピュータウイルスなどのマルウェアを作成、提供、供用、取得、保管する行為を禁止している。
刑法とは、どのようなものが犯罪となり、犯罪を起こした場合にどのような刑罰が適用されるのかを定めた法律のことである。
したがって、エが正解となる。

ア：不正アクセス禁止法とは、不正アクセス行為による犯罪を取り締まるための法律のことであり、正しくは「不正アクセス行為の禁止等に関する法律」という。
イ：サイバーセキュリティ基本法とは、サイバー攻撃の脅威に対応するために、国の戦略や制度、対策などに関する基本方針を定めた法律のことである。
ウ：プロバイダ責任制限法とは、プロバイダが運営するレンタルサーバなどに存在するWebページで、個人情報の流出や誹謗中傷の掲載などがあった場合、プロバイダの損害賠償責任の範囲が制限されたり（免責）、被害者が発信者の氏名などの開示を求めたりできるようにした法律のことである。

問題1-13　**解答**　**エ**　（分類）1-2　法務

解説　労働者派遣をする場合は、派遣会社（派遣元）と派遣先企業（派遣先）との間で労働者派遣契約を締結する。労働者派遣契約とは、派遣で働く労働者の権利を守るため、派遣会社や派遣先企業が守るべきルールが定められている法律のことである。
労働者派遣法では、派遣会社に対して、派遣労働者であった者を、派遣会社との雇用期間が終了後、派遣先企業が雇用することを禁じてはならないと定めている。
したがって、エが正解となる。

ア：派遣労働者からの苦情については、派遣先企業が適切に対応する必要がある。
イ：派遣先企業は、派遣労働者を、自社のグループ会社であってもさらに派遣することは二重派遣にあたり、労働者派遣法に違反する。
ウ：派遣元である派遣会社が36協定で時間外労働や休日労働についての取り決めを行っている場合、その協定の範囲内で時間外労働や休日労働を依頼できる。「36（サブロク）協定」とは、労働基準法（第36条）で定められている労働時間（1日8時間、1週間40時間）を超えた労働を行う場合に、締結・届け出が必要となる協定のこと。

問題1-14　**解答**　**イ**　（分類）1-2　法務

解説　サイバーセキュリティ経営ガイドラインとは、大企業や中小企業（小規模の事業者を除く）のうち、ITに関連するシステム・サービスなどを供給する企業や、経営戦略においてITの利活用が不可欠である企業の経営者を対象として、経営者のリーダシップでサイバーセキュリティ対策を推進するためのガイドラインのことである。経済産業省が情報処理推進機構（IPA）と共に策定している。サイバーセキュリティ経営ガイドラインでは、サイバー攻撃から企業を守るという観点で、経営者が認識する必要があるとする3原則や、情報セキュリティ対策を実施するうえでの責任者となる担当幹部（CISOなど）に対して経営者が指示すべき重要10項目について取りまとめている。
経営者が認識する必要があるとする3原則では、自社のサイバーセキュリティ対策にとどまらず、サプライチェーンのビジネスパートナや委託先も含めた総合的なサイバーセキュリティ対策を実施すべきであるとしている。
したがって、イが正解となる。

ア：サイバーセキュリティ経営ガイドラインでは、事業所のある地域社会が行うセキュリティ対策を実施すべきであるとは定義していない。
ウ：サイバーセキュリティ経営ガイドラインでは、商品やサービスを利用する個人が行うセキュリティ対策を実施すべきであるとは定義していない。
エ：サイバーセキュリティ経営ガイドラインでは、出資している株主が行うセキュリティ対策を実施すべきであるとは定義していない。

第2章　経営戦略

問題2-1　**解答**　**イ**　（分類）2-1　経営戦略マネジメント

解説　問題文の分析手法は、プロダクトポートフォリオマネジメント（PPM：Product Portfolio Management）と呼ばれる分析手法である。

ア：SWOT分析とは、組織内の強み、弱みという内部環境と、市場における機会、脅威という外部環境を分析して評価する分析手法である。
ウ：マーケティングリサーチとは、企業が商品の開発や販売、広告などの活動を効果的に進めるために、市場規模や動向などの関連情報を収集することである。
エ：バスケット分析とは、ある商品を購入した顧客が、同時にそのほかにどのような商品を購入しているかを分析する手法のことである。

問題2-2　**解答**　**イ**　（分類）2-1　経営戦略マネジメント

解説　ニッチ戦略とは、特定の市場（隙間市場）に焦点を合わせた商品展開を行い、その市場での収益性を確保・維持する戦略のことである。
ファストフード商品は、短時間で調理し、注文してすぐに食べられる手軽な商品（食品）である。イは、食材として有機野菜や高級和牛を使用することにより、特定の客層を狙っていることが考えられる。したがって、ニッチ戦略といえる。

ア：著名人が愛用していることをアピールし、それによって自社のブランドイメージを向上させる戦略はブランド戦略にあたる。
ウ：試食販売は、自社商品を積極的に消費者に売り込むプッシュ戦略にあたる。
エ：テレビCMによる販売促進活動は、プル戦略にあたる。

問題2-3　解答　ウ

分類　2-1　経営戦略マネジメント

解説　M&Aとは、企業の合併・買収の総称で、合併は複数の企業がひとつの企業になること、買収は企業の一部、または全部を買い取ることである。M&Aで自社にはない技術やノウハウを獲得することにより、新規事業の展開を短期間で実現できる。
資本参加とは、相手先企業との連携を深めるために、企業の株式を取得し、その株主となることである。相手先企業に対して資本を持つことになるため、協力関係が発生する。
よって、A社では、自社にない技術やノウハウを獲得することにより、新規事業の展開を短期間で実現するため、EC事業に強いB社への「M&A」を計画し、「M&A」が成功しなかった場合でも、B社との連携を深めるためにB社への「資本参加」を検討している。

ア：OEMとは、相手先企業のブランドで販売される製品を製造することであり、A社が新規事業の展開を短期間で実現することとは関係ない。
イ：OEMは、A社が新規事業の展開を短期間で実現することとは関係ない。ベンチマーキングとは、優良企業や優良事例の最も優れているとされる方法を分析し、分析結果から得られたヒントを経営や業務の改善に活かすことであり、B社との連携を深めることとは関係ない。
エ：フランチャイズチェーンとは、本部が店舗の営業権や商標、営業のノウハウなどを提供し、加盟店からロイヤルティ（対価）を徴収する小売業態のことであり、B社との連携を深めることとは関係ない。

問題2-4　解答　エ

分類　2-1　経営戦略マネジメント

解説　CIO（Chief Information Officer：最高情報責任者）は、単なる情報システムの管理者ではなく、情報システムを活用した企業の経営戦略に対して責任を負う立場にある。

ア：CEO（Chief Executive Officer：最高経営責任者）は、会社の代表として経営責任を負う立場にある。
イ：CFO（Chief Financial Officer：最高財務責任者）は、資金の調達や財政など財務の管理責任を負う立場にある。
ウ：COO（Chief Operating Officer：最高執行責任者）は、経営全般に対して責任を持つCEOのもとで、主に営業活動を中心とした日々の業務執行に責任を持つ立場にある。

問題2-5　解答　ア

分類　2-1　経営戦略マネジメント

解説　マーケティングミックスとは、市場におけるマーケティングの目的を達成するために用いるマーケティングツールの組合せのことで、代表的なものとして、販売側の視点から考える「4つのP（4P）」と顧客側の視点から考える「4つのC（4C）」がある。
4つのPとは、「Product（製品）」、「Price（価格）」、「Place（流通）」、「Promotion（販売促進）」、4つのCとは、「Customer Value（顧客にとっての価値）」、「Cost（顧客の負担）」、「Convenience（顧客の利便性）」、「Communication（顧客との対話）」である。

問題2-6　解答　ウ

分類　2-2　技術戦略マネジメント

解説　ダーウィンの海（Darwinian Sea）とは、製品化に成功したあと、事業化（製品が売れて事業として成り立つこと）するために立ちはだかっている困難を指す。例えば、事業化するにあたって、製品の利益が上げられず、市場から淘汰される（撤退を余儀なくされる）ことなどが該当する。

ア：魔の川（Devil River）とは、技術研究に成功したあと、製品開発するために立ちはだかっている困難を指す。例えば、製品開発するにあたって、実現したい開発内容が得られないことなどが該当する。
イ：死の谷（Valley of Death）とは、製品開発に成功したあと、製品化するために立ちはだかっている困難を指す。例えば、製品化するにあたって、十分な資金が得られないことなどが該当する。
エ：ハッカソンとは、与えられた特定のテーマ（目的達成や課題解決のテーマ）に対して、ソフトウェアの開発者や設計者、企画者などがチームを作り、短期集中的にアイディアを出し合い、プロトタイプ（試作品）を作成することなどで検証し、その成果を競い合うイベントのことである。

問題2-7　**解答**　**イ**　　分類　2-3　ビジネスインダストリ

解説　RFID（Radio Frequency IDentification）とは、微小な無線チップ（アンテナ付きの半導体集積回路）により、人やモノを識別・管理する仕組みのことである。無線チップをラベルシールやリストバンドなどに加工することで、入退出管理や商品の流通履歴管理に用いられている。読取り装置を使って、複数の無線チップから同時に情報を読み取ることができるため、バーコードなどで読み取るよりも迅速に取り扱えるという特徴がある。

ア：POS（Point Of Sales：販売時点情報管理）システムの特徴である。
ウ：GPS（Global Positioning System：全地球測位システム）の特徴である。
エ：電子マネーの特徴である。代表的な電子マネーとして、Suica、PASMO、iDなどがある。

問題2-8　**解答**　**イ**　　分類　2-3　ビジネスインダストリ

解説　ディープラーニングとは、深層学習ともいい、ニューラルネットワークの仕組みを取り入れたAI技術のことであり、機械学習の手法のひとつである。ニューラルネットワークとは、人間の脳の仕組みを人工的に模倣したものである。機械学習とは、AIに大量のデータを読み込ませることにより、AI自身がデータのルールや関係性を発見し、分類するなど、AIが自分で学習するという点が特徴のAI技術のことである。
ディープラーニングでは、ディジタルデータを入力層から入力し、複数の中間層を経て回答が出力される。この中間層の階層を深くするほど、より高度な分類や判断が可能となる。ディープラーニングでは人間の指示が不要となり、AI自身が対象の特徴を見い出し、判断や分類ができるようになる。

ア：第2次AIブームで注目されたエキスパートシステムの説明である。
ウ：第1次AIブームで研究された手法の説明である。
エ：拡張現実（AR：Augmented Reality）の説明である。

問題2-9　**解答**　**イ**　　分類　2-3　ビジネスインダストリ

解説　ディープラーニングとは、深層学習ともいい、ニューラルネットワークの仕組みを取り入れたAI技術のことであり、機械学習の手法のひとつである。ニューラルネットワークとは、人間の脳の仕組みを人工的に模倣したものである。機械学習とは、AIに大量のデータを読み込ませることにより、AI自身がデータのルールや関係性を発見し、分類するなど、AIが自分で学習するという点が特徴のAI技術のことである。

ディープラーニングには、人間が何も指示しなくても、大量のデータを読み込ませるだけで、AI自身が対象の特徴を見い出し、判断や分類ができるようになるという特徴がある。害虫のついている作物の葉を見分ける場合、害虫に食べられた葉の数ミリ程度の変色を検知することで、害虫の存在を識別することになる。そこで、あらかじめ「害虫に食べられた葉」と「害虫に食べられていない葉」の多くの画像データをAIに読み込ませることで、AIが両者を見分けることができるようになる。
したがって、イが正解となる。

ア、ウ、エ： ディープラーニングを用いた処理ではない。

問題2-10　解答　エ

（分類）2-3　ビジネスインダストリ

解説　IoTとは、コンピュータなどのIT機器だけではなく、産業用機械・家電・自動車から洋服・靴などのアナログ製品に至るまで、ありとあらゆるモノをインターネットに接続する技術のことである。「モノのインターネット」ともいう。
IoTは次の3つの理由によって、大きな注目を集めている。

- 情報を収集するセンサの小型化・低コスト化・高機能化により、あらゆるモノにセンサを付けることができるようになった。
- 通信回線の高速化や大容量化により、センサが収集したデータを送信しやすくなった。
- クラウドサービスの低価格化・高機能化により、収集したデータを大量に蓄積したり、分析したりして、活用しやすくなった。

IoTの環境が整備された結果、様々なモノから膨大なデータを収集・蓄積・分析できるようになり、IoTを活用することで、あらゆる分野において高い付加価値を生むことができるようになっている。

ア：ファームウェアの説明である。
イ：EDI（Electronic Data Interchange）の説明である。
ウ：AI（人工知能）の説明である。

問題2-11　解答　ウ

（分類）2-3　ビジネスインダストリ

解説　ドローンとは、遠隔操縦ができる小型の無人航空機のことである。ドローンの語源は「雄蜂」であり、飛行時の音が雄蜂の羽音に似ていることから名付けられた。元々は軍事目的で利用されていたが、現在では民間用・産業用の製品が多く販売されている。広義では、一般のラジコンもドローンに含まれるが、一般のラジコンと異なる点としては、カメラや各種センサを搭載している点が挙げられる。また、それらのセンサ類を利用して自律航行できるドローンもある。
ドローンの活用方法としては、生活物資の配送のほか、農薬の散布、空中からの測量、上空からの犯罪捜査、災害地域での空からの調査などが挙げられる。
したがって、ウが正解となる。

ア：GPS（Global Positioning System）を搭載したカーナビゲーションの活用方法である。
イ：災害地の調査用ロボットの活用方法である。
エ：遠隔操作に対応した医療用手術ロボットの活用方法である。

問題2-12　解答　イ　（分類）2-3　ビジネスインダストリ

解説　オプトインメール広告とは、あらかじめ同意を得たユーザに対して、広告が掲載されている電子メールを送信するサービスのことである。

ア：ディジタルサイネージの特徴である。
ウ：リスティング広告の特徴である。
エ：オプトアウトメール広告の特徴である。

第3章　システム戦略

問題3-1　解答　イ　（分類）3-1　システム戦略

解説　大量に蓄積されたデータの分析業務をシステム化することで、必要なデータの検索や集計作業が効率化され、経営戦略や事業戦略などの意思決定を迅速かつ的確に行えるようになる。

ア：システム化によるメリットとして、業務の効率化、意思決定の支援はもちろん、システム化により定型業務などを自動化することで生産性が向上し、コスト削減も実現可能である。
ウ：情報システム戦略は、やみくもにすべての業務のシステム化をすすめるものではなく、現状の業務内容や業務の流れを正しく把握し、メリットを見極めながら自社の経営戦略や事業戦略に基づいたシステム化をすすめていくものである。
エ：COO（Chief Operating Officer：最高執行責任者）ではなく、CIO（Chief Information Officer：最高情報責任者）を中心にシステム化推進体制を確立し、業務全体を対象としてシステム化全体計画を最初に作成する。

問題3-2　解答　ウ　（分類）3-1　システム戦略

解説　DFD（Data Flow Diagram）とは、データフロー、プロセス（処理）、データストア（ファイル）、外部（データの源泉／データの吸収）の4つの要素を使って、業務やシステムをモデリングし、業務の流れをデータの流れとして表現する手法のことである。
図の○はプロセスを表すので、受注処理、発注処理、出荷処理、在庫引当処理のいずれかが当てはまる。また、図の＝＝はデータストアを表す。
まず、各プロセスが何かを考えると、AとCは顧客とのやり取りがあるので、受注処理または出荷処理である。Aは顧客からデータを受け取っているので、このデータは注文と判断できる。したがって、Aは受注処理である。また、Cは顧客へデータを渡しているので、このデータは納品と判断できる。したがって、Cは出荷処理である。Dは仕入先にデータを渡しているので、このデータは発注と判断できる。したがって、Dは発注処理である。また、Bは発注処理と出荷処理にデータを渡しているので、これらのデータは発注指示と出荷指示と判断できる。したがって、Bは在庫引当処理である。
次に、各データストアが何かを考えると、①は受注処理からデータを書き込んでいるので受注データである。②は在庫引当処理でデータを読み込んで、さらに書き込んでいるので、商品の在庫数を確認し、引当可能であれば在庫数を更新していると判断できる。したがって、②は商品在庫データである。③④は受注処理でデータを読み込んでいるので、顧客マスタまたは商品マスタである。⑤は出荷処理でデータを書き込んでいるので出荷データである。

したがって、①が受注データ、②が商品在庫データ、③④が顧客マスタまたは商品マスタ、⑤が出荷データなので、ウが正解となる。

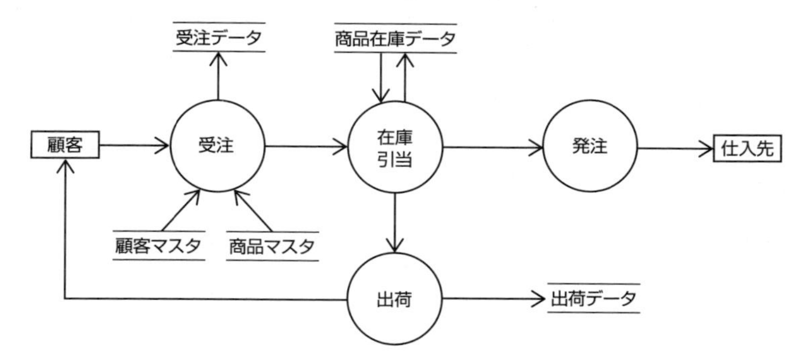

問題3-3　**解答**　**ウ**　　（分 類）3-1　システム戦略

解説　RPA（Robotic Process Automation）とは、従来、人間が行っていたPCの定型業務を、ソフトウェアを使って自動化・効率化する取組みのことである。具体的には、Webブラウザを使った情報の閲覧や取得、表計算ソフトへの書込み、社内情報システムへの入力などについて、単独の業務だけではなく、それぞれを組み合わせた一連の業務フローとして自動化・効率化する。
定型的な事務作業をソフトウェアで実現したロボットに代替させて、自動化・効率化を図る事例は、RPAに該当する。

ア：BPMの事例である。BPM（Business Process Management：ビジネスプロセス管理）とは、業務プロセスの問題発見と改善を継続的に進めていく分析手法のことである。
イ：ハードウェアのロボットを用いた自動化・効率化の実現は、ソフトウェアを用いた自動化の実現ではないので、RPAの事例には該当しない。
エ：インシデント管理の事例である。インシデント管理とは、ITサービスにインシデント（障害や事故、ハプニングなど）が発生した場合に、可能な限り迅速に通常のサービス運用の回復に努める活動のことである。

問題3-4　**解答**　**ウ**　　（分 類）3-1　システム戦略

解説　コミュニケーションの形式には、プッシュ型コミュニケーション、プル型コミュニケーション、相互型コミュニケーションがある。
プッシュ型コミュニケーションとは、特定の人に情報を送信することであり、電子メールやボイスメールなどが該当する。
プル型コミュニケーションとは、自分の意思で必要な情報にアクセスすることであり、イントラネットサイトなどが該当する。
相互型コミュニケーションとは、2人以上の参加者が情報を交わすことであり、テレビ会議などが該当する。

ア：テレビ会議を利用して会議を行うことは、2人以上の参加者が相互で情報を交わしているので、相互型コミュニケーションに該当する。
イ：電子メールに議事録を添付して送信することは、電子メールで特定の人に情報を送信しているので、プッシュ型コミュニケーションに該当する。

ウ：イントラネットサイトで会議の日程を確認することは、自分の意思でイントラネットサイトの必要な情報にアクセスしているので、プル型コミュニケーションに該当する。
エ：主要メンバが集まって課題を整理することは、2人以上の参加者が相互で情報を交わしているので、相互型コミュニケーションに該当する。

したがって、ウが正解となる。

問題3-5　**解答**　**イ**　　(分類) 3-1　システム戦略

解説　SaaS(Software as a Service)とは、インターネットを利用して、ソフトウェアの必要な機能だけを提供し、その機能に対して使用料を支払うサービスのことである。通常のソフトウェアは、すべてのユーザに同じ機能を提供しているため、必要ではない機能にも料金を支払わなくてはならないが、SaaSであれば必要な機能に対してだけ料金を支払えばよいというメリットがある。

ア：オンプレミスの説明である。
ウ：IaaS(Infrastructure as a Service)の説明である。
エ：PaaS(Platform as a Service)の説明である。

問題3-6　**解答**　**エ**　　(分類) 3-1　システム戦略

解説　オフショアアウトソーシングとは、比較的人件費などの経費が安い海外のサービス提供者に、自社の業務の一部を委託する形態のことである。

ア：オンラインストレージの説明である。オンラインストレージとは、インターネット上のサーバの一区画をデータの保存用として間借りするサービスのことである。インターネット上にデータを保存しておくと、インターネットに接続可能な場所からいつでもアクセスすることができる。
イ：ハウジングサービスの説明である。ハウジングサービスとは、自社でサーバや通信機器などの設備を用意して、通信回線や電源などの環境が整った事業者にそれを預けて利用することである。既存のシステムをそのまま移設するときなどに便利である。
ウ：システムインテグレータの説明である。システムインテグレータとは、情報システムの設計から開発、テスト、運用・保守までの業務を一括して請け負う企業のことである。システム開発の経験がない企業でも、システムインテグレータを利用することで、情報システムを開発できる。

問題3-7　**解答**　**ア**　　(分類) 3-1　システム戦略

解説　情報リテラシとは、情報を使いこなす能力のことである。具体的には、自ら収集した情報の中から、自分にとって必要なものを取捨選択し、活用できるといった能力を指す。

イ：リバースエンジニアリングの説明である。
ウ：ディジタルディバイド(情報格差)の説明である。
エ：Webアクセシビリティの説明である。

問題3-8　**解答　ア**　　（分類）3-1　システム戦略

解説　ディジタルディバイドとは、日本語では情報格差の意味を持ち、コンピュータやインターネットなどの情報ツールを利用できないことによって不利益を被ったり、社会参加の可能性を制限されてしまったりなど、情報収集能力の差が不平等をもたらすことである。
ディジタルディバイドの問題を解決するためには、行政や民間企業など、様々な組織が情報技術の教育や普及に取り組む必要がある。

イ：ダイバーシティの説明である。
ウ：アクセシビリティの説明である。
エ：情報倫理の説明である。

問題3-9　**解答　イ**　　（分類）3-1　システム戦略

解説　ビッグデータとは、これまで一般的だったデータベース管理システムでは取扱いが困難な巨大かつ複雑なデータ群のことである。ビッグデータは、4Vである「Volume（量）」（膨大なデータ）、「Variety（多様性）」（テキスト・画像・音声など多様なデータ）、「Velocity（速度）」（リアルタイムで収集されるデータ）、「Veracity（正確性）」（データの矛盾を排除した正確なデータ）の特徴を持つ。
ビッグデータの分析は、膨大なデータを処理することによって、同時に発生する事象など、あるパターンを発見することを可能とする。

ア、ウ、エ：ビッグデータの分析がもたらすものとして、適切ではない。

問題3-10　**解答　イ**　　（分類）3-1　システム戦略

解説　ビッグデータとは、これまで一般的だったデータベース管理システムでは取扱いが困難な巨大かつ複雑なデータ群のことである。ビッグデータの分類法のひとつとして、総務省では、個人・企業・政府の3つの主体が生成するデータに着目して、“オープンデータ”、“知のデジタル化”、“M2Mデータ”、“パーソナルデータ”の4つに分類している。
“オープンデータ”とは、国や地方公共団体が保有する公共情報のことであり、官民でデータを活用するため、開示が推進されている。

ア：“知のデジタル化”に該当する。
ウ：“M2Mデータ”に該当する。
エ：“パーソナルデータ”に該当する。

問題3-11　**解答　ウ**　　（分類）3-1　システム戦略

解説　ビッグデータとは、これまで一般的だったデータベース管理システムでは取扱いが困難な巨大かつ複雑なデータ群のことである。
ビッグデータを活用する際の留意点や課題には、次のようなものがある。
- 目的を明確化する
- データの消失や搾取に対するリスクに備える
- プライバシーに考慮する
- 迅速なデータ処理へ対応する
- データサイエンティストを安定的に確保する

ビッグデータを活用する際には、目的を明確にする必要がある。ビッグデータを分析することが目的ではなく、その分析結果からビジネス上の知見を得て、ビジネス上の目標を達成することが真の目的となる。そのため、常に目的に合致した活動を行っているかを確認する必要がある。

ア：公立図書館の各席の空き状況を提供し、利用者が参照できるようにすることは、オープンデータの活用事例である。
イ：蓄積されたデータの中から、一見関係のない2つの事象が共に起きやすい傾向などを調べる手法は、アソシエーション分析である。
エ：大量の文書をデータ解析し、有益な情報を取り出す技術は、テキストマイニングである。

問題3-12　解答　ア　　（分類）3-2　システム企画

解説　F社のシステムの必要経費は、次のとおりである。

初期投資額	4,000万円
システム運用にかかる経費（年間）	50万円／月×12か月=600万円／年
年間保守料	4,000万円×10%=400万円／年

システム稼働後の効果額（年間）は、次のとおりである。

250万円／月×12か月=3,000万円／年

回収期間をn年として、計算する。
投資を回収するためには、効果額が必要経費を上回ればよいので、次のような計算式となる。

3,000n>=4,000+600n+400n
2,000n>=4,000
n>=2

したがって、回収期間は2年となる。

問題3-13　解答　イ　　（分類）3-2　システム企画

解説　調達とは、業務の遂行に必要な製品やサービスを取りそろえるための購買活動のことであり、「①RFI（情報提供依頼）」→「②RFP（提案依頼書）の作成・配布」→「③提案書の入手」→「④見積書の入手」→「⑤発注先企業の選定」→「⑥契約締結」の順で実施する。
RFI（Request For Information：情報提供依頼）とは、システムベンダなどの発注先の候補となる企業に対して、システム化に関する情報提供を依頼すること、またはそのための文書のことである。
RFP（Request For Proposal：提案依頼書）とは、システム化を行う企業が、システムベンダなどの発注先の候補となる企業に対して、具体的なシステム提案を行うように依頼する文書のことである。
したがって、問題文より、aに入れる字句は「RFI」、bに入れる字句は「RFP」となる。

問題4-1　**解答　エ**　　(分 類) 4-1　システム開発技術

解説　開発するソフトウェアには、高い品質が求められる。品質を評価する基準になるものとして品質特性があり、ソフトウェアの品質を高める上で重要な指標となる。品質特性には「機能適合性」「信頼性」「使用性」「性能効率性」「保守性」「移植性」などがある。
システムが予期せぬ動作をしたときに、データが失われることなく直前の状態に回復できるかどうかは、信頼性にあたり、信頼性では、ソフトウェアが継続して正しく動作するかどうかの度合いを計る。

ア：移植性では、ソフトウェアを簡単に別環境に移せるかどうかの度合いを計る。
イ：保守性では、ソフトウェアの修正がしやすいか（修正の影響範囲が少ないか）どうかの度合いを計る。
ウ：使用性では、ソフトウェアが使いやすいか（操作性がよいか）どうかの度合いを計る。

問題4-2　**解答　イ**　　(分 類) 4-1　システム開発技術

解説　ホワイトボックステストとは、プログラムの制御や流れに着目し、プログラムの内部構造や論理をチェックするテスト手法のことである。プログラムの内部構造に着目し、命令や分岐条件が網羅されるようにテストを行う。

ア：ブラックボックステストとは、入力データに対する出力結果について着目し、機能が仕様書どおりかをチェックするテスト手法のことである。
ウ：トップダウンテストとは、結合テストのひとつであり、上位のモジュールから順番にテストしていく方法のことである。
エ：ボトムアップテストとは、結合テストのひとつであり、下位のモジュールから順番にテストしていく方法のことである。

問題4-3　**解答　ウ**　　(分 類) 4-1　システム開発技術

解説　ソフトウェア保守とは、システム稼働後に利用状況や稼働状況を監視し、システムの安定稼働、情報技術の進展や経営戦略の変化に対応するために、プログラムの修正や変更を行うことである。

ア：システム開発にかかわるドキュメント一式（設計書や操作手順書など）は常に最新の状態を保つ必要があるため、システム稼働後にプログラムを改修した内容を文書に残す行為はソフトウェア保守にあたる。
イ：システム稼働前のプログラムの改修であるため、ソフトウェア保守にはあたらない。
エ：システム稼働後に行ったプログラムの改修はソフトウェア保守にあたる。

問題4-4　**解答　ア**　　(分 類) 4-1　システム開発技術

解説　ファンクションポイント（FP：Function Point）法とは、入出力画面や使用するファイル、開発する機能の難易度などを数値化してシステムの開発工数や開発費用などを見積もる方法のことである。

イ：ボトムアップ見積法とは、作業単位ごとにシステムの開発工数や開発費用などを見積もり、その合算により総額を算出する方法のことである。
ウ：類推見積法とは、過去の類似した実績を参考に、システムの開発工数や開発費用などを見積もる方法のことである。
エ：プログラムステップ法とは、LOC（Lines Of Code）法ともいい、システム全体のプログラムのステップ数（行数）からシステムの開発工数や開発費用などを見積もる方法のことである。

問題4-5　**解答**　**ウ**　　（分 類）4-1　システム開発技術

解説　請負契約とは、注文者が請負事業者に業務を依頼し、業務が完成した場合に報酬を支払うことを約束する契約のことである。

ア：何らかの処理が行われた場合に報酬が発生するのは、準委任契約である。
イ：注文者は請負事業者の従業員に直接指示を出すことはできない。
エ：請負契約では、請負事業者は下請人を使用して仕事を行うことができる。

問題4-6　**解答**　**エ**　　（分 類）4-2　ソフトウェア開発管理技術

解説　スパイラルモデルとは、システムをいくつかのサブシステムに分割し、サブシステムごとに要件定義、システム設計、開発、テストのサイクルを繰り返しながら、システムの完成度を高めていく開発モデルのことである。繰返し型モデルともいう。サブシステムごとに利用者（システム利用部門）が検証し、次のサイクルで利用者の要求を取り入れることができるため、利用者の満足度は高くなるが、開発工程の管理が複雑になるという特徴がある。

ア：プロトタイピングモデルとは、システム開発の早い段階からプロトタイプ（試作品）を作成して、利用者（システム利用部門）の確認を得ながら開発を進めていく開発モデルのことである。
イ：リバースエンジニアリングとは、既存のソフトウェアを解析して、その仕組みや仕様などの情報を取り出すことである。
ウ：ウォータフォールモデルとは、“滝が落ちる”という意味を持ち、システム開発を各工程に分割し、上流工程から下流工程へと各工程を後戻りせず順番に進めていく開発モデルのことである。

問題4-7　**解答**　**エ**　　（分 類）4-2　ソフトウェア開発管理技術

解説　アジャイル開発とは、アジャイルソフトウェア開発や単にアジャイルともいい、システムをより早く、仕様変更に柔軟に対応し、効率よく開発する手法のことである。まず開発期間を1～2週間といった非常に短い期間（イテレーション）に区切り、開発するシステムを小さな機能に分割する。この区切った期間ごとに、開発サイクルを一通り行って1つずつ機能を完成させる。この作業を繰り返すことで、段階的にシステム全体を作成する。
したがって、エが正解となる。

ア：DevOpsの特徴である。
イ：ウォータフォールモデルの特徴である。
ウ：アジャイル開発では、システムをより早く、仕様変更に柔軟に対応できるようにするため、詳細な設計書の作成には手間をかけないようにする。よって、適切ではない。

問題4-8　解答　ア

（分類）4-2　ソフトウェア開発管理技術

解説　スクラムとは、アジャイル開発の手法のひとつであり、ラグビーのスクラムから名付けられた、複雑で変化の激しい問題に対応するためのシステム開発のフレームワーク（枠組み）のことである。反復的（繰返し）かつ漸進的な（少しずつ進む）手法として定義したものであり、開発チームを一体化して機能させることを重視する。
スクラムでは、開発を9人程度までの少人数で行う。最長4週間程度のスプリントと呼ばれる期間ごとに、開発するプログラムの範囲を決定する。スプリントの単位で開発からレビュー、調整までを行い、常に開発しているプログラムの状況や進め方に問題がないか、コミュニケーションを取りながら進めていく。また、ユーザの要望の優先順位を柔軟に変更しながら開発を進めていくことも、スクラムの特徴といえる。

イ：アジャイル開発の説明である。
ウ：テスト駆動開発の説明である。テスト駆動開発は、アジャイル開発の手法のひとつであるXP（エクストリームプログラミング）の実践的な技法のひとつである。
エ：ペアプログラミングの説明である。ペアプログラミングは、アジャイル開発の手法のひとつであるXP（エクストリームプログラミング）の実践的な技法のひとつである。

問題4-9　解答　エ

（分類）4-2　ソフトウェア開発管理技術

解説　共通フレームとは、ソフトウェア開発において、企画、開発、運用、保守までの作業内容を標準化し、用語などを統一した共通の枠組み（フレーム）のことである。システム開発部門と利用者（システム利用部門）で共通の枠組みを持つことで、お互いの役割、業務範囲、作業内容、責任の範囲など取引内容を明確にし、誤解やトラブルが起きないように、双方が共通認識を持てるようになる。

ア：PMBOK（Project Management Body Of Knowledge）の説明である。
イ：ITIL（Information Technology Infrastructure Library）の説明である。
ウ：PMO（Project Management Office：プロジェクトマネジメントオフィス）の説明である。

問題4-10　解答　イ

（分類）4-2　ソフトウェア開発管理技術

解説　CMMI（Capability Maturity Model Integration：能力成熟度モデル統合）とは、システムの開発と保守の工程を評価したり、改善したりするための指標のことで、組織としてのソフトウェアの開発能力を客観的に評価できる。
CMMIでは、成熟度を次のような5段階のレベルで定義している。

レベル	成熟度	説明
1	初期の状態	システム開発のルールが定義されておらず、個人のスキルに依存している状態。
2	管理された状態	システム開発のルールが組織の経験則として存在し、管理されている状態。
3	定義された状態	システム開発のルールが組織で定義されており、安定して一定の水準のシステムが開発できる状態。
4	定量的に管理された状態	レベル3に加えて、さらに一定の基準で数値化して評価できるようになっている状態。
5	最適化している状態	レベル4に加えて、組織として継続的に工程の改善に取り組んでいる状態。

問題5-1　**解答**　**ウ**　（分 類）5-1　プロジェクトマネジメント

解説　マイルストーンとは、スケジュールにおける主要な節目のことで、当初の計画とのずれはないか、これ以降の計画において変更の必要性がないかなどを確認するものである。システムの検収は、開発されたシステムを利用者が受け入れることである。検収されるということは、様々なテストを経て適正であると判断されたシステムであることを意味し、システムは開発の段階から運用の段階へと移行するため、マイルストーンである。

ア：システム導入の際の費用の算出は、予算確定段階の途中であるため適切とはいえない。算出された費用を評価し承認してから予算確定となるため、マイルストーンとしては、予算決定の段階が適切といえる。
イ：テスト計画の立案は、計画段階の途中であるため適切とはいえない。テスト計画の立案後、評価、承認を経てからテスト計画が確定となるため、マイルストーンとしては、テスト計画決定の段階が適切といえる。
エ：システムの本稼働開始後、1週間の立会いは、運用段階が開始されてから1週間という期間が適切とはいえない。マイルストーンとしては、システム運用開始後の利用者への操作教育が終了する段階やパイロット稼働（ひとつの部署における小規模な稼働）から本稼働への移行が承認された段階が適切といえる。

問題5-2　**解答**　**ウ**　（分 類）5-1　プロジェクトマネジメント

解説　PMBOK（Project Management Body Of Knowledge）とは、プロジェクトマネジメントに必要な知識を体系化したもので、プロジェクトマネジメントのデファクトスタンダードや世界標準ともいわれている。プロジェクトマネージャがプロジェクトを統合的に遂行するためのガイドラインとなるものであり、スコープ、タイム、コストなどの管理対象を知識エリアとして分類している。

ア、イ、エ：PMBOKの説明である。
ウ　　　　：CMMI（Capability Maturity Model Integration：能力成熟度モデル統合）の説明である。

問題5-3　**解答**　**エ**　（分 類）5-1　プロジェクトマネジメント

解説　WBS（Work Breakdown Structure）とは、プロジェクトの作業範囲を詳細な項目に細分化（要素分解）し、階層化した図表のことである。作業分解構成図ともいう。作成したWBSは、スケジュール、コスト、人的資源、品質などの計画・管理に活用される。

ア：管理図とは、工程の状態を折れ線グラフで表す手法のことである。
イ：DFD（Data Flow Diagram）とは、データフロー、プロセス（処理）、データストア（ファイル）、外部（データの源泉／データの吸収）の4つの要素を使って、業務やシステムをモデリングし、業務の流れをデータの流れとして表現する手法のことである。
ウ：アローダイアグラムとは、より良い作業計画を作成するための手法のひとつであり、作業の順序関係と必要な日数などを矢印で整理して表現する。

問題5-4　解答　ア

（分類）5-1　プロジェクトマネジメント

解説　アローダイアグラムとは、より良い作業計画を作成するための手法のひとつであり、作業の順序関係と必要な日数などを矢印で整理して表現する。アローダイアグラムを使うと、クリティカルパスを求めることができる。クリティカルパスとは、日程計画において全体の日程の中で最も作業日数のかかる経路のことである。
作業Fの短縮前（8日）の全体の所要日数を求める。それぞれの経路の所要日数は次のようになり、クリティカルパスはB→F→Hの20日間になる。

A→C→E→H=5+6+5+3=19日間
A→D→F→H=5+2+8+3=18日間
B→F→H　=9+8+3　=20日間・・・クリティカルパス

次に、作業Fの短縮後（5日）の全体の所要日数を求める。それぞれの経路の所要日数は次のようになり、クリティカルパスはA→C→E→Hの19日間になる。

A→C→E→H=5+6+5+3=19日間・・・クリティカルパス
A→D→F→H=5+2+5+3=15日間
B→F→H　=9+5+3　=17日間

作業Fの所要日数を8日から5日に短縮した場合、全体の所要日数の差は、作業Fの短縮後と短縮前のクリティカルパスの差を求めればよいので、19日間−20日間=−1日間となる。したがって、1日短縮できる。

問題5-5　解答　ア

（分類）5-1　プロジェクトマネジメント

解説　アローダイアグラムとは、より良い作業計画を作成するための手法のひとつであり、作業の順序関係と必要な日数などを矢印で整理して表現する。アローダイアグラムを使うと、クリティカルパスを求めることができる。クリティカルパスとは、日程計画において全体の日程の中で最も作業日数のかかる経路のことである。
作業Eの変更前（1日）の全体の所要日数を求める。それぞれの経路の所要日数は次のようになり、クリティカルパスはA→C→D→Fの11日間になる。
なお、ダミー作業（所要日数はかからない作業）を含む経路も考慮する必要がある。

A→B→D→F =2+2+2+3 =9日間
A→C→D→F =2+4+2+3 =11日間・・・クリティカルパス
A→C→E→F =2+4+1+3 =10日間

次に、作業Eの変更後（3日）の全体の所要日数を求める。それぞれの経路の所要日数は次のようになり、クリティカルパスはA→C→E→Fの12日間になる。

A→B→D→F =2+2+2+3 =9日間
A→C→D→F =2+4+2+3 =11日間
A→C→E→F =2+4+3+3 =12日間・・・クリティカルパス

作業Eが1日から3日に変更となった場合、全体の所要日数の差は、作業Eの変更後と変更前のクリティカルパスの差を求めればよいので、12日間−11日間=1日間となる。したがって、1日延長となる。

問題5-6　解答　イ

(分類) 5-1　プロジェクトマネジメント

解説　仮にプログラム作業工程が12個あると考えると、Aさんは1日1個の工程を完了させていき、12日かかる。Bさんは1日2個の工程を完了させていき6日かかる。2人で作業を行うときには、1日の時間の10%が打ち合わせに割かれるため、実際に作業ができるのは1日の90%となる。2人で作業をする日数をxとした場合、次の計算式でxを求めることができる。

$(1 \times 0.9)x + (2 \times 0.9)x = 12$
$0.9x + 1.8x = 12$
$x = 12 \div 2.7 = 4.444\cdots$

したがって、少なくとも5日間の日数が必要となる。

問題5-7　解答　イ

(分類) 5-1　プロジェクトマネジメント

解説　担当者ごとの各工程における必要日数は、次のとおりである。

〔担当者A〕
設計　…………… 20÷2.5=8日間
プログラミング … 40÷8=5日間
テスト …………… 18÷9=2日間　　合計　15日間

〔担当者B〕
設計　…………… 20÷2.5=8日間
プログラミング … 40÷6.25=6.4日間
テスト …………… 18÷5=3.6日間　　合計　18日間

〔担当者C〕
設計　…………… 20÷5=4日間
プログラミング … 40÷8=5日間
テスト …………… 18÷6=3日間　　合計　12日間

〔担当者D〕
設計　…………… 20÷2.5=8日間
プログラミング … 40÷12.5=3.2日間
テスト …………… 18÷5=3.6日間　　合計　14.8日間

したがって、開発に最も時間のかかる担当者は、18日間であるBとなる。

問題5-8　解答　ウ

(分類) 5-1　プロジェクトマネジメント

解説　まず、自社内で作成することになった25%のプログラムがいくつになるのかを求める。
8,000個×25%=2,000個

次に、この2,000個のプログラムを作成するために必要な日数を求める。
2,000個÷0.2個=10,000日

次に、この日数を1か月につき20日間作業する(1人月=20日)という条件で、何人月で終了できるかを求める。
10,000日÷20日=500人月

したがって、ウが正解となる。

問題5-9　解答 ア

（分類）5-1　プロジェクトマネジメント

解説 表より、コーディング作業の計画工数は6日である。コーディング作業の50％が終了したということは、計画工数のうちの3日分の作業が終了したということである。
残っている作業の日数は、次のとおりである。

3日（コーディング）＋4日（コンパイル）＋5日（テスト）＝12日

全体の作業日数は4日＋7日＋2日＋6日＋4日＋5日＝28日であることから、
残っている作業の割合は12日÷28日＝0.428…≒43％となる。

問題5-10　解答 ウ

（分類）5-1　プロジェクトマネジメント

解説 全体の予算が400千円で、工程A～Dに均等に割り当てているとあるので、各工程で使用できる予算は100千円である。
工程Cの作業が40％完了した時点における消費済のコストは、次のとおりである。

工程C…100千円－48千円＝52千円

このまま作業を続けた場合の工程Cの消費コストは、求める消費コストをxとした場合、次のようになる。

52千円：40％＝x：100％
52千円：0.4＝x：1.0
0.4x＝52千円
x＝52千円÷0.4＝130千円

工程Dは着手しておらず、〔条件〕（2）より、「工程Dのコストは20％削減するものとする。」とあるので、工程Dのコストは100千円×0.8＝80千円になる。

工程Aは100％完了しており、コスト残高が－10なので、消費済のコストは100千円＋10千円＝110千円になる。
工程Bは100％完了しており、コスト残高が10あるので、消費済のコストは100千円－10千円＝90千円になる。

したがって、全体のコストは、工程A（110千円）＋工程B（90千円）＋工程C（130千円）＋工程D（80千円）＝410千円となる。

第6章　サービスマネジメント

問題6-1　解答 エ

（分類）6-1　サービスマネジメント

解説 SLA（Service Level Agreement：サービスレベル合意書）とは、提供するITサービスの品質と範囲を明文化し、ITサービスの提供者と利用者の合意に基づいて運用管理するために交わされる品質保証契約のことである。契約内容には、システムサービスの範囲、課金内容、問合せの受付時間、システム障害時の復旧目標時間などが含まれる。

ア：SLM（Service Level Management：サービスレベル管理）とは、契約したサービスレベルが守られているかどうか計測し、サービスレベルの維持・向上を図る管理方法のことである。

イ：RFP（Request For Proposal：提案依頼書）とは、システム化を行う企業が、システムベンダなどの発注先の候補となる企業に対して、具体的なシステム提案を行うように依頼する文書のことである。
ウ：NDA（Non-Disclosure Agreement）とは、機密情報に触れる可能性のある者に対し、職務上知り得た情報を特定の目的以外に利用したり、第三者に漏えいしたりしないことを約束する契約のことである。守秘義務契約、秘密保持契約、機密保持契約ともいう。

問題6-2　**解答**　**イ**　　（分類）6-1　サービスマネジメント

解説　インシデント管理（障害管理）とは、ITサービスにインシデント（障害や事故）が発生したことを検知し、解決するまでの一連の活動のことである。インシデントが発生した場合、可能な限り迅速に通常のサービス運用を回復し、ビジネスへの影響を最小限に抑え、サービス品質を維持することが求められる。
インシデント管理では、まずインシデントを検知したあと、影響度の判断と初期サポートが行われる。その後、初期サポートで解決できないインシデントは、調査が行われ、解決するという流れで処理される。

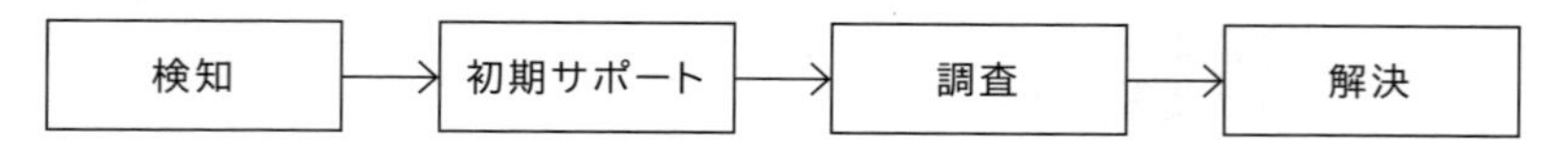

したがって、手順のAに該当するものは、“調査”となる。

問題6-3　**解答**　**エ**　　（分類）6-1　サービスマネジメント

解説　サービスデスクとは、利用者からの問合せに対応するための窓口のことである。ヘルプデスクやコールセンタ、ユーザサポートなどともいう。
一般的には、製品の使用方法やサービスの利用方法、トラブルの対処方法、故障の修理依頼など様々な問合せを受け付ける。クレームや苦情などにも対応する。受付の方法としては、電話や電子メール、FAXなどがある。

a：問合せ内容によってサービスデスクの窓口を複数設置すると、利用者からはどこが適切な窓口なのかわかりづらくなったり、適切な窓口を調べる手間が発生したりするため、サービスデスクの窓口は一本化されている方がよい。
b：問合せ内容は、データベースに蓄積することで同じような問合せがあった場合に迅速に回答ができるようになる。データベースに登録する際に、必要のない個人情報は含めない方がよいが、問合せ内容まで消去してしまうと、迅速な回答を提供できなくなる。
c：よく寄せられる質問とその回答をセットにして集めたものをFAQといい、利用者が自由に参照できるようにWebなどであらかじめ公開されていることも多い。FAQを提供することで、利用者が問題を自己解決できるようにすることを支援する。

したがって、サービスデスクの設置にあたり検討内容として適切なものは、cだけとなる。

問題6-4　**解答**　**イ**　　（分類）6-1　サービスマネジメント

解説　ファシリティマネジメントとは、企業が保有するコンピュータやネットワーク、施設、設備などを維持・保全し、より良い状態に保つための考え方のことである。情報システムにおけるファシリティマネジメントでは、地震や水害など自然災害への対策、火災などの事故への対策を行うことが重要である。大規模災害が発生した場合、データサーバに直接アクセスすることが難しくなることが考えられるため、バックアップを遠隔地に用意することが望ましい。

ア：ホットアイルとは、データセンタなどでサーバ室内の暖気だけを集めた空間のことである。コールドアイルとは、空調機器によりサーバが吸引する冷気だけを集めた空間のことである。ホットアイルとコールドアイルを明確に分けて暖気と冷気が混ざらないようにすることで、サーバ室内の空調効果が上がり、消費電力を削減できるが、大規模災害時のファシリティマネジメントとは無関係である。
ウ：グリーンIT(Green of IT)とは、PCやサーバ、ネットワークなどの情報通信機器そのものの省エネや資源の有効活用をするという考え方のことである。大規模災害時のファシリティマネジメントとは無関係である。
エ：データセンタ内の電源を二重化していても、大規模災害によりデータセンタそのものに被害があった場合や電力の供給が停止している状態では機能しないため、大規模災害に対応しているとはいえない。

問題6-5　**解答**　**イ**　　（分類）6-1　サービスマネジメント

解説　ファシリティマネジメントとは、企業が保有するコンピュータやネットワーク、施設、設備などを維持・保全し、より良い状態に保つための考え方のことである。

ア：サージ防護機能の付いたOAタップを使用することで、落雷があった場合など、瞬間的に発生する異常に高い電圧からの被害を防ぐことができる。よって、ファシリティマネジメントに沿った環境整備の実施事項である。
イ：ネットワークを流れるデータを暗号化することは、情報セキュリティマネジメントに沿った環境整備の実施事項であり、ファシリティマネジメントとは関係ない。
ウ：ノート型PCにセキュリティワイヤを取り付けることで、機器の盗難を防止できる。よって、ファシリティマネジメントに沿った環境整備の実施事項である。
エ：無停電電源装置を設置することで、停電や瞬電時に電力の供給が停止してしまうことを防げる。よって、ファシリティマネジメントに沿った環境整備の実施事項である。

問題6-6　**解答**　**エ**　　（分類）6-2　システム監査

解説　システム監査とは、独立した第三者であるシステム監査人によって、システムを統合的に検証・評価し、その関係者に助言や勧告を行うことで、システムが経営に貢献しているかどうかを判断するものである。情報システムを適切に監査するためのものとして、システム監査基準があり、システム監査人に求められる行為規範および監査手続の規則が示されている。

ア：システム監査は、基準に則って実施され、監査人の主観によって行われるものではない。
イ：予備調査とは、本調査を実施する前に、対象となるシステムの概要を把握するために行う。
ウ：監査終了後は、監査報告書を作成し、その結果を経営者や被監査部門、関係部門に正確に伝える。

問題6-7　解答　ウ

（分類）6-2　システム監査

解説　システム監査人とは、情報システムについて監査を行う人のことである。情報システムに関する専門的な知識や技術、システム監査の実施能力を有すると同時に、被監査部門から独立した立場であることが求められる。

ア、イ：被監査部門の行為である。よって、適切ではない。
ウ　：本調査では、システム監査計画で設定した監査項目や手続きに従い、具体的な調査・分析・検討を行う。本調査で知り得た情報（情報システムや利用情報のログ、エラー状況のログなど）を監査証拠として保全し、すべてのシステム監査が終了したらシステム監査報告書を作成する。よって、適切である。
エ　：フォローアップとは、システム監査の実施後、改善の実施状況を確認し、改善の実現を支援することである。システム監査人は、監査報告会を開催したあとに、フォローアップを行う。よって、適切ではない。

したがって、ウが正解となる。

問題6-8　解答　ア

（分類）6-2　システム監査

解説　内部統制とは、業務を適正に行う体制を企業自らが構築し、運用する仕組みのことである。内部統制を業務活動の中に取り入れるための方針や手続きを統制活動という。統制活動を実現するためには、業務内で違法行為や不正行為が発生するリスクを明確にしたり、担当者の権限を明確にしてひとつの職務を複数の担当者に分離させることで権限や職責を明確にしたり（職務分掌）、リスクに対応するルールを設定し実施状況をチェックしたりする。
したがって、アが正解となる。

イ：社内から違法行為や不正行為に関する通報があるということは、内部通報制度が正しく働いており、内部統制が正しく機能しているという評価材料になる。
ウ：業務が適正に行われているかどうかを、外部の独立した第三者によって監査することを外部監査という。
エ：組織内のすべての者が、必要な情報を正確に取得し、伝達、共有できるように環境が整備されている必要がある。

問題6-9　解答　ア

（分類）6-2　システム監査

解説　IT統制とは、ITを利用した内部統制のことである。企業で利用している情報システムや管理している情報が健全かつ有効に使われているかどうかを監視・統制することを目的とするものである。
IT統制は、業務処理統制と全般統制に分類できる。業務処理統制とは、業務を管理するシステムにおいて、承認された業務がすべて正確に処理・記録されることを確保するための統制活動のことである。全般統制とは、業務処理統制が有効に機能するように環境を整備するための統制活動のことである。
データを入力する際の各種マスタとの整合性チェックは、業務が正確に処理・記録されることを確保するための統制活動であるので、業務処理統制に該当する。

イ、ウ、エ：業務処理統制が有効に機能するように環境を整備するための統制活動であるので、全般統制に該当する。

問題6-10 **解答** **ア** (分類) 6-2 システム監査

解説 ITガバナンスとは、情報システムを活用するためのIT戦略を策定し、実行を統治する仕組みのことである。ITを効果的に活用して、経営戦略の実現を支援し、事業を成功へと導くことを目的としている。

イ：コーポレートガバナンス（企業統治）の説明である。
ウ：EA（Enterprise Architecture）の説明である。
エ：BPR（Business Process Reengineering：ビジネスプロセス再構築）の説明である。

第7章 基礎理論

問題7-1 **解答** **ウ** (分類) 7-1 基礎理論

解説 2進数は、下の桁から上の桁へ2倍ずつ桁が上がる。この桁が上がる数（10進数では10、2進数では2）を基数といい、すべての桁は基数のべき乗で表現できる。基数のべき乗で示した数値を各桁の重みといい、小数点以下の数値も基数の重みを使って表現できる。

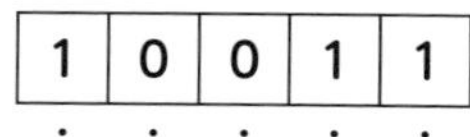

2^1 2^0 2^{-1} 2^{-2} 2^{-3} … 各桁の重み

$(10.011)_2$は2^1が1、2^0が0、2^{-1}が0、2^{-2}が1、2^{-3}が1であるという意味なので、各桁の重みを使って次のように計算する。

$$(10.011)_2=(2^1\times1)+(2^0\times0)+(2^{-1}\times0)+(2^{-2}\times1)+(2^{-3}\times1)$$

2^1は2、2^0は1、2^{-1}は$\frac{1}{2^1}$、2^{-2}は$\frac{1}{2^2}$、2^{-3}は$\frac{1}{2^3}$になるので、次のようになる。

$$(10.011)_2=2+0+0+\frac{1}{4}+\frac{1}{8}=2+0.25+0.125=2.375$$

問題7-2 **解答** **エ** (分類) 7-1 基礎理論

解説 論理式は、AND演算とOR演算を使って表す。ANDは両方が真であるときに真となる演算式、ORはどちらか一方が真であれば真となる演算式である。

この演算式を使ってA市にある水族館、B市にある美術館を表すと、次のようになる。
　A市にある水族館：“A市” AND “水族館”
　B市にある美術館：“B市” AND “美術館”

さらに、この2つのどちらかが真となる結果を得るために、これをOR演算でつなぐと次のようになる。
　（“A市” AND “水族館”）OR（“B市” AND “美術館”）

問題7-3　解答　ウ

(分類) 7-1　基礎理論

解説　順列とは、あるデータの集まりの中から任意の個数を取り出して並べたときの並べ方の総数のことである。異なるn個から任意にr個を取り出して1列に並べた順列の数を${}_nP_r$と表した場合、次の計算式で求められる。

$${}_nP_r=n\times(n-1)\times(n-2)\times\cdots\times(n-r+1)$$

まず、AさんとDさんは、常に隣同士にならなければならないので、AさんとDさんの2人を1人と考え、4人を任意の順で1列に並べたときの順列の数を求める。

$${}_4P_4=4\times(4-1)\times(4-2)\times(4-3)=4\times3\times2\times1=24\text{通り}$$

次に、AさんとDさんの2人は、「Aさん、Dさん」と「Dさん、Aさん」の2通りの配置が考えられるため、この24通りを2倍する。したがって、24×2=48通りとなる。

問題7-4　解答　ウ

(分類) 7-1　基礎理論

解説　期待値とは、事象が起こる確率と確率変数を掛けた値の合計のことである。大吉が出る確率は$\frac{1}{6}$で、得点5が確率変数を意味する。

大吉 …$\frac{1}{6}\times5=\frac{5}{6}$

中吉 …$\frac{1}{6}\times4=\frac{4}{6}$

小吉 …$\frac{1}{6}\times3=\frac{3}{6}$

吉 ……$\frac{1}{6}\times2=\frac{2}{6}$

末吉 …$\frac{1}{6}\times1=\frac{1}{6}$

合計 $=\frac{15}{6}$であることから、期待値は2.5となる。

問題7-5　解答　ウ

(分類) 7-1　基礎理論

解説　音声のサンプリングを1秒間に10,000回行い、サンプリングした値をそれぞれ8ビットのデータとして記録すると、1秒間に記録できるデータ量は、次のようになる。

10,000×8(ビット)=80,000(ビット)

単位をバイトに換算すると、次のようになる。

80,000÷8(ビット)=10,000(バイト)

1分間に記録できるデータ量は、10,000(バイト)×60(秒)$=6\times10^5$なので、この音声データを700メガバイトの容量を持つCDに記録できる時間(分)は、次のようになる。

$700\times10^6\div6\times10^5=7000\div6=1166.66\cdots$(分)

したがって、CDに記録できる最大時間は1166分となる。

問題7-6　解答 イ

分類　7-1　基礎理論

解説　置換規則に従って「00101110110」をひとつひとつ変換していくと、次のような結果になる。

0	0	10	11	10	11	0
C	C	A	B	A	B	C

問題7-7　解答 ウ

分類　7-2　アルゴリズムとプログラミング

解説　中央のデータより、前にあるか後ろにあるかを絞り込みながら探していく方法をバイナリサーチ（二分探索法）という。
例えば、1～100の整理券の番号から99を探す方法は、次のとおりである。

①発行された番号が中央値50よりも前か後ろかを探す。
②50より後ろなので、51～100の中央値75よりも前か後ろかを探す。
③75より後ろなので、76～100の中央値88よりも前か後ろかを探す。
④88より後ろなので、89～100の中央値94よりも前か後ろかを探す。
⑤94より後ろなので、95～100の中央値97よりも前か後ろかを探す。
⑥97より後ろなので、98～100の中央値99よりも前か後ろかを探す。
⑦99が中央値となり、探索が終了する。

問題7-8　解答 ア

分類　7-2　アルゴリズムとプログラミング

解説　HTML（Hyper Text Markup Language）とは、Webページを作成するための言語のことである。タグと呼ばれる制御文字を使って、どのようにページを表示するのかを指示する。HTMLで使われるタグには主に次のようなものがある。

タグ	説明
<html>～</html>	HTMLの開始と終了
<title>～</title>	タイトルの開始と終了
<body>～</body>	本文の開始と終了
<p>～</p>	段落の開始と終了

CSS（Cascading Style Sheets）とは、HTML用のスタイルシート言語のことである。スタイルシートとは、文字の書体やサイズ、背景、余白などWebページのデザインやレイアウトを定義する。

イ：XML（eXtensible Markup Language）とPDF（Portable Document Format）の説明である。
ウ：Perl（Practical Extraction and Report Language）とW3C（World Wide Web Consortium）の説明である。
エ：JavaとUnicodeの説明である。

問題8-1　解答　エ

（分類）8-1　コンピュータ構成要素

解説　ジョブとは、利用者から見た仕事の単位のことである。OSのジョブ管理では、複数のジョブを効率的に処理できるように、ジョブ実行の順番を管理する。
ジョブが数字の小さい方から処理されること、CPUと出力装置はそれぞれ別々の処理が可能なこと、出力処理はCPUでの処理が完了してからでないと実行できないということなどから、それぞれの処理状況は次のようになる。

CPU：ジョブ1 25秒　ジョブ2 40秒　ジョブ3 15秒　ジョブ4 10秒　ジョブ5 15秒
出力装置：（25秒）　ジョブ1 10秒　（30秒）　ジョブ2 20秒　ジョブ3 15秒　ジョブ4 30秒　ジョブ5 15秒

出力装置が処理していない時間は次のとおりである。
25秒+30秒=55秒

問題8-2　解答　ウ

（分類）8-1　コンピュータ構成要素

解説　キャッシュメモリ、メインメモリ、ハードディスクのうち、最もアクセス速度の速い記憶装置は、キャッシュメモリである。キャッシュメモリは、CPU（高速処理）とメインメモリ（低速処理）の処理速度の差を埋めるために利用される。
記憶階層で表すと次のようになる。

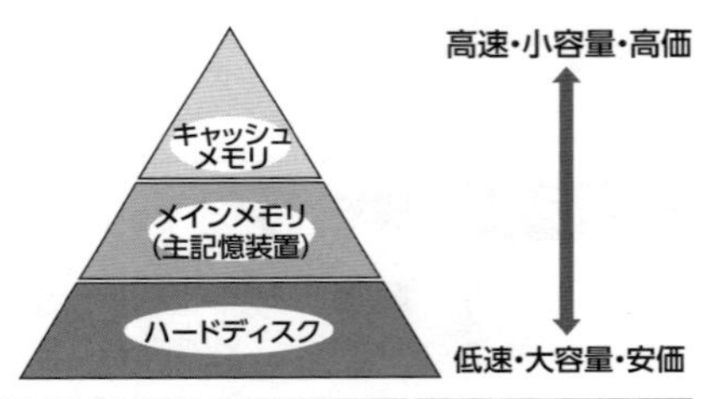

問題8-3　解答　ウ

（分類）8-1　コンピュータ構成要素

解説　Blu-ray Diskは、CDやDVDと同じ形状の光ディスクである。波長の短い青紫色レーザ光を使って、データの読み書きを行う。DVDの数倍以上にあたる25Gバイト以上の容量を持ち、高画質の動画を保存するのによく利用される。

ア：DVD同様、書込み回数に制限がある。BD-Rでは書込み回数が1回、BD-REでは書込み回数が1,000回以上である。
イ：Blu-ray Diskは保護層がDVDより薄いため、初期のBlu-ray Diskはカートリッジが必要だったが、最近のBlu-ray Diskは保護コートの加工が行われているためカートリッジは必要ない。
エ：Blu-ray Diskを再生するためには、Blu-rayドライブが必要である。一般的なBlu-rayドライブでは、CDやDVDも再生できる。

問題8-4　解答　エ

（分類）8-1　コンピュータ構成要素

解説　コンピュータに周辺機器を増設する際、OSが自動的に最適な設定をしてくれる機能のことをプラグアンドプレイという。プラグアンドプレイ対応の周辺機器であれば、接続するだけで自動的に必要なデバイスドライバが追加され、最適な設定が行われる。

ア：キャッシュメモリの説明である。
イ：ワイヤレスインタフェースの説明である。
ウ：マルチタスクの説明である。

問題8-5 **解答** **イ** （分類）8-1　コンピュータ構成要素

解説 ジャイロセンサとは、回転が生じたときの大きさを計測できるセンサのことであり、ディジタルカメラの手振れ補正や自動車の横滑り防止などに使われている。ジャイロセンサは、回転の速度を表す量である角速度を計測できることから、角速度センサともいう。

ア：ひずみゲージの特徴である。
ウ：アクチュエータの特徴である。
エ：輝度センサの特徴である。

問題8-6 **解答** **ア** （分類）8-1　コンピュータ構成要素

解説 赤外線センサとは、赤外線の光を電気信号に変換して、必要な情報を検出することができるセンサのことである。赤外線は温度を持つものから自然に放射されるが、人間の目には見えないという特性があるため、家電製品のリモコンから防犯・セキュリティ機器まで幅広く使われている。
また、赤外線センサは距離を計測するセンサ（赤外線距離センサ）としても利用できる。赤外線距離センサは、赤外線を照射し、対象からの反射光を、受光素子と呼ばれる部品で受信する。このとき、受光素子は「どの部分に反射光を受けたか」という位置情報も計測するため、発射位置と受光位置をもとに、対象までの距離を計算できる。
スマートフォンにおいて、通話をするために耳をディスプレイに近づけた際、自動的にディスプレイをOFFにすることは、赤外線センサ（赤外線距離センサ）を利用することで実現できる。

イ：非接触の心拍数計測センサを活用した事例である。
ウ：離床センサを活用した事例である。
エ：ファイアウォールのパケットフィルタリング機能を活用した事例である。

問題8-7 **解答** **ウ** （分類）8-2　システム構成要素

解説 クラスタとは、複数のコンピュータ（サーバを含む）をネットワークでつないで、あたかもひとつのシステムのように運用するシステム構成のことである。
クラスタは、障害発生時に業務を中断することなくサービスを提供し続けることができる信頼性の高いシステム構成のひとつである。

ア：デュアルシステムの説明である。
イ：シンクライアントの説明である。
エ：デュプレックスシステムの説明である。

問題8-8 **解答** **ア** （分類）8-2　システム構成要素

解説 MTBF（Mean Time Between Failures：平均故障間隔）とは、システムの故障から故障までの間で、システムが連続して稼働している時間の平均のことである。MTBFの値が大きければ大きいほど安定したシステムといえる。
また、MTTR（Mean Time To Repair：平均修復時間）とは、システムが故障で停止したときに、システムの修復にかかる時間の平均のことである。MTTRの値が小さければ小さいほど安定したシステムといえる。

問題8-9　解答　ア

（分類）8-2　システム構成要素

解説　稼働率の求め方は、直列システムか並列システムかによって異なる。問題文に「どちらの処理装置も正常に稼働していなければ、このシステムは稼働しない」と記載があるので、このシステムが直列システムであることがわかる。
直列システムの稼働率を求める計算式は、次のとおりである。

稼働率＝装置Aの稼働率×装置Bの稼働率

この計算式に装置Aと装置Bの稼働率を当てはめると、次のようになる。

稼働率＝0.8×0.9
　　　＝0.72

問題8-10　解答　エ

（分類）8-2　システム構成要素

解説　フェールソフトとは、信頼性の高いシステムを構築するための考え方のひとつで、故障が発生したときに、システムが全面的に停止しないようにし、必要最小限の機能を維持するようにする。

ア：フールプルーフの説明である。
イ：フェールセーフの説明である。
ウ：フォールトトレラントの説明である。

問題8-11　解答　エ

（分類）8-2　システム構成要素

解説　RAID(Redundant Arrays of Inexpensive Disks)とは、システムを構成するときに、信頼性やアクセス速度の向上を目的として行われる障害対策のひとつである。複数のハードディスクをまとめてひとつの装置として扱う技術である。データとパリティ情報をすべてのハードディスクに分散して書き込むのは、RAID5である。

ア：ストライピングとも呼ばれ、データを複数のハードディスクに分割して書き込むため、アクセスが集中せず、データの書込み時間が短縮される。
イ：ミラーリングとも呼ばれ、ハードディスク自体の故障に備え、2台以上のハードディスクに同じデータを書き込む。
ウ：複数のハードディスクにデータを分割して書き込み、エラーの検出・訂正を行うためのパリティ情報を専用のハードディスクに書き込む。

問題8-12　解答　イ

（分類）8-3　ソフトウェア

解説　まず、グループ1のアクセス権について考える。
グループ1のアクセス権は次のとおりで、更新についてはいずれも許可（1）となっている。ただし、グループ1に所属している部員2については、個別のアクセス権が設定されている。

	グループ1	部員2
ファイルA	111	100
ファイルB	110	100
ファイルC	110	000

個人に対するアクセス権はグループのそれより優先されるため、部員2については3つのファイルすべてが更新禁止(0)となる。したがって、グループ1で3つのファイルすべてが更新可能な者は、部員1だけである。

次に、グループ2について考える。
グループ2のアクセス権は次のとおりで、ファイルAについては更新禁止(0)となっている。ただし、グループ2に所属している部員4、5については、個別のアクセス権が設定されている。

	グループ2	部員4	部員5
ファイルA	000	110	110
ファイルB	110	100	111
ファイルC	110	111	100

部員4については、ファイルAとファイルCは更新許可(1)であるが、ファイルBが更新禁止(0)となっている。また、部員5についてはファイルAとファイルBは更新許可(1)であるが、ファイルCが更新禁止(0)となっているため、グループ2で3つのファイルすべてが更新可能な者はいない。したがって、イが正解となる。

問題8-13　**解答**　**イ**　　(分類) 8-3　ソフトウェア

解説　OSS(Open Source Software:オープンソースソフトウェア)とは、ソフトウェアの作成者がインターネットを通じて無償でソースコードを公開し、著作権を守りながら自由にソフトウェアの改変や再頒布を可能にしたソフトウェアのことである。
代表的なOSSの例として、OSにはLinuxやAndroid、WebブラウザにはFirefox、WebサーバにはApache HTTP Server、電子メールソフトにはThunderbird、データベース管理システム(DBMS)にはMySQLやPostgreSQLなどがある。

ア:PostgreSQLは、OSSのデータベース管理システム(DBMS)である。
イ:Apache HTTP Serverは、OSSのWebサーバである。
ウ:Firefoxは、OSSのWebブラウザである。
エ:Androidは、OSSのOSである。

したがって、イが正解となる。

問題8-14　**解答**　**エ**　　(分類) 8-4　ハードウェア

解説　ブレード型サーバとは、ボード型のコンピュータを専用の筐体に複数収納したサーバのことである。電源やケーブルなどは筐体側に持ち、複数のコンピュータで共有することができる。

ア:データベースサーバの説明である。
イ:ラックマウント型サーバの説明である。
ウ:プリントサーバの説明である。

問題9-1　解答　イ

（分類）9-1　ヒューマンインタフェース

解説　キーボード操作に慣れているユーザと慣れていないユーザのどちらにも対応するには、キーボード操作とそれ以外の簡単な操作（この場合はマウス）の両方を用意するとよい。また、利用目的に応じて、マウスやキーボード以外の入力装置（バーコードやタッチパネルなど）でも利用できるようにすることも考えるとよい。

ア：数値データや商品コードなどの入力は、通常キーボードから行うのが最適であるため、適切ではない。
ウ：入力ページが切り替わっても、同じ項目（担当者や発注先など）を利用する場合があるため、適切ではない。
エ：通常は、会社名ではなくコードを入力させたり、選択させたりして入力間違いを防ぐため、適切ではない。

問題9-2　解答　エ

（分類）9-1　ヒューマンインタフェース

解説　Webアクセシビリティとは、高齢者や障がい者を含むすべての人が情報にアクセスできるようにWebサイトの設計を行うことである。
アクセシビリティとは、AccessとAbilityという2つの言葉からできている。Accessは“情報にたどり着くこと・利用しようとすること”を意味し、Abilityは“それが実現できること・実現可能性”を意味する。例えば、高齢者は細かな文字が読みにくかったり、小さなボタンが操作しにくかったりする可能性がある。また、視覚障がい者は音声ブラウザ（Webページ上の文字を読み上げるソフト）を利用してWebサイトから情報を得ている可能性がある。こうした利用環境を配慮し、Webサイトを設計することによりWebアクセシビリティが高まる。

ア：Webアクセシビリティとは、アクセス速度の高速性を追求する概念ではないため、適切ではない。
イ：キーボードから入力された文字や数値の情報を取得し、外部へ不正に送信するスパイウェアであるキーロガーに対する対策の説明である。
ウ：Webページにおけるハイパーリンクの仕組みの説明である。

問題9-3　解答　イ

（分類）9-2　マルチメディア

解説　ストリーミングとは、音声や動画像などのWebコンテンツを効率的に配信・再生する技術のことである。Webコンテンツのデータを一括でダウンロードするのではなく、ダウンロードしながら再生できるため、ユーザはダウンロードの終了を待つ必要がない。

ア：ストリーミングでは、データを効率的に配信・再生することを重視しているので、受信データの部分的な欠落によって、画質が悪化してしまうことがある。
ウ：ストリーミングは、基本的にストリーミング用のサーバに格納されたデータをダウンロードする方法で配信するが、動画を撮影したものからストリーミング用のデータに順次変換し、リアルタイムに配信する方法もある。よって、生中継の配信もできる。
エ：個人の閲覧利用に限られていないので、企業でも利用できる。

問題9-4 解答 エ

分類 9-2 マルチメディア

解説 C(Cyan:水色)とM(Magenta:赤紫)とY(Yellow:黄)は色の3原色であり、プリンタでカラー印刷する場合は、C(Cyan:水色)、M(Magenta:赤紫)、Y(Yellow:黄)を混ぜ合わせて色が作り出される。CMYを混ぜると黒色になるが、鮮明な黒にするためにK(blacK:黒色)を加えたCMYKインクが利用される。

色の3原色(CMYK)

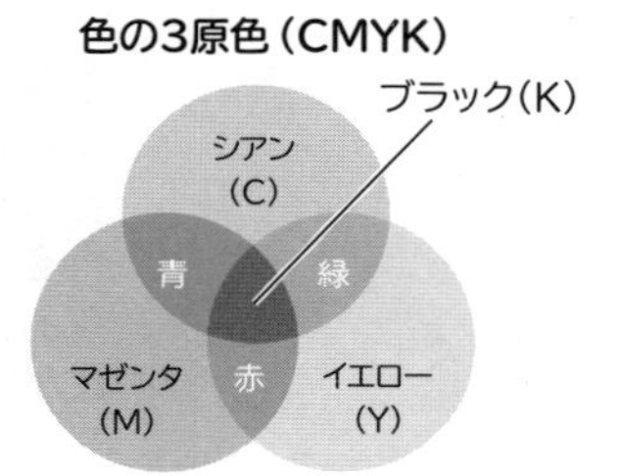

問題9-5 解答 ア

分類 9-2 マルチメディア

解説 コンピュータを使って静止画像や動画像を処理・再生する技術のことをコンピュータグラフィックスという。CG(Computer Graphics)ともいう。
コンピュータグラフィックスには、2次元の表現と3次元の表現がある。
2次元の表現は、タブレットを使ったペインティングや写真を取り込んだイメージ処理などに利用されている。
3次元の表現は、ゲームなどの仮想世界の表現や、未来の都市景観のシミュレーション、CADを利用した工業デザインなどに応用されている。

イ:CAD(Computer Aided Design)とは、機械や建築物、電子回路などの設計を行う際に用いるシステムのことである。
ウ:コンピュータシミュレーションとは、コンピュータを使ってある現象をシミュレート(擬似実験)することである。
エ:バーチャルリアリティとは、コンピュータグラフィックスや音響効果を組み合わせて、人工的に現実感(仮想現実)を作り出す技術のことである。VR(Virtual Reality)ともいう。

問題9-6 解答 ウ

分類 9-2 マルチメディア

解説 AR(Augmented Reality)とは、拡張現実ともいい、現実の世界に、コンピュータグラフィックスで作成した情報を追加する技術のことである。現実の世界(人物)にコンピュータが処理した衣服を重ね合わせて表示するなど、現実の世界を拡張するものである。
コンピュータグラフィックス(CG:Computer Graphics)とは、コンピュータを使って静止画像や動画像を処理・生成する技術のことである。

ア:コンピュータシミュレーションの例である。
イ:3Dプリンタの例である。
エ:VR(Virtual Reality:バーチャルリアリティ)の例である。

問題9-7 解答 エ

分類 9-3 データベース

解説 主キーとは、テーブルの中のある行と別の行を区別するために設定する項目のことである。1つのテーブルに1つだけ設定できる。NULL(空の文字列)の値を入力することはできない。
外部キーとは、項目が、別のテーブルの主キーに存在する値であるようにする項目のことである。

外部キーに存在する値が、参照される主キー側にも必ず存在するように、テーブル間の整合性を保つために設定する制約のことを参照制約という。参照制約を設定すると、テーブル間におけるデータの矛盾を発生させないようにすることができる。
参照制約を設定している場合、受注テーブルに存在する顧客番号と一致する顧客テーブルの行を削除したり、受注テーブルに存在する顧客番号と一致する顧客テーブルの行の顧客番号を更新したりできない。また、顧客テーブルに存在しない顧客番号を含む行を、受注テーブルに追加できない。
なお、顧客テーブルには外部キーがなく、参照制約が使われないので、行を追加することができる。

問題9-8　**解答**　**ウ**　　（分類）9-3　データベース

解説　正規化とは、データの重複がないようにテーブル（表）を適切に分割することである。繰返し項目を含んだまま正規化されていない非正規形に対して、第1正規化、第2正規化、第3正規化の手順で実施する。第3正規化まで実施することによって、データの重複がなくなる。
問題文の表で正規化することを考える。

受注伝票データ

受注No.	受注年月日	得意先コード	得意先名	商品No.	商品名	単価	数量
J0001	2019/11/15	A-011	キタムラ工業	5-012	ラジオ	3,000	2
J0002	2019/11/22	B-030	ヒガシ家電	2-004	DVDレコーダ	80,000	1
J0002	2019/11/22	B-030	ヒガシ家電	1-002	テレビ	50,000	1
J0003	2019/12/6	A-125	ニシカワ商事	1-001	テレビ（4K）	200,000	5
J0004	2019/12/6	A-011	キタムラ工業	1-001	テレビ（4K）	200,000	1

受注伝票データにおいて、受注No.と商品No.が主キーとなる。主キーとは、表の中のある行と別の行を区別するために設定する項目のことである。主キーは1つの表に1つだけ設定でき、NULL（空の文字列）の値を入力することはできない。
表は受注伝票のデータである。同じ受注No.の値（J0002）に対して異なる商品No.の値（2-004と1-002）が入っているため、表の中にある行と別の行を区別するためには、受注No.と商品No.を主キーにする必要がある。なお、複数の項目を組み合わせて主キーにすることができる。主キーには下線を付ける。

第1正規化では、繰返し項目を別の表に分割するが、ここでは対象となる項目はない。

第2正規化では、主キー（受注No.と商品No.）の一部によって決まる項目を別の表に分割する。ここでは、主キーの一部（受注No.）によって決まる項目（受注年月日、得意先コード、得意先名）を別の表に分割し、主キーの一部（商品No.）によって決まる項目（商品名、単価）を別の表に分割する。

受注テーブル

受注No.	受注年月日	得意先コード	得意先名
J0001	2019/11/15	A-011	キタムラ工業
J0002	2019/11/22	B-030	ヒガシ家電
J0003	2019/12/6	A-125	ニシカワ商事
J0004	2019/12/6	A-011	キタムラ工業

受注明細テーブル

受注No.	商品No.	数量
J0001	5-012	2
J0002	2-004	1
J0002	1-002	1
J0003	1-001	5
J0004	1-001	1

商品テーブル

商品No.	商品名	単価
5-012	ラジオ	3,000
2-004	DVDレコーダ	80,000
1-002	テレビ	50,000
1-001	テレビ（4K）	200,000

別の表に分割

第3正規化では、主キー以外の項目（得意先コード）によって決まる項目（得意先名）を別の表に分割する。

受注テーブル

受注No.	受注年月日	得意先コード
J0001	2019/11/15	A-011
J0002	2019/11/22	B-030
J0003	2019/12/6	A-125
J0004	2019/12/6	A-011

得意先テーブル

得意先コード	得意先名
A-011	キタムラ工業
B-030	ヒガシ家電
A-125	ニシカワ商事

別の表に分割

受注明細テーブル

受注No.	商品No.	数量
J0001	5-012	2
J0002	2-004	1
J0002	1-002	1
J0003	1-001	5
J0004	1-001	1

商品テーブル

商品No.	商品名	単価
5-012	ラジオ	3,000
2-004	DVDレコーダ	80,000
1-002	テレビ	50,000
1-001	テレビ（4K）	200,000

したがって、ウが正解となる。

問題9-9　解答　ア

分類　9-3　データベース

解説　データベースから必要なデータを取り出す演算には関係演算（テーブルから目的とするデータを取り出す演算）と集合演算（複数のテーブルから、共通するデータやどちらか一方に存在するデータなどといった条件でデータを取り出す演算）がある。射影とは関係演算の一種で、テーブルから指定した項目（列）を取り出すことである。したがって、アが正解となる。

イ：2つのテーブルで、項目の値が同じものについてテーブル同士を連結させてデータを取り出していることから、結合である。
ウ：テーブルから指定した行（レコード）を取り出していることから、選択である。

問題9-10　解答　ウ

分類　9-3　データベース

解説　データベースは、複数のユーザが同時にデータベースを操作しても、データの矛盾が発生しないようにデータの整合性を維持することが求められる。そのため、データベースを管理するデータベース管理システム（DBMS）には、排他制御が備えられている。
排他制御とは、複数のユーザが同時に同一のデータを更新しようとしたとき、一方のユーザに対し、一時的にデータの書込みをロックする機能のことである。ロックには、データの更新と参照の両方をロックする専有ロックと、データの更新だけをロックする共有ロックがある。

ア、エ：データベース管理システムでの排他制御では、ロックの種類に関わらず同時に同一のデータを更新できない。
イ　　：先にデータにアクセスしたユーザにより専有ロックがかかると、データは先にアクセスしたユーザに専有されるため、後からデータにアクセスしたユーザは参照できない。

問題9-11　**解答**　**イ**　（分類）9-3　データベース

解説　オンライントランザクション(OLTP)処理システムとは、ネットワークに接続されたクライアントがサーバに処理を要求し、サーバが要求に基づいた処理を行い、処理結果をクライアントに戻す処理を行うシステムのことである。通常、データベースの更新(追加や削除を含む)処理が多いが、処理の途中で中断されるとデータの整合性がとれなくなるため、信頼性が要求される。

ア：業務の流れを図示したりルール化したりして、ネットワーク上で効率的に業務が流れるようにするシステムのことである。
ウ：ネットワークに接続されたコンピュータにサービスを提供するサーバと、サーバにサービスを要求するクライアントに役割分担して構成するシステムのことである。
エ：コンピュータ同士を通信回線などで接続して処理するシステム構成のことである。

問題9-12　**解答**　**イ**　（分類）9-3　データベース

解説　トランザクションとは、ひとつの完結した処理単位のことである。トランザクションは、正しく完全に処理されるか(コミット)、異常となって全く処理されないか(ロールバック)のいずれかになる。
トランザクション処理が正常に終了した場合は、データベースに更新内容が反映されるが、途中で異常終了した場合は、更新内容がデータベースに反映されない。この仕組みによって、データベースの整合性が維持される。
ロールバックとは、トランザクションが正常に処理されなかった場合に、トランザクション処理前(開始前)の時点までデータベースの状態を戻すことである。

ア：コミットの説明である。
ウ：デッドロックの説明である。
エ：排他制御の説明である。

問題9-13　**解答**　**ウ**　（分類）9-4　ネットワーク

解説　LPWA(Low Power Wide Area)とは、消費電力が小さく、広域の通信が可能な無線通信技術の総称のことである。IoTにおいては、広いエリア内に多くのセンサを設置し、計測した情報を定期的に収集したいなどのニーズがある。その場合、通信速度は低速でも問題がない一方で、低消費電力・低価格で広い範囲をカバーできる通信技術が求められる。

ア：5Gの説明である。
イ：BLE(Bluetooth Low Energy)の説明である。
エ：テレマティクスの説明である。

問題9-14　**解答**　**エ**　（分類）9-4　ネットワーク

解説　5Gとは、第5世代移動通信システムともいい、総務省と民間事業者が2020年の実用開始に向けた取組みを進めている、携帯電話やスマートフォンなどの次世代移動通信の通信規格のことである。

代表的な高速ネットワークである5Gには、「超高速」「超低遅延」「多数同時接続」の特徴があるが、その分利用コストも相対的に大きくなる。そのため、5Gが利用されるのは、遅延のない、リアルタイムでの通信を、コストをかけても必要とする場合である。また、5Gは、高速ネットワークだけでなく、広範囲な通信も可能とする。
離れた場所にいる医師が、患者を実際に処置するロボットアームを操作して遠隔手術を行う場合は、コストをかけても超高速かつ超低遅延なネットワークである5Gが必要不可欠となる。
したがって、エが正解となる。

ア、イ、ウ：低速かつ、多少の遅延が発生しても許容される活用事例であるため、LPWAの活用事例に該当する。LPWA(Low Power Wide Area)とは、消費電力が小さく、広域の通信が可能な無線通信技術の総称のことである。LPWAは、低速ネットワークであり、広範囲の通信に適している。

問題9-15　**解答**　**イ**　　(分類) 9-4　ネットワーク

解説　IPアドレスとは、ネットワークに接続されているコンピュータを識別する番号のことである。2進数32ビットで表現されるが、インターネットの急速な普及によりIPアドレスの不足が生じている。そこで、現在利用されているインターネットプロトコル(IPv4)の機能を拡張したIPv6が利用され始めている。

ア：IPアドレスは、2進数32ビットで表現され、複数のネットワークを区別するネットワークアドレスと、ネットワーク内の各コンピュータを区別するホストアドレスで構成されている。
ウ：インターネットで使用するグローバルIPアドレスは、必ず一意でなければならない。
エ：アドレスクラスのクラスAでは、大規模なネットワークでのIPアドレスを表現できるが、ひとつのネットワークに割り当てることができるIPアドレスは約1,677万個である。

問題9-16　**解答**　**エ**　　(分類) 9-4　ネットワーク

解説　プロトコルとは、ネットワーク上で、コンピュータ同士がデータ通信するための決まりごと(ルール)のことである。情報システムやIoTシステムなど、コンピュータ間でデータをやり取りする場合は、あらかじめお互いにプロトコルを決めておく必要がある。

a：SMTPの説明である。SMTP(Simple Mail Transfer Protocol)とは、電子メールを送信または転送するためのプロトコルのことである。メールサーバ同士、またはメールクライアントからメールサーバに電子メールを送信する際に使用される。
b：POPの説明である。POP(Post Office Protocol)とは、電子メールを受信するためのプロトコルのことで、メールサーバに保存されている利用者宛ての新着の電子メールを一括して受信する。
c：IMAPの説明である。IMAP(Internet Message Access Protocol)とは、電子メールを受信するためのプロトコルのことで、電子メールをメールサーバ上で保管し、未読／既読などの状態もメールサーバ上で管理できる。

問題9-17　解答　ア

（分類）9-4　ネットワーク

解説　データの伝送に必要な時間は、次の計算式で求める。

伝送時間＝伝送するデータ量÷（回線の伝送速度×伝送効率）

まず、計算する単位の数値をそろえることが重要である。ここでは単位をビットにそろえて計算する。
回線の伝送速度は100Mビット/秒であることから、次のように表現できる。

100×10^6ビット/秒＝10^8ビット/秒

また、問題文より1Mバイト＝10^6バイトなので、転送するデータ量は、8ビット×（8×10^8）バイトと表現できる。
したがって、伝送時間は次のように求められる。

$8\times8\times10^8\div(10^8\times0.5)=64\div0.5=128$秒

ここで、すでに1分が経過していることから、待ち時間は次のようになる。

$128-60=68$秒

問題9-18　解答　ウ

（分類）9-5　セキュリティ

解説　人的手口によって重要な情報を入手し、その情報を悪用する行為のことをソーシャルエンジニアリングという。技術的な知識がなくても、人間の心理的な隙や不注意に付け込んで、誰でも簡単に情報を悪用できるため、警戒が必要である。ソーシャルエンジニアリングの主な手口として、なりすましや盗み見などがある。

ア：バッファオーバフロー攻撃とは、コンピュータで動作しているプログラムで確保しているメモリ容量（バッファ）を超えるデータを送り、バッファを溢れさせ、クラッカーが意図する不正な処理を実行させることである。クラッカーとは、不正にシステムに侵入し、情報を破壊したり改ざんしたりして違法行為を行う者のことである。
イ：キーロガーとは、利用者IDやパスワードを奪取するなどの目的で、キーボードから入力される内容を記録するプログラムのことである。
エ：バックドアとは、コンピュータへの侵入者が、通常のアクセス経路以外から侵入するために組み込む裏口のようなアクセス経路のことである。

問題9-19　解答　ア

（分類）9-5　セキュリティ

解説　シャドーITとは、従業員が、企業側の許可を得ずに業務のために使用している情報機器（従業員が私的に保有するPCや携帯情報端末など）や外部のサービスのことである。シャドーITによって、マルウェアに感染するリスクや、情報漏えいのリスクなどが増大する。

イ、エ：ソーシャルエンジニアリングに該当する。
ウ　　：バックドアに該当する。

問題9-20　解答　イ

（分類）9-5　セキュリティ

解説　マルウェアとは、コンピュータウイルスに代表される、悪意を持ったソフトウェアの総称のことである。

a：トロイの木馬の特徴である。トロイの木馬とは、自らを有用なプログラムだとユーザに信じ込ませ、実行するように仕向けられたプログラムのことである。
b：ボットの特徴である。ボット（BOT）とは、コンピュータを悪用することを目的に作られたコンピュータウイルスのことである。感染すると、コンピュータが操られ、メール爆弾、DoS（サービス妨害）攻撃などの迷惑行為が行われる。
c：ランサムウェアの特徴である。ランサムウェアとは、勝手にデータを暗号化したり、アクセス制限をかけたりしてコンピュータを正常に使用できない状態にして、それを元に戻す代わりに金銭を要求するプログラムのことである。

問題9-21　**解答**　**イ**　（分類）9-5　セキュリティ

解説　スパイウェアとは、コンピュータ内部からインターネットに個人情報などを送り出すソフトウェアの総称のことである。ユーザはコンピュータにスパイウェアがインストールされていることに気付かないことが多いため、深刻な被害をもたらす。

ア：スパムメールの説明である。
ウ：ポートスキャンの説明である。
エ：総当たり（ブルートフォース）攻撃の説明である。

問題9-22　**解答**　**イ**　（分類）9-5　セキュリティ

解説　クロスサイトスクリプティングとは、ソフトウェアのセキュリティホールを利用して、Webサイトに悪意のあるコードを埋め込む攻撃のことである。悪意のあるコードを埋め込まれたWebサイトを閲覧し、掲示板やWebフォームに入力したときなどに、個人情報が盗み出されたりコンピュータ上のファイルが破壊されたりすることがある。

ア：パスワードリスト攻撃の説明である。
ウ：SQLインジェクションの説明である。
エ：メール爆弾の説明である。

問題9-23　**解答**　**イ**　（分類）9-5　セキュリティ

解説　ドライブバイダウンロードとは、Webサイトを表示しただけで、利用者が気付かないうちに不正なプログラムを自動的にダウンロードさせる攻撃のことである。

ア：キャッシュポイズニングの説明である。
ウ：SQLインジェクションの説明である。
エ：ランサムウェアの説明である。

問題9-24　**解答**　**ア**　（分類）9-5　セキュリティ

解説　攻撃対象とするユーザが普段から頻繁にアクセスするWebサイトに不正プログラムを埋め込み、そのWebサイトを閲覧したときだけ、マルウェアに感染するような罠を仕掛ける攻撃を水飲み場型攻撃という。
ユーザが信頼のおける情報源として普段から利用しているWebサイトが改ざんされることが多いため、あやしいWebサイトにはアクセスしないといった対策では防ぐことが困難であるとされている。

イ：ポートスキャンとは、コンピュータの開いているポート番号を調べることである。そこから侵入を試みたり、そのポート番号を使っているサービスを停止させたりすることができる。
ウ：バッファオーバフロー攻撃とは、コンピュータ上で動作しているプログラムで確保しているメモリ容量（バッファ）を超えるデータを送りバッファを溢れさせ、クラッカーが意図する不正な処理を実行させることである。
エ：フィッシング詐欺とは、実在する企業や団体を装って電子メールを送信し、受信者個人の金融情報（クレジットカード番号、利用者ID、パスワード）などを不正に入手する行為のことである。

問題9-25　**解答**　**エ**　（分 類）9-5　セキュリティ

解説　MITB（Man In The Browser）攻撃とは、マルウェアなどに感染させてWebブラウザを乗っ取り、不正に操作を行う攻撃のことである。攻撃の例として、オンラインバンキングでWebブラウザを乗っ取り、銀行取引の正式な取引画面の間に不正な画面を介在させ、振込先の情報を不正に書き換えて、攻撃者の指定した口座に送金させるような不正操作が該当する。

ア：ゼロデイ攻撃の説明である。
イ：IPスプーフィングの説明である。
ウ：やり取り型攻撃の説明である。

問題9-26　**解答**　**エ**　（分 類）9-5　セキュリティ

解説　不正のトライアングルとは、米国の犯罪学者クレッシーが、実際の犯罪者を調べるなどして「人が不正行為を働くまでには、どのような仕組みが働くのか」を理論として取りまとめたものである。この理論では、不正行為は「機会」「動機」「正当化」の3要素がそろったときに発生するとしている。

要　素	説　明
機会	不正行為を実行しやすい環境が存在すること。例えば、「機密資料の入っている棚に鍵がかけてあっても、鍵の保管場所は社員全員が知っている」などは機会に該当する。
動機	不正を起こす要因となる事情のこと。例えば、「経済的に困窮していたり、会社に恨みを持っていたりする」などは動機に該当する。
正当化	都合のよい解釈や他人への責任転嫁など、自分勝手な理由付けのこと。例えば、「この会社は経営者が暴利をむさぼっているのだから、少しぐらい金銭を盗んだって問題ない」などと勝手に考えることは正当化に該当する。

ア：情報システムの利用者に設定するセキュリティ機能の3要素であり、AAAともいう。認証（Authentication）とは情報システムへの認証のこと、認可（Authorization）とはアクセス権限の割当てのこと、アカウンティング（Accounting）とはアクセス履歴の記録のことである。
イ：3C分析の3要素である。3C分析とは、自社（Company）、競合他社（Competitor）、顧客（Customer）の3Cを分析し、経営目標を達成するうえで重要な要素を見つけ出す手法のことである。
ウ：情報セキュリティの目的を達成するために確保・維持すべき3要素である。機密性（Confidentiality）とはアクセスを許可された者だけが情報にアクセスできること、完全性（Integrity）とは情報および処理方法が正確であり完全である状態に保たれていること、可用性（Availability）とは認可された利用者が必要なときに情報および関連する資産にアクセスできることである。

問題9-27 **解答 ウ** 分類 9-5 セキュリティ

解説 ISMS（Information Security Management System：情報セキュリティマネジメントシステム）とは、リスクを分析・評価することによって必要な情報セキュリティ対策を講じ、組織が一丸となって情報セキュリティを向上させるための仕組みのことである。
リスク転嫁とは、リスク移転ともいい、契約などにより、他者に責任を移転することである。例えば、情報資産の管理を外部に委託したり、保険に加入したりする。
したがって、サーバ故障など問題発生時の財政的なリスクに備えて保険に加入することは、他者（保険会社）に責任を移転しているので、リスク転嫁に該当する事例となる。

ア：リスク受容に該当する事例である。リスク受容とは、リスク保有ともいい、自ら責任を負い、損失を負担することである。
イ：リスク軽減に該当する事例である。リスク軽減とは、リスク低減、リスク分散ともいい、損失をまねく原因や情報資産を複数に分割し、影響を小規模に抑えることである。
エ：リスク回避に該当する事例である。リスク回避とは、リスクが発生しそうな状況を避けることである。

問題9-28 **解答 イ** 分類 9-5 セキュリティ

解説 組織全体で統一性のとれた情報セキュリティ対策を実施するために、技術的な対策だけでなくシステムの利用面や運用面、組織の体制面など、組織における基本的なセキュリティ方針を明確にしたものを情報セキュリティポリシという。組織内の重要な情報資産を明確にした上で、どのように守るかという対策を立てる。基本方針、対策基準、実施手順で構成されるが、通常は基本方針と対策基準の2つを指す。

ア：ISMS適合性評価制度とは、ISMSが国際的に整合性のとれた基準に適合しているかどうかを、第三者である審査登録機関が評価し、認定する制度のことである。
ウ：プライバシーマーク制度とは、個人情報の保護に対する取組みが適切であると認められた事業者に、それを認定するマークとしてプライバシーマークの使用を許諾するという制度のことである。
エ：バイオメトリクス認証とは、生体認証ともいい、本人の固有の身体的特徴や行動的特徴を使って、正当な利用者であることを識別する照合技術のことである。

問題9-29 **解答 ウ** 分類 9-5 セキュリティ

解説 サイバーレスキュー隊（J-CRAT）とは、標的型攻撃の被害拡大防止のために、相談を受けた組織の被害の低減と、攻撃の連鎖の遮断を支援する活動を行う組織のことである。情報処理推進機構（IPA）内に設置されている。
標的型攻撃とは、企業・組織の特定のユーザを対象とした攻撃のことである。関係者を装うことで特定のユーザを信用させ、機密情報を搾取したり、ウイルスメールを送信したりする。

ア：SOC（Security Operation Center）の活動に関する記述である。
イ：CSIRT（Computer Security Incident Response Team：シーサート）の活動に関する記述である。
エ：J-CSIP（サイバー情報共有イニシアティブ）の活動に関する記述である。

問題9-30 **解答** **ウ** 分類 9-5 セキュリティ

解説 ファイアウォールとは、インターネットからの不正侵入を防御する仕組みのことである。社内のネットワークとインターネットの出入り口となって、通信を監視し、不正な通信を遮断する役目を果たす。あらかじめ登録されている許可されたIPアドレスやTCPポート番号を持つパケットだけを通過させるパケットフィルタリングの機能がある。

問題9-31 **解答** **ウ** 分類 9-5 セキュリティ

解説 多要素認証とは、ひとつの要素だけでなく、異なる複数の利用者認証の技術を使用して、認証を行うことである。複数の利用者認証の技術を使用することで、セキュリティを強化することができる。
利用者認証の技術には、知識による認証(本人しか知り得ない情報によって識別する照合技術)、所有品による認証(本人だけが所有するものに記録されている情報によって識別する照合技術)、生体情報による認証(本人の生体情報の特徴によって識別する照合技術)がある。
ここでは2要素認証であるので、異なる2つの利用者認証の技術を使用して、認証を行っているものを選択すればよい。

a：利用者IDとパスワードによる認証は「知識による認証」、秘密の質問と解答による認証は「知識による認証」であるため、2要素認証には該当しない。
b：利用者IDとパスワードによる認証は「知識による認証」、ICカードによる認証は「所有品による認証」であるため、2要素認証に該当する。
c：利用者IDとパスワードによる認証は「知識による認証」、指紋による認証は「生体情報による認証」であるため、2要素認証に該当する。
d：静脈による認証は「生体情報による認証」、虹彩による認証は「生体情報による認証」であるため、2要素認証には該当しない。

したがって、2要素認証に該当するものは、b、cとなる。

問題9-32 **解答** **ウ** 分類 9-5 セキュリティ

解説 3列×3行の表に、“I/am/Sato”を左上から右下まで横方向に表すと、次のようになる。

→原文

I	/	a
m	/	S
a	t	o

↓暗号文

この表を右上から左下まで縦方向に読んでいくと、aSo//tImaとなる。

問題9-33 **解答** **ウ** 分類 9-5 セキュリティ

解説 変換表を使って「さくら」を数値にすると、「31,23,91」になり、さらに8ビット(2進数で8桁)に変換すると次のようになる。

〔31を2進数に変換〕

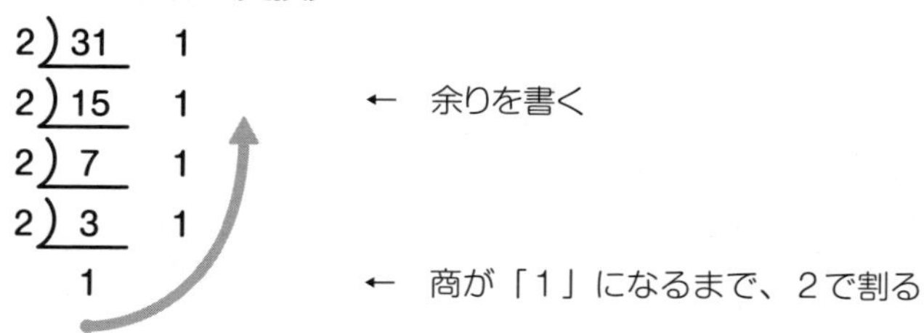

矢印の順に、最後の商と余りを前から並べて書くと2進数に変換でき、8ビットで表すため、次のようになる。→**00011111**

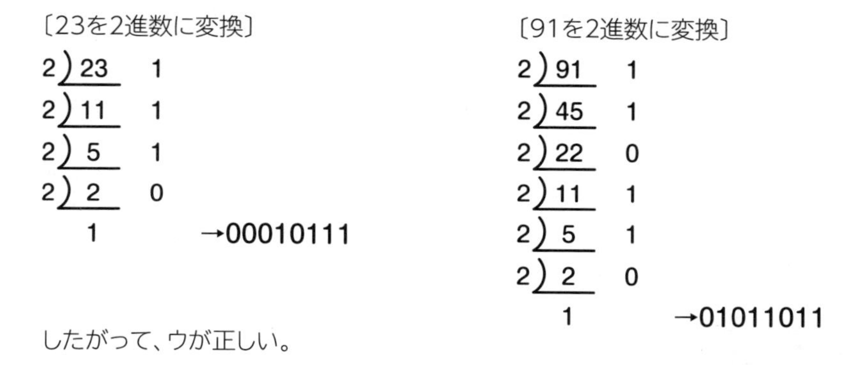

したがって、ウが正しい。

問題9-34　**解答**　**エ**　　（分類）9-5　セキュリティ

解説　ハイブリッド暗号方式とは、共通鍵暗号方式と公開鍵暗号方式を組み合わせて使用する暗号方式のことである。共通鍵暗号方式の暗号化と復号の速度が速いというメリットと、公開鍵暗号方式の鍵の管理が容易であるというメリットを組み合わせて、より実務的な方法で暗号化と復号ができる。これによって、処理性能を高め、鍵管理コストを抑えることができる。
ハイブリッド暗号方式では、公開鍵暗号方式を利用して共通鍵を暗号化し、暗号化した共通鍵を受信者に送信する。互いに同じ共通鍵を持つことができたら、共通鍵暗号方式を利用して平文を暗号化したり、暗号文を復号したりできる。
共通鍵暗号方式とは、暗号化と復号で同じ鍵（共通鍵）を使用する方式のことである。鍵を第三者に知られてしまっては盗聴や改ざんを防ぐことはできないため、共通鍵は秘密裏に共有しなければならない。
公開鍵暗号方式とは、暗号化と復号で異なる鍵（秘密鍵と公開鍵）を使用する方式のことである。秘密鍵は自分だけが持つもので第三者に公開してはならない。公開鍵は第三者に広く公開するため、認証局（CA：Certificate Authority）に登録して公開する。

ア：ハイブリッド暗号方式は、暗号化と復号に共通鍵暗号方式を使うことで、公開鍵暗号方式と比較すると、平文の暗号化と暗号文の復号の速度が速い。
イ：ハイブリッド暗号方式は、複数の異なる共通鍵暗号方式を組み合わせるものではない。
ウ：ハイブリッド暗号方式は、複数の異なる公開鍵暗号方式を組み合わせるものではない。

問題9-35　**解答**　**ウ**　　（分類）9-5　セキュリティ

解説　ディジタル署名（電子署名）とは、電磁的記録（ディジタル文書）の正当性を証明するために付けられる情報のことで、日常生活において押印や署名によって文書の正当性を保証するのと同じ効力を持つ。ディジタル署名の利用によって、送信者本人から送信されたことを証明し、データが改ざんされていないことを保証する。ディジタル署名は、公開鍵暗号方式とメッセージダイジェスト（平文を要約した短いデータ）を組み合わせることによって実現する。
ディジタル署名を利用して平文（原文）を送受信する手順は、次のようになる。

①送信側は、平文からメッセージダイジェストを生成する。
②送信側は、メッセージダイジェストを自分の秘密鍵を使って暗号化し、ディジタル署名を生成する。
③送信側は、平文とディジタル署名を受信側に送信する。
④受信側は、送信相手が認証局に登録している公開鍵を使って、受信したディジタル署名を復号する（送信側の送信前のメッセージダイジェストを取り出す）。
⑤受信側は、受信した平文からメッセージダイジェストを生成し、④で取り出した送信側の送信前のメッセージダイジェストと照合して、一致しているかどうかを確認する。

したがって、送信側でディジタル署名を生成する際、暗号化に必要となる鍵は「送信者の秘密鍵」となる。

問題9-36　**解答**　**イ**　　（分類）9-5　セキュリティ

解説　IoTセキュリティガイドラインとは、経済産業省と総務省が主導して設立したIoT推進コンソーシアムが策定したIoTのセキュリティに関するガイドラインであり、IoTシステムやIoT機器、IoTのサービスに関わるすべての人を対象としたものである。IoTシステムやIoT機器、IoTのサービスの提供に関わるライフサイクル（方針、分析、設計、構築・接続、運用・保守）におけるセキュリティ対策を、5つの指針と21の要点として定めている。
「指針3　守るべきものを守る設計を考える」では、「不特定の相手とつなげられても安全安心を確保できる設計をする」（要点11）のほか、「個々でも全体でも守れる設計をする」（要点8）、「つながる相手に迷惑をかけない設計をする」（要点9）、「安全安心を実現する設計の整合性をとる」（要点10）、「安全安心を実現する設計の検証・評価を行う」（要点12）を定めている。
したがって、イが正解となる。

ア：「内部不正やミスに備える」（要点2）は、「指針1　IoTの性質を考慮した基本方針を定める」の中で定めている。
ウ：「安全安心を実現する設計の整合性をとる」（要点10）は、「指針3　守るべきものを守る設計を考える」の中で定めている。
エ：「認証機能を導入する」（要点16）は、「指針4　ネットワーク上での対策を考える」の中で定めている。

問題10-1　解答 ア

（分類）10-2 式

解説 計算式などでほかのセルの値を参照することをセル参照という。通常、セル参照を含む計算式をほかのセルに複写すると、参照するセルが自動的に調整される。これを相対参照という。これに対し、セル参照を含む計算式をほかのセルに複写しても、参照するセルが自動的に調整されないようにするには、固定するセルに「$」記号を付ける。これを絶対参照という。
各店舗の売上数の合計はセルE2～E6、全店舗の売上数の総合計はセルE7に入力されているので、セルF2には店舗Aの構成比を求める計算式を入力すればよい。よって、セルF2の計算式は次のようになる。
　E2/E7

問題文より、セルF2の計算式をセルF3～F7に複写する。売上数の構成比は、総合計が入力されているセルE7が変化しないようにするため、行(7)を固定した絶対参照にする必要がある。計算式に「$」を付けると絶対参照になり、入力されているセルの列または行を固定することができる。したがって、セルF2の計算式は次のようになる。
　E2/E$7

問題10-2　解答 ア

（分類）10-3 関数の利用

解説 合計関数は、次のように定義されている。

関数の書式	解説
合計(セル範囲)	セル範囲に含まれる数値の合計を返す。 [例] 合計(A1:B5)は、セルA1～B5に含まれる数値の合計を返す。

各課の配当金は、売上高合計に対する各課の売上高に応じて決まる。各課の売上高がセルB3～B6に入力されているので、売上高合計は、合計関数を使って「合計(B3:B6)」で記述できる。今期の報奨金はセルB1に入力されているので、セルC3の計算式は次のようになる。
　B3/合計(B3:B6)＊B1

問題文より、セルC3の計算式をセルC4～C6に複写する。セルC3の計算式をセルC4～C6(行方向・下方向)に複写する場合、売上高が入力されているセルB3～B6の行(3～6)と報奨金が入力されているセルB1の行(1)が変化しないようにするため、行を固定した絶対参照にする必要がある。計算式に「$」を付けると絶対参照になり、入力されているセルの列または行を固定することができる。よって、セルC3の計算式は次のようになる。
　B3/合計(B$3:B$6)＊B$1

問題10-3　解答　イ

（分類）10-3 関数の利用

解説　条件付個数関数は、次のように定義されている。

関数の書式	解説
条件付個数（セル範囲, 検索条件の記述）	セル範囲に含まれるセルのうち、検索条件の記述で指定された条件を満たすセルの個数を返す。検索条件の記述は比較演算子と式の組で記述し、セル範囲に含まれる各セルと式の値を、指定した比較演算子によって評価する。 ［例1］条件付個数（H5：L9, >A1）は、セルH5～L9のセルのうち、セルA1の値より大きな値をもつセルの個数を返す。 ［例2］条件付個数（H5：L9, ='A4'）は、セルH5～L9のセルのうち、文字列"A4"をもつセルの個数を返す。

セルB52には、問1のアンケート結果が入力されているセルB2～B50の中から、「はい」の個数を返す。セルA52に入力されている「はい」を検索条件とするので、セルB52の計算式は条件付個数関数を使って次のように記述できる。

　条件付個数（B2：B50, =A52）

問題文より、セルB52の計算式をセルB52～F53に複写する。セルB52の計算式をセルB53（行方向・下方向）に複写する場合と、セルB52の計算式をセルC52～F52（列方向・右方向）に複写する場合に分けて考える。
セルB52の計算式をセルB53（行方向・下方向）に複写する場合、アンケート結果が入力されているセルB2～B50の行（2～50）が変化しないようにするため、行を固定した絶対参照にする必要がある。計算式に「$」を付けると絶対参照になり、入力されているセルの列または行を固定することができる。よって、セルB52の計算式は次のようになる。

　条件付個数（B$2：B$50, =A52）

セルB52の計算式をセルC52～F52（列方向・右方向）に複写する場合、検索条件の記述である「はい」が入力されているセルA52の列（A）が変化しないようにするため列を固定した絶対参照にする必要がある。したがって、セルB52の計算式は次のようになる。

　条件付個数（B$2：B$50, =$A52）

問題10-4　解答　エ

（分類）10-2 式

解説　セルG2に入力する計算式は、次の計算式で求めることができる。

　商品別の粗利益比率=商品別の粗利益÷粗利益の合計

セルG2には、「商品あ」の粗利益比率を求める計算式を入力する。「商品あ」の粗利益が入力されているセルF2、粗利益の合計が入力されているセルF7を計算式にあてはめると、次のようになる。

　F2/F7

問題文より、セルG2に入力した計算式は、セルG3～G7に複写する。セルG2の計算式をセルG3～G7（行方向・下方向）に複写する場合、粗利益の合計が入力されているセルF7の行（7）が変化しないようにするため、行を固定した絶対参照にする必要がある。計算式に「$」を付けると絶対参照となり、入力されているセルの列または行を固定することができる。
よって、セルG2に入力する計算式は次のようになる。

　F2/F$7